中国社会科学院创新工程学术出版资助项目
中国社会科学院重大国情调研项目

中国生态文明建设区域比较与政策效果分析

THE REGIONAL COMPARISON ON CHINA ECO-CIVILIZATION CONSTRUCTION AND POLICY ACCESSMENT

史丹　等著

图书在版编目（CIP）数据

中国生态文明建设区域比较与政策效果分析/史丹等著.—北京：经济管理出版社，2016.9

ISBN 978-7-5096-4644-1

Ⅰ.①中… Ⅱ.①史… Ⅲ.①生态文明—建设—研究—中国 Ⅳ.①X321.2

中国版本图书馆CIP数据核字（2016）第237840号

组稿编辑：杜　菲
责任编辑：杜　菲
责任印制：司东翔
责任校对：张　青

出版发行：经济管理出版社
（北京市海淀区北蜂窝8号中雅大厦A座11层100038）
网　　址：www.E-mp.com.cn
电　　话：（010）51915602
印　　刷：北京玺诚印务有限公司
经　　销：新华书店
开　　本：787mm×1092mm/16
印　　张：22.5
字　　数：439千字
版　　次：2016年9月第1版　2016年9月第1次印刷
书　　号：ISBN 978-7-5096-4644-1
定　　价：88.00元

联系地址：北京阜外月坛北小街2号
电话：（010）68022974　邮编：100836

目　录

绪 论

第一节 中国生态文明建设体系的构成

中共十八大报告从人类文明发展的高度对生态文明进行了定位和阐述，指出生态文明建设就是要坚持节约资源和保护环境的基本国策，坚持节约优先、保护优先、自然恢复为主的方针，着力推进绿色发展、循环发展、低碳发展，形成节约资源和保护环境的空间格局、产业结构、生产方式、生活方式，从源头上扭转生态环境恶化趋势，为人民创造良好生产生活环境，为全球生态安全做出贡献。

一、生态文明建设的体系框架

2013 年生态文明贵阳国际论坛开幕式习近平主席的贺词再次对生态文明建设的理念、意义、内涵、基本国策进行了阐述。习主席强调："走向生态文明新时代，建设美丽中国，是实现中华民族伟大复兴的中国梦的重要内容。中国将按照尊重自然、顺应自然、保护自然的理念，贯彻节约资源和保护环境的基本国策，更加自觉地推动绿色发展、循环发展、低碳发展，把生态文明建设融入经济建设、政治建设、文化建设、社会建设各方面和全过程，形成节约资源、保护环境的空间格局、产业结构、生产方式、生活方式，为子孙后代留下天蓝、地绿、水清的生产生活环境。"

通过对十八大报告和习主席致辞的解读可以看出，生态文明就是以尊重自然规律为前提，以人与自然、环境与经济、人与社会和谐共生为宗旨，以资源环境承载力为基础，以建立节约环保的空间格局、产业结构、生产方式、生活方式以及增强永续发展能力为着眼点，以建设资源节约型、环境友好型社会为本质要求。生态文明建设在我国已经逐渐发展成为一个集理论基础、核心理念、法律、制度、政策等于一体，反映在当前社会发展进程中如何处理人、自然和社会之间复杂的、动态的关系，实现可持续发展的系统性工程。根据十八大报告，我国生态文明建设的体系构成如图 0 – 1 所示。

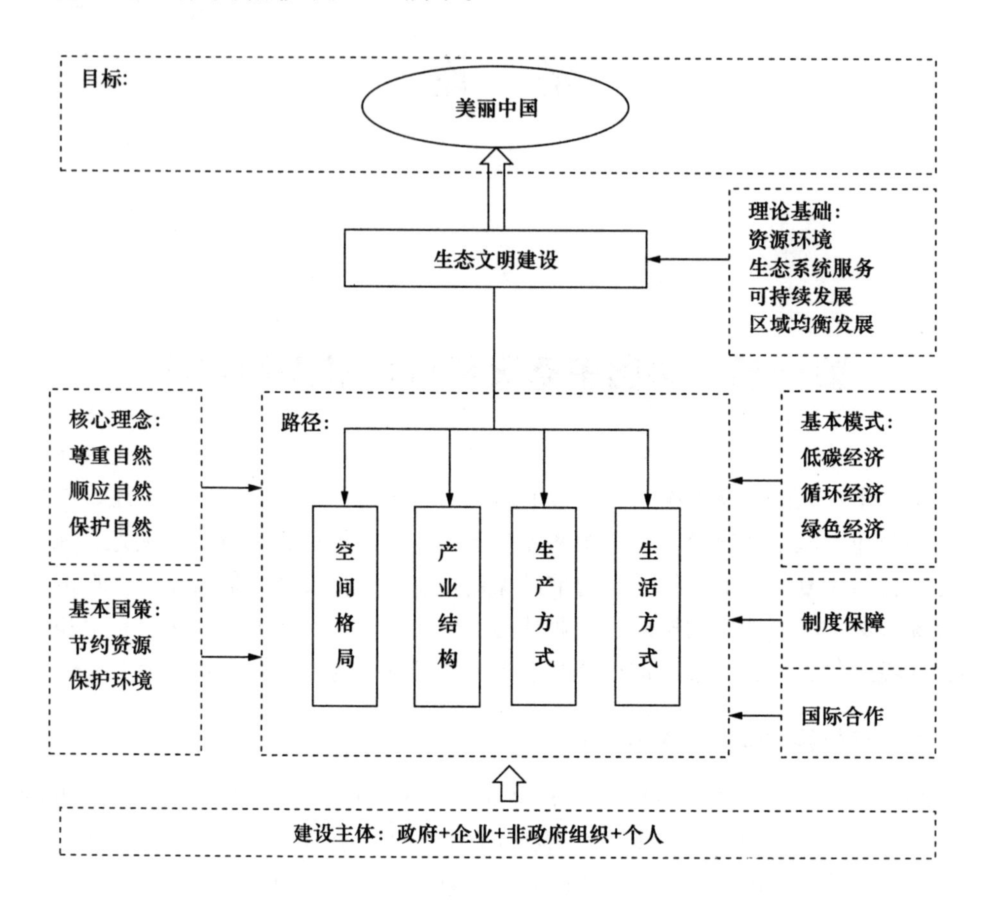

图 0 – 1　中国生态文明建设体系构成

二、生态文明建设的基本要素

（一）生态文明建设的目标

十八大报告提出，“建设生态文明，是关系人民福祉、关乎民族未来的长远大计”。习近平主席在致辞中提出，“走向生态文明新时代，建设美丽中国，是实现中华民族伟大复兴的中国梦的重要内容”，“为子孙后代留下天蓝、地绿、水清的生产生活环境”。这两句话系统表述了生态文明建设的目标，即建设生态文明的目标是建设美丽中国，增进人民福祉和实现民族的永续发展。

（二）生态文明建设的核心理念

人类不同文明时期处理人和自然的关系时，态度完全不同。采猎文明、农业文明时期，人类依赖自然生存，到了工业文明时期，人类开始征服、驯服大自然，利用大自然的一切为人类服务，为满足人类需求可以不计任何后果。不同于前三种文明，生态文明的核心理念是“人与自然和谐共生”。人类生存于自然生态系统内，是自然生态的子系统，生态系统的破坏必将导致人类的毁灭。因此，在人类发展的过程中，必须尊重自然规律，顺应自然，保护自然，实现天人合一，人与自然共生双赢。

（三）生态文明建设的基本方针

建设生态文明，必须于生产方式和生活方式的转变中，坚持节约资源和保护环境的基本国策，坚持节约优先、保护优先、自然恢复为主的方针。

良好生态环境是人和社会持续发展的根本基础。环境保护和治理是提高人居环境的关键，也是生态文明建设的关键。环境保护和治理要以解决损害群众健康的突出环境问题为重点，坚持预防为主、综合治理，强化水、大气、土壤等污染防治，着力推进重点流域和区域水污染防治，着力推进重点行业和重点区域大气污染治理。

节约资源是保护生态环境的根本之策，是全面建设小康社会的重要保障，也是保障经济安全和国家安全的重要举措。生态文明建设必须改变以往粗放型的资源利用方式，大力节约集约利用资源，加强全过程节约管理，大幅降低能源、水、土地消耗强度，大力发展循环经济，促进生产、流通、消费过程的减量化、再利用、资源化。

（四）生态文明建设的制度保障

以制度的形式将生态文明的体制机制确立下来并加以实施是生态文明建设的有效保证。首先，要进一步建立与完善有利于节约能源资源和保护生态环境的法律法规体系，建立国土空间开发保护制度，完善最严格的耕地保护制度、水资源管理制度、环境保护制度。其次，要完善政府责任考评制度，将资源消耗、环境损害、生态效益纳入经济社会发展评价体系，建立体现生态文明要求的目标体系、考核办法、奖惩机制。再次，充分发挥市场的作用，深化资源性产品价格和税费改革，建立反映市场供求和资源稀缺程度、体现生态价值和代际补偿的资源有偿使用制度和生态补偿制度。又次，加强监管和舆论监督作用。最后，建立全面参与机制，增强全民的节约意识、环境意识和生态意识，形成合理消费的社会风尚，营造爱护生态环境的良好风气。

（五）生态文明建设的主体

生态文明建设需要全民的广泛参与。政府作为政策的制定者、建设的推动者，应该不断发挥自身的作用，加强公共环境服务能力的建设，积极开展生态文明建设宣传和教育，提高社会公众的参与意识和参与能力。企业作为生态文明建设的主力军，应增强使命感和责任感，将生态文明建设的理念纳入企业的核心价值体系中，积极开展技术创新，加大节能环保投入。社会团体则要充分发挥舆论监督的作用，协助政府立法和制定行业标准。公民则应该不断提高自身的生态环保意识，自觉养成科学、文明、健康的生活方式。

三、生态文明建设的路径选择

生态环境问题，究其本质是发展方式、产业结构、生产方式和消费模式问题。发达国家由于已经完成了工业化和城市化进程，进入了信息化阶段，产业结构优化升级已经完成，因此，其对生态环境的保护和治理主要是通过两种路径完成：一是培育清洁生产方式；二是转变消费模式。不同于发达国家，中国目前市场体系还不完善，产业结构优化升级尚未完成，技术水平相对落后，因而中国生态文明建设还需从国土空间开发格局、产业结构、消费结构等多方面着手，从源头上扭转生态环境恶化趋势。转变经济增长方式，逐渐形成节约资源和保护环境的空间格局、产业结构、消费结构。

（一）优化空间格局

十八大报告提出要按照人口资源环境相均衡、经济社会生态效益相统一的原则，控制开发强度，调整空间结构，促进生产空间集约高效、生活空间宜居适度、生态空间山清水秀。十八大提出的这种可持续空间格局的形成主要依托的是主体功能分区。所谓主体功能分区是指根据资源环境承载力、现有开发密度和发展潜力，统筹考虑未来我国人口分布、经济布局、国土利用和城镇化格局，确定不同区域的主体功能，并据此明确开发方向，完善开发政策，控制开发强度，规范开发秩序，逐步形成人口、经济、资源环境相协调的国土空间开发格局。根据主体功能分区的原则，我国的国土空间被划分为优化开发、重点开发、限制开发和禁止开发四类主体功能区域。其中优化开发区域是经济比较发达、人口比较密集、开发强度较高、资源环境问题更加突出，从而应该优化进行工业化、城镇化开发的城市化地区。重点开发区域是有一定经济基础、资源环境承载能力较强、发展潜力较大、集聚人口和经济的条件较好，从而应该重点进行工业化、城镇化开发的城市化地区。限制开发区域分为两类：一是农产品主产区，即耕地较多、农业发展条件较好，尽管也适宜工业化、城镇化开发，但从保障国家农产品安全以及中华民族永续发展的需要出发，必须把增强农业综合生产能力作为发展的首要任务，从而应该限制进行大规模高强度工业化、城镇化开发的地区；二是重点生态功能区，即生态系统脆弱或生态功能重要，资源环境承载能力较低，不具备大规模高强度工业化、城镇化开发的条件，必须把增强生态产品生产能力作为首要任务，从而应该限制进行大规模高强度工业化、城镇化开发的地区。禁止开发区域是依法设立的各级各类自然文化资源保护区域，以及其他禁止进行工业化城镇化开发、需要特殊保护的重点生态功能区。国家层面禁止开发区域，包括国家级自然保护区、世界文化自然遗产、国家级风景名胜区、国家森林公园和国家地质公园。省级层面的禁止开发区域，包括省级以下各级各类自然文化资源保护区域、重要水源地以及其他省级人民政府根据需要确定的禁止开发区域。

（二）优化产业结构

十八大报告提出要形成节约资源能源和保护生态环境的产业结构，其本质就是要形成包含经济发展、社会进步与生态环境保护多重目标的可持续发展的产业结构。因此，需要将资源环境承载力作为经济社会发展的先决条件，以生态学为理论基础，对传统产业进行生态化改造，实现产业生态化、生态产业化，大力发展节能环保等战略性新兴产业，提高绿色经济、循环经济和低碳技术在整个经济结构中的比重，推动经济绿色转型。

（三）改进生产方式

工业社会高投入、高消耗、高污染的粗放式的生产方式，是资源枯竭、生态恶化、生态污染的根本原因之一。生态文明建设就是要从根本上改变这种生产方式。发展循环经济，在原料到最终产品的生产过程中，最大限度地利用自然资源，并有效重复利用，避免资源浪费。同时，考虑生态环境承载能力，对生产过程中所产生的各种废物进行无害化处理，实现污染物的“零排放”或满足生态环境有效净化的要求；大力发展清洁生产技术，提高风能、太阳能等可再生能源的比重，实现绿色生产。最终实现经济效益、环境效益和社会效益的协调发展。

（四）转变生活方式

人类消费需求的无限性与生态资源有限性之间的矛盾也是工业文明生态危机的根本原因之一。人口的增加、生活条件的改善、消费方式的改变都会导致人类消费需求的增加，从而进一步加剧消费与生态资源之间的矛盾。因此，生活方式的变革是生态文明建设的根本。工业文明的生活方式以物质主义为原则，以高消费为特征，认为更多地消费资源就是对经济发展的贡献。而生态文明却主张要充分考虑资源的有限性，通过树立正确的消费观，推动绿色消费、循环消费和低碳消费，促进人类消费与自然生态系统消费的公正、代内与代际的公平，克服畸形消费，反对铺张浪费。

四、本书的主要目的

本书立足于不同经济发展程度区域生态文明建设现状，基于我国当前省际资源开发利用、城镇化、生态环境治理等多方面探讨其对生态环境的影响，分析我国在经济发展过程中，生态文明建设所面临的新挑战、新问题，并对当前我国实施的有关生态文明建设财税政策效果进行评价和分析，从而指出我国生态文明建设应注意的重点区域和领域，结合国外生态环境保护的财政政策经验，提出以生态文明建设为指向的财税支持政策框架与措施研究，为我国生态文明建设提供决策依据。

第二节 国内外有关生态文明指标体系及评价方法的综述

中共十七大首次提出生态文明建设，十八大报告把大力推进生态文明建设作为报告十二部分内容之一，同时强调“保护生态环境必须依靠制度。要把资源消耗、环境损害、生态效益纳入经济社会发展评价体系，建立体现生态文明要求的目标体系、考核办法、奖惩机制”①。本节主要对我国已有的评价指标和评价方法进行梳理和评述。

一、国内外有关生态文明评价指标体系的研究

（一）国内有关生态文明评价指标体系的研究

1. 各级政府和有关部门提出的评价指标体系

2003 年国家环保总局（现称国家环保部）印发了《生态县、生态市、生态省建设指标（试行）》的通知（自 2010 年 12 月 22 日起废止），构建了生态县、生态市、生态省建设指标体系，从国家层面明确了生态县、市、省建设的标准。2008 年 7 月 8 日，中央编译局正式发布国内首个“生态文明建设（城镇）指标体系”。本研究依据系统—变量—要素将生态文明划分为三级，按照资源节约情况、生态安全状况、环境友好情况和制度保障现状构建了四大系统。该评价体系通过包括单位 GDP 能耗、工业固体废物综合利用率等 30 个指标核定一个地区的生态文明程度。其中除了有反映各地区发展生态经济、资源有效利用的努力程度、强化生态治理、维护生态安全努力程度等指标外，特别对生态意识和生态制度保障等方面给出具体衡量指标。

为深入贯彻落实十八大精神，以生态文明建设试点示范推进生态文明建设，

① 十八大报告辅导读本［M］. 北京：人民出版社，2012.

2013年5月，环保部研究制定了《国家生态文明建设试点示范区指标（试行）》。具体来看，生态文明试点县建设指标包含生态经济、生态环境、生态人居、生态制度、生态文化5个系统，共29项指标；生态文明试点市则包含30项指标。同年9月，国家林业局组织编制了《推进生态文明建设规划纲要（2013～2020年）》。

各行政区域政府因地制宜，也组织和编制了适合本地区的生态文明考核指标体系。例如，2008年8月浙江省洞头县编制了《生态文明建设和发展规划》，它是全国首例将生态文明建设编成规划的文件，而且是针对海岛县的第一套生态文明指标体系。2008年10月《贵阳建设全国生态文明示范城市规划（2012～2020年）》发布。这套指标体系从生态经济、生态环境、民生改善、基础设施、生态文化、廉洁高效6个方面，选取了反映生态文明城市建设的33项指标①。该规划被认为是国内首部最完整、最具可操作性的生态文明城市指标体系②。随后张家港、常熟、昆山、武进等县域也发布了生态文明建设指标体系（见表0－1）。

表0－1　县域生态文明指标体系比较　　单位：个

	张家港	江阴	常熟	昆山	吴江	宜兴	武进
一级指标	生态意识文明、生态行为文明、生态制度文明、生态环境文明、生态人居文明	生态意识文明、生态行为文明、生态制度文明、生态环境文明、生态人居文明	生态环境、生态产业、绿色消费、生态文化	生态意识文明、生态行为文明、生态制度文明	生态意识文明、资源利用生态文明、生态环境文明、生态产业文明、生态人居文明、生态制度文明	生态意识、生态经济、生态环境、生态人居、生活行为、生态制度	生态观念、生态经济、生态环境、人居环境、生态社会、生态制度
指标数	31	30	29	37	37	38	24

2013年江苏省政府印发《江苏省生态文明建设规划（2013～2022年）》。该指标体系涵盖生态空间、生态经济、生态环境、生态生活、生态文化和生态制度六大类及1个评判指标共20项46个指标。这是全国首个省级生态文明建设规划。2012年无锡市发改委公布了《无锡市“十二五”生态文明建设规划》，提出

① 其中，生态经济方面的6个指标主要反映经济发展和可持续发展状况；生态环境方面的8个指标主要反映城市生态及环境保护状况；民生改善方面的9个指标主要反映市民生活质量、社会和谐及法制状况；基础设施方面的4个指标主要反映城乡建设状况；生态文化方面的3个指标主要反映市民生态文明素养、文化产业及公共文化服务状况；廉洁高效方面的3个指标主要反映政府行政状况。

② 贵阳市委市政府．贵阳创立首部“生态文明城市指标体系”［J］．领导决策信息，2008（43）．

到2015年，基本建立良好的自然生态、高效的经济生态、文明的社会生态体系，自主创新能力显著提升，公共服务体系完善，节约资源和保护环境的产业结构、增长方式、消费模式基本确立，生态环境显著改善，生态安全得到保障，全社会生态文明意识普遍增强，把无锡基本建成为全国著名的生态城、高科技产业城、旅游与现代服务城、宜居城。无锡市生态文明指标体系包含生态经济、生态资源、生态环境、生态人居、生态文化5个方面29项指标。各指标评价参考值在国家生态市、人居环境城市等考核标准基础上进一步提高，充分体现无锡生态文明城市建设的要求和标准。浙江省统计局课题组（2013）[①] 采用1个总指标（浙江省生态文明指数）、4大领域（生态经济、生态环境、生态文化、生态制度）、37项评价指标构建了浙江省生态文明指标体系。为有效指导杭州市生态文明建设，杭州市组织中国科学院生态环境研究中心、杭州市环境保护科学研究院和杭州市发展规划研究院等单位，共同研究和编制了《杭州市生态文明建设规划（2010~2020年）》。

2. 学术研究提出的评价指标

北京林业大学研究中心（2008）承担了国家林业局"生态文明建设的评价体系与信息系统技术研究"项目，构建了中国省级生态文明建设评价指标体系。该项目围绕生态文明建设要实现充满活力的生态、质量优良的环境、事业发达的社会、高度协调各方的目标，把指标分解为生态活力、环境质量、社会发展和协调程度，构建了总指标—考察领域—具体指标三层次的指标体系框架，共20项具体指标。

北京大学"新区域协调发展与政策研究"课题组依托国家社科基金项目，2009年发布"中国生态文明地区差异研究"的研究成果，尝试用生态效率定义经济发展的生态文明水平，对各省区市生态文明发展水平进行了排名。

2013年9月，由东北亚开发研究院产业经济研究所主持研究形成的区域生态文明建设指标体系在京正式发布，该指标体系是全国首个以中东部县域为单位的区域生态文明建设指标体系。指标体系由生态经济发展、生态环境建设和生态制度保障三大体系组成生态文明建设评价的原则和指标性质，借鉴层次分析法思想，将生态文明建设指标体系分为目标层、系统层、逻辑层和指标层4个层次，包括13个具体指标、3个特色指标和4个否定指标[②]。由严耕（2013）主编的

---

① 浙江省统计局课题组．浙江省生态文明建设评价指标体系研究和2011年评价报告［J］．统计科学与实践，2013（2）．

② 值得注意的是指标中的否定指标，即满足或发生其中任何一种情况的，均不能纳入生态文明建设示范区建设。这4个否定指标分别为：近三年曾被国家环保部公布为年度"十大污染城市"；区域生态环境严重恶化；近三年发生重大食品安全事件，或食品安全监测体系存在重大漏洞和隐患；生态文明建设未纳入政绩考核。

《中国省域生态文明建设评价报告（ECI 2012）》首次尝试对我国各省域生态文明建设发展态势进行了考察，采用国家发布的权威数据，使用生态文明建设评价指标体系 ECI 2012 探究各省域生态活力、环境质量、社会发展和协调程度变化之间的动态关系。从生态活力、环境质量、社会发展、协调程度、转移贡献 5 个领域对我国 31 个省份[①]进行了综合评价。评价结果显示，我国尚无在生态文明建设诸领域全面领先的省份，各省份互有短长，分属不同的生态文明建设类型，这就需要各省份找准自身的发展道路。

在借鉴国内外相关理论和实践经验的基础上，张静和夏海勇（2009）、王贯中等（2010）、田智宇等（2013）、成金华和冯银（2014）、成金华和陈军（2013）、朱松丽和李俊峰（2010）从经济发展、资源利用、生态环境、社会进步和制度建设等方面，各自构建了我国生态文明建设评价指标体系。生态文明建设既不是单纯的生态环境建设，也不是孤立的城市生态文明建设，而是在“全面、协调、可持续发展”的观念指导下，兼顾城乡地区，转变经济增长方式，实现资源高效利用与环境良性循环，在全社会确立生态文明理念，获得物质成果和精神成果的双丰收（高珊、黄贤金，2010）。

值得一提的是，岳利萍（2014）基于发展视角构建了生态文明评价指标体系。作者将生态文明概括为经济发展条件生态化、经济发展过程生态化、经济发展结果生态化以及经济发展结果生态化的制度保障四个维度。杜勇（2014）从资源保障、环境保护、经济发展和民生改善四个子系统构建了资源型城市生态文明评价指标体系，该体系相较于已有的评价体系，不仅更准确地表达了表征指标与具体指标之间的相互关系，而且体现了经济理论内涵与评价指标体系的一致性，兼顾了生态文明建设和经济社会建设的同步性。

还有学者针对不同的评价对象，构建了城市群、特定区域生态文明指标体系。例如，刁尚东（2013）构建了中国特大城市生态文明评价指标体系。朱玉林等（2010）则构建了长株潭城市群生态文明程度综合评价指标体系。马文斌等（2010）则以长江上游地区为研究对象，构建了针对长江上游地区的生态文明示范区评价指标体系。朱增银（2010）构建了太湖流域生态文明城市建设量化指标体系。张靖宇和秦玉才（2011）等对西部生态文明指标进行全面、系统、层次化的设计，构建了西部地区生态文明建设评价指标体系。黄娟等（2011）借鉴国内已有的各种指标体系及其实践经验，结合江苏实际，确定以生态意识、生态经济、生态环境、生态人居、生态行为和生态制度为 6 个一级指标，以宣传教育、经济效率、企业管理、经济结构、环境质量、环境成本、污染控制、基础设施、

---

① 不包括台湾地区和香港、澳门两个特别行政区，全书同，不再一一注明。

人居条件、资源节约、政府决策、企业公众参与为12个二级指标，整个指标体系共52项指标，构建了江苏省生态文明建设指标体系。杨雪伟（2010）构建了湖州市生态文明建设评价指标体系，这套指标体系主要包括生态经济、生态环境、生态保护和生态文化四个方面。蒋小平（2008）从总体结构上将河南省生态文明评价分为3层。目标层由复合系统生态文明度一个指标构成，分自然生态环境、经济发展、社会进步3个子系统指标体系，每个子系统又分若干指标，形成20个单项评价指标。

（二）国外有关生态文明评价指标体系的研究

1995年，Morrison明确提出了生态文明（Ecological Civilization）这一概念，并将生态文明作为工业文明之后的一种文明形式。自20世纪60年代以来，西方国家率先开展环境保护和生态建设，国外生态文明相关方面的研究较多，但它们未必使用“生态文明”这一词，而是集中在可持续发展指标体系等的研究。例如，联合国、经合组织等国际组织提出了可持续发展指标体系，联合国开发计划署的人类发展指数、绿色核算GNNP、环境可持续指数等。20世纪90年代初以来，各国际组织、国家、地区从不同角度、国情特点出发，相继开展了区域可持续发展指标体系的研究与设计，提出了各种类型的指标体系与框架。

1983年，联合国成立了世界环境与发展委员会（WCED），研究应对世界面临的环境发展问题的战略措施，在1987年发表了《我们共同的未来》，“可持续发展”概念应运而生，报告把以往单纯考虑环境保护引导到把人类发展与环境保护相结合，探索人与自然和谐发展的新型道路上来。2002年8月，可持续发展世界首脑会议在南非通过了《可持续发展执行计划》，进一步明确了环境保护与社会进步、经济发展三者紧密联系、互相促进，是可持续发展的三大支柱。

加拿大政府较早提出了压力—状态体系，《21世纪议程》将可持续发展指标分为社会、经济、生态和基础设施四个方面。经济合作与发展组织（OECD）和联合国环境规划署（UNEP）进一步将该指标分为压力指标、状态指标和响应指标（Pressure－State－Response，PSR）。压力指标是指监测由于人类活动给环境造成的压力；状态指标是指监测由于人类活动而导致的环境质量和环境状态的变化；响应指标是指监测人类社会为减轻环境污染和资源耗竭所采取的努力。PSR框架模型在指标的建立和构造时都基于因果关系。在这因果链条中，社会和经济发展被认为对环境产生压力，并导致环境状态的改变。反过来这些改变对人类自身健康、生态系统和物质产生的影响又导致社会对驱动力、压力或者是直接的状态和影响做出响应。即人类活动对环境施加压力，使环境状态发生变化，社会对环境变化做出响应，以恢复环境质量或防止环境恶化。

1996 年，联合国可持续发展委员会对 PSR 概念模型加以扩充，构建了驱动力—状态—响应（Driving - State - Response，DSR）概念模型。该框架由社会、经济、环境和机构四大类、6 个方面、12 个驱动力指标、12 个状态指标和 8 个响应指标构成。其中，驱动力指标描述了造成发展不可持续的人类活动和消费模式；状态指标刻画了经济社会环境系统的可持续发展状态；响应指标描述了促进可持续发展的度量和方法。该指标体系以环境的可持续发展为目标，因此，更加注重资源环境受到的威胁与生态环境退化之间的关系。可持续发展指标体系在当前国际上影响较大。OECD 以压力—状态—响应的模式为理论基础，提出了可持续发展指标体系。

20 世纪 90 年代，加拿大生态经济学家 William Rees 提出了生态足迹（Ecological Footprint，EF）概念，主要用来计算在一定的人口和经济规模条件下，维持资源消费和废弃物吸收所必需的生产土地面积。生态足迹可以把许多关于可持续性、发展和公平的问题联系起来，通过引入生产性土地的概念，实现对自然资源的统一描述；通过引入等价因子和生产力系数进一步实现了各个国家、各地区各类生态生产性土地的可加性和可比性。个人、家庭、城市、地区、国家乃至整个世界都可以计算生产和生活所需的相应的生态足迹，并进行纵向、横向的比较分析，又可以将其同生态承载力比较，使我们明确现实情况距离可持续性目标有多远，从而有助于监测可持续发展方案实施的效果。

联合国开发计划署在《人类发展报告》（1990）中引入了人类发展指数（Human Development Index，HDI）指标，用以衡量一国经济社会发展的水平。2010 年的人类发展指数由预期寿命、平均受教育年限和人均 GDP 的对数构成。这三个指标分别反映了人的寿命水平、知识水平和生活水平，HDI 则为三个基本指数的几何平均。HDI 易于获得数据，倾向于关注人类发展而不是以经济状况对国家现在的综合福利开展排名。它易于计算，且使用方法较简单。同时 HDI 能根据收入分配、性别、地理位置和种族的不同而做出调整，可应用于人群中不同的群体，这样人群的悬殊差别将不会在国民人均中漏掉。HDI 已经得到了普遍的认可，成为评价世界各国人文发展综合水平的重要依据。

1999 ~ 2008 年，美国耶鲁大学环境法律与政策中心、哥伦比亚大学国际地球科学资讯网络（Center for International Earth Science Information Network，CIESIN）与世界经济论坛合作，提出了环境可持续指数（Environment Sustainability Index，ESI）①。该指数是一项综合性指标系统，由环境系统、减轻压力、减少损害、能力建设和全球参与共 5 部分、21 项指标、76 个变量构成，涵盖自然资源、

① ESI 数位越高，表明其环境可持续性越强，越有利于在未来能够保持良好的环境状态。

过去与现在的污染程度、环境管理努力程度、对国际公共事务的环保贡献以及历年改善环境绩效的社会能力等方面内容。它可以测量一个国家或地区能够为其后代人保持良好环境状态的能力，能够为环境决策提供有力的分析工具，促进环境政策制定和环境管理的定量化与系统化。ESI 研究组于 2000 年推出了测试版 ESI，包含了 5 个组成部分、21 个指标和 64 个变量。此后，ESI 研究组不断对其进行更新、改进和检验，推出了 2001ESI、2002ESI、2005ESI。

随后，由环境可持续指数（ESI）衍生出了环境绩效指数（Environment Performance Index，EPI）。其中包括政策目标导向和定量绩效测评，并以此衡量各国与目标值之间的差距。该指数主要围绕减少环境对人类健康造成的压力、提升生态系统活力和推动对自然资源的良好管理两个基本的环境保护目标展开。EPI 采用了目标渐近的方法，重点关注那些与政策目标相关的环境成果。世界上越来越多的国家积极投入到了开展城市生态文明化进程的实践中来。到目前为止，约有 400 个可持续发展指标，但还没有一套公认的标准方法①。

（三）评述

通过梳理国内外对生态文明指标体系研究的文献，我们不难发现，关于生态文明的理论基础研究已经非常丰富，国外对于指标体系的研究主要集中在可持续发展相关指标方面，国内则基本确立了生态文明的概念，树立了相应的理念与价值观，相关的理论研究也满足实践需要。由于研究对象的不同，如不同行政级别的差异、地理位置的差异，沿海城市、内陆城市经济发展程度的差异，东部地区、西部地区、中部地区存在显著的资源、生态、环境差异，因此无论是政府主导的还是学者构建的生态文明指标体系都存在显著的差异。这些因素也正是生态文明指标体系构建很难得到学者一致认可的困难所在。指标体系的构建因为涉及过多的研究对象，所构建的生态文明指标体系往往因为要顾及所有研究对象，而不得不放弃典型的指标。

另外，由于研究的侧重点、立足点领域不同，生态文明指标的构建会顾此失彼。例如，对生态文明建设的内涵认识不够明确，把生态文明建设等同于生态建设，忽视了生态文明建设与经济、政治、文化、社会建设之间相互融合、协调促进的作用关系。事实上生态文明建设是生态建设的深化和高级阶段。例如，2003 年国家环保总局《生态县、生态市、生态省建设指标（试行）》自 2010 年 12 月 22 日起废止，为 2013 年其发布的《国家生态文明建设试点示范区指标（试行）》奠定了基础。由中央编译局发布的国内首个“生态文明建设（城镇）指标体系”通过包括单位 GDP 能耗、工业固体废物综合利用率等 30 个指标核定一个地区的

---

① 根据研究的需要，其他的可持续发展指标也逐渐被关注研究，而且这些指标被认为是较容易接受或是很全面的。

生态文明的程度，但该指标体系过于片面注重环境质量，忽略了经济发展目标（见表0－2）。

表0－2 生态文明相关指标体系比较

构建主体	指标名称	局限
联合国可持续发展委员会	可持续发展	体系数目庞大而分散，由于指标不能简单加和，因此太多的指标削弱了指标体系服务于政策制定的功能。更重要的是，没有提供方法衡量不同系统之间的联系，缺乏对可持续发展的整体认识，同时没能提供可以从一系列指标中挑选用于衡量可持续发展的合适指标的方法。另外，过多关注环境、生物和物理方面的指标，使得该体系对其他方面的衡量关注不够
联合国、经合组织	可持续发展指标体系	这种确定可持续环境指标的模式较适合空间尺度较小的微观领域，但对空间差异较大、因素较多的大尺度空间综合评价难度较大，在实际应用中发现，PS模型应用于环境类指标，可以很好地指出指标间的因果关系，而应用于经济与社会类的指标则作用不大
加拿大生态经济学家William Rees	生态足迹	监测生态可持续性的分析方法，强调人类发展对环境和生态系统的影响，而忽视了经济、社会、技术方面的可持续性。同时，它没有考虑人类对现有消费模式的满意程度。此外，生态足迹分析法是一种基于静态指标的分析方法。在计算生态足迹时，它假定人口、技术、物质消费水平都是不变的。生态足迹分析法没有把生态系统提供资源、消纳废物的功能描述完全，而且现在实际所占有的生态足迹要比计算结果更大
联合国开发计划署	人类发展指数	一是HDI指标选择具有任意性特征。HDI是采用将实际值与理想值和最小值联系起来的方式来评价相对发展水平，所以，当理想值或最小值发生变化时，即使一国的三个指标值不变，其HDI值也可能发生变化。二是HDI对生态环境关注不够。人文发展离不开环境系统的支持，HDI只选择预期寿命、平均受教育年限和人均GDP三个指标，仅侧重度量人文发展水平，缺乏对人类生产和生活的支持系统——资源和环境的度量。三是HDI偏重发展结果的评价。HDI计算时均是以实际值与理想值和最小值的差来合成指数，这就意味着HDI只在衡量发展结果时有效，对于经济社会发展为何以及在哪些方面有待改进，无法给出明确的结论，即没有给出发展条件和过程的评价和改进路径
美国耶鲁大学环境法律与政策中心、哥伦比亚大学国际地球科学资讯网络（Center for International Earth Science Information Network，CIESIN）以及世界经济论坛	环境可持续指数	由于指标体系过于庞大，导致指标之间相互交织，指标分布不均衡，尤其是环境类指标所占份额过大，经济类指标所占份额较小，弱化了生态文明建设的经济基础

二、生态文明建设评价的方法梳理

（一）有关生态文明建设评价的一些方法

对生态文明建设的评价在构建指标体系之后，就要采用特定的方法对各指标数据进行处理，形成综合性的评价结果，综合评价的直接结果通常表现为一个量化的综合评价值。指标综合评价的结果是对被评价事物一般水平或趋势的抽象程度较高的数量描述，这种描述具有整体性和全面性（邱东，1990）。

我们梳理了学术界比较通用的一些方法，传统的综合评价多元统计分析法包括综合指数法、主成分分析法、因子分析法、德尔菲法、聚类分析法等，近年比较流行的方法有生态足迹法；综合评价系统分析方法包括模糊数学评价法、灰色系统评价法、人工神经网络评价法、数据包络分析法、层次分析法等。

1. 综合指数法（Synthetical Index）

综合指数法是目前最常用的评价方法之一。该方法是将反映评价对象的各单项指标的数值差异通过线性组合来构造综合指标而进行评价的一种方法。综合指数法在生态环境质量的现状评价中较常用，方法相对比较简单。即先对各个指标进行无量纲化处理，再按照每个指标所占权重进行加权平均，形成整个生态文明建设的综合评价指数。宋永昌等（1999）采用综合指数评价法对上海、广州、深圳、天津、香港5个沿海城市进行了城市生态化程度的分析。王娟等（2004）、高珊等（2010）也采用综合指数法分别对江苏常熟市和江苏省生态文明建设进行了绩效评价。张静和夏海勇（2014）对所构建的生态文明指标体系采用指标综合评价方法，以昆山、大连和东莞三市为例，将三市的生态文明建设水平进行了横向比较，验证了所建指标体系的可达性。

2. 因子分析法（Factor Analysis）

因子分析是从有关变量数据中，找出变量里起决定作用的若干基本因子，深入分析事物的内部关系。因子分析在多指标综合评价中是用互不相关的公共因子合成，得到总因子分数，从而对被评价样本进行排序。每个指标可以近似地表示成公因子的线性组合，以较少的公因子来代替多个指标从而达到简化分析的目的。因子分析用于多指标综合评价与主成分分析法基本思想一致，需要经过无量纲化、去相关、定权数、降维四项基本处理。

3. 德尔菲法（Delphi）

德尔菲法的关键是组织具有学科代表性的权威专家对评价指标进行测定，根据评价因素对生态环境质量影响的重要程度以及生态环境质量的状况进行排序。经典的德尔菲法一般经过四轮，但是一系列实验表明，通过两轮意见已十分协调。就现有经验来看，一般采用三轮较适宜。于秀琴等（2013）根据德尔菲法，依据40名城市政府管理专家、生态文明研究专家、生态文明城市评价专家等分别打分统计，根据平均得分来评判该指标对生态文明城市评价的重要程度，平均得分越大，表明该指标越重要，也就是说用这个指标来评价生态文明城市就越有效。

4. 层次分析法（Analytic Hierarchy Process，AHP）

层次分析法是将复杂问题中的构成要素通过划分成相互联系的有序层次，在这些层次的基础上，再对客观现实的主观判断进行定性与定量决策的分析。层次分析法将专家意见和分析者的客观判断两两比较，比较其重要性并进行定量描述。将人的决策思维过程分解为多指标或准则、约束的诸多层次，进行层次化、模型化、数量化分析，用数学手段为分析、决策提供定量依据，通过所有层次之间的总体排序计算所有目标值的相对权重再进行排序，是目前对定性目标进行定量分析的最有效方法之一。张靖宇等（2011）对西部地区城市生态文明指标评价采用主观分析和灰色层次分析法相结合的方法，在尽可能反映主要特征的前提下，将西部地区生态文明系统划分为四层模型结构构成的目标集。

5. 灰色关联度（Grey Relation Analysis，GRA）

灰色关联度是灰色系统理论应用的主要方面之一。因为在多指标综合评价中，评价目标往往具有灰色性，因此采用灰色关联分析方法进行综合评价是比较合适的。该方法主要针对少数据且不明确的情况下，通过对灰色系统内有限数据序列的分析，寻求系统内部诸因素间的关系，找出影响目标值的主要因素，进而分析各因素间的关联程度。灰色关联度反映了被评价对象对理想对象的接近次序，即被评价对象的优劣次序。该方法首先是求各个方案与由最佳指标组成的理想方案的关联系数矩阵，由关联系数矩阵得到关联度，再按关联度的大小进行排序。朱玉林等（2010）构建了长株潭城市群生态文明程度综合评价指标体系，采用灰色关联度对长株潭城市生态文明程度进行了量化评价。

6. 聚类分析法（Cluster Analysis）

聚类分析法是根据指标之间的“相似性”从而将指标进行归类，先将最相似或最相近的聚为一类，然后再将次相似或次相近的聚为一类，一直到将所有的指标都聚成一个大类，形成一个由小到大的分类系统，最后把整个分类系统中的“亲疏”关系或“远近”关系用一个图形形象直观地描述出来（苏为华，2000）。灰色聚类法是以灰色关联度为基础的聚类方法，它将聚类对象对于不同聚类指标所拥有的白化数，按若干灰类进行归纳，从而判断出聚类对象属于哪一个灰类。

7. 模糊综合评价法（Fuzzy Comprehensive Evaluation，FCE）

模糊综合评价方法也是多指标综合评价实践中应用最广的方法之一，主要运用模糊数学基本原理，将待考察的对象归入反映其模糊概念的模糊集合，再建立隶属函数，运用模糊集合运算和变换，对模糊集合进行分析。简单地说模糊综合评价就是将一些边界不清、不易定量的因素定量化，进行综合评价。模糊综合评价通过确定综合评价指标体系→确定评语等级→建立模糊关系矩阵→计算模糊合成值，从而完成模糊合成，最后进行模糊综合评价。

8. 主成分分析法（Principal Component Analysis，PCA）

主成分分析法是目前应用最广的一种多元统计综合评价方法。主成分分析是通过恰当的数学变换，使新变量——主成分成为原变量的线性组合，并选取少数几个在变差总信息量中比例较大的主成分来分析事物的一种方法。主成分在变差信息量中的比例越大，在综合评价中的作用就越大。基本过程为：原始指标数据标准化处理→指标数据的相关矩阵，并对相关矩阵求特征根、特征向量和贡献率→确定主成分个数→主成分综合评价值。

9. 人工神经网络法（Artificial Neural Networks，ANN）

人工神经网络法将用于多指标综合评价的评价指标属性值进行归一化处理后作为 BP 网络模型的输入，将评价结果作为 BP 网络模型的输出，用足够多的样本训练这个网络，使其获取评价专家的经验、知识、主观判断及对指标重要性的倾向。训练好的 BP 网络模型根据待评价对象各指标的属性值，就可得到对评价对象的评价结果，从而再现评价专家的经验、知识、主观判断及对指标重要性的倾向，保证评价的客观性和一致性（孙修东，2003）。

（二）方法比较及评述

通过文献研究方法的梳理，我们归纳多指标综合评价过程基本步骤为：选取评价指标→无量纲化处理→确定有关阈值、参数→确定指标权数→指标实际值转化为评价值→综合评价值→被评价对象排序（邱东，1990）。多指标综合评价中的基本变量有指标实际值和评价值，其关键问题就在于指标实际值到评价值的转化。其中，确定指标权重系数是综合评价中的核心问题。权重确定合理与否对综合评价结果和评价质量将产生决定性的影响。在贵阳市生态文明建设评价指标体系中，“生态经济”和“生态环境”两项一级指标共包含 14 项二级指标，占总指标的 42%，但是指标的权重却占到 50% 以上，作为生态文明建设指标体系，生态经济发展和生态环境保护的权重过重。

指标权数的确定方法一般包括主观赋权法和客观赋权法。主观赋权法是指各位评价专家依据自己的经验，对各评价指标的重要程度进行打分，再经统计分析后得出指标权数，如专家打分法、层次分析法、德尔菲法和模糊聚类法等，这些方法都需要行业专家对问题的各层权重进行主观赋值，因而不同程度地存在人为痕迹。客观赋权法是指利用样本数据所隐含的信息，经统计处理得出指标权数，如主成分分析法、因子分析法、灰色关联度法、人工神经网络定权法等。

表0-3 多指标综合评价方法比较

方法	优点	缺点
综合指数法	突出了生态环境质量评价的综合性、层次性、客观性和可比性。用于衡量不同地区的生态文明建设程度，简单易行，比较结果简明直观	难以赋权与准确定量，并且对环境质量的描述仍停留在静态上
主成分分析法	既可消除指标之间的相关影响，又可减少指标选择的工作量而不会漏掉关键指标，评价比较模式化、简单，便于程序处理	假设指标之间的关系都为线性关系，计算过程比较烦琐，且对样本量的要求较大。其结果跟样本量的规模有关系
人工神经网络法	具有自学习和自适应的能力；能够弱化权重确定中的人为因素，对多指标综合评价问题能给出一个客观评价	评价算法非常复杂，只能借助计算机进行处理
模糊综合评价法	具有结果清晰、系统性强的特点，能较好地解决模糊的、难以量化的问题，适合各种非确定性问题。模糊综合评价是一种绝对评价方法，一个单位的评价结果与参评单位的构成无关，这点比多元统计评价方法优越	由于存在多个评语等级，使得模糊合成向量具有诸多不确定性；由于权重的确定主观性强，易使评价结果分级不清甚至背离实际情况；无法回避评价信息重复问题
德尔菲法	适用范围广，不受样本是否有数据的限制，可将一些难以用数学模型定量化或收集的数据不足但又非常重要的指标考虑在内	受专家知识、经验等主观因素影响，过程较烦琐，花费时间长，可操作性相对较差，使评价指标定量化排序时的结果可靠性降低
层次分析法	对复杂决策问题的本质、影响因素及其内在关系等进行深入分析，利用较少的定量信息使决策的思维过程数学化。既包含了主观的逻辑判断和分析，又依靠客观的精确计算和推演	存在评价过程中的随机性和评价专家主观上的不确定性及认识上的模糊性。判断矩阵非常容易出现严重不一致现象
因子分析法	通过各个主因子得分与排序情况，找出各方面的差异和优势；因子的实际含义比主成分更明确和易解释。可以对指标和样品进行分类	评价值为估计值，不如主成分分析准确；因子分析工作量较大
灰色聚类分析法	其方法规范、容易掌握，既能弥补灰色关联度法的不足，又能充分利用系统已有的信息，使评价结果更有效	采用不同数据处理方法后计算出的灰色关联度是不同的，给出的评判结果稳定性不够
灰色关联度法	对样本规模没有要求，样本不需要经典的分布规律；数据不必进行归一化处理，计算简便。等同看待各评价指标，避免了主观因素对评价结果的影响	无法解决评价信息重复问题，因而指标的选择对评判结果影响很大。不具有唯一性、对称性和可比性

第三节　本书对生态文明建设评价采用的定量方法

一、多指标系统的综合评价

在广泛收集材料、多次专家研讨、与企业合作调研、工作小组讨论、征求部分专家和地方生态环境管理机构意见、多次修改完善等工作基础上，本项目组提出了《经济发展的生态环境质量评价体系（初稿）》，作为我国经济发展的生态环境质量评价体系的总体框架。这一体系拟从经济发展、资源利用、生态环境、治理保护四个维度综合评价经济发展过程中的生态环境质量。

经济发展维度：主要反映资源投入和特定生态环境条件下经济社会发展情况，设置总体指标（相对与绝对）和分类指标（收入增长、工业化水平、城镇化水平等）。

资源利用维度：主要反映经济发展过程中各类资源利用情况。对能源（效率与结构）、水、土地、矿产资源等主要资源种类的利用情况展开分析。

生态环境维度：主要反映经济发展和资源利用对生态环境质量影响，即经济活动开展中生态环境质量的变化。在这一维度下，重点考察空气、水、土壤、森林、草原、绿地质量以及主要污染物排放情况。

治理保护维度：主要反映生态环境保护和治理情况。拟从生态环境保护投入及其效果进行衡量评价。

基于上述四个评价维度，综合考虑“十二五”规划目标以及数据可得性，建立经济发展的生态环境质量评价指标体系，如表0－4所示。

表0－4　经济发展的生态环境质量评价体系

一级指标	指标编号	二级指标
经济发展（A）	A1	人均地区生产总值（元）
	A2	GRP 增速（%）
	A3	城市居民人均可支配收入（元）
	A4	农村居民人均纯收入（元）
	A5	工业化水平（%）
	A6	城镇化水平（%）

续表

一级指标	指标编号	二级指标
资源利用（B）	B1	能源消费总量（万吨标准煤）
	B2	万元 GDP 能耗（吨标准煤/万元）
	B3	非化石能源占一次能源消费比重（%）
	B4	国土开发强度（%）
	B5	单位建设（工业）用地生产总值（亿元/平方公里）
	B6	水资源开发利用率（%）
	B7	万元工业增加值用水量（吨水）
	B8	资源产出率（万元/吨）
生态环境（C）	C1	森林覆盖率（%）
	C2	废水排放总量（吨）
	C3	化学需氧量排放总量（吨）
	C4	氨氮排放总量（吨）
	C5	二氧化硫排放总量（吨）
	C6	氨氮排放强度（吨/平方公里）
	C7	氮氧化物排放强度（吨/平方公里）
	C8	空气质量指数（AQI）达到优良天数占比（%）
治理保护（D）	D1	环境污染治理投资总额占 GDP 比重（%）
	D2	生活垃圾无害化处理率（%）
	D3	城市生活污水集中处理率（%）
	D4	工业固体废弃物综合利用率（%）

对表 0－4 中部分指标做如下说明：

国土开发强度：建设用地面积与该地区总面积之比。按照国际惯例，30%是一国或一个地区国土开发强度的极限，超过该限度，人的生存环境就会受到影响。计算公式如下：

$$国土开发强度=\frac{地区建设用地面积}{地区总面积}\times 100\%$$

水资源开发利用率：流域或区域用水量占水资源总量的比率，体现的是水资源开发利用的程度。国际上一般认为，对一条河流的开发利用不能超过其水资源量的40%。计算公式如下：

$$水资源开发利用率=\frac{地区用水总量}{地区水资源总量}\times 100\%$$

资源产出率：消耗一次资源（包括煤、石油、铁矿石、有色金属、稀土矿、磷矿、石灰石、沙石等）所产生的国内生产总值，反映主要物质资源实物量的单位投入所产出的经济量，其内涵是经济活动使用自然资源的效率。它在一定程度上反映了自然资源消费增长与经济发展间的客观规律。若资源产出率低，则一个区域经济增长所需资源更多地依靠资源量的投入，表明该区域资源利用效率较低。计算公式如下：

$$资源产出率=\frac{地区生产总值（万元）}{主要物质资源消费量（吨）}$$

分母项主要物质资源消费量的计算采用“吨”，通过资源消费量加总求和的办法得出。主要物质资源包括煤炭、石油、天然气、铁矿、铜矿、铝土矿、铅锌矿、镍矿、石灰石、硫铁矿、磷矿、木材、工业用粮 13 类物质资源产品。分子项采用以某年为基期的不变价地区生产总值。考虑到区域间经济发展不平衡，各地资源禀赋、城镇化、工业化差异明显，考核资源产出率的绝对值意义不大。因此，该指标体系采用资源产出增加率，即某一地区创建目标年度资源产出率与基准年度资源产出率的差值与基准年度资源产出率的比值。计算公式如下：

$$资源产出增加率=\frac{目标年资源产出率-基准年资源产出率}{基准年资源产出率}\times100\%$$

主要污染物排放强度：单位土地面积所产生的主要污染物数量，反映了辖区内环境负荷的大小，也是反映随经济发展造成环境污染程度的指标。鉴于环境污染物质较多，该指标只计算氮氧化物和氨氮排放强度。计算公式如下：

$$氨氮（NH_3-N）排放强度=\frac{全国（地区）氨氮（NH_3-N）排放总量}{总面积}$$

$$氮氧化物排放强度=\frac{全国（地区）氮氧化物排放总量}{总面积}$$

二、生态足迹法

（一）生态足迹法介绍及应用

生态足迹（Ecological Footprint）法是一个较新的备选方法。这一方法由 Wackernagel 和 Rees 提出并推广应用。简单地说，生态足迹就是生产人类消耗的资源所需的土地面积与消化人类产生的废弃物所需的土地面积之和。人类必须从大自然获取资源才能生存，这些资源包括水、空气、粮食、蔬菜、木材、肉类、化石能源等，它们都需要土地来供给，或者它们产生的废物需要土地来消化。生态足迹理论正是基于这种理念而产生的。与生态足迹对应的概念是生态承载力（Biocapacity），它反映地球的资源供给能力。对全球而言，如果人类所需的土地面积（生态足迹）少于地球的土地供给，那么，意味着人类的索取是在地球的承载范围之内，不会破坏地球生态的可持续性。反之，如果生态足迹多于地球的土地供给，就意味着人类的索取超过了地球的承载力，必须消耗地球的资源存量（而不是流量）才能满足人类的需求，这就会破坏地球生态的可持续性。当生态足迹小于地球生态承载力时，也称为生态盈余；当生态足迹大于地球生态承载力时，也称为生态赤字。盈余越多，则生态压力越小；赤字越多，则生态压力越大。生态足迹和生态承载力的概念也可以应用于一个国家或一国内各地区的生态评价。

生态足迹试图核算的是人类消耗的各种资源所需的土地面积，是对土地的需求。但由于数据收集方面的难题，Wackernagel 等及后续文献都只考虑 6 种类型的土地，即可耕地、林地、草地、水域、建筑用地和化石燃料土地。这些土地提供了人类需要的主要资源，包括粮食、水果、肉类产品、非粮食类农产品，也提供了人类生产和生活所需的建筑用地以及吸收二氧化碳所需的森林。人类的生态足迹就是这 6 种类型土地面积的需求之和。显然，土地需求与人口有关，因此，人均意义上的土地需求才更有意义。全部的土地需求面积与人口数量之比就是人均生态足迹。由于一公顷耕地与一公顷草地或者其他土地显然是不同的，因而不能将不同类型的土地面积简单地直接相加。Wackernagel 等使用土地的相对生产能力大小来对各种土地进行权重调整。如由于耕地是世界上最肥沃的土地，其生产能力最强，因而其权重最大，这个权重称为等价因子。《国家生态足迹账户》中，6 种土地的权重如表 0－5 所示。

表 0－5 不同类型土地的等价因子

土地类型	耕地	林地	草地	水域	建设用地	吸收 CO_2 的林地
等价因子	2.21	1.34	0.49	0.2	2.21	1.34

资料来源：《国家生态足迹账户》。

根据以上介绍，一国人均生态足迹（EF）可写为：

$$EF = \sum \lambda_i EF_i / N$$

其中，λ_i 为对应的等价因子；N 为该国总人口数；EF_i 为第 i 种土地的需求面积。

$$EF_i = \sum_j P_{i,j} / Y_{i,j}^w$$

其中，$P_{i,j}$ 表示第 i 种土地上第 j 种生物的总产量；$Y_{i,j}^w$ 表示第 j 种生物的全球平均单位面积产量。如谷物、油料作物、棉麻类农产品等都需要耕地这种土地，因此，土地的生态足迹就是这些生物的土地需求之和。

需要特别说明的是，生态足迹通常计算一国（或地区）消费的生态足迹，即考虑那些在本国消费的产品，不管它是否在本国生产，因而消费的生态足迹需要考虑贸易量。本书做了一些调整，即不考虑产品是否在本国消费，只要它占用了本国的土地资源，那么就算在本国的生态足迹内。因此，本书计算的是基于土地占用的生态足迹，而不是基于消费的生态足迹。这两者的主要差别在于计算耕地的生态足迹方面。根据世界粮农组织（FAO）的资料，中国主要粮食（稻谷、小麦和玉米）的自给率一直在95%以上，近年基本在98%左右。所以，从产量和消费量分别计算出的生态足迹实际上相差很小。

生态足迹方法已经得到了较多的应用。Wackernagel 等最早对一些国家的生态足迹和生态承载力进行了测算，根据他的计算，1997 年，除澳大利亚、巴西、新西兰、芬兰等少数国家外，大部分国家处于生态赤字状态，包括许多通常被认为具有较好生态环境的欧洲发达国家，如英国、德国、瑞典等，也包括相对而言地广人稀的美国。

全球生态足迹网络公司（Global Footprint Network，GFN）从 2003 年起，开始计算全球整体及各国的生态足迹和生态承载力，并联合世界自然基金会（World Wild Foundation，WWF）一起，每两年发布一次《地球生命力报告》（Planet Life Report，PLR）和《国家生态足迹账户》（National Footprint Accounts，NFA），本书也会介绍他们计算的各国生态足迹和生态承载力。不过这两份报告都仅仅给出了示意图，并未给出详细的时间序列数据。最新版本的《国家生态足迹账户》于 2015 年发布，给出了基于各国 2011 年数据计算的生态足迹。

国内一些学者，张志强、徐中民（2001）等对一些省份的几个年份的生态足迹进行过测算，但并没有做持续的测算。他们未能持续测算的主要原因在于：①生态足迹的测算涉及的数据非常庞大，而且分散，收集这些数据本身就费时费力，一些数据有时不能获取齐全。②尽管该方法经过诸多改进，但仍然有较多的缺陷和争议。如只考虑了人类产生的一种废物，即二氧化碳（CO_2），忽略了其他废气，更忽略了其他废物。又如忽略了人类消耗的非能源类矿产，如铁矿、铜矿等。此外，在将各种类型土地进行换算时用到的权重，也存在一些争议。

尽管如此，该方法仍然具有应用价值。首先，随着统计技术的进步，数据的获取变得相对容易。其次，尽管我们忽略了一些重要的矿产资源和废弃物，但它们实际上与能源消费是互补的，因此，CO_2 排放量的相对多寡可以在很大程度上代表其他矿产的消耗多寡和其他废弃物排放的相对多寡。虽然忽略一些矿产和废弃物会系统地低估生态足迹，但对国家间、地区间生态足迹的相对大小影响不大。最后，要将各式各样差别极大的资源进行加总确实是一个难题，但生态足迹方法至少提供了一种加总思路。

此外，生态足迹方法对于构建自然资源资产负债表很有帮助。编制自然资源资产负债表的一个难题正是自然资源的计量与加总问题，而生态足迹方法正好提供了一种思路。生态足迹可以看作是资源的负债数量，而生态承载力可以看作是资源的资产数量。如果我们能找到一种较好的方式来测度生态足迹（承载力）的价格，那么计算自然资源的资产和负债价值就变得简单了。当然，若要将生态足迹方法应用于自然资源资产负债表的构建，就必须在生态足迹和承载力的计算中对资源存量做更精确的计算，并包含更多的废弃物。如对森林资源的核算，不仅仅简单地核算其面积，而是根据森林的等级计算其有效面积；对于废水，可以将净化废水所需的水域面积转化为土地面积，也计算到生态足迹中。

（二）中国生态足迹测算

1. 资源的消耗量和世界平均产量

本书考虑三种类型的土地需求，即耕地、林地和草地。耕地既用于农作物的耕种，也用于建设住宅、工厂、工作场所等设施；林地用于供给木材和吸收二氧化碳，此外，也提供水果、茶叶等产品；草地用于生产肉类食物。由于水产品数据和水域面积较难获取，本书计算生态足迹时直接忽略了水域需求。耕地提供的农产品数量众多，但大部分耕地用于种植粮食类作物，包括稻谷、小麦、玉米类主食以及豆类、薯类等辅食。另有很大一部分土地用于种植花生、油菜、芝麻、甘蔗、甜菜、棉花、烟叶等经济作物。除此之外，其他农作物的种植面积非常少，相对以上这些农作物而言都可忽略不计，故仅选择这些农作物的产量数据。森林提供木材和吸收二氧化碳，故获取木材消费量和二氧化碳排放量数据。林地提供的其他主要资源是水果，茶叶也需要林地资源，鉴于数据的可获得性，仅获取了这两种植物的消费数据。人类从陆地上获取的主要肉类是猪肉、牛肉、羊肉和家禽肉，故获取了这四大肉类的消费量数据。其中，家禽肉的消费量用禽蛋的消费量代替，因为禽蛋和家禽肉的消费是互补的。这些数据如表 0－6 所示[①]。

表 0－6　主要资源消耗量

指标＼年份	1991	1995	2000	2005	2010	2013	土地类型
稻谷	18381.0	18523.0	18790.8	18058.8	19576.1	20361.2	耕地
小麦	9595.0	10221.0	9963.6	9744.5	11518.1	12192.6	耕地
玉米	9877.0	11199.0	10600.0	13936.5	17724.5	21848.9	耕地
豆类	1247.1	1787.5	2010.0	2157.7	1896.5	1595.3	耕地
薯类	2716.0	3263.0	3685.2	3468.5	3114.1	3329.3	耕地
花生	630.3	1023.5	1443.7	1434.2	1564.4	1697.2	耕地
油菜籽	743.6	977.7	1138.1	1305.2	1308.2	1445.8	耕地

① 鉴于篇幅限制，仅给出了部分年份的数据。

续表

指标＼年份	1991	1995	2000	2005	2010	2013	土地类型
芝麻	43.5	58.3	81.1	62.5	58.7	62.3	耕地
棉花	567.5	476.8	441.7	571.4	596.1	629.9	耕地
甘蔗	6789.8	6541.7	6828.0	8663.8	11078.9	12820.1	耕地
甜菜	1628.9	1398.4	807.3	788.1	929.6	926.0	耕地
烟叶	303.1	231.4	255.2	268.3	300.4	337.4	耕地
茶叶	54.2	58.9	68.3	93.5	147.5	192.4	林地
水果	2176.1	4214.6	6225.1	16120.1	21401.4	25093.0	林地
猪肉	2452.3	3648.4	4031.4	5010.6	5071.2	5493.0	草地
牛肉	153.5	415.4	532.8	711.5	653.1	673.2	草地
羊肉	118.0	201.5	274.0	435.5	398.9	408.1	草地
禽蛋	922.0	1676.7	2243.3	2879.5	2762.7	2876.1	草地
木材	5807	6766.9	4724.0	5560.3	8089.6	8438.5	林地
建设用地面积	1.46	1.77	2.24	3.25	4.03	4.55	耕地
二氧化碳排放量	258453.8	332028.5	340517.9	579001.6	828689.2	952430	林地
人口数	115823	121121	126743	130756	134091	136072	—

注：木材的单位是万立方米，建设用地面积的单位是万平方公里，人口的单位是万人，其他单位都是万吨。

资料来源：历年《中国统计年鉴》及各省份统计年鉴汇总。

由于土地的单位面积产量不仅取决于土地本身的肥沃程度，还取决于气候和人工施肥程度等，因而各年度单位面积产量波动较大。为了核算土地的持续生态供给能力，用1991～2013年各种资源的平均产量来表示土地对这种资源的持续供给能力，如表0－7所示。

表0－7　1991～2013年各种资源的世界平均产量

资源种类	稻谷	小麦	玉米	豆类	薯类	花生	油菜籽
单位面积产量	3998	2790	4549	719	16797	1479	1625
资源种类	芝麻	棉花	麻类	甘蔗	甜菜	烟叶	茶叶
单位面积产量	450	1861	1387	66510	43031	1652	1305
资源种类	水果	猪肉	牛肉	羊肉	禽蛋	木材	森林吸碳率
单位面积产量	6594.73	74	33	33	400	1.99	4.43

注：木材的单位为立方米/公顷；森林吸碳率的单位为吨/公顷·年；其他资源的单位为千克/公顷。森林的二氧化碳吸收速率是根据《国家生态足迹账户》推算得来的。

资料来源：世界粮农组织和世界自然基金会。

2. 人均生态足迹计算

根据中国各种资源和消耗量与世界平均单位面积产量数据，可以计算出各年份各种类型土地的生态足迹。再根据表 0－5 中给出的权重，本书可以将不同类型的土地需求（生态足迹）进行加总，如图 0－2 所示。

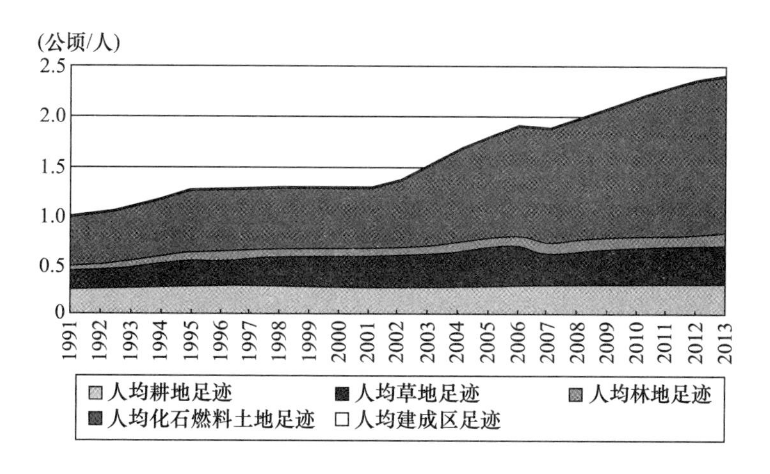

图 0－2　1991～2013 年中国人均生态足迹

从图 0－2 可知，中国的生态需求主要来自吸收二氧化碳所需的森林。1991 年二氧化碳足迹占总生态足迹的 50.7%；到 2013 年，这个比重已经提高到 65.3%。从绝对量来看，人均二氧化碳足迹增加了 2 倍多。从趋势看，二氧化碳足迹在 2002 年之后加速增加，这导致 2002 年之后总的人均生态足迹也增加较快。1991～2002 年，人均生态足迹增长了 36.1%；而 2002～2013 年，人均生态足迹增长了 79.2%。二氧化碳足迹在 2002 年之后激增，这个时间点与中国加入世界贸易组织（WTO）的时间相当一致。这并不是巧合。李昭华和傅伟（2013）指出，中国在 2002 年之后二氧化碳排放激增不仅与经济的快速增长有关，还与重工业产品出口的快速增加有关；在加入 WTO 之前，中国的出口以轻工业产品为主导，2002 年之后重工业产品出口的激增导致了能源消耗和二氧化碳排放的急剧上升。2002～2013 年，中国能源消费年均增长 8.1%，远高于前一时期（1991～2002 年）的 3.9%。彭水军和刘安平（2010）的研究也有类似的判断，他们的研究表明，中国的对外贸易对环境的影响是负面的。李昭华和傅伟（2013）还进一步指出，在进出口贸易中，中国的生态资源越来越廉价，这反映了中国生态资源产权制度的不完善加剧了资源密集型产品的出口，不利于中国的生态安全。

生态足迹的另外两个重要方面来自耕地需求和草地需求，2013 年，它们分别占总生态足迹的13.3%和16.5%，分别主要对应粮食资源需求和肉类需求。图0－2显示，中国对草地资源的人均需求增加速度较快，这期间增长了115%。这可能与收入水平的提升密切相关。近20多年来，中国人均收入水平大幅提高，对肉类产品的需求也随之迅速增加。人均耕地足迹呈现缓慢增长趋势，1991～2013年共增长了21.6%。其增长相对缓慢的原因应该在于粮食的需求收入弹性较小，因为粮食是最基本的必需品。张玉梅等（2013）基于全国农村住户调查数据的研究表明，小麦和稻谷的需求收入弹性分别为0.16和0.3，牛肉和羊肉的需求收入弹性分别为0.57和0.64。

人均林地足迹相对较小，但显示出很快的增长速度，共增长了197%。审查原始数据后发现，人均林地足迹的增长主要源自水果需求的快速增长，这期间，水果的需求量增长了超过10倍。相对粮食而言，水果的需求收入弹性较高，因此，伴随着收入的增长，水果的需求量急剧增长。人均建成区足迹相对其他足迹而言非常小，所以在图中几乎显示不出，不过，这期间也增长了133%。人均建成区足迹的增长主要原因在于收入水平的提升和城市化率的提高。这期间，中国城市化率（以人口计算）从26.4%提高到53.7%。

总体而言，数据显示，1991～2013年，中国人均生态足迹提高了144%。这表明，中国资源消耗的增长速度非常迅速，对土地的索取增长迅速。资源消耗快速增长是经济快速发展和人们收入水平快速提高阶段的必然结果，这意味着在未来一段时间，随着中国向高收入水平迈进，中国的资源消耗还将保持较快增长趋势，特别是森林资源和草地资源。

三、生态承载力计算方法

（一）生态承载力介绍

生态承载力简单地说就是各种类型土地供给的加权之和，是土地的供给能力。这个权重的大小取决于各类型土地的供给能力（或者说肥沃程度），可称为产量因子。一种类型土地的产量因子大小取决于该国这种土地的肥沃程度相对世界上这种土地的平均肥沃程度。根据《国家生态足迹账户》，本书计算出中国三种土地的产量因子，如表0－8所示。

表0－8　中国不同类型土地的产量因子

土地类型	耕地	林地	草地
产量因子	2.20	1.46	0.88

资料来源：《国家生态足迹账户》。

于是，生态承载力（BC）可以表示为：

$$BC = 0.88\sum w_i\lambda_i L_i/N$$

其中，w_i 为对应的产量因子；λ_i 为对应的等价因子；L_i 为第 i 种土地实际面积；N 为该国总人口数。公式中的数字 0.88 表示，我们不能把所有的土地都用于为人类提供资源或吸收二氧化碳，还必须留出一定数量的土地用于生物多样性保护。用于生物多样性保护的土地比率被设定为 12%，因此只有 88% 的土地能用于为人类提供资源。

表 0－8 未给出建设用地的产量因子，是因为通常假设建设用地的生态足迹总等于其生态承载力；也未给出水域的产量因子，因为数据方面的原因，我们直接忽略了水域。

（二）中国生态足迹测算——人均生态承载力计算

图 0－3 是本书计算的人均生态承载力的结果。生态承载力按照公式计算得出，各年份耕地、林地的面积数据来源于世界银行数据库；建设用地面积数据来源于《中国统计年鉴》等。

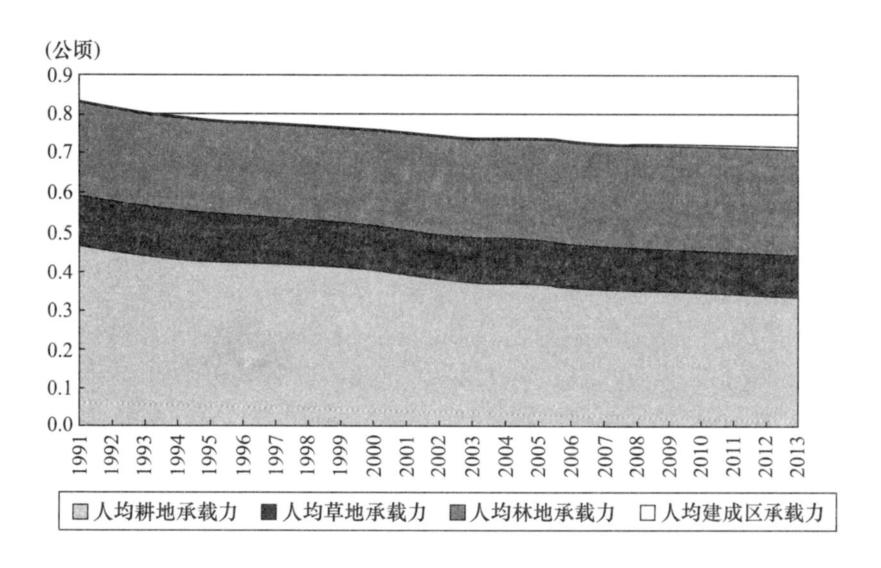

图 0－3　1991～2013 年中国的人均生态承载力

图 0－3 显示，中国人均生态承载力呈下降趋势，1991～2013 年，共下降了约 12.8%。这表明，总体上，中国土地的人均资源供给能力在持续下降。不过，这期间，中国人口数量增长了 17.5%，仅仅人口数量增加这一个因素就会使人均生态承载力下降 14.9%。因此，中国总的生态承载力在这期间实际上升了 2.5%。从总量上说，中国土地的资源供给能力上升了。这个结果可能会令人疑

惑，因为许多新闻都在传达生态环境恶化的信息，如耕地退化和减少。这里的解释是：①生态承载力不仅与实际的土地数量和肥沃程度有关，还与人类的技术和管理水平等有关。技术管理水平提升后（如提升了灌溉效率、培育出了更优良的粮食种子、减少了虫害等），同样面积的土地，产出会更高，从而承载力就会更高。②耕地的减少可能转化为林地或草地。③生态承载力只是反映生态环境的一个方面，与生态环境的含义相差很大。

在人均生态承载力的构成中，下降最明显的是耕地，人均耕地承载力在1991～2013年下降了27.8%。同时期，人均草地承载力下降了15.3%，而人均林地承载力上升了13.5%。人均耕地承载力下降的主要原因是耕地面积的减少和人口的增加。这期间，实际耕地面积减少了15.2%，人口增加了17.5%，与此同时，森林面积增加了33.5%。[①] 耕地面积与森林面积的此消彼长与1999年开始启动的退耕还林工程不无关联。截至2013年底，中国累计完成退耕造林9.26万平方公里，配套荒山荒地造林14.13万平方公里，新封山育林1.93万平方公里[②]。不过，退耕还林工程并不是耕地面积减少的唯一原因，1991～2013年，耕地面积减少了约18.9万平方公里。因此，土地退化和人为破坏可能是另一个重要原因。中国农业部2014年发布的《全国耕地质量等级情况公报》显示，2013年，中国耕地退化面积占耕地总面积的40%以上。中国国土资源部2014年发布的《土地整治蓝皮书》显示，中国每年因矿山开采损毁的土地约为300万亩，生产建设损毁的土地更多，而损毁的土地60%以上都是耕地。这些数据表明，中国耕地的承载力有继续下降的趋势，耕地安全不容乐观。

人均生态承载力的计算结果显示，随着人口的增加和可利用土地（主要是耕地）面积的减少，中国人均生态承载力正呈下降趋势，即如果不改进技术和管理，人均能够从大自然获取的资源将减少。这意味着未来中国可能会面临严峻的资源瓶颈。

四、生态利用效率评价方法

正如用单位能耗的GDP产出来测度能源的利用效率一样，我们也可以用单位生态足迹的GDP来测度资源的利用效率。单位生态足迹的GDP比单位能耗的GDP更加综合，因为：第一，它考虑了更多的资源，不仅包括能源；第二，它考虑了不同能源的碳排放强度。单位能耗的GDP仅考虑能源这一种资源的投入，没有考虑不同能源的污染强度（包括二氧化碳排放强度）。仅用能耗量不能反映

① 由于草地面积数据非常不齐全，且各种来源的数据统计标准不一，差别很大，因此，本书计算中假定各年份草地面积均为400万平方公里。这个数据是《中国统计年鉴》中的最新数据。

② 国家发改委网站。

能源消费结构的变化，但单位生态足迹的 GDP 能够反映这一变化。石油和天然气的二氧化碳排放强度比煤炭低，因此，当煤炭消费比重下降时，即使煤炭消费总量（用吨标准煤计算）不变，排放的二氧化碳也会下降，单位生态足迹的 GDP 上升，但单位 GDP 能耗不变。生态足迹效率（EFE）可表示为：

$$EFE = \frac{人均GDP}{人均生态足迹} = \frac{GDP}{生态足迹}$$

生态足迹效率越大，则生态利用效率越好；反之，则越差。

五、从生态赤字看中国生态环境质量

正如前文所述，仅仅用生态足迹（生态需求）或生态承载力（生态供给）都不足以反映生态环境的质量。因此，图 0－4 给出了人均生态足迹与生态承载力的对比（人均生态足迹＝人均生态承载力＋人均生态赤字）。

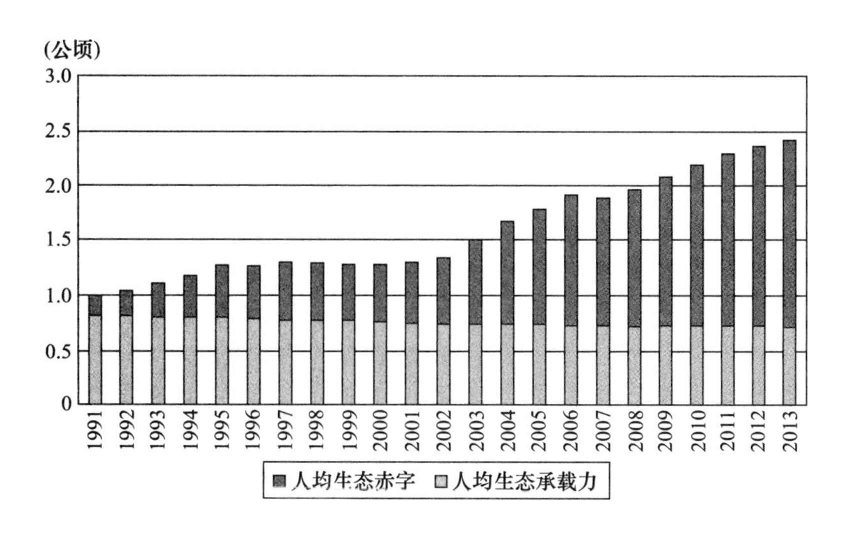

图 0－4　1991～2013 年中国人均生态赤字

可见，1991 年至今，中国一直处于生态赤字状态，即我们对生态的需求超过了自然生态的供给。至 2013 年，我们对大自然的索取已经达到了大自然承载力的约 3.4 倍。对比图 0－4 可知，人均生态赤字在 2002 年后有加速增加的趋势，这可能是由于 2002 年后二氧化碳排放量激增导致的。实际上，最主要的生态赤字来源于林地方面①。以 2013 年为例，人均林地生态赤字占总人均生态赤字的 83.8%。由图 0－3 可知，人均林地的生态承载力实际上是增加的，生态赤字

① 在计算林地的生态赤字时，吸收二氧化碳所需的林地面积与水果等需要的林地面积被加总在一起。

增加的原因全部在需求方面。对林地的需求主要源于二氧化碳排放，可以断定，二氧化碳排放增加是林地生态赤字持续增加的首要原因，也是整体生态赤字增加的首要原因。人均生态赤字的第二来源是草地，第三是耕地。由于本书设定建成区生态足迹等于其生态承载力，因此，人均建成区生态赤字等于0。但这并不意味着建设用地不会影响生态环境，因为建设用地会占用耕地，并会产生污染（如二氧化碳）。

总体来看，1991～2013年，中国生态一直处于赤字状态，即我们对大自然的索取超出了大自然的潜在供给能力，而且，这个生态赤字处于持续增加状态。持续的生态赤字意味着我们在持续地消耗自然资源存量，意味着对大自然的过度利用和破坏。中国的生态环境整体上处于持续恶化状态。

不过，仅从生态赤字角度也不足以评价一国的生态环境质量，因为世界绝大部分国家都处于生态赤字状态。因此，对中国生态环境的评价还需做进一步的分析和国际比较。

六、环境库兹涅茨曲线理论

1991年，Krueger和Grossman首次用实证的分析方法研究了人均产出水平高低与环境质量好坏之间的关系，提出了污染程度与人均产出之间的关系为“环境质量在低产出水平上随人均GDP增加而恶化，高产出水平上随GDP增长而改善”。Panayotou参照收入分配差异的库兹涅茨倒“U”形曲线，提出了环境库兹涅茨曲线（Environmental Kuznets Curve，EKC）假说的概念，以此来描述环境质量变化和人均产出水平之间的倒“U”形关系。EKC描述了环境质量和经济增长之间的关系：在经济发展的初始阶段，环境质量随着人均收入水平的增加而逐渐恶化，当经济发展到一定阶段，人均收入水平达到一定的高度，会出现拐点，之后环境质量随着收入水平提高逐步改善。EKC包括五个方面的内容。

（1）在经济的初始发展阶段，由于资源、环境成本较低，劳动力数量远高于资本数量，经济增长有潜在的粗放式增长倾向，与之相应的环境问题在一定程度上是难以避免的，在污染转折点到来之前相当长的一段时间里，环境质量随着经济增长不断趋于恶化。

（2）随着经济的快速增长，资源、环境、劳动力成本逐渐上升，资本数量不断积累，环境不断恶化，一定程度上影响了经济的可持续发展，促使政府加大对环境的保护力度，企业的环保投资加大，因此环境恶化的速度在逐渐减缓；当经济发展到一定的阶段，环境保护得到了人们的足够重视，经济增长也为污染的治理提供了资金和技术支持，污染转折点到来，环境质量随着经济的增长逐步好转。

(3) 必须看到一个国家或地区经济增长是长期的过程，经济发展水平从初级阶段发展到高级阶段需要漫长的时间，因此 EKC 所揭示的经济增长和环境污染的倒“U”形关系也是一个长期现象。

(4) 由于生态环境的公共物品属性，政府环保政策在保护环境、改变 EKC 形状和走势上会发挥重要的作用。市场机制同样可以通过产权的界定、环保标准的制定、污染成本的内部化、价格调节等发挥调节作用。在上述综合作用下，使 EKC 变得平坦，峰值降低，拐点提前到来，一定程度上减缓经济增长过程中的环境污染。

(5) 环境库兹涅茨曲线假说揭示了经济增长过程中环境质量的变化情况，但并不意味着可以在经济增长前期阶段毫无忌惮地破坏环境，期待通过经济增长后期阶段弥补前期造成的污染问题，因为生态环境存在着一个阈值，如果环境破坏程度超过这一阈值，则环境恶化将是不可逆转的，而且后期治理过程需要花费很长的时间和很高的成本。所以即使存在 EKC 假说所言的倒“U”形关系，也需要我们制定相应的政策措施，防止环境恶化超过生态阈值。

环境库兹涅茨曲线假说有很强的政策借鉴意义：第一，由于生态阈值的存在，所以在经济发展的早期阶段就要注意控制污染物排放，防止资源枯竭。第二，从环境保护的成本角度来看，早期环境保护的成本要远远低于后期污染治理成本，倘若污染程度超过或近似生态阈值水平，则治理成本是相当高的，难度也是相当大的。第三，环境恶化本身也有它的多样性，某些类型的环境污染问题，如空气污染、水体污染、土地污染，危害了人类的健康，造成了生产力的降低和工作时间损失，通过多种途径阻碍了经济的增长，因此为了消除经济增长造成的环境污染方面的自身障碍，需要通过相应的环保政策和制度安排来防止环境恶化。

总之，环境库兹涅茨曲线理论假说虽然揭示了经济增长过程中环境先恶化后改善的变化过程，但是也暗示这种曲线趋势，无论是从经济角度还是从环境角度来看，都不是最优的。这种倒“U”形的关系并不是经济增长的必然选择，由于生态阈值的存在，过高的环境成本还将阻碍经济的持续发展，因此假说一定意义上也对环境保护提出了要求。由于数据可得性限制及模型测算对数据平稳性的要求，本书选取中部六省 1998 ~ 2012 年环境、经济数据，探究“工业三废”排放与经济发展水平之间的库兹涅茨曲线特征，并分析其内在原因，以期为制定环境政策和掌握经济发展质量提供依据，推动中部地区自然、经济和社会协调发展。

七、系统动力学模型

系统动力学最早由麻省理工学院的 J. W. Forrester 教授于 20 世纪 50 年代中期

开创。经过几十年的发展和改进，系统动力学被广泛应用于经济、社会、生态等众多复杂系统研究中。由于系统动力学模型能够揭示系统的动态性、反馈性、延迟性等众多特征，具有量化、可调控等众多特点，对研究较长发展周期、动态变化和存在多系统间反馈作用的系统设计、优化、管理问题具有明显的优势，符合本书的实际情况和建模需求。

根据中部六省二氧化硫和工业废水等排放指标的产生来源、排放路径和经济发展对其产生的直接和间接影响，构建 ECP－SD 模型。将经济子系统、排放指标系统、政策反馈系统作为一个复合系统，构建因果反馈联系框架（见图 0－5）。

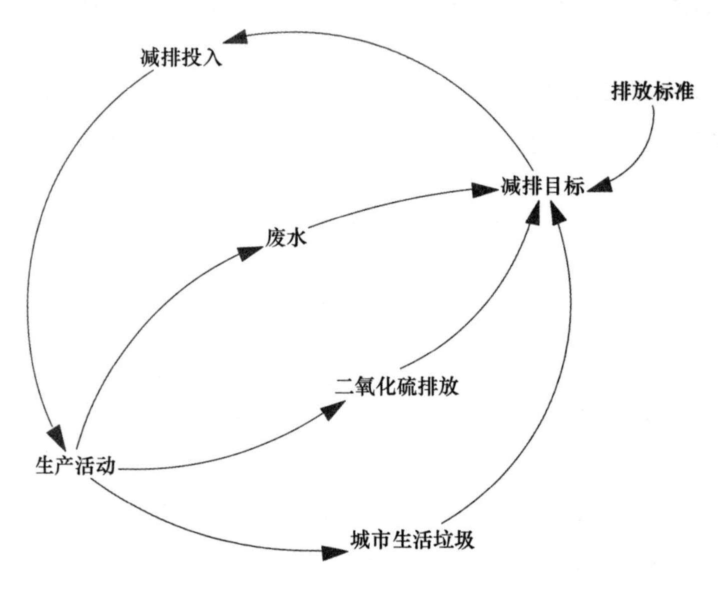

图 0－5　ECP－SD 模型框架

ECP－SD 模型基于经济增长所产生的环境负效应、污染物削减目标对政策系统需求的逻辑因果联系，基于中部六省经济发展、污染物排放的实际数据，构建积量流量多元积分方程组，用以量化反映和模拟经济增长及城镇化、污染物排放、投资需求三个子系统的动态运行过程和趋势。模型结构见各污染物子模块积量流量图。

八、典型区域资源、生态与经济协调发展水平模型

协同学理论认为，系统在临界点附近的内部变量包括慢弛豫变量和快弛豫变量两种。慢弛豫变量是决定系统演化进程的根本性变量，称为序参量。这类变量数目较少，其衰减变化较慢。快弛豫变量数目相对较多，其衰减变化较快。且快

弛豫变量服从慢弛豫变量，对系统的结构、功能变化的作用可忽略不计，故本书对快弛豫变量不予考虑。系统从无序走向有序关键在于系统内部的序参量（即慢弛豫变量）之间的协调作用，其左右着系统演化的特征与规律。协调是指系统在发展演化过程中组成要素之间的和谐一致，可用协调度来表征。从社会、资源、生态与经济复合系统的观点来看，协调度可以定义为：区域社会、资源、生态与经济复合系统内各子系统之间或要素之间动态发展的协调程度。具体理解为：在能源合理利用和生态环境承载能力之内使经济、社会获得最大限度的协调发展，最大限度地提高不可再生能源的利用率，最大限度地发现和利用替代能源；一切经济活动及能源开发利用对环境的负面效应，应在环境承载能力之内。

（一）关于子系统有序度的描述

对于社会、资源、生态与经济四个子系统 $S_k(k\in[1,\ 4])$，设其发展过程中的序参变量为 $e_{kj}=(e_{k1},\ e_{k2},\ \cdots,\ e_{kn})$，其中 $j\geqslant1$，$A_{kj}\leqslant e_{kj}\leqslant B_{kj}$，$j=a$，b，c，d。$e_{kj}=(e_{k1},\ e_{k2},\ \cdots,\ e_{kn})$可以描述 $S_k(k\in[1,\ 4])$运行机制与运行状况的若干指标。不失一般性，定义 e_{j1}，e_{j2}，…，e_{jl}的取值越大，该子系统的有序度越高，取值越小，该子系统的有序度越低，如经济系统中的生产总值、财政收入等；定义 e_{jl+1}，e_{jl+2}，…，e_{jn}的取值越小，该子系统的有序度越高，取值越大，该子系统的有序度越低，如生态系统中的污染物排放量等。定义子系统 $S_k(k\in[1,\ 4])$的序参量分量 $e_{kj}=(e_{k1},\ e_{k2},\ \cdots,\ e_{kn})$的有序度为：

$$u_k\ (e_{kj})\ =\begin{cases} e_{kj}-A_{kj}/B_{kj}-A_{kj} & 1\leqslant j\leqslant l \\ B_{kj}-e_{kj}/B_{kj}-A_{kj} & l\leqslant j\leqslant n \end{cases}$$

其中，$A_{kj}\leqslant e_{kj}\leqslant B_{kj}$表示第 k 个子系统的第 j 个指标的上限值和下限值。这两个限值是根据该项指标当年的最小和最大增长率来确定的。则子系统 S_k（$k\in[1,\ 4]$）的有序度可以通过 u_k（e_{kj}）的集成来实现，本书采用几何平均算法，即：

$$u_k(e_k)\ =\sqrt[n]{\prod_{j=1}^{n}u_k(e_{kj})},\qquad k\in[1,4]$$

可知，$u_k(e_k)\in[0,\ 1]$，$u_k(e_k)$越大，子系统 $S_k(k\in[1,\ 4])$的有序度就越高，反之则越低。

（二）关于社会、资源、生态与经济复合系统协调度的描述

对于给定的初始时刻 $t_{(0)}$而言，即对复合系统研究的时间原点，社会、资源、生态与经济子系统的有序度为 $u_k^0(e_k)(k=1,\ 2,\ 3,\ 4)$，则对于区域社会、资源、生态与经济复合系统发展演变过程中的某一时刻 $t_{(r)}$而言，其协调度函数计算方法如下：

$$C_{t_{(r)}} = \theta\sqrt[4]{\prod_{k=1}^{4}[u_k^r(e_k) - u_k^0(e_k)]}, \qquad C_{t_{(r)}} \in [-1,1]$$

$$\theta = \frac{\min\limits_k[u_k^r(e_k) - u_k^0(e_k) \neq 0]}{|\min\limits_k[u_k^r(e_k) - u_k^0(e_k) \neq 0]|}, \qquad k=1,\ 2,\ 3,\ 4$$

$C_{t_{(r)}}$取值越大，表明区域社会、资源、生态与经济复合系统协调发展程度越高，反之则越低。另外，只要$u_k^r(e_k) \geqslant u_k^0(e_k)(k=1,\ 2,\ 3,\ 4)$至少有一个不成立时，表明该复合系统中至少有一个子系统正朝向无序方向发展，即意味着复合系统从$t_{(0)}$到$t_{(r)}$时刻出现非协调发展状态。

区域社会、资源、生态与经济复合系统协调发展度，虽然能在一定程度上表征区域内社会、资源、生态与经济的相互协调程度，能够反映四个子系统的相互约束、互相联系的状态，但单纯对中部地区的社会、资源、生态与经济复合系统协调发展度分析很难反映其整体功能和综合效益。同时，协调发展水平模型为多区域样本间或多个时间点上社会、资源、生态与经济复合系统协调发展程度提供客观的表征方法。为此，为实现中部地区社会、资源、生态与经济复合系统协调发展程度在时空上的准确定位，更客观地反映其社会、资源、生态与经济复合系统协调发展水平，本书运用区域社会、资源、生态与经济复合系统协调发展水平系数D表示其社会、资源、生态与经济复合系统协调发展水平。协调发展水平系数D越大，表明其区域复合系统协调发展水平越高，其社会、资源、生态与经济整体效益越大。以下对该模型的构建进行说明：

$$D = \sqrt{C \times T}$$

$$T = \alpha f(x) + \beta g(y) + \gamma h(z) + \eta l(p)$$

式中，D为协调发展水平系数，$D \in (0,\ 1)$；C为协调度；T为四系统协调模型综合评价指数，它反映两系统的整体效益或水平，$T \in (0,\ 1)$；α、β、γ、η为待定权数；f(x)、g(y)、h(z)、l(p)为系统综合效益函数，分别为：

$$f(x) = \sum_{i=1}^{m} a_i \overrightarrow{x_i}$$

$$g(y) = \sum_{i=1}^{m} b_j \overrightarrow{y_j}$$

$$h(z) = \sum_{i=1}^{m} c_j \overrightarrow{z_j}$$

$$l(p) = \sum_{i=1}^{m} d_j \overrightarrow{p_j}$$

其中，x_i、y_j、z_j、p_j为系统特征指标，a_i、b_j、c_j、d_j为待定权重数或政策系数。

为使各项指标的权重能在复合系统中客观表达，本书采用熵值法对各项指标进行赋权。熵是信息论中测定不确定性的量，信息量越大，不确定性就越小，熵值也就越小；反之，信息量越小，不确定性就越大，熵值也就越大。熵值法就是用熵值来确定复合系统中各项指标的权重，根据客观社会、资源、生态与经济质量状况的原始信息载量的大小来确定指标的权重，通过这种指标变异度的研究分析各指标间的联系程度，在一定程度上避免了主观因素带来的误差。熵值法确定指标权重的步骤如下：

第一步：将指标值 x_{tj} 做正向化处理，对评价指标做比重变换：$\rho_{tj} = \frac{x_{tj}}{\sum_{j=1}^{n} x_{tj}}$，t 为指标值所处时间，$1 \leqslant j \leqslant n$；

第二步：计算评价指标的熵值：$\varphi_j = -\sum_{t=0}^{r} \rho_{tj}\ [\ln \rho_{tj}]$；

第三步：将熵值逆向化：$\omega_j = \frac{\max \varphi_j}{\varphi_j}$，$\omega \geqslant 1$，$j \in [1,\ n]$；

第四步：计算标值 x_{tj} 的权重：$\phi_j = \frac{\omega_j}{\sum_{j=1}^{n} \omega_j}$。

社会、资源、生态与经济复合系统协调发展水平的度量标准如表 0－9 所示。

表 0－9 社会、资源、生态与经济复合系统协调发展水平的度量标准

协调发展水平	0～0.39	0.40～0.49	0.50～0.59	0.60～0.69	0.70～0.79	0.80～0.89	0.90～1.0
协调	失调	濒临失调	勉强协调	初级协调	中级协调	良好协调	优质协调
类型	失调衰退型	过渡型		协调发展型			

中部社会、资源、生态与经济复合系统协调发展水平与协调度模型相比，具有更高的稳定性、更广的适用范围，是对协调度模型分析的必要补充，它可以反映不同区域间或同一地区不同时期社会、资源、生态与经济复合系统协调发展水平，故它对中部社会、资源、生态与经济复合系统协调发展状况的研究具有十分重要的意义。

第一章　中国省际地区经济发展水平及其比较

经济发展和环境保护的关系是彼此依托、互相推动的。一方面，发展经济和保护环境的目的都是为了提高人民生活水平，都是生态文明建设的基础条件和核心内容，两者从根本目的来看是完全一致的。经济发展以生态环境巨大破坏为代价、生态建设导致经济停滞甚至倒退，这两种情况都不符合经济社会生态协调可持续发展的本意。另一方面，经济发展和环境保护又要求两者协调处理好彼此间的关系。经济发展速度的持续性和稳定性，依赖自然资源的丰富程度和持续生产能力，保护和改善环境提供了经济稳定持续发展的物质基础和条件。环境保护是在保护的前提下对环境进行合理的开发和利用，不是要求人类倒退文明来保存自然的原始。环境保护不但不能要求经济停滞不前，还恰恰需要经济持续发展的力量为环保提供物质上、技术上的条件。因此，评价生态环境质量不能脱离经济发展评价，必须结合经济发展的质量来科学评价生态环境质量变化。

现代生态文明建设的实践已经充分证明，社会—经济—自然是一个复合的生态环境经济系统，社会—经济—自然各组成部分的协调可持续均衡发展，是人类通过经济社会自然活动获得幸福的源泉。生态环境质量评价指标的构建需要耦合资源本底、社会发展对资源环境的占用以及经济增长等多方面因素，经济发展评价是影响生态环境质量和评价生态文明建设成果的核心与关键。为了综合评价各地区经济发展质量，本书选取了人均地区生产总值（元）、地区生产总值（GRP）增速（%）、城市居民人均可支配收入（元）、农村居民人均纯收入（元）、工业化水平（%）、城镇化水平（%）6 个指标进行综合反映。

第一节　经济发展现状

一、人均地区生产总值

人均地区生产总值，是指地区生产总值的绝对值与该年该地区平均人口的比值，是衡量一个国家或地区经济发展状况的重要宏观经济指标之一。地区生产总值（Gross Regional Product，GRP），是指按市场价格计算的一个地区所有常住单位在一定时期内生产活动的最终成果。从理论上讲，GRP 与 GDP 的含义是一致的，都是指一国或区域内的生产总值。人均国内生产总值（Real GDP per Capita），也称作人均 GDP，是将一个国家核算期内（通常是一年）实现的国内生产总值与这个国家的常住人口（或户籍人口）相比进行计算得到的。人均地区生产总值与人均国内生产总值的核算方法是一样的，只是二者核算的地域范围有所不同。2013 年，我国国内生产总值 568845.21 亿元，人均国内生产总值 41804.72 元。分区域来看，我国人均地区生产总值省市区差异较悬殊。通过图 1－1 可以看出，全国 2013 年人均地区生产总值前五位的省市分别是天津（99607 元）、北京（93213 元）、上海（90092 元）、江苏（74607 元）和浙江（68462 元）；人均地区生产总值后五位的省区分别是贵州（22922 元）、甘肃（24296 元）、云南（25083

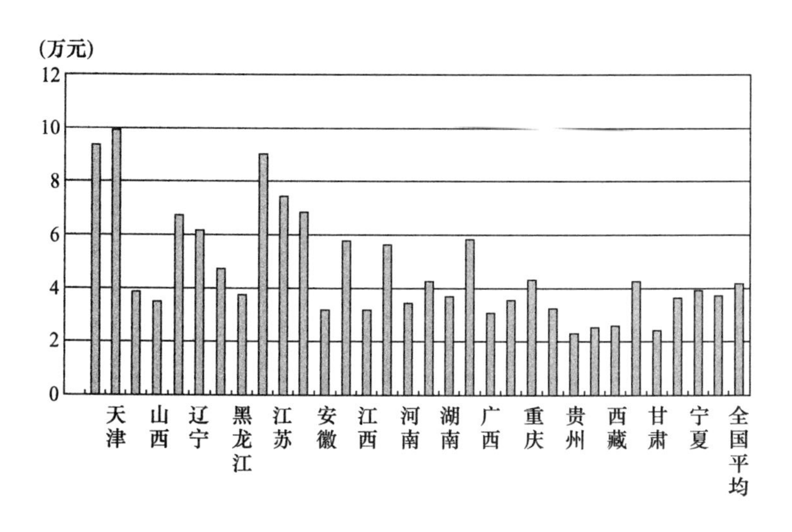

图 1－1　2013 年中国具代表性省市区人均地区生产总值

资料来源：国家和各省市区 2013 年统计年鉴。

元)、西藏（26068 元)、广西（30588 元)。人均地区生产总值最高省市（天津）是全国平均水平的 2.38 倍，是最低省份（贵州）的 4.35 倍。2013 年人均地区生产总值由高到低分别是天津、北京、上海、江苏、浙江、内蒙古、辽宁、广东、福建、山东、吉林、重庆、陕西、湖北、全国平均、宁夏、河北、黑龙江、新疆、湖南、青海、海南、山西、河南、四川、江西、安徽、广西、西藏、云南、甘肃、贵州。

二、地区生产总值（GRP）增速

除了人均地区生产总值指标外，我们还考察了各地区生产总值（GRP）的增速情况。2013 年，我国国内生产总值（GDP）比上年增长 7.7%。分区域来看，各地区生产总值增速差异明显，经济发达地区增速相对较低，而经济欠发达地区增速相对较高。通过图 1－2 可以看出，2013 年地区生产总值相对上年增速最快的五个省市区分别是贵州（12.5%)、天津（12.5%)、重庆（12.3%)、云南（12.1%)、西藏（12.1%)；地区生产总值增速最慢的五个省市分别是北京（7.7%)、上海（7.7%)、河北（8.2%)、浙江（8.2%)、吉林（8.3%)。地区生产总值增速最快省市（贵州、天津）比最慢省市（北京、上海）高 4.5 个百分点。2013 年地区生产总值增速由低到高分别是北京、上海、全国平均、黑龙江、河北、浙江、吉林、广东、辽宁、山西、内蒙古、河南、江苏、山东、宁夏、海南、四川、江西、湖北、湖南、广西、安徽、甘肃、青海、福建、陕西、新疆、云南、西藏、重庆、天津、贵州。需要注意的是，我国的国民经济核算采

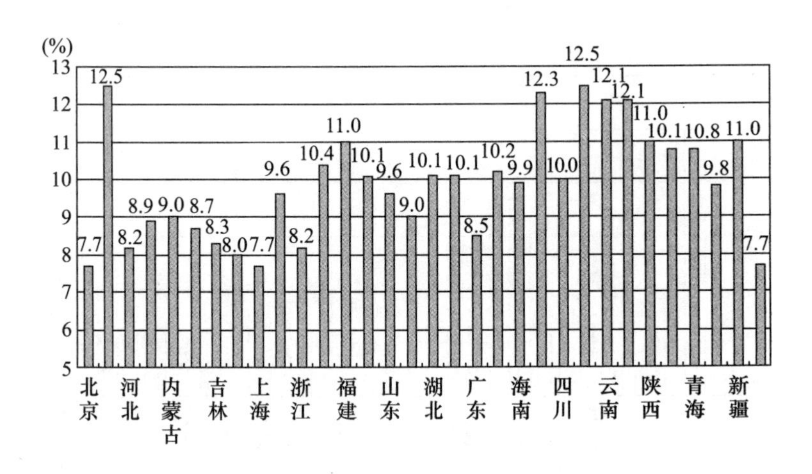

图 1－2　2013 年地区生产总值增速的具代表性省市区比较

资料来源：国家和各省市区 2013 年统计年鉴。

取的是分级核算体制，因为统计机构和数据来源等的不同，各地区加总的 GRP 与全国 GDP 在数值上相差甚大。目前，我国 31 个省市区的 GRP 增长率均远高于国家统计局发布的全国 GDP 增长率，因此出现了全国 GDP 增长率等于省市区 GRP 最低增长率的情况。

三、城市居民人均可支配收入

个人可支配收入被认为是消费开支最重要的决定性因素，因而常被用来衡量一个国家生活水平的变化情况。人均可支配收入是指个人可支配收入的平均值。个人可支配收入指个人收入扣除向政府缴纳的各种直接税以及非商业性费用等以后的余额。2013 年全国城市居民人均可支配收入 26955.10 元。分区域来看，省市区间城市居民人均可支配收入差异明显小于人均地区生产总值差异，但总体来看仍然是经济发达地区城市居民人均可支配收入相对较高，经济欠发达地区城市居民人均可支配收入相对较低。由图 1－3 可以看出，2013 年城市居民人均可支配收入最高的五个省市分别是上海（43851.4 元）、北京（40321 元）、浙江（37850.8 元）、广东（33090 元）、江苏（32537.5 元）；2013 年城市居民人均可支配收入最低的五个省区分别是甘肃（18964.8 元）、黑龙江（19597 元）、青海（19498.5 元）、新疆（19873.8 元）、西藏（20023.4 元）。城市居民人均可支配收入最高省市（上海）是全国平均水平的 1.63 倍，是最低省份（甘肃）的 2.31 倍。2013 年城市居民人均可支配收入由高到低分别是上海、北京、浙江、广东、江苏、天津、福建、山东、全国平均、辽宁、内蒙古、重庆、湖南、广西、云南、安徽、海南、湖北、陕西、河北、山西、河南、四川、吉林、江西、宁夏、贵州、西藏、新疆、黑龙江、青海、甘肃。

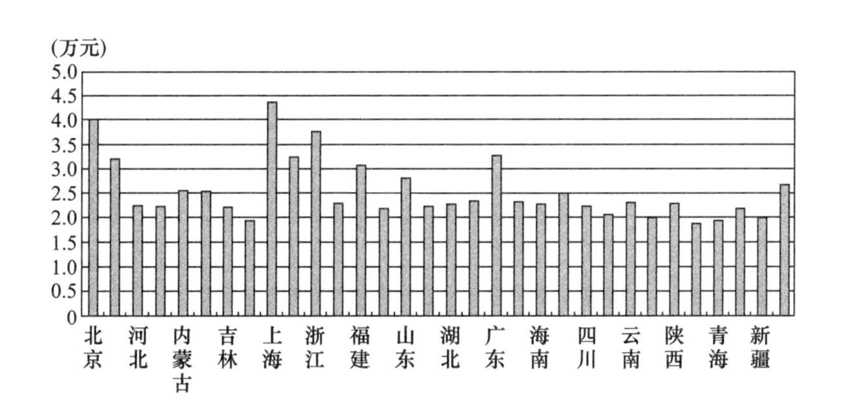

图 1－3 2013 年中国城市居民人均可支配收入的具代表性省市区比较

资料来源：国家和各省市区 2013 年统计年鉴。

四、农村居民家庭人均纯收入

农民人均纯收入是按人口平均的纯收入水平，反映的是一个国家或地区一个农户农村居民的平均收入水平。农村居民家庭人均纯收入指农村住户当年从各个来源得到的总收入相应地扣除所发生的费用后的收入总和。纯收入主要用于再生产投入和当年生活消费支出，也可用于储蓄和各种非义务性支出。2013 年全国农村居民人均纯收入 8895.90 元。分区域来看，不同省市区之间农村居民家庭人均纯收入差异较大，经济发达地区农村居民家庭人均纯收入相对较高，经济欠发达地区农村居民家庭人均纯收入相对较低。通过图 1－4 可以看出，2013 年农村居民家庭人均纯收入最高的五个省市分别是上海（19595 元）、北京（18337.5 元）、浙江（16106 元）、天津（15841 元）、江苏（13597.8 元）；2013 年农村居民家庭人均纯收入最低的五个省区分别是甘肃（5107.8 元）、贵州（5434 元）、云南（6141.3 元）、青海（6196.4 元）、陕西（6502.6 元）。农村居民家庭人均纯收入最高省市（上海）是全国平均水平的 2.20 倍，是最低省份（甘肃）的 3.84 倍。2013 年农村居民家庭人均纯收入由高到低分别是上海、北京、浙江、天津、江苏、广东、福建、山东、辽宁、黑龙江、吉林、河北、全国平均、湖北、江西、内蒙古、河南、湖南、海南、重庆、安徽、四川、新疆、山西、宁夏、广西、西藏、陕西、青海、云南、贵州、甘肃。

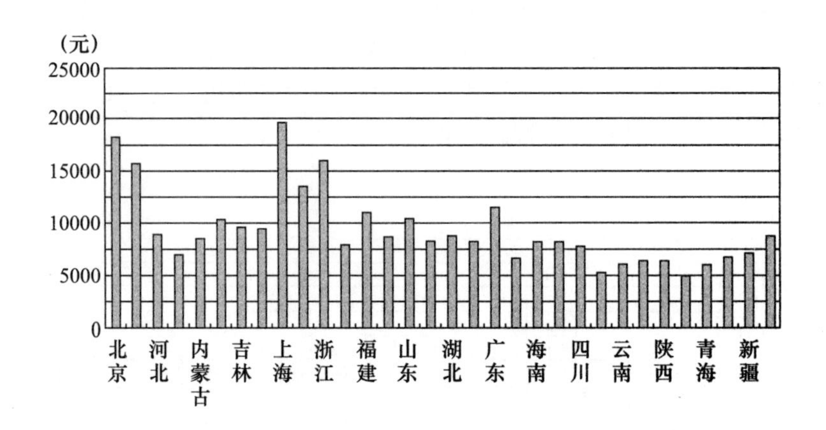

图 1－4　2013 年中国具代表性省市区农村居民家庭人均纯收入

资料来源：国家和各省市区 2013 年统计年鉴。

五、工业化水平

工业化通常被定义为工业（特别是制造业）或第二产业产值（或收入）在

国民生产总值（或国民收入）中比重不断上升的过程，以及工业就业人数在总就业人数中比重不断上升的过程。国际上衡量一国的工业化程度，一般认为工业化率达到20%～40%为工业化初期国家，达到40%～60%为半工业化国家，达到60%以上为工业化国家。需要注意的是，由于经济发展阶段和产业结构调整等因素影响，一个国家或地区工业化程度并不会持续上升，而是遵循倒"U"形的发展规律：在工业化发展初期，工业化率指标会呈现逐渐增长趋势；基本完成工业化阶段，工业化率指标处于峰值状态；工业化完成后期，工业化率指标会逐渐回落并在一定水平上保持稳定。本书的工业化率是指第二产业增加值占全部生产总值的比重。图1－5显示了2013年我国各省市区工业化水平。可以看出，2013年，我国整体工业化率为43.89%，表明我国整体处于工业化中期阶段。分区域而言，我国各省市区所处工业化发展阶段具有较大差异，工业化初期、中期和后期的省市区几乎都有。海南、西藏等省市区工业化率长期处于低于40%的水平，目前仍处于工业化发展的初期阶段；大多数省市区2013年工业化率均超过40%，表明我国多数省市区已进入工业化中期阶段；北京、上海等省市区目前工业化率已由较高水平下降至40%以下，且继续呈下降趋势，表明已经完成工业化，处于工业化后期阶段。

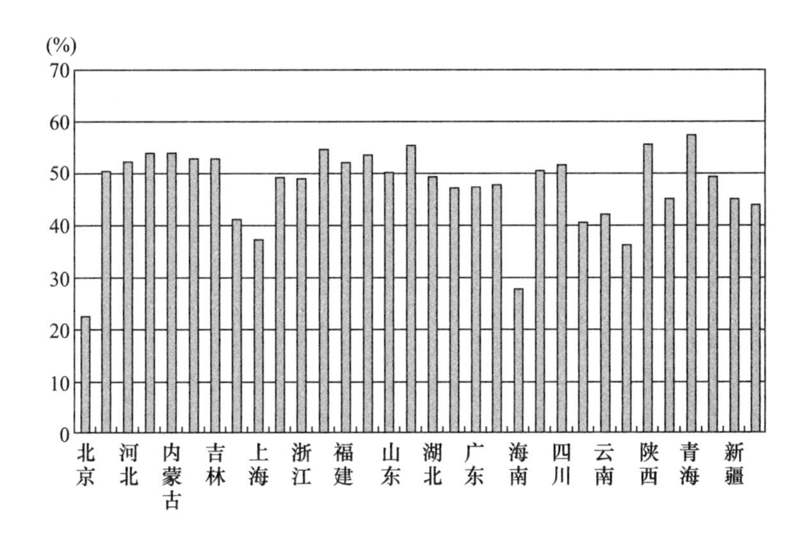

图1－5　2013年中国具代表性省市区工业化水平

资料来源：国家和各省市区2013年统计年鉴。

六、城镇化水平

城镇化水平，通常用市人口和镇人口占全部人口的百分比来表示，用于反映人口向城市聚集的过程和聚集程度。城镇化是人口由农村向城市迁移聚集的过程，同时又表现为地域景观的变化、产业结构的转变、生产生活方式的变革，是人口、地域、社会经济组织形式和生产生活方式由传统落后的乡村型社会向现代城市社会转化的多方面内容综合统一的过程，是一个国家或地区经济社会发展进步的主要反映和重要标志。图1-6显示了2013年我国各省市区城镇化水平。可以看出，2013年，我国城镇化率达53.73%。分区域来看，2013年城镇化率最高的五个省市分别是上海（88.02%）、北京（86.29%）、天津（78.29%）、广东（67.76%）、辽宁（66.45%）；城镇化率最低的五个省区分别是西藏（22.43%）、贵州（37.83%）、云南（39.08%）、甘肃（40.13%）、河南（42.40%）。总体来看，目前我国经济发达地区的城镇化率相对较高，经济欠发达地区的城镇化率相对较低。

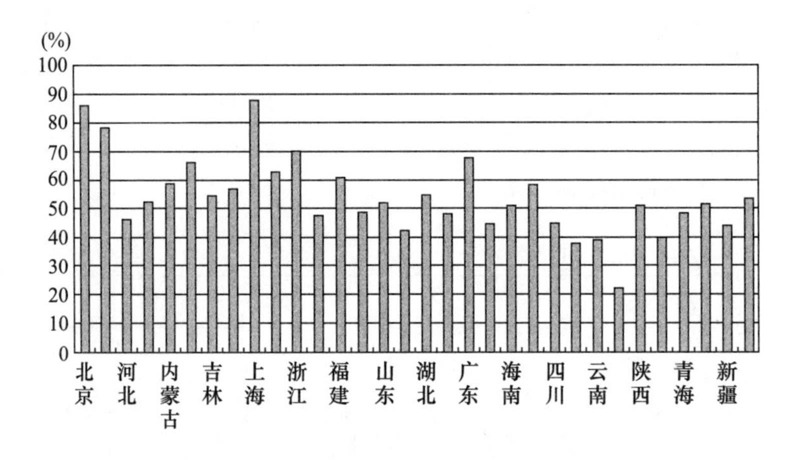

图1-6　2013年中国主要具代表性省市区城镇化水平

资料来源：国家和各省市区2013年统计年鉴。

第二节　中国经济发展的历史趋势

一、人均地区生产总值趋势变化

从历史维度来看，2000年以来我国人均地区生产总值总体上呈逐年上升态势。全国人均国内生产总值由2000年的7828元增长到2013年的41805元，14年间年均增长率为12.71%，表明我国人均GDP从2000年以来获得了快速增长。从各省市区人均GRP的变化来看，虽然大多数省市区人均GRP都有不同程度的上升，但各省市区人均GRP的增长速度并不相同。表1-1显示，2000年以来，

表 1-1　2000~2013 年人均地区生产总值变化的省市区比较

单位：元、%

省市区 \ 年份	2000	2001	2002	2003	2004	2005	2006	2007	2008	2009	2010	2011	2012	2013	年均增速
北京	23179	26772	30323	34390	40410	45315	50704	58752	62761	65339	71935	80495	86416	92201	10.36
天津	17002	19114	21358	25500	30381	37446	41514	47110	57134	61253	71012	83449	91252	97623	13.30
河北	7558	8235	8936	10225	12451	14614	16625	19599	22910	24503	28349	33857	36464	38595	12.35
山西	5684	6203	7058	8616	10709	12610	14455	17756	21446	21472	25744	31276	33544	34717	13.80
内蒙古	6489	7198	8142	10010	12708	16251	20473	26444	34764	39627	47217	57856	63777	67383	18.20
辽宁	11159	12001	12986	14258	15822	19065	21785	25976	31677	35044	42188	50711	56611	61680	12.99
吉林	7276	7879	8702	9845	11525	13329	15700	19358	23504	26565	31553	38446	43415	47188	14.29
黑龙江	8278	8896	9539	10635	12446	14434	16248	18577	21737	22444	27051	32817	35711	37504	11.40
上海	29653	31236	33514	37906	43994	48929	53830	60533	65716	68083	74537	81788	84797	89450	8.21
江苏	11674	12851	14322	16684	19944	24511	28399	33690	39915	44119	52644	62173	68255	74520	14.16
浙江	13122	14587	16758	19982	23652	26884	30991	36380	41179	43575	50895	59160	63293	68331	12.51
安徽	4763	5298	5729	6366	7642	8742	10004	12032	14428	16413	20748	25638	28744	31574	14.47
福建	11040	11822	12853	14231	16331	18428	21154	25605	29742	33378	39906	47205	52566	57657	12.53
江西	4828	5198	5804	6599	8069	9410	11110	13279	15843	17273	21182	26076	28750	31708	14.39
山东	9266	10170	11314	13236	16364	19860	23526	27519	32848	35794	40853	47071	51640	56184	13.74
河南	5326	5791	6278	7104	8803	11287	13163	16039	19110	20534	24553	28687	31469	34161	14.20

续表

年份 省市区	2000	2001	2002	2003	2004	2005	2006	2007	2008	2009	2010	2011	2012	2013	年均增速
湖北	6279	6858	7427	8368	9886	11541	13380	16377	19837	22659	27876	34096	38502	42539	14.64
湖南	5412	5809	6263	6994	8423	10427	12123	14854	18111	20387	24411	29820	33370	36619	14.63
广东	12418	13786	15271	17678	20705	24535	28159	32895	37195	38976	44070	50652	53868	58403	11.69
广西	4378	4761	5234	5808	7023	8550	10058	12214	14578	15979	20759	25233	27841	30468	14.86
海南	6677	7276	8004	8803	10020	11096	12747	14842	17600	19146	23757	28765	32193	35156	12.60
重庆	6286	6988	7935	9118	10865	12394	13915	16606	20407	22840	27472	34297	38742	42615	14.65
四川	4716	5273	5826	6523	7886	8993	10638	12997	15484	17289	21362	26120	29560	32393	14.76
贵州	2742	2983	3241	3686	4298	5376	6339	7941	9904	11062	13228	16437	19668	22863	16.36
云南	4742	4988	5338	5841	6981	7781	8896	10573	12529	13498	15698	19203	22128	25007	12.61
西藏	4566	5271	6046	6805	7983	8886	10202	11814	13522	14911	16915	19994	22761	25887	13.19
陕西	4951	5504	6153	7047	8627	10660	12824	15527	19673	21921	27104	33429	38512	42628	16.62
甘肃	4186	4460	4868	5518	6645	7599	8941	10612	12414	13259	16097	19580	21917	24276	13.38
青海	5100	5739	6440	7307	8647	10006	11834	14445	18387	19412	23986	29409	33046	36350	15.06
宁夏	5325	5994	6594	7679	9135	10279	12018	15067	19481	21653	26693	32898	36187	39221	15.33
新疆	7375	7951	8465	9754	11254	12956	14855	16817	19630	19810	24885	29923	33611	36927	12.19
全国	7828	8592	9368	10510	12299	14144	16456	20117	23648	25545	29943	35114	38364	41805	12.71

资料来源：国家和各省市区历年统计年鉴。

我国人均地区生产总值增速最快的前五省区分别是内蒙古（18.20%）、贵州（16.36%）、陕西（16.62%）、宁夏（15.33%）、青海（15.06%）；我国人均地区生产总值增速最慢的前五省市区分别是上海（8.21%）、北京（10.36%）、黑龙江（11.40%）、广东（11.69%）、新疆（12.19%）。总体而言，经济发达地区人均GRP的绝对数值相对较高，但增速相对较缓慢；经济欠发达地区人均GRP的绝对数值相对较低，但具有较高增速。值得一提的是，一些自然资源环境禀赋较好的经济欠发达地区，通过自然资源开发利用实现了较高的人均地区生产总值增速，自然资源环境优势逐步转化成了经济增长优势。如典型西部省市区内蒙古、贵州、陕西、宁夏、青海等人均GRP增速相对较高。

分区域看，2000年以来，华北五省市区人均地区生产总值总体呈增长趋势（见图1-7）。从人均地区生产总值数量来看，北京、天津、内蒙古人均地区生产总值长期高于全国平均水平，河北、山西略低于全国平均水平；从增速来看，2000~2013年的14年间北京、天津、河北、山西、内蒙古人均地区生产总值年均增速分别为10.36%、13.30%、12.35%、13.80%、18.20%；除北京、河北外，天津、山西、内蒙古三省年均增长率均高于全国平均水平。

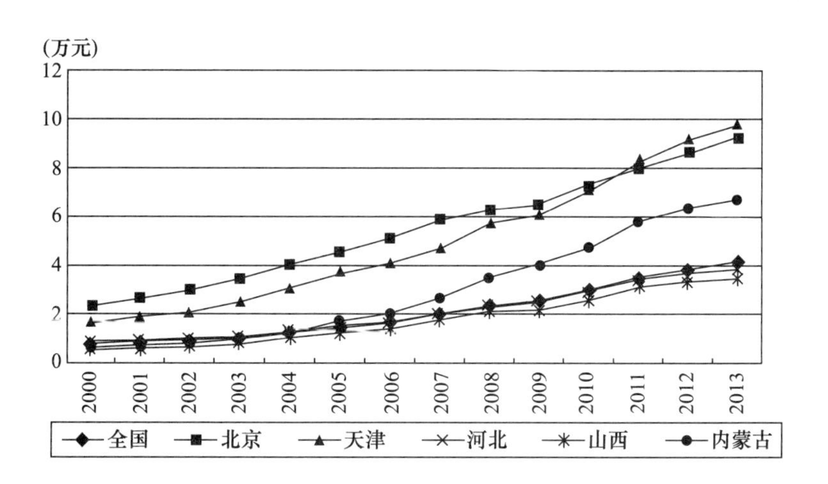

图1-7　2000~2013年华北五省市区人均地区生产总值的变化

资料来源：国家和相关省市区历年统计年鉴。

东北三省人均地区生产总值总体自2000年以来也呈增长趋势（见图1-8）。从人均地区生产总值数量来看，辽宁人均地区生产总值长期高于全国平均水平，吉林通过快速增长由2000年低于全国平均水平增长到超过全国平均水平，黑龙江由于增速下滑导致由2000年高于全国平均水平发展到2013年略低于全国平均水平；从增速来看，2000~2013年的14年间辽宁、吉林、黑龙江人均地区生产总值年均增速分别为 12.99%、14.29%、11.40%；除黑龙江外，辽宁、吉林年均增长率均高于全国平均水平。

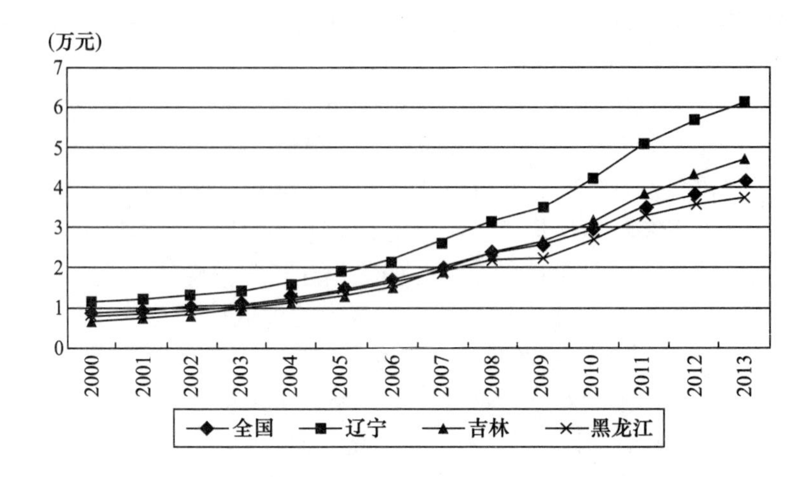

图 1－8　2000～2013 年东北三省人均地区生产总值的变化

资料来源：国家和相关省份历年统计年鉴。

华东七省市人均地区生产总值 2000 年以来总体增长迅速（见图 1－9）。从人均地区生产总值数量来看，上海、江苏、浙江、福建、山东五省市人均地区生产总值长期高于全国平均水平，安徽、江西两省人均地区生产总值长期低于全国平均水平；从增速来看，2000～2013 年的 14 年间上海、江苏、浙江、安徽、福建、江西、山东七省市人均地区生产总值年均增速分别为 8.21%、14.16%、12.51%、14.47%、12.53%、14.39%、13.74%；除上海、浙江、福建外，江苏、安徽、江西、山东年均增长率均高于全国平均水平。

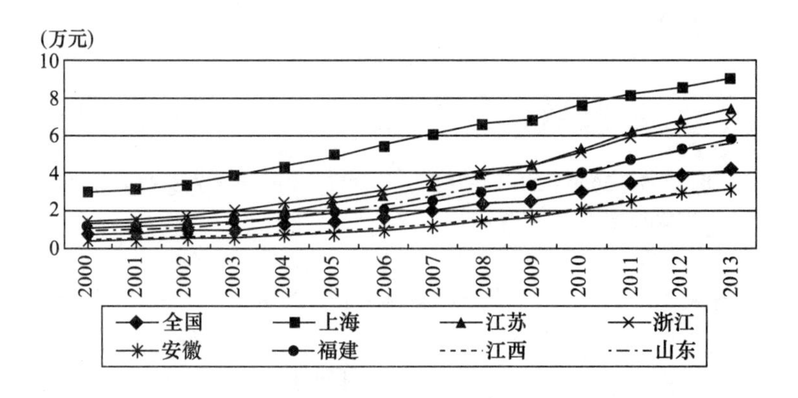

图 1－9　2000～2013 年华东七省市人均地区生产总值的变化

资料来源：国家和相关省市历年统计年鉴。

中南六省区人均地区生产总值2000年以来总体增长迅速（见图1-10）。从人均地区生产总值数量来看，中南六省区仅广东人均地区生产总值长期高于全国平均水平，湖北省由于增速相对较快，人均地区生产总值已由2000年的低于全国平均水平发展到2013年的略高于全国平均水平，河南、湖南、广西、海南四省区人均地区生产总值长期低于全国平均水平；从增速来看，2000~2013年的14年间，河南、湖北、湖南、广东、广西、海南六省区人均地区生产总值年均增速分别为14.20%、14.64%、14.63%、11.69%、14.86%、12.60%；除广东和海南增速略低于全国平均水平外，河南、湖北、湖南、广西四省年均增长率均高于全国平均水平。

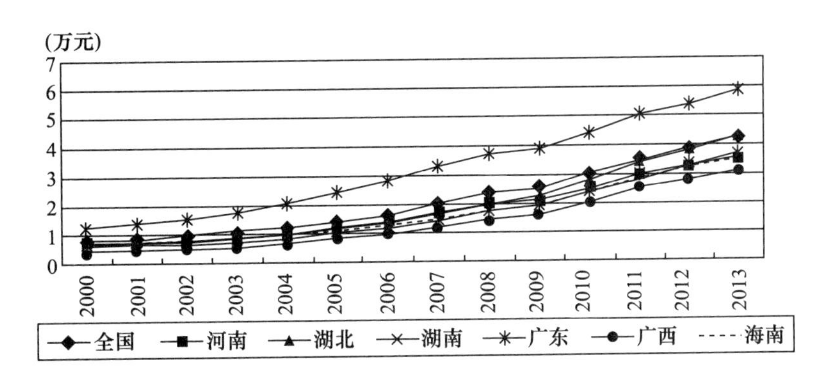

图1-10　2000~2013年中南六省区人均地区生产总值的变化

资料来源：国家和相关省区历年统计年鉴。

西南五省市区人均地区生产总值2000年以来长期低于全国平均水平，但年均增长迅速（见图1-11）。从人均地区生产总值数量来看，重庆由于增速相对较快，人均地区生产总值已由2000年的低于全国平均水平发展到2013年的略高于全国平均水平，四川、贵州、云南和西藏四省区人均地区生产总值长期低于全国平均水平；从增速来看，2000~2013年的14年间，重庆、四川、贵州、云南和西藏五省市区人均地区生产总值年均增速分别为14.65%、14.76%、16.36%、12.61%、13.19%；除云南增速略低于全国平均水平外，重庆、四川、贵州和西藏四省市区年均增长率均高于全国平均水平。

与西南五省市区类似，西北五省区人均地区生产总值2000年以来长期低于全国平均水平，但年均增长迅速（见图1-12）。从人均地区生产总值数量来看，陕西由于增速相对较快，人均地区生产总值已由2000年的低于全国平均水平发展到2013年的略高于全国平均水平，甘肃、青海、宁夏、新疆四省区人均地区生产总值长期低于全国平均水平；从增速来看，2000~2013年的14年间，陕西、

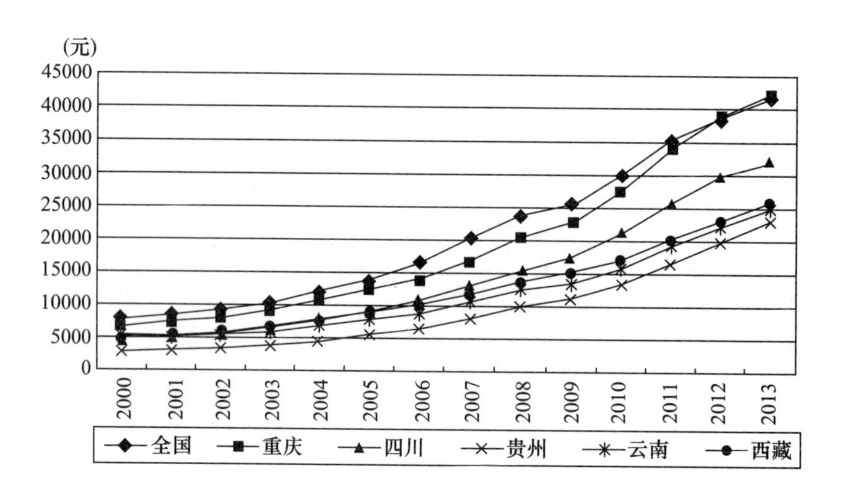

图1－11　2000～2013年西南五省市区人均地区生产总值的变化

资料来源：国家和相关省市区历年统计年鉴。

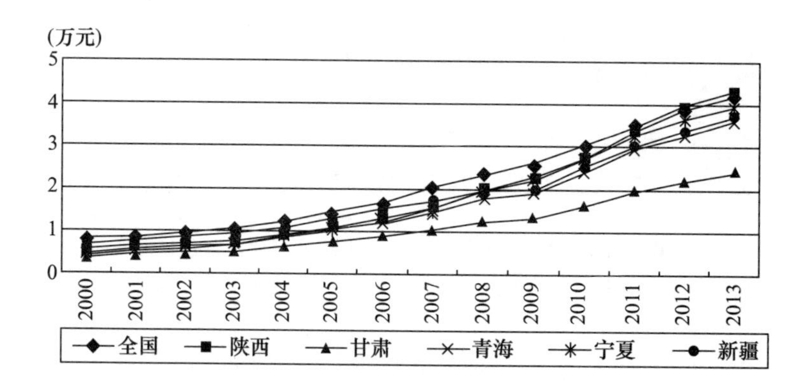

图1－12　2000～2013年西北五省区人均地区生产总值的变化

资料来源：国家和相关省区历年统计年鉴。

甘肃、青海、宁夏、新疆五省区人均地区生产总值年均增速分别为16.62%、13.38%、15.06%、15.33%、12.19%；除新疆增速略低于全国平均水平外，陕西、甘肃、青海、宁夏四省区年均增长率均高于全国平均水平。

二、地区生产总值（GRP）增速变化

为了从历史维度把握我国地区生产总值的增速变化趋势，我们还考察了2000年以来我国地区生产总值增速的历史变化趋势（见表1－2）。不难看出，2000年以来，全国国内生产总值增速经历了先逐年增长后缓慢下降的发展趋势，全国2000～2013年的14年间国内生产总值年均增长率为9.8%。分区域来看，年均

表 1-2　2000~2013 年中国地区生产总值增速变化的省市区比较

上年 = 100

省市区＼年份	2000	2001	2002	2003	2004	2005	2006	2007	2008	2009	2010	2011	2012	2013	年均增速
北京	111.8	111.7	111.5	111.1	114.1	112.1	113.0	114.5	109.1	110.2	110.3	108.1	107.7	107.7	110.9
天津	110.8	112.0	112.7	114.8	115.8	114.9	114.7	115.5	116.5	116.5	117.4	116.4	113.8	112.5	114.6
河北	109.5	108.7	109.6	111.6	112.9	113.4	113.4	112.8	110.1	110.0	112.2	111.3	109.6	108.2	110.9
山西	109.4	110.1	112.9	114.9	115.2	113.5	112.8	115.9	108.5	105.4	113.9	113.0	110.1	108.9	111.7
内蒙古	110.8	110.7	113.2	117.9	120.5	123.8	119.1	119.2	117.8	116.9	115.0	114.3	111.5	109.0	115.6
辽宁	108.9	109.0	110.2	111.5	112.8	112.7	114.2	115.0	113.4	113.1	114.2	112.2	109.5	108.7	111.8
吉林	109.2	109.3	109.5	110.2	112.2	112.1	115.0	116.1	116.0	113.6	113.8	113.8	112.0	108.3	112.2
黑龙江	108.2	109.3	110.2	110.2	111.7	111.6	112.1	112.0	111.8	111.4	112.7	112.3	110.0	108.0	110.8
上海	111.0	110.5	111.3	112.3	114.2	111.4	112.7	115.2	109.7	108.2	110.3	108.2	107.5	107.7	110.7
江苏	110.6	110.2	111.7	113.6	114.8	114.5	114.9	114.9	112.7	112.4	112.7	111.0	110.1	109.6	112.4
浙江	111.0	110.6	112.6	114.7	114.5	112.8	113.9	114.7	110.1	108.9	111.9	109.0	108.0	108.2	111.5
安徽	108.3	108.9	109.6	109.4	113.3	111.0	112.5	114.2	112.7	112.9	114.6	113.5	112.1	110.4	111.7
福建	109.3	108.7	110.2	111.5	111.8	111.6	114.8	115.2	113.0	112.3	113.9	112.3	111.4	111.0	111.9
江西	108.0	108.8	110.5	113.0	113.2	112.8	112.3	113.2	113.2	113.1	114.0	112.5	111.0	110.1	111.8
山东	110.3	110.0	111.7	113.4	115.3	115.0	114.7	114.2	112.0	112.2	112.3	110.9	109.8	109.6	112.2
河南	109.5	109.0	109.5	110.7	113.7	114.2	114.4	114.6	112.1	110.9	112.5	111.9	110.1	109.0	111.6

续表

年份 省市区	2000	2001	2002	2003	2004	2005	2006	2007	2008	2009	2010	2011	2012	2013	年均增速
湖北	108.6	108.9	109.2	109.7	111.2	112.1	113.2	114.6	113.4	113.5	114.8	113.8	111.3	110.1	111.7
湖南	109.0	109.0	109.0	109.6	112.1	112.2	112.8	115.0	113.9	113.7	114.6	112.8	111.3	110.1	111.8
广东	111.5	110.5	112.4	114.8	114.8	114.1	114.8	114.9	110.4	109.7	112.4	110.0	108.2	108.5	111.9
广西	107.9	108.3	110.6	110.2	111.8	113.1	113.6	115.1	112.8	113.9	114.2	112.3	111.3	110.2	111.8
海南	109.0	109.1	109.6	110.6	110.7	110.5	113.2	115.8	110.3	111.7	116.0	112.0	109.1	109.9	111.2
重庆	108.7	109.2	110.5	111.7	112.4	111.7	112.4	115.9	114.5	114.9	117.1	116.4	113.6	112.3	112.9
四川	108.5	109.0	110.3	111.3	112.7	112.6	113.5	114.5	111.0	114.5	115.1	115.0	112.6	110.0	112.2
贵州	108.4	108.8	109.1	110.1	111.4	112.7	112.8	114.8	111.3	111.4	112.8	115.0	113.6	112.5	111.7
云南	107.5	106.8	109.0	108.8	111.3	108.9	111.6	112.2	110.6	112.1	112.3	113.7	113.0	112.1	110.7
西藏	110.4	112.7	112.9	112.0	112.1	112.1	113.3	114.0	110.1	112.4	112.3	112.7	111.8	112.1	112.2
陕西	110.4	109.8	111.1	111.8	112.9	113.7	113.9	115.8	116.4	113.6	114.6	113.9	112.9	111.0	113.0
甘肃	109.7	109.8	109.9	110.7	111.5	111.8	111.5	112.3	110.1	110.3	111.8	112.5	112.6	110.8	111.1
青海	108.9	111.7	112.1	111.9	112.3	112.2	113.3	113.5	113.5	110.1	115.3	113.5	112.3	110.8	112.2
宁夏	110.2	110.1	110.2	112.7	111.2	110.9	112.7	112.7	112.6	111.9	113.5	112.1	111.5	109.8	111.6
新疆	108.7	108.6	108.2	111.2	111.4	110.9	111.0	112.2	111.0	108.1	110.6	112.0	112.0	111.0	110.5
全国	108.4	108.3	109.1	110.0	110.1	111.3	112.7	114.2	109.6	109.2	110.4	109.3	107.7	107.7	109.8

资料来源：国家和各省市区历年统计年鉴。

GRP 增长率最高的五个省市区是内蒙古（15.6%）、天津（14.6%）、陕西（13.0%）、重庆（12.9%）、江苏（12.4%）；年均 GRP 增长率最低的五个省市区是新疆（10.5%）、云南（10.7%）、上海（10.7%）、黑龙江（10.8%）、北京（10.9%）。由于我国国民经济核算采取的是分级核算体制，因为统计机构和数据来源不同，统计误差显著存在，因此出现了地区 GRP 增长率最低的省区高于全国 GDP 平均增长率的情况。不难发现，目前我国 31 个省市区 14 年间的 GRP 增长率水平均高于国家统计局发布的全国 GDP 增长率水平。

分区域来看，2000 年以来，华北五省市区 GRP 增长率总体经历了先上升后下降的发展趋势，波动中下降态势明显（见图 1－13）。从地区生产总值年均增速来看，天津、内蒙古地区生产总值年均增速相对较高，2000～2013 年的 14 年间年均 GRP 增速分别为 14.6% 和 15.6%；北京、河北、山西地区生产总值年均增速相对较低，2000～2013 年的 14 年间年均 GRP 增速分别为 10.9%、10.9% 和 11.7%。从地区生产总值增速变化趋势来看，北京、天津、河北、山西呈现出明显的波动中下降的特征，内蒙古呈现出先上升后下降的态势，2005 年 GRP 年度增长率最高。

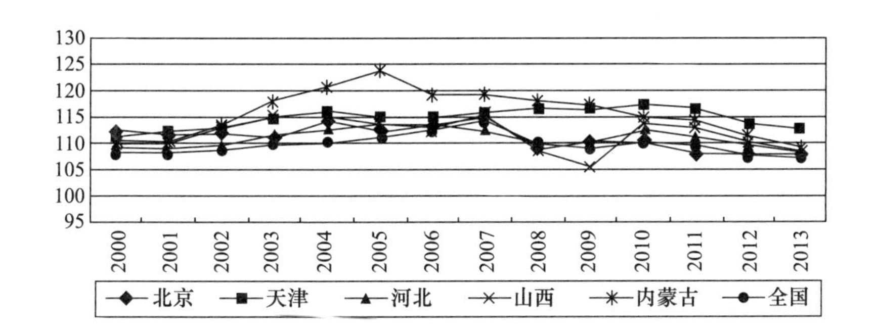

图 1－13 华北五省市区地区生产总值增速的变化（上年＝100）

资料来源：国家和相关省市区历年统计年鉴。

2000 年以来，东北三省 GRP 增长率总体经历了先上升后下降的发展趋势，增长率最高年度普遍出现在 2006～2007 年（见图 1－14）。从地区生产总值年均增速来看，辽宁、吉林和黑龙江地区生产总值年均增速普遍相对不高，2000～2013 年的 14 年间年均 GRP 增速分别为 11.8%、12.2% 和 10.8%。从地区生产总值增速变化趋势来看，辽宁、吉林和黑龙江 GRP 增速年度间变化趋势与全国平均情况类似，基本特征是先逐年缓慢上升，于 2006～2007 年 GRP 增长率达到最高，其后增长率逐年下滑。

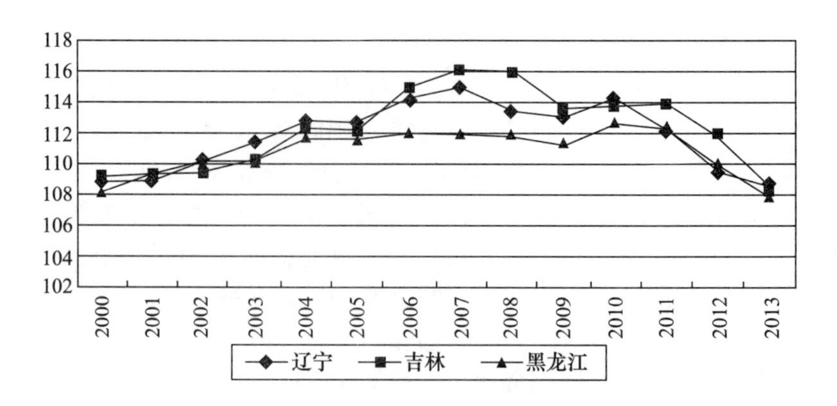

图 1-14　东北三省地区生产总值增速的变化（上年 =100）

资料来源：国家和相关省份历年统计年鉴。

2000 年以来，华东七省市 GRP 增长率变化特征差异较大，总体呈现出先上升后下降的发展趋势，个别省市各年波动性发展特征明显（见图 1-15）。从地区生产总值年均增速来看，江苏和山东地区生产总值年均增速相对较高，2000～2013 年的 14 年间年均 GRP 增速分别为 12.4% 和 12.2%；上海、浙江、安徽、福建、江西五省市地区生产总值年均增速相对一般，2000～2013 年的 14 年间年均 GRP 增速分别为 10.7%、11.5%、11.7%、11.9% 和 11.8%。从地区生产总值增速变化趋势来看，上海、浙江 GRP 增速先逐年缓慢上升，在不同年度达到最高增长率后逐年趋于下降，且下降幅度相对较大；江苏、安徽、福建、山东和江西 GRP 增速基本也呈先缓慢上升后逐渐下降态势，但波动中基本保持了增长率稳定。

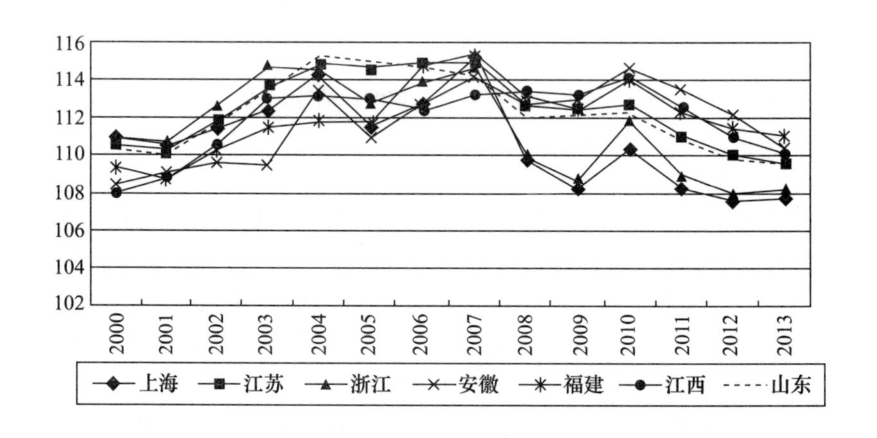

图 1-15　华东七省市地区生产总值增速的变化（上年 =100）

资料来源：国家和相关省市历年统计年鉴。

2000年以来，中南六省区GRP增长率水平变化总体呈现出先上升后下降的发展趋势，个别省份GRP增长率呈现波动性增长态势（见图1-16）。从地区生产总值年均增速来看，海南地区生产总值年均增速相对较低，2000~2013年的14年间年均GRP增速为11.2%；河南、湖北、湖南、广东、广西五省区地区生产总值年均增速差异不大，2000~2013年的14年间年均GRP增速分别为11.6%、11.7%、11.8%、11.9%和11.8%。从地区生产总值增速变化趋势来看，广东GRP增速先逐年缓慢上升，在2007年达到最高增长率后逐年趋于下降，且下降幅度相对较大；河南、湖北、湖南、广西、海南五省区GRP增速呈先缓慢上升后逐渐下降态势，但在波动中基本保持了增长率稳定，大多数省区年度增长率下降不大。

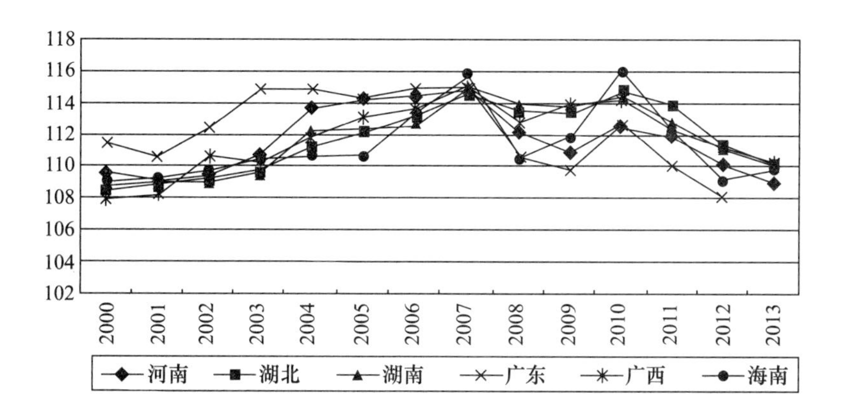

图1-16　中南六省区地区生产总值增速的变化（上年=100）

资料来源：国家和相关省区历年统计年鉴。

西南五省市区2000年以来GRP增长率总体呈波动中上升态势，且2011年以来GRP年增长率回落明显（见图1-17）。从地区生产总值年均增速来看，重庆、四川、西藏地区生产总值年均增速相对较高，2000~2013年的14年间年均GRP增速分别为12.9%、12.2%和12.2%；贵州、云南两省地区生产总值年均增速相对较低，2000~2013年的14年间年均GRP增速分别为11.7%、10.7%。从地区生产总值增速变化趋势来看，重庆、四川、贵州、云南GRP增速波动中上升态势明显，西藏GRP增速长期较为稳定，但有逐年下降趋势。

西北五省区2000年以来GRP增长率总体呈波动中缓慢上升态势（见图1-18）。从地区生产总值年均增速来看，陕西、青海地区生产总值年均增速相对较高，2000~2013年的14年间年均GRP增速分别为13%、12.2%；甘肃、宁夏和新疆三省区地区生产总值年均增速相对较低，2000~2013年的14年间年均GRP增速

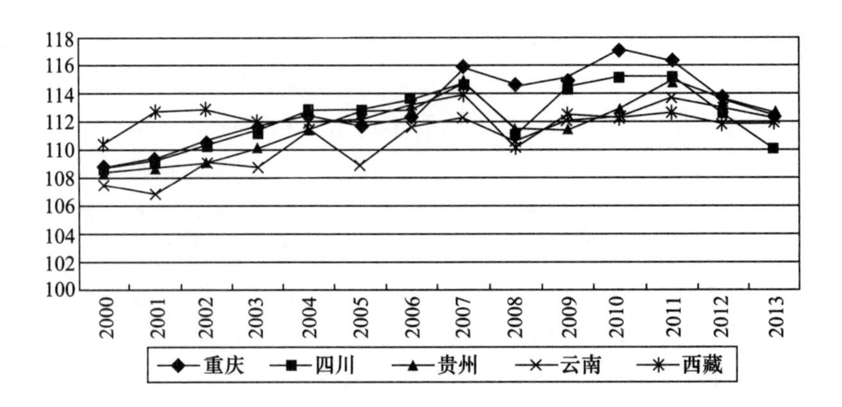

图1－17　西南五省市区地区生产总值的变化（上年＝100）

资料来源：国家和相关省市区历年统计年鉴。

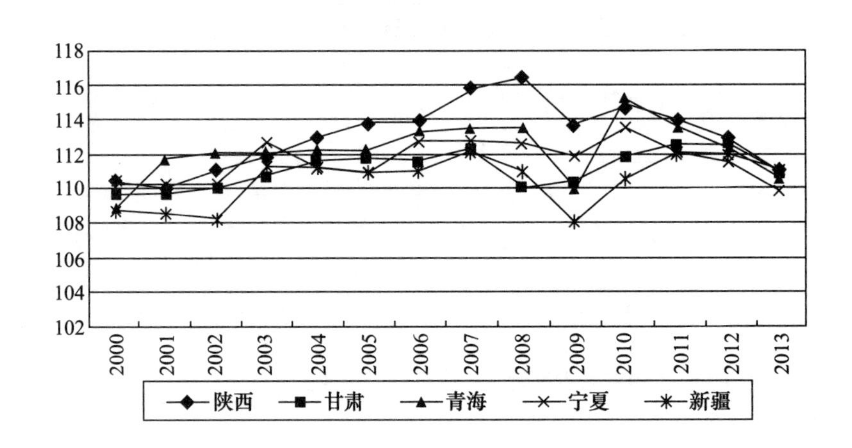

图1－18　西北五省区地区生产总值增速的变化（上年＝100）

资料来源：国家和相关省区历年统计年鉴。

分别为11.1%、11.6%和10.5%。从地区生产总值增速变化趋势来看，陕西GRP增速呈先上升后下降态势，甘肃、青海、新疆GRP增速呈波动中稳定上升态势，宁夏GRP增速呈波动中缓慢下降态势。

三、城市居民人均可支配收入的变化

表1－3揭示了2002～2013年我国城市居民人均可支配收入变化历史趋势。不难看出，2002年以来，我国各省市区城市居民人均可支配收入年均增长率普遍在10%以上，全国城市居民人均可支配收入年均增长率为12.06%，表明城市居民收入呈稳定增长态势，且与我国经济快速增长几乎可以说是同步的。分区域

表 1-3 2002~2013 年城市居民人均可支配收入变化的省市区比较

单位：元、%

年份 省市区	2002	2003	2004	2005	2006	2007	2008	2009	2010	2011	2012	2013	年均增速
北京	12464	13883	15638	17653	19978	21989	24725	26739	29073	32903	36469	40321	11.26
天津	9338	10313	11467	12639	14283	16357	19423	21402	24293	26921	29626	32294	11.94
河北	6680	7239	7951	9107	10305	11691	13441	14718	16263	18292	20543	22580	11.71
山西	6234	7005	7903	8914	10028	11565	13119	13997	15648	18124	20412	22456	12.36
内蒙古	6051	7013	8123	9137	10358	12378	14433	15849	17698	20408	23150	25497	13.97
辽宁	6525	7241	8008	9108	10370	12300	14393	15761	17713	20467	23223	25578	13.22
吉林	6260	7005	7841	8691	9775	11286	12830	14006	15412	17797	20208	22275	12.23
黑龙江	6101	6679	7471	8273	9182	10245	11581	12566	13857	15696	17760	19597	11.19
上海	13250	14868	16683	18645	20668	23623	26675	28838	31838	36231	40188	43851	11.49
江苏	8178	9263	10482	12319	14084	16378	18680	20552	22944	26341	29677	32538	13.38
浙江	11716	13180	14546	16294	18265	20574	22727	24611	27359	30971	34550	37851	11.25
安徽	6032	6778	7511	8471	9771	11474	12990	14086	15788	18606	21024	23114	12.99
福建	9189	10000	11175	12321	13753	15506	17962	19577	21781	24907	28055	30816	11.63
江西	6336	6901	7560	8620	9551	11452	12866	14022	15481	17495	19860	21873	11.92
山东	7614	8400	9438	10745	12192	14265	16305	17811	19946	22792	25755	28264	12.66
河南	6245	6926	7705	8668	9810	11477	13231	14372	15930	18195	20443	22398	12.31

续表

年份 省市区	2002	2003	2004	2005	2006	2007	2008	2009	2010	2011	2012	2013	年均增速
湖北	6789	7322	8023	8786	9803	11486	13153	14368	16058	18374	20840	22906	11.69
湖南	6959	7674	8618	9524	10505	12294	13821	15084	16566	18844	21319	23414	11.66
广东	11137	12380	13628	14770	16016	17699	19733	21575	23898	26898	30227	33090	10.41
广西	7315	7785	8690	9287	9899	12200	14146	15452	17064	18854	21243	23305	11.11
海南	6823	7259	7736	8124	9395	10997	12608	13751	15581	18369	20918	22929	11.65
重庆	7238	8094	9221	10244	11570	12591	14368	15749	17532	20250	22968	25216	12.02
四川	6611	7042	7710	8386	9350	11098	12633	13839	15461	17899	20307	22368	11.72
贵州	5944	6569	7322	8151	9117	10678	11759	12863	14143	16495	18701	20667	12.00
云南	7241	7644	8871	9266	10070	11496	13250	14424	16065	18576	21075	23236	11.18
西藏	8079	8766	9106	9431	8941	11131	12482	13544	14981	16196	18028	20023	8.60
陕西	6331	6806	7493	8272	9268	10763	12858	14129	15695	18245	20734	22858	12.38
甘肃	6151	6657	7377	8087	8921	10012	10969	11930	13189	14989	17157	18965	10.78
青海	6171	6745	7320	8058	9000	10276	11640	12692	13855	15603	17566	19499	11.03
宁夏	6067	6531	7218	8094	9177	10859	12932	14025	15345	17579	19831	21833	12.35
新疆	6900	7174	7503	7990	8871	10313	11432	12258	13644	15514	17921	19874	10.10
全国	7703	8472	9422	10493	11760	13786	15781	17175	19109	21810	24565	26955	12.06

资料来源：国家和各省市区历年统计年鉴。

来看，城市居民人均可支配收入年均增长最快的五个省区是内蒙古（13.97%）、江苏（13.38%）、辽宁（13.22%）、安徽（12.99%）、山东（12.66%）；城市居民人均可支配收入年均增长最慢的五个省区是西藏（8.60%）、新疆（10.10%）、广东（10.41%）、甘肃（10.78%）、青海（11.03%）。全国城市居民人均可支配收入年均增长率由高到低依次是内蒙古、江苏、辽宁、安徽、山东、陕西、山西、宁夏、河南、吉林、全国平均、重庆、贵州、天津、江西、四川、河北、湖北、湖南、海南、福建、上海、北京、浙江、黑龙江、云南、广西、青海、甘肃、广东、新疆、西藏。

四、农村居民家庭人均纯收入的变化

表1-4揭示了2002~2013年我国农村居民家庭人均纯收入历史变化趋势。2002年以来，我国各省市区农村居民家庭人均纯收入年均增长率为12.33%，高于全国城市居民人均可支配收入年均增长率12.06%的水平，表明2013年以来农村居民家庭人均纯收入增长幅度超过城市居民收入增长幅度，城乡收入差距有缩小的趋势。分区域来看，农村居民家庭人均纯收入年均增长最快的五个省区是西藏（14.65%）、吉林（13.89%）、内蒙古（13.74%）、陕西（13.62%）、黑龙江（13.45%）；农村居民家庭人均纯收入年均增长最慢的五个省市是广东（10.45%）、上海（10.99%）、福建（11.03%）、甘肃（11.19%）、浙江（11.34%）。可以看出，经济欠发达地区农村居民家庭人均纯收入增长相对较快，经济发达地区农村居民家庭人均纯收入增长相对较慢。全国农村居民家庭人均纯收入年均增长率由高到低依次是西藏、吉林、内蒙古、陕西、黑龙江、重庆、新疆、河南、辽宁、安徽、云南、江西、四川、青海、天津、贵州、湖北、宁夏、山东、全国平均、湖南、海南、江苏、北京、河北、广西、山西、浙江、甘肃、福建、上海、广东。

五、工业化水平变化的历史趋势

为了从历史维度更好地揭示我国所处工业化进程阶段，表1-5揭示了我国1993年以来工业化率的历史变化趋势。另从图1-19可以看出，1993年以来我国整体工业化率的历史变化趋势。不难看出，1993年以来，我国第二产业占国内生产总值的比重长期在44%~48%波动，且在波动中呈缓慢下降态势，表明我国工业化进程仍然处于工业化中期。分区域来看，各省市区工业化水平发展并不均衡：北京、上海等省市1993年以来工业化率一直呈持续下降态势，目前工业化率下降到40%以下，表明已进入工业化后期；海南、贵州、西藏三省区1993年以来工业化率长期在40%以下波动，表明其仍处于工业化初期阶段（见图1-20）；

表1-4　2002~2013年农村居民人均可支配收入变化的省市区比较

单位：元、%

省市区＼年份	2002	2003	2004	2005	2006	2007	2008	2009	2010	2011	2012	2013	年均增速
北京	5399	5602	6170	7346	8276	9440	10662	11669	13262	14736	16476	18338	11.76
天津	4279	4566	5020	5580	6228	7010	7911	8688	10075	12321	14026	15841	12.64
河北	2685	2853	3171	3482	3802	4293	4796	5150	5958	7120	8081	9102	11.74
山西	2150	2299	2590	2891	3181	3666	4097	4244	4736	5601	6357	7154	11.55
内蒙古	2086	2268	2606	2989	3342	3953	4656	4938	5530	6642	7611	8596	13.74
辽宁	2751	2934	3307	3690	4090	4773	5577	5958	6908	8297	9384	10523	12.97
吉林	2301	2530	3000	3264	3641	4191	4933	5266	6237	7510	8598	9621	13.89
黑龙江	2405	2509	3005	3221	3552	4132	4856	5207	6211	7591	8604	9634	13.45
上海	6224	6654	7066	8248	9139	10145	11440	12483	13978	16054	17804	19595	10.99
江苏	3980	4239	4754	5276	5813	6561	7357	8004	9118	10805	12202	13598	11.82
浙江	4940	5389	5944	6660	7335	8265	9258	10007	11303	13071	14552	16106	11.34
安徽	2118	2128	2499	2641	2969	3556	4203	4504	5285	6232	7161	8098	12.97
福建	3539	3734	4089	4450	4835	5467	6196	6680	7427	8779	9967	11184	11.03
江西	2307	2458	2787	3129	3460	4045	4697	5075	5789	6892	7829	8782	12.92
山东	2948	3151	3507	3931	4368	4985	5641	6119	6990	8342	9447	10620	12.36
河南	2216	2236	2553	2871	3261	3852	4454	4807	5524	6604	7525	8475	12.97

续表

省市区＼年份	2002	2003	2004	2005	2006	2007	2008	2009	2010	2011	2012	2013	年均增速
湖北	2444	2567	2890	3099	3419	3998	4656	5035	5832	6898	7852	8867	12.43
湖南	2398	2533	2838	3118	3390	3904	4513	4909	5622	6567	7440	8372	12.04
广东	3912	4055	4366	4691	5080	5624	6400	6907	7890	9372	10543	11669	10.45
广西	2013	2095	2305	2495	2771	3224	3690	3980	4543	5231	6008	6791	11.69
海南	2423	2588	2818	3004	3256	3791	4390	4744	5275	6446	7408	8343	11.89
重庆	2098	2215	2510	2809	2874	3509	4126	4478	5277	6480	7383	8332	13.36
四川	2108	2230	2519	2803	3002	3547	4121	4462	5087	6129	7001	7895	12.76
贵州	1490	1565	1722	1877	1985	2374	2797	3005	3472	4145	4753	5434	12.48
云南	1609	1697	1864	2042	2251	2634	3103	3369	3952	4722	5417	6141	12.95
西藏	1462	1691	1861	2078	2435	2788	3176	3532	4139	4904	5719	6578	14.65
陕西	1596	1676	1867	2053	2260	2645	3137	3438	4105	5028	5763	6503	13.62
甘肃	1590	1673	1852	1980	2134	2329	2724	2980	3425	3909	4507	5108	11.19
青海	1669	1794	1958	2152	2358	2684	3061	3346	3863	4609	5364	6196	12.67
宁夏	1917	2043	2320	2509	2760	3181	3681	4048	4675	5410	6180	6931	12.39
新疆	1863	2106	2245	2482	2737	3183	3503	3883	4643	5442	6394	7297	13.21
全国	2476	2622	2936	3255	3587	4140	4761	5153	5919	6977	7917	8896	12.33

资料来源：国家和各省市区历年统计年鉴。

表 1－5　1993～2013 年工业化率变化的省市区比较

单位：%

年份＼省市区	北京	天津	河北	山西	内蒙古	辽宁	吉林	黑龙江	上海	江苏	浙江
1993	47.34	57.22	50.15	49.24	37.83	51.68	48.85	54.22	59.40	53.30	51.09
1994	45.19	56.62	48.14	47.97	36.62	51.14	42.33	52.99	57.69	53.90	51.99
1995	42.83	55.64	46.42	45.95	36.03	49.76	41.79	52.66	56.79	52.67	52.13
1996	39.94	54.29	48.21	46.45	35.65	48.70	39.88	53.60	53.99	51.20	53.29
1997	37.64	53.46	48.92	47.94	36.62	48.68	38.72	53.72	51.59	51.07	54.51
1998	35.36	50.78	48.97	47.25	36.34	47.79	37.14	53.43	49.25	50.56	54.76
1999	33.87	50.54	48.48	47.12	37.01	47.98	39.12	54.31	47.38	50.93	54.64
2000	32.68	50.76	49.86	46.51	37.85	50.21	39.40	54.95	46.27	51.86	53.31
2001	30.81	49.97	48.88	47.10	38.26	48.49	40.21	52.31	46.13	51.89	51.79
2002	28.97	49.71	48.38	48.79	38.89	47.82	40.17	50.69	45.68	52.84	51.11
2003	29.70	51.87	49.38	51.25	40.51	48.29	41.26	51.38	47.94	54.55	52.51
2004	30.72	54.19	50.74	53.74	41.05	45.89	42.59	52.35	48.21	56.24	53.66
2005	29.08	54.67	52.65	55.72	45.41	48.08	43.67	53.90	47.38	56.59	53.40
2006	27.00	55.06	53.28	56.48	48.03	49.08	44.80	54.18	47.01	56.49	54.15
2007	25.48	55.07	52.93	57.34	49.72	49.66	46.84	52.02	44.59	55.62	54.15
2008	23.63	55.21	54.34	57.99	51.51	52.37	48.20	51.96	43.25	54.85	53.90
2009	23.50	53.02	51.98	54.28	52.50	51.97	48.66	47.29	39.89	53.88	51.80
2010	24.01	52.47	52.50	56.89	54.56	54.05	51.99	48.47	42.05	52.51	51.58
2011	23.09	52.43	53.54	59.05	55.97	54.67	53.09	47.39	41.30	51.32	51.23
2012	22.70	51.68	52.69	55.57	55.42	53.25	53.41	44.10	38.92	50.17	49.95
2013	22.32	50.64	52.16	53.90	53.97	52.70	52.83	41.15	37.16	49.18	49.10

续表

省市区 年份	安徽	福建	江西	山东	河南	湖北	湖南	广东	广西	海南	重庆
1993	42.90	40.91	39.07	48.94	46.03	40.55	37.76	49.14	36.84	25.38	44.73
1994	41.04	43.84	35.67	49.20	47.77	38.66	35.74	48.78	39.21	25.10	45.20
1995	36.46	42.12	34.52	47.56	46.68	36.99	36.15	48.88	35.78	21.60	43.87
1996	35.45	41.33	34.14	47.32	46.16	36.95	36.22	48.39	34.59	20.92	43.27
1997	35.31	42.31	34.18	48.15	46.06	37.52	36.56	47.65	33.79	20.22	43.08
1998	36.20	42.25	35.36	48.54	44.98	38.51	37.12	47.68	34.91	20.67	42.16
1999	35.92	42.01	35.00	48.63	43.85	40.70	37.11	47.12	34.61	20.14	41.96
2000	36.41	43.26	34.98	49.95	45.40	40.54	36.41	46.54	35.23	19.74	42.44
2001	38.65	44.28	36.13	49.55	45.37	40.57	36.87	45.73	33.83	23.11	42.59
2002	37.99	45.59	38.43	50.46	45.87	40.59	36.70	45.50	33.56	23.16	42.94
2003	39.13	46.97	42.90	53.69	48.20	41.11	38.15	47.92	34.88	24.63	44.42
2004	38.76	48.07	45.31	56.44	48.89	41.19	38.83	49.20	36.51	25.08	45.37
2005	41.98	48.45	47.27	57.05	52.08	43.28	39.61	50.35	37.92	26.21	45.10
2006	44.35	48.72	50.20	57.42	54.39	44.18	41.45	50.66	39.58	28.96	47.90
2007	45.80	48.40	51.30	56.82	55.17	44.39	42.14	50.37	41.65	29.04	50.65
2008	47.44	49.14	50.99	56.81	56.94	44.86	43.52	50.28	43.27	28.18	52.78
2009	48.75	49.08	51.20	55.76	56.52	46.59	43.55	49.19	43.58	26.81	52.81
2010	52.08	51.05	54.20	54.22	57.28	48.64	45.79	50.02	47.14	27.66	55.00
2011	54.31	51.65	54.61	52.95	57.28	50.00	47.60	49.70	48.42	28.32	55.37
2012	54.64	51.71	53.62	51.46	56.33	50.31	47.42	48.54	47.93	28.17	52.37
2013	54.65	52.00	53.50	50.15	55.38	49.34	47.01	47.34	47.73	27.69	50.55

续表

年份＼省市区	四川	贵州	云南	西藏	陕西	甘肃	青海	宁夏	新疆	全国
1993	39.05	37.12	41.57	14.67	43.86	42.97	43.88	43.65	41.41	46.57
1994	39.11	37.14	43.57	17.13	43.43	43.80	41.75	41.11	37.61	46.57
1995	40.15	36.55	43.76	23.60	42.60	46.05	38.49	42.62	34.85	47.18
1996	40.26	35.27	44.08	17.42	42.30	43.18	38.01	39.69	34.82	47.54
1997	39.04	35.86	44.38	21.85	41.60	42.57	37.79	39.48	37.06	47.54
1998	38.11	37.21	44.68	22.01	41.68	42.07	38.67	38.75	35.75	46.21
1999	36.99	37.38	42.74	22.51	42.79	42.88	39.28	39.24	36.15	45.76
2000	36.48	37.98	41.43	22.96	43.38	40.05	41.27	41.16	39.42	45.92
2001	36.61	38.25	40.60	22.97	43.71	40.70	41.68	40.27	38.48	45.15
2002	36.69	38.76	40.42	20.19	44.71	40.72	42.42	40.58	37.40	44.79
2003	37.78	39.92	40.99	25.74	47.19	40.86	44.06	43.62	38.14	45.97
2004	39.02	40.62	41.59	23.94	48.91	42.24	45.42	45.44	41.40	46.23
2005	41.53	40.95	41.19	25.53	49.61	43.36	48.70	45.88	44.73	47.37
2006	43.44	41.37	42.77	27.55	51.70	45.81	51.18	48.43	47.92	47.95
2007	44.01	39.00	42.71	28.84	51.87	47.31	52.55	49.51	46.76	47.34
2008	46.21	38.47	43.09	29.27	52.79	46.43	54.69	50.67	49.50	47.45
2009	47.43	37.74	41.86	30.96	51.85	45.08	53.21	48.94	45.11	46.24
2010	50.46	39.11	44.62	32.30	53.80	48.17	55.14	49.00	47.67	46.67
2011	52.45	38.48	42.51	34.46	55.43	47.36	58.38	50.24	48.80	46.59
2012	51.66	39.08	42.87	34.64	55.86	46.02	57.69	49.52	46.39	45.27
2013	51.71	40.51	42.04	36.27	55.54	45.01	57.32	49.32	45.05	43.89

资料来源：国家和各省市区历年统计年鉴。

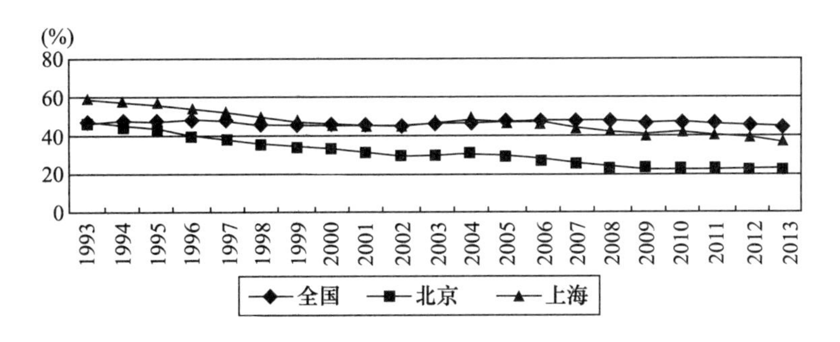

图1－19　1993～2013年工业化率的变化

资料来源：国家和相关省市历年统计年鉴。

内蒙古、江西、湖南、广西、四川、青海、宁夏、新疆等省区1993年以来工业化率逐渐增长超过40%，并长期保持稳定上升态势，表明上述省区1993年以来由工业化初期阶段进入了工业化中期阶段（见图1－21）；吉林、陕西、黑龙江、重庆、河南、辽宁、安徽、云南、天津、湖北、山东、江苏、河北、山西、浙江、甘肃、福建、广东18个省市1993年以来工业化率长期稳定在40%～60%，表明其在1993年前已进入工业化中期，且目前仍处于工业化中期阶段。

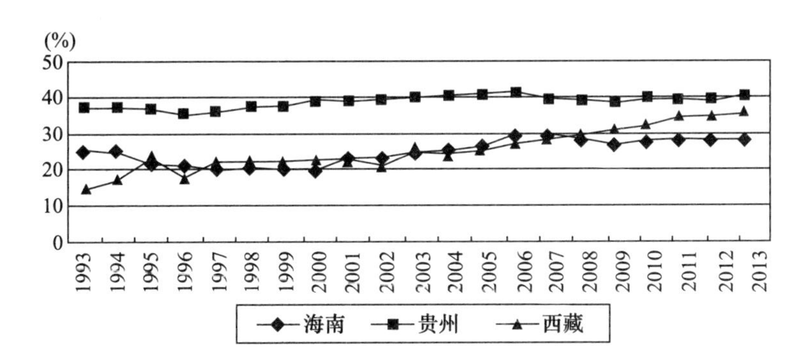

图1－20　1993～2013年长期处于工业化初期省区的工业化率变化

资料来源：国家和相关省区历年统计年鉴。

六、城镇化水平历史变化趋势

图1－22揭示了我国城镇化率1964年以来的历史变化趋势。可以看出，随着我国工业化的不断推进，城镇化率逐年提高。1964年我国城镇化率仅为18.37%，到2012年已增长为53.73%。1964～2012年近50年我国城镇化率年均增长2.21%；1984～2012年近30年我国城镇化率年均增长2.97%；2000～2012年近12年我国城镇化率年均增长3.08%；2005～2012年近7年间我国城镇化率

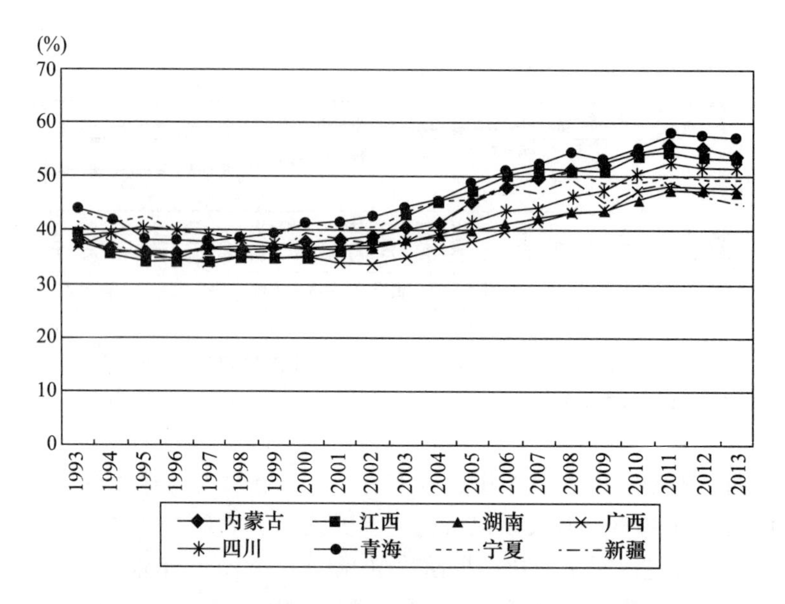

图 1-21 1993~2013 年由初期转入中期省区的工业化率变化

资料来源：国家和相关省区历年统计年鉴。

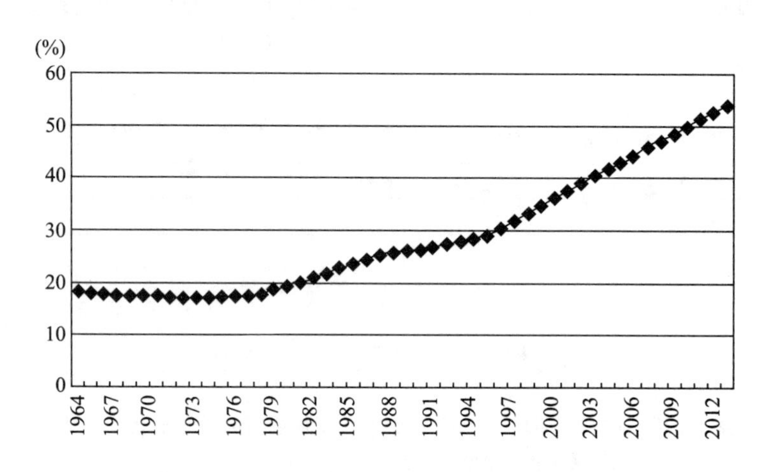

图 1-22 中国城镇化率的历史变化趋势

资料来源：国家和各省市区历年统计年鉴。

年均增长 2.83%。不难发现，我国城镇化率尽管逐年提高，但城镇化快速发展时期主要是我国改革开放之后尤其是 2000 年以来，我国城市规模和范围扩大明显，城镇化率增长迅速，城镇化水平不断提高。需要注意的是，2005 年以来，城镇化率增速逐渐放缓，全国已进入城镇化的中后期。

分区域来看，表 1-6 揭示了 2005 年以来我国各省市区城镇化率的变化趋

表 1 - 6　2005 年以来中国城镇化率的变化

单位：%

年份 省市区	2005	2006	2007	2008	2009	2010	2011	2012	2013	年均增速
北京	83.62	84.32	84.49	84.92	85.00	85.93	86.18	86.23	86.29	0.39
天津	75.07	75.72	76.32	77.21	78.01	79.60	80.52	81.53	78.29	0.53
河北	37.69	38.76	40.26	41.91	43.74	44.50	45.60	46.80	46.51	2.66
山西	42.12	43.02	44.03	45.12	45.99	48.04	49.68	51.26	52.56	2.81
内蒙古	47.19	48.65	50.14	51.72	53.42	55.50	56.61	57.75	58.70	2.77
辽宁	58.71	58.98	59.19	60.05	60.35	62.10	64.04	65.64	66.45	1.56
吉林	52.50	52.96	53.15	53.22	53.32	53.33	53.40	53.71	54.21	0.40
黑龙江	53.09	53.49	53.90	55.40	55.49	55.67	56.49	56.91	56.89	0.87
上海	89.10	88.70	88.66	88.60	88.60	89.27	89.31	89.33	88.02	-0.15
江苏	50.50	51.89	53.20	54.30	55.60	60.58	61.89	63.01	62.85	2.77
浙江	56.02	56.51	57.21	57.60	57.90	61.61	62.29	63.19	62.96	1.47
安徽	35.51	37.10	38.71	40.51	42.10	43.01	44.81	46.49	47.86	3.80
福建	49.40	50.40	51.38	53.01	55.10	57.11	58.09	59.61	60.76	2.62
江西	37.00	38.67	39.79	41.36	43.19	44.06	45.70	47.51	48.87	3.54
山东	45.00	46.10	46.75	47.59	48.32	49.70	50.95	52.43	52.17	1.86
河南	30.65	32.47	34.34	36.03	37.70	38.50	40.57	42.43	42.40	4.14

续表

省市区 \ 年份	2005	2006	2007	2008	2009	2010	2011	2012	2013	年均增速
湖北	43.20	43.81	44.31	45.19	46.00	49.70	51.82	53.50	54.51	2.95
湖南	37.01	38.71	40.46	42.15	43.19	43.30	45.10	46.65	47.96	3.29
广东	60.68	63.00	63.14	63.37	63.40	66.18	66.50	67.40	67.76	1.39
广西	33.63	34.65	36.24	38.16	39.21	40.00	41.81	43.53	44.82	3.66
海南	45.17	46.05	47.22	48.01	49.19	49.83	50.51	51.52	51.11	1.56
重庆	45.21	46.69	48.30	49.98	51.59	53.00	55.02	56.98	58.34	3.24
四川	33.00	34.30	35.60	37.40	38.70	40.17	41.83	43.54	44.90	3.92
贵州	26.86	27.45	28.25	29.12	29.88	33.80	34.97	36.42	37.83	4.37
云南	29.51	30.49	31.59	33.00	34.00	34.70	36.80	39.30	39.08	3.57
西藏	20.71	21.05	21.45	21.92	22.30	22.67	22.77	22.73	22.43	1.00
陕西	37.24	39.12	40.61	42.09	43.49	45.76	47.29	50.01	51.31	4.09
甘肃	30.02	31.10	32.26	33.56	34.87	36.13	37.17	38.75	40.13	3.70
青海	39.23	39.23	40.04	40.79	42.01	44.76	46.30	47.47	48.49	2.69
宁夏	42.28	43.05	44.10	44.98	46.08	47.87	49.92	50.70	52.03	2.63
新疆	37.16	37.95	39.14	39.65	39.83	43.02	43.55	43.98	44.48	2.27
全国	42.99	44.34	45.89	46.99	48.34	49.95	51.27	52.57	53.73	2.83

资料来源：国家和各省市区历年统计年鉴。

势。可以看出，各省市区城镇化进程并不完全一致。北京、天津、上海、吉林、黑龙江、西藏等省市区城镇化率年均增长率相对较低，2005年以来普遍低于1%；安徽、江西、河南、湖南、广西、重庆、四川、贵州、云南、陕西、甘肃等省市区城镇化率年均增长率相对较高，2005年以来普遍高于3%，城镇化进程较迅猛。其他省市区城镇化率2005年以来年均增长率保持在1%~3%，城镇化进程相对适中。

第三节　基本结论

本章详细分析了我国及各省市区经济发展的6个指标，即人均地区生产总值、GRP增速、城市居民人均可支配收入、农村居民人均纯收入、工业化水平和城镇化水平。通过对上述指标2013年的现状和历史变化趋势分析可以发现：

（一）经济发展区域不均衡特征明显，经济领先地区和经济欠发达地区的绝对差距较大

从人均地区生产总值、城市居民人均可支配收入、农村居民人均纯收入、工业化率、城镇化率指标可以看出，北京、上海、江苏、浙江、广东、天津等经济领先省市区的总体经济发展水平相对较高，居民收入水平相对较高，工业化进程普遍已经进入中后期，城镇化率在60%以上，城镇化水平较高；贵州、甘肃、云南、西藏、广西等经济欠发达省市区经济发展水平相对较低，居民收入水平普遍不高，工业化进程尚处于初期或者刚进入工业化中期，城镇化率指标普遍不高，且大多数省市区城镇化进程还处于快速发展阶段。上述指标从绝对数来看，经济欠发达地区与经济领先地区还有较大的差距。

（二）不同省市区经济发展的阶段性特征明显，经济欠发达地区的后发优势初步显现

从人均地区生产总值、GRP增速、城市居民人均可支配收入、农村居民人均纯收入、工业化率、城镇化率指标的历史发展趋势来看，不同省市区上述指标基本都经历了由低到高逐年上升的发展历程，同一时期不同省市区所处发展阶段不同是我国经济发展的典型特征。近年来经济欠发达省市区的后发优势比较明显，上述各项指标的年均增长速度大多均高于同期经济领先省市。具体来看，内蒙古、湖南、广西、四川、青海、宁夏、新疆等省区2000年以来各项指标增长迅速，人均地区生产总值、GRP增速、城市居民人均可支配收入、农村居民人均纯收入、工业化率、城镇化率指标都保持了较高速度增长，增速超过了北京、上

海、江苏、浙江等经济领先省市增速。但值得一提的是，由于上述指标基数差距巨大，因此从绝对数值来看，经济欠发达地区与经济领先地区差距并没有明显缩小的趋势。

（三）经济发展各项指标增速放缓，反映出经济增长面临的生态环境压力日益增大

六项经济发展指标充分表明，改革开放以来，我国经济增速令世界瞩目。然而我国经济发展很大程度上仍属于粗放型经济，随着人均收入从低水平向中等水平迈进，各类人均资源消费需求量不可抑制地迅速扩张。一方面，人口持续增长、耕地不断减少、供水能力紧张、能源紧缺愈加深重、矿产资源不足、后备资源基础薄弱、资源总需求迅速扩大、各类资源供应长期紧缺，是我国人口与资源、经济增长与资源供给矛盾的基本格局，资源短缺将长期成为我国经济发展的瓶颈。另一方面，随着经济持续快速增长，我国能源消耗巨大，来自工业的废气、废水与固体废弃物日益增加，环境污染严重，资源环境已经成为制约中国未来经济发展的主要因素。不难看出，经济发展各项指标增速放缓是我国长期快速发展面临环境资源约束的客观规律，未来我国经济增长面临的生态环境和自然资源压力将会更加巨大。将经济发展与环境资源保护结合起来，协调经济增长与自然资源和环境保护的关系，保证环境经济协调可持续发展，将是未来我国促进经济发展与生态文明建设的唯一出路。

第二章　中国省际资源开发利用评价分析

本章考察1999年以来，中国各省市区土地、水资源、非油气矿产资源的利用效率。我们选取的指标包括国土开发强度、水资源开发利用率、单位建设用地生产总值、万元工业增加值用水量、矿产资源产出比，通过各省市区的纵向对比以及截面横向对比，刻画中国各省市区资源开发利用的基本状况。

第一节　指标选择与统计分析

自然资源是人类生产活动中都要涉及的物质，是人类赖以生存的物质基础和前提条件。《中国自然资源手册》将自然资源资产分为土地资源资产、森林资源资产、草地资源资产、水资源资产、气候资源资产、矿产资源资产、海洋资源资产、能源资源资产和其他资源资产九大类。本章评价其中的水、土地、矿产三类资源的利用情况。

根据学术界通常采用的评价指标，我们选择国土开发强度、单位建设用地生产总值评价国土资源利用情况；水资源开发利用率、万元工业增加值用水量来评价水资源利用情况；矿产资源产出比评价非油气矿产资源利用情况。其中，国土开发强度、水资源开发利用率反映的是国土、水资源的利用开发程度；单位建设用地生产总值、万元工业增加值用水量、非油气矿产资源产出比用来反映资源利用的经济效益（见表2－1）。

表2－1　资源利用评价指标说明

指标	单位	含义	属性
B1 国土开发强度	%	国土开发程度	逆向指标－

续表

指标	单位	含义	属性
B2 单位建设用地生产总值	亿元/平方公里	国土开发的经济效益	正向指标 +
B3 水资源开发利用率	%	水资源开发利用程度	逆向指标 -
B4 万元工业增加值用水量	吨/万元	水资源开发利用经济效益	逆向指标 -
B5 矿产资源产出比	万元/吨	非油气矿产资源利用的经济效益	正向指标 +

（1）国土开发强度：建设用地面积与该地区总面积之比。按照国际惯例，30%是一国或一个地区国土开发强度的极限。超过该限度，人类的生存环境就会受到影响。计算公式如下：

$$\text{国土开发强度}=\frac{\text{地区建设用地面积}}{\text{地区总面积}}\times 100\%$$

（2）单位建设用地生产总值：地区生产总值与建设用地之比。这一指标反映了某地区的国土开发经济效益，指标的数值越高，说明经济效益越好。计算公式如下：

$$\text{单位建设用地生产总值（亿元/平方公里）}=\frac{\text{地区生产总值（亿元）}}{\text{地区建设用地面积（平方公里）}}$$

（3）水资源开发利用率：水资源开发利用率是指流域或区域用水量占水资源总量的比率，体现的是水资源开发利用的程度。国际上一般认为，对一条河流的开发利用不能超过其水资源量的40%。计算公式如下：

$$\text{水资源开发利用率}=\frac{\text{地区用水总量}}{\text{地区水资源总量}}$$

（4）万元工业增加值用水量：地区工业用水量与工业增加值之比，表示工业耗水水平。这一指标反映了某地区水资源利用的经济效益，指标值越高，说明耗水量越高，但水资源利用经济效益不高。计算公式如下：

$$\text{万元工业增加值用水量（吨/万元）}=\frac{\text{工业用水量（吨）}}{\text{地区工业增加值（万元）}}$$

（5）矿产资源产出比：消耗一次资源（包括煤、石油、铁矿石、有色金属、稀土矿、磷矿、石灰石、沙石等）所产生的国内生产总值，反映主要物质资源实物量的单位投入所产出的经济量，其内涵是经济活动使用自然资源的效率。它在一定程度上反映了自然资源消费增长与经济发展间的客观规律。若资源产出率低，则一个区域经济增长所需资源更多的是依靠资源量的投入，表明该区域资源利用效率较低。计算公式如下：

$$地区资源产出比 = \frac{地区生产总值（万元不变价）}{主要物质资源消费量}$$

分母项主要物质资源消费量的计算采用“吨理论”，通过资源消费量加总求和的办法得出。主要物质资源包括煤炭、石油、天然气、铁矿、铜矿、铝土矿、铅锌矿、镍矿、石灰石、硫铁矿、磷矿、木材、工业用粮13类物质资源产品。分子项采用以某年为基期的不变价地区生产总值。

考虑到区域间经济发展不平衡，各地资源禀赋、城镇化、工业化差异明显，各省市区相比时，资源产出比的绝对值不具有可比性，因此，在截面对比时采用非油气矿产资源产出弹性，即某一地区生产总值增速与资源投入增速的比值。计算方法如下：

$$非油气矿产资源产出弹性 = \frac{\dfrac{地区生产总值 - 上年度地区生产总值}{上年度地区生产总值}}{\dfrac{资源投入 - 上年度资源投入}{上年度资源投入}}$$

上述5个指标的原始数据主要来源于《新中国六十年统计资料汇编》、《中国统计年鉴》、《中国国土资源年鉴》以及各省统计年鉴。其中：各省建设用地面积，2003～2008年数据来自《中国统计年鉴》、1999～2002年数据来自《中国国土资源统计年鉴》；各省地区总面积数据来自《中国统计年鉴》；各省地区生产总值来自《中国统计年鉴》，并且根据GDP缩减指数折成1978年不变价；各省地区水资源总量、用水量、工业用水量数据来自《中国统计年鉴》，缺省年份由各省统计年鉴中数据予以补齐；各省工业增加值，2009年之前数据来源于《新中国六十年统计资料汇编》，2009年以后数据来源于各省统计年鉴，按照各省统计年鉴报告的工业增加值指数折成1978年不变价。

图2－1描绘了1999年以来，主要指标的全国平均值和标准差的变化情况。由图2－1（a）可知，2002年以来，全国平均国土开发强度逐年上升但是尚未超过9%。图2－1（b）显示了1999年以来全国平均单位建设用地生产总值呈现持续上涨的态势，这也反映国土开发的经济效益一直在提高。图2－1（c）中，水资源利用率波动比较明显，总体上存在微弱的下降趋势，这说明1999年以来，全国水资源开发利用相对规模略有下降；图2－1（d）则显示了全国平均万元工业增加值用水量大幅度持续下降。这两个指标变化趋势能够反映，1999年以来总体来说，全国水资源开发利用效率提高比较显著。图2－1（e）列出了2001年、2002年、2008年、2011年4个年份的资源产出比，通过对比可以发现，全国平均资源产出效率提高显著。

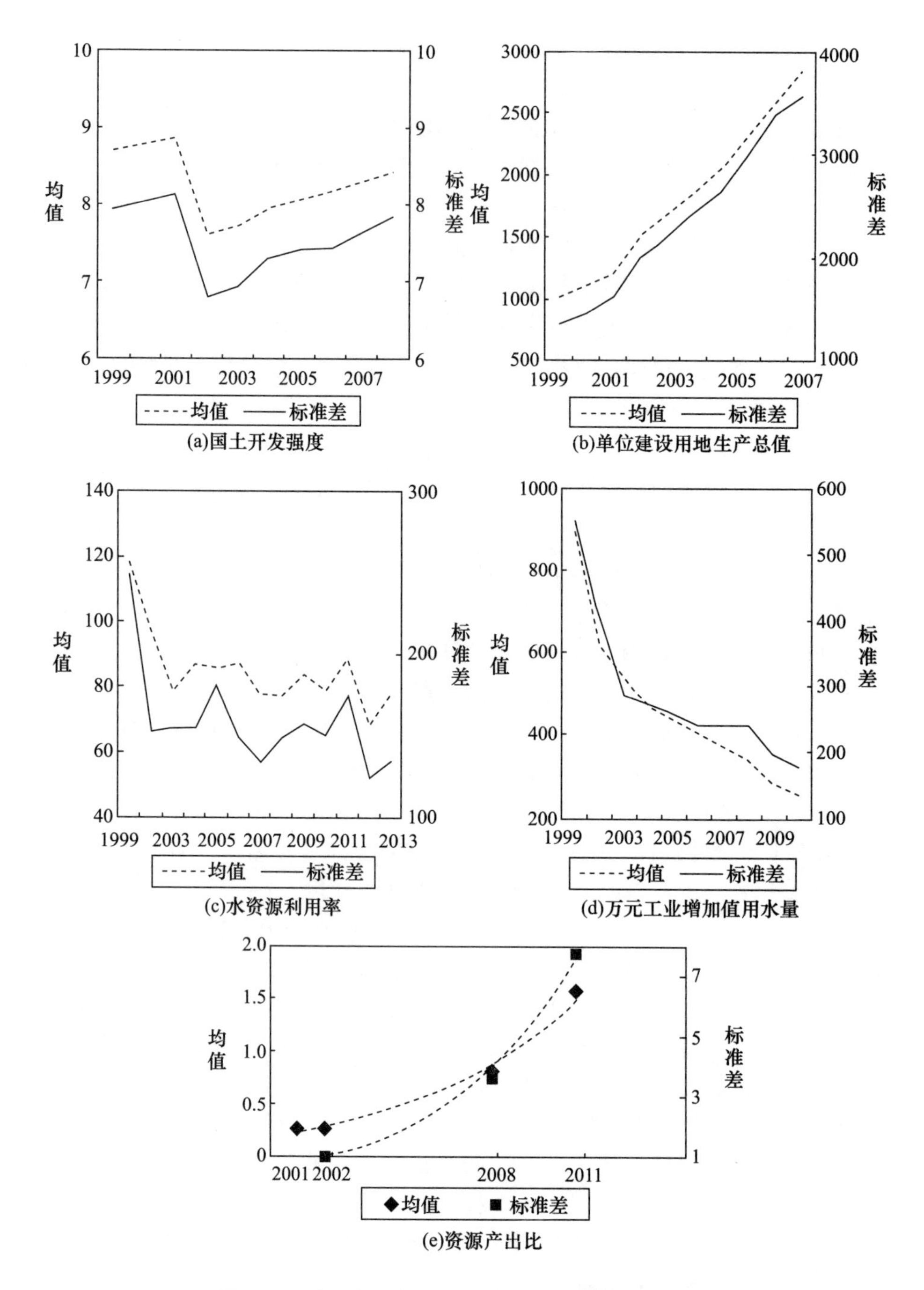

图 2-1　主要年份解释变量的全国平均值与标准差

第二节　各省市区资源利用现状的截面对比

本节主要通过省际资源利用的截面对比，比较各省市区资源开发利用情况。由于统计数据的不可获得性所限，5个指标的统计时间段有所不同。特别是资源产出比，只选择了4个年份的数据。由于水资源总量和各省用水量、工业用水量缺少2000年和2001年数据，因此水资源利用率、万元工业增加值用水量相应缺少这两个年份数据。各指标具体数据见本章附录。通过对比我们有以下几点发现。

（一）全国国土开发经济效益在提高

如图2-2所示，31个省份分布总体向横轴的右侧移动。但是图2-2也显示了，31个省份的分布点并没有总体向纵轴的上方移动，甚至与1999年相比，略有下移迹象，这表明，总体上国土开发空间在缩小。对1999年、2008年的国土开发强度、单位建设用地生产总值进行模拟。其中，由于国土开发强度是逆向指标，按照公式$\frac{1}{x_i}$对其进行正向化处理，并且对两个指标取自然对数。以全国平均水平为基准，将图2-2划分为四个区域。其中：暂且定义Ⅰ区域代表了国土开发效益高、空间大①，Ⅱ区域代表了国土开发效益低、空间大，Ⅲ区域代表了国土开发效益低、空间小，Ⅳ区域代表了国土开发效益高、空间小。

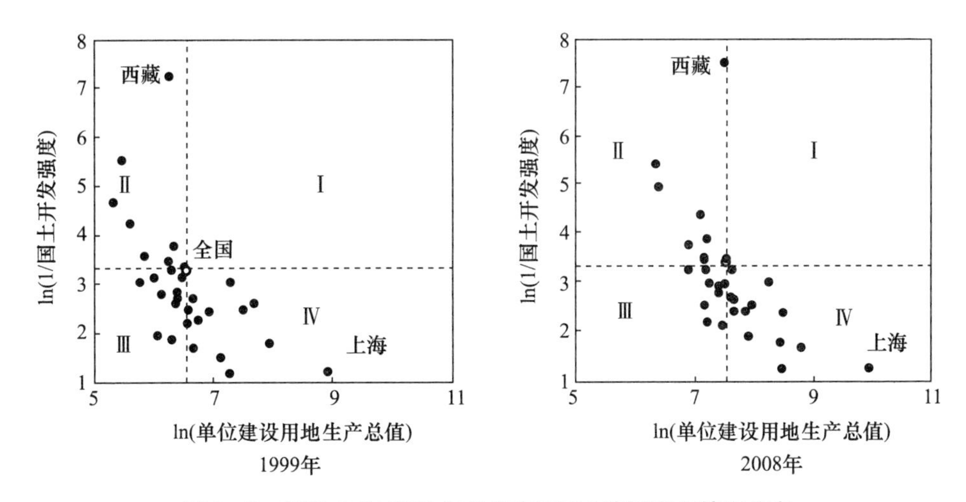

图2-2　1999年和2008年各省市区国土资源利用情况分布

① 此处开发效益高与空间大，均是相对的概念，下同。

图2-2显示，1999年和2008年均没有省份处在国土开发效益高、空间大的Ⅰ区域。而从1999年的情况来看（见表2-3），处在国土开发效益低、空间大的Ⅱ区域的省份全部来自西部地区：广西、四川、贵州、甘肃、云南、内蒙古、新疆、青海、西藏。其中，西藏是国土开发空间最大的地区。处在Ⅲ区域的省份主要集中在中部地区和少数东西部地区。如中部地区的河南、安徽、山西、湖南、江西，东部地区海南，西部地区的宁夏、陕西，东北地区的吉林、黑龙江。而国土开发效益高、空间小的Ⅳ区域主要来自东部地区和个别东北和中西部地区。如河北、山东、江苏、天津、福建、广东、浙江、北京、上海以及湖北、重庆、辽宁。其中，上海是土地开发效益最高的城市（见表2-2）。

表2-2　1999年和2008年各省市区国土资源利用情况分布

年份	Ⅰ区域	Ⅱ区域	Ⅲ区域	Ⅳ区域
1999	—	广西、四川、贵州、甘肃、云南、内蒙古、新疆、青海、西藏	河南、安徽、山西、湖南、江西、海南、宁夏、陕西、吉林、黑龙江	河北、山东、江苏、天津、福建、广东、浙江、北京、上海、湖北、重庆、辽宁
2008	—	贵州、甘肃、云南、内蒙古、新疆、青海、西藏、黑龙江	河南、安徽、山西、湖南、江西、海南、宁夏、广西、吉林	河北、山东、江苏、天津、福建、广东、浙江、北京、上海、湖北、四川、陕西、重庆、辽宁

从2008年的省份分布情况来看（见表2-3），主要变化是：①四川、陕西分别从Ⅱ区域、Ⅲ区域进入Ⅳ区域，说明四川的国土开发效益在提高，但是开发空间在减少。陕西在国土开发空间保持稳定的基础上国土开发效益在提高。②广西从Ⅱ区域进入Ⅲ区域，说明广西国土开发效益没有提高，但是其国土开发空间在减少。③黑龙江从Ⅲ区域上移至Ⅱ区域，说明黑龙江国土开发效益没有提高，但其开发空间在增加。

（二）全国水资源利用效益在提高

如图2-3所示，31个省份分布总体向横轴的右侧移动。进入水资源利用效率高的Ⅰ区域、Ⅳ区域的省份由14个增加到19个。图2-3也显示了，31个省份的分布点总体也出现向纵轴的上方移动迹象，但是变化不大。这表明水资源开发利用空间未发生显著变化。我们对水资源利用做了类似处理。首先对1999年和2008年的水资源利用效率、万元工业增加值用水量进行模拟。按照公式$\frac{1}{x_i}$对这两个指标进行正向化处理，并且对其取自然对数。以全国平均水平为基准，定义Ⅰ区域代表了水资源利用效率高、空间大，Ⅱ区域代表了水资源利用效率低、

空间大，Ⅲ区域代表了水资源利用效率低、空间小，Ⅳ区域代表了水资源利用效率高、空间小。

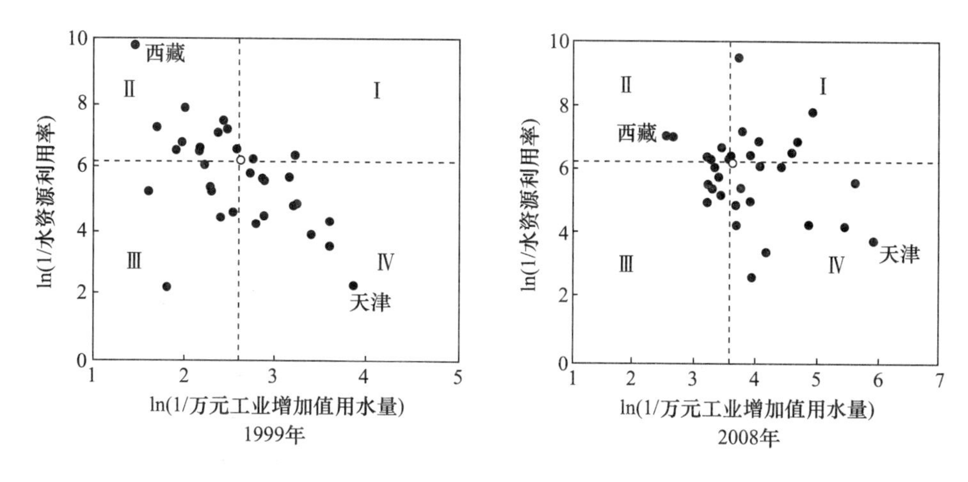

图 2－3　1999 年和 2008 年各省市区水资源利用情况分布

从 1999 年的情况来看（见表 2－3），只有安徽、浙江两省处在水资源开发利用效益高、空间大的Ⅰ区域。水资源开发利用效益低、空间大的Ⅱ区域的省份则主要来自水资源丰富的西部地区和个别中东部省份，如湖南、广西、重庆、四川、贵州、云南、青海、西藏、江西、福建、海南。其中，西藏是水资源利用空间最大的省份。处在水资源开发利用效益低、空间小的Ⅲ区域的省份主要有宁夏、江苏、黑龙江、甘肃、新疆、湖北。而处在水资源开发利用效益高、空间小的Ⅳ区域的省份半数来自东部地区，如天津、北京、河北、上海、山东、广东、河南、山西、内蒙古、陕西、辽宁、吉林。其中，天津是水资源利用效率最高的城市。

表 2－3　1999 年和 2008 年各省市区水资源利用情况分布

年份	Ⅰ区域	Ⅱ区域	Ⅲ区域	Ⅳ区域
1999	安徽、浙江	湖南、江西、福建、海南、广西、重庆、四川、贵州、云南、青海、西藏	宁夏、江苏、黑龙江、甘肃、新疆、湖北	天津、北京、河北、上海、山东、广东、河南、山西、内蒙古、陕西、辽宁、吉林
2008	山西、河南、四川、宁夏、陕西、甘肃、青海、辽宁	福建、江西、云南、广西、贵州、西藏	湖北、湖南、安徽、新疆、重庆、黑龙江	广东、天津、北京、海南、河北、上海、江苏、山东、浙江、吉林、内蒙古

从2008年的省份分布情况来看（见表2-3），主要变化是：①山西、河南、陕西、辽宁由Ⅳ区域进入Ⅰ区域，说明这四个省份的水资源在开发效益保持稳定的基础上，开发空间得到提升。②四川、青海由Ⅱ区域右移至Ⅰ区域，说明这两个省区水资源开发空间保持稳定，而开发效益得到了提高。③甘肃、宁夏由Ⅲ区域向右上方进入Ⅰ区域，说明这两个省区水资源开发空间和效益同时得到了提高。④湖南、重庆由Ⅱ区域下移至Ⅲ区域，说明其在水资源开发效益没有提升的情况下，开发空间缩小。⑤安徽和浙江由Ⅰ区域分别下移至Ⅲ区域和Ⅳ区域，意味着这两个省份水资源开发空间在缩小。

（三）全国经济增长对非油气矿产资源依赖程度在下降

图2-4显示了2002年16个省份非油气矿产资源产出弹性超过1，而2011年则下降到5个。与此同时，弹性低于0.5的省份由11个增加到17个。考虑到

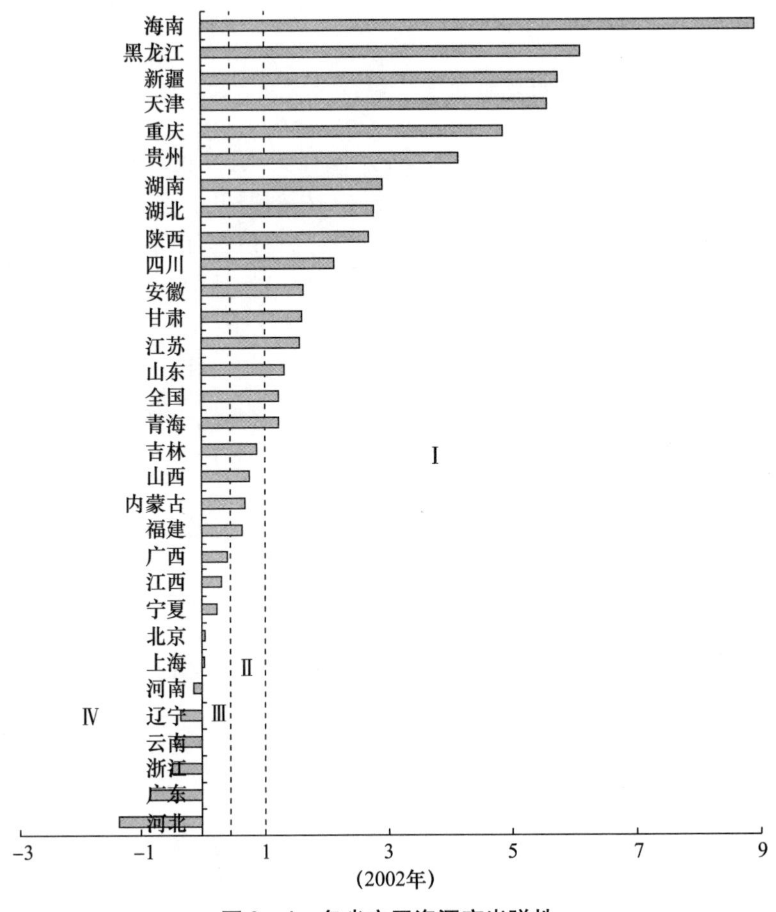

图2-4　各省市区资源产出弹性

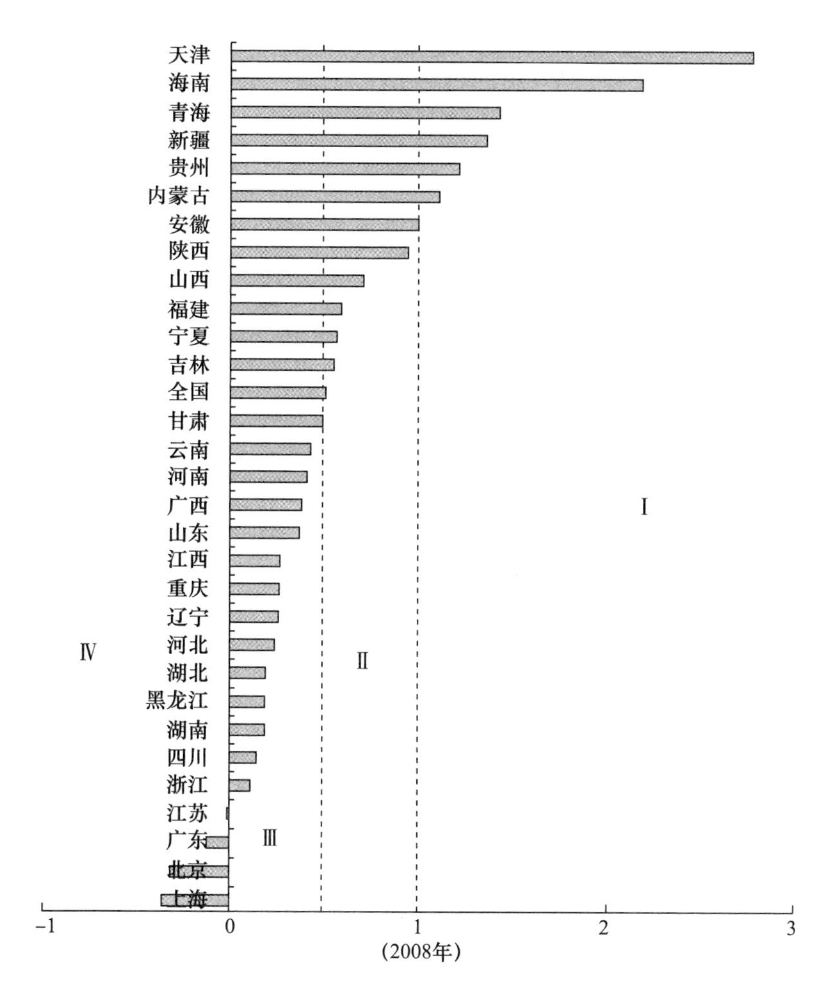

图2－4　各省市区资源产出弹性（续）

区域间经济发展不平衡，各地资源禀赋、发展模式差异明显，我们采用资源产出弹性来反映经济发展对非油气矿产资源开发利用的依赖程度。图2－4和图2－5反映了2002年、2008年、2011年31个省份非油气矿产资源的产出弹性系数变化情况。

图2－4、图2－5和表2－4显示：①2002年16个省份的非油气矿产资源产出弹性系数大于1，表明这些省份经济增长对资源严重依赖，一定程度上也反映了资源开发效率不高。2011年江苏、山东、湖南、湖北、四川、重庆、西藏、黑龙江8个省市区弹性系数从大于1下降到0.5以下，经济增长摆脱了对非油气矿产资源的过度依赖，也有可能是这8个省份资源开发利用效率得到了提高。②浙江、河北、河南、云南、辽宁、宁夏、内蒙古7个省份的弹性系数在提高，

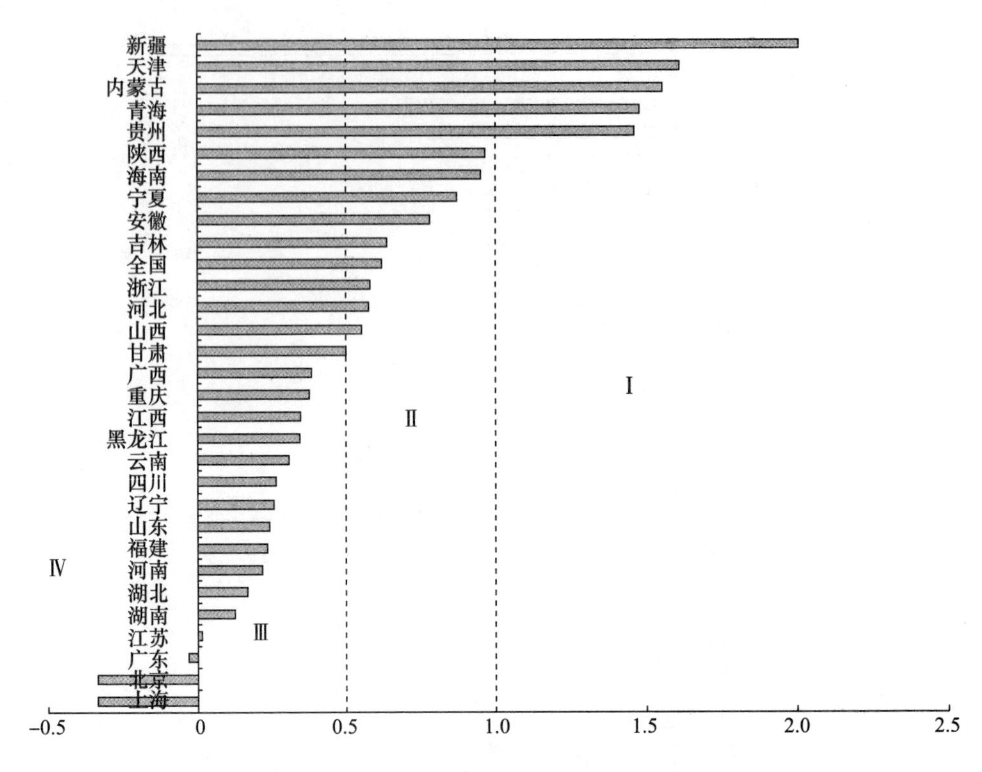

图2-5 2011年各省市区资源产出弹性

意味着经济增长对非油气矿产资源的依赖性增加，在一定程度上也表明这些省份资源开发效率在下降。③东部地区的广东、上海、北京弹性系数始终小于零，说明这三个省市经济增长已经不再依赖非油气矿产资源的投入。

表2-4 各省市区相关年份资源产出弹性系数分布情况

非油气矿产资源产出弹性（ξ）	省份		
	2002年	2008年	2011年
ξ<0	广东、浙江、河北、河南、云南、辽宁	上海、北京、广东、江苏、西藏	上海、北京、广东
0<ξ<0.5	上海、北京、江西、广西、宁夏	浙江、河北、山东、湖南、湖北、江西、河南、四川、重庆、广西、云南、甘肃、辽宁、黑龙江	江苏、山东、福建、湖南、湖北、江西、河南、四川、重庆、广西、云南、西藏、辽宁、黑龙江

续表

非油气矿产资源产出弹性（ξ）	省份		
	2002 年	2008 年	2011 年
0.5 < ξ < 1	福建、山西、内蒙古、吉林	福建、山西、安徽、宁夏、陕西、吉林	浙江、河北、山西、安徽、甘肃、宁夏、陕西、海南、吉林
ξ > 1	江苏、山东、天津、湖南、湖北、安徽、四川、重庆、甘肃、陕西、贵州、新疆、青海、海南、西藏、黑龙江	天津、内蒙古、贵州、新疆、青海、海南	天津、内蒙古、贵州、新疆、青海

第三节　各省市区资源利用历史变化趋势

本节主要对各省市区资源利用历史变化趋势进行分析，评价各省份 1999 年以来资源开发利用状况是否得到改善。具体数据见附表 2－8。通过数据统计分析，我们有以下几点发现。

（一）东部地区的国土资源开发强度较大，明显高于中部、西部以及东北地区

从历史变化趋势来看，北京、天津、上海、江苏、浙江、广东、山东等东部省市以及重庆、宁夏等西部省份国土开发强度提高较快，其他省份基本保持平稳增长的趋势（见图 2－6）。

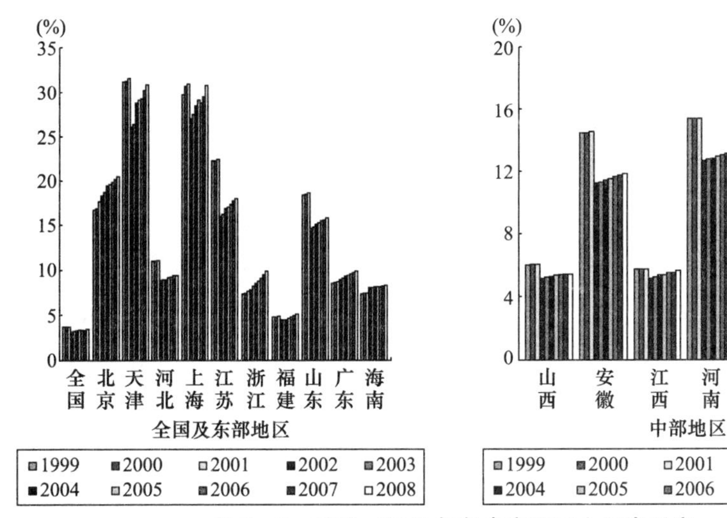

图 2－6　1999～2008 年各省市区国土开发强度

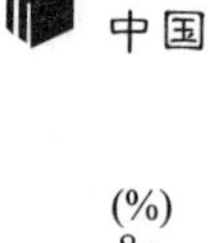

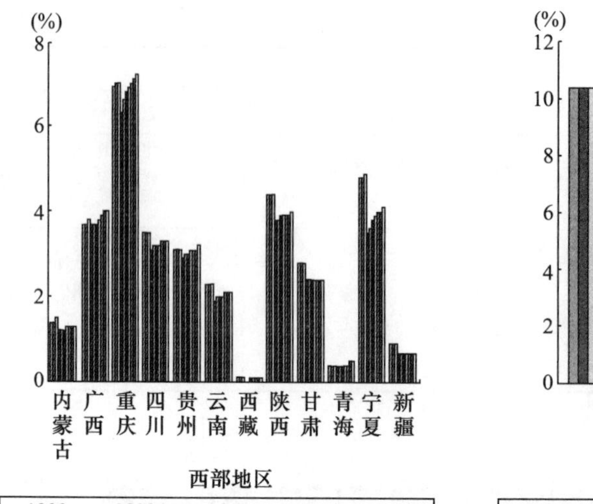

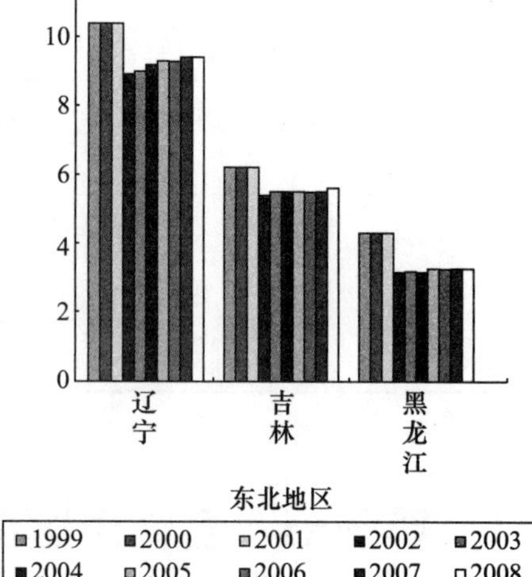

图2-6 1999~2008年各省市区国土开发强度（续）

（二）从国土开发利用效率来看，东部地区单位建设用地生产总值明显高于其他地区省份

变化趋势上，1999年以来各省市区单位建设用地生产总值均有大幅度提高。其中变化幅度最大的省份依次是上海、湖北、山西、陕西、重庆、四川、西藏、辽宁（见图2-7）。

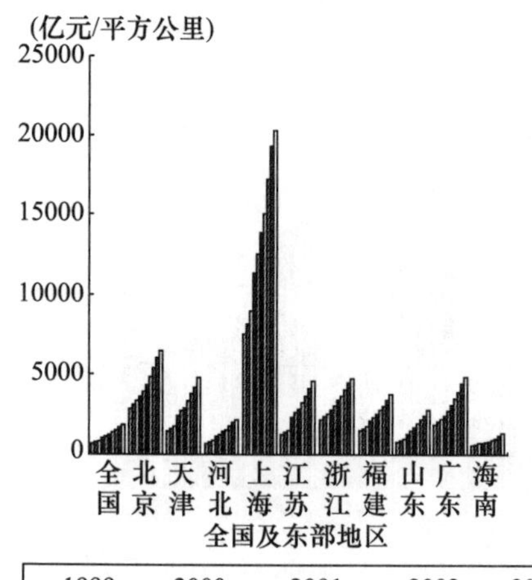

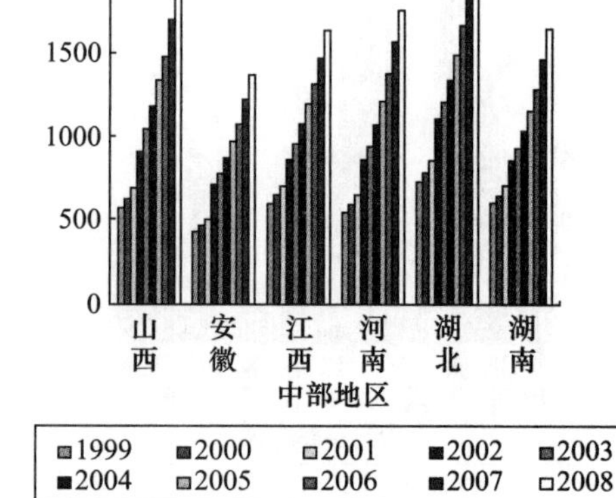

图2-7 1999~2008年各省市区单位建设用地生产总值

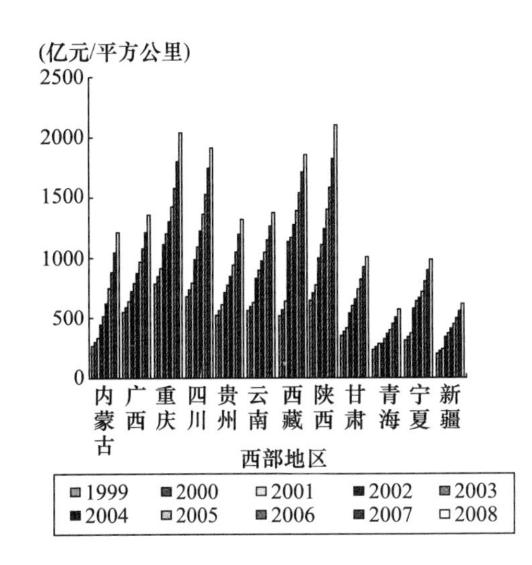

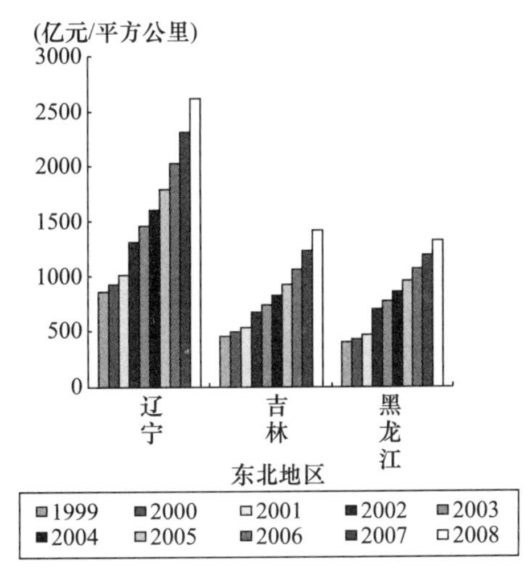

图2-7　1999~2008年各省市区单位建设用地生产总值（续）

（三）31个省份水资源利用率呈波动式变化，在考察期内有升有降

具体来看，东部地区普遍超过100%，即用水量远超过本地水资源总量。北京、天津、河北、上海、江苏、山东等东部省份水资源利用率总体上呈下降态势。中部地区安徽、江西、河南、湖北、湖南，以及西部地区内蒙古、广西、重庆、陕西、新疆等省份水资源利用率总体上呈上升态势（见图2-8）。

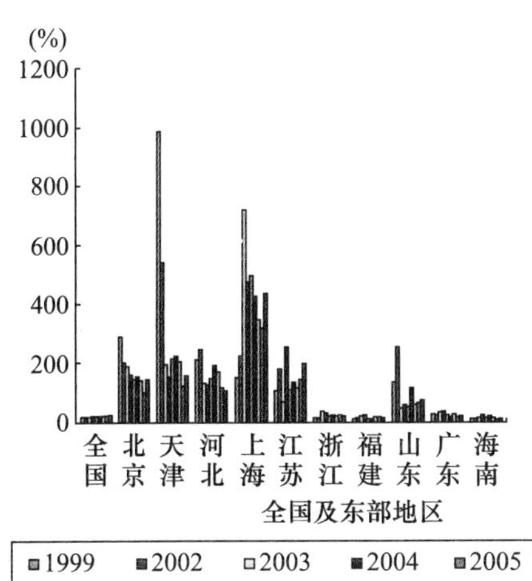

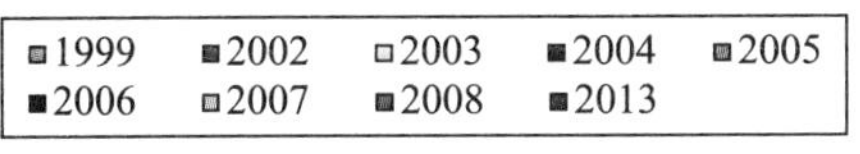

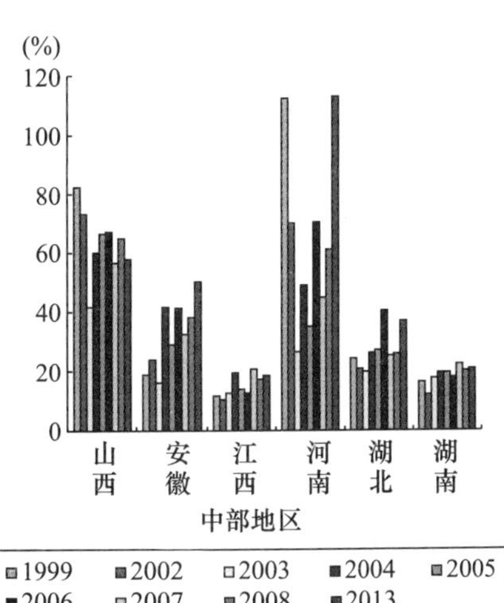

图2-8　1999~2013年各省市区水资源利用率

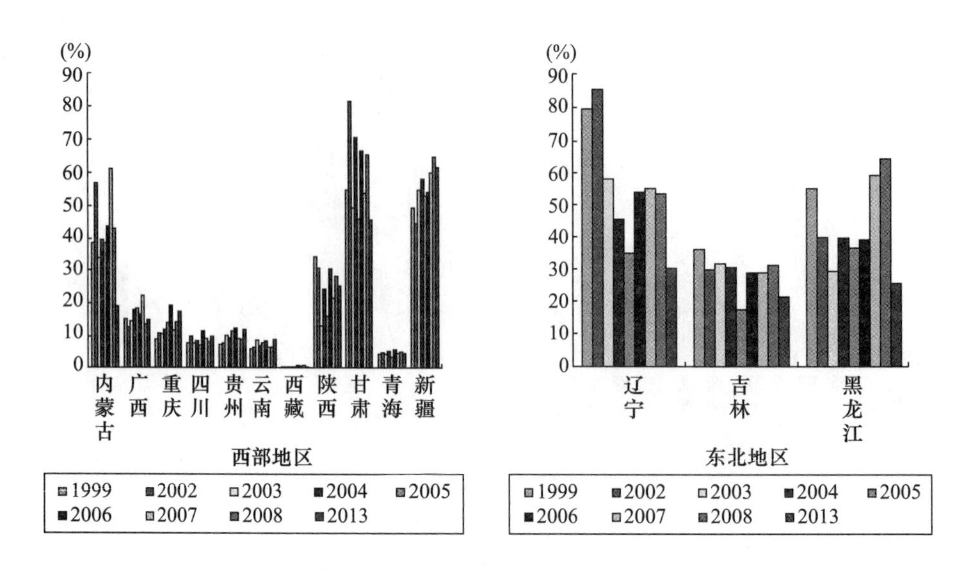

图 2-8　1999~2013 年各省市区水资源利用率（续）

（四）从绝对水平来看，东部地区工业领域用水效率明显高于其他地区

图 2-9 显示 31 个省份的万元工业增加值用水量均出现了明显的下降趋势。这说明 1999 年以来各省工业生产领域用水效率在持续上升。其中，用水效率提高幅度最快的省份依次是：西藏、贵州、宁夏、广西、江西、海南、湖南、湖北。

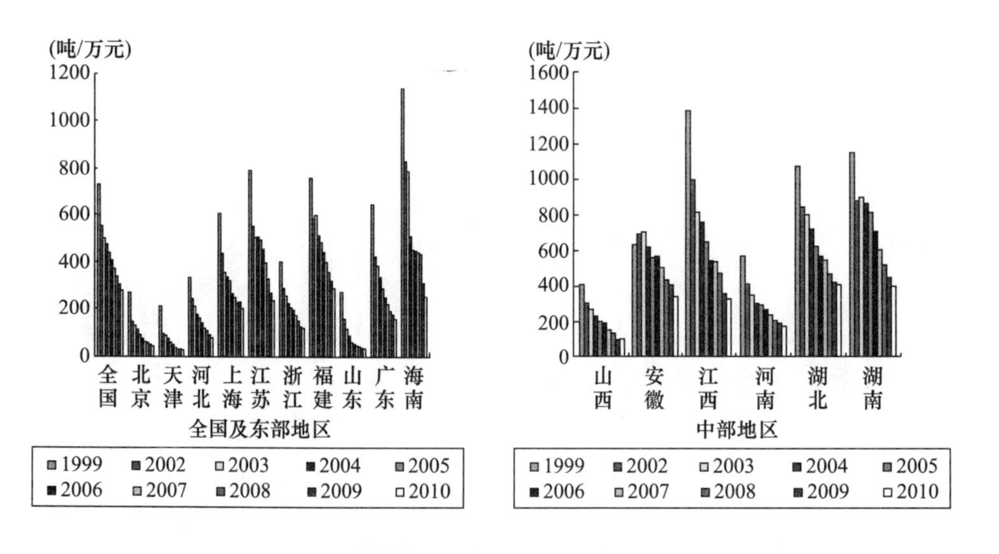

图 2-9　1999~2010 年各省市区万元工业增加值用水量

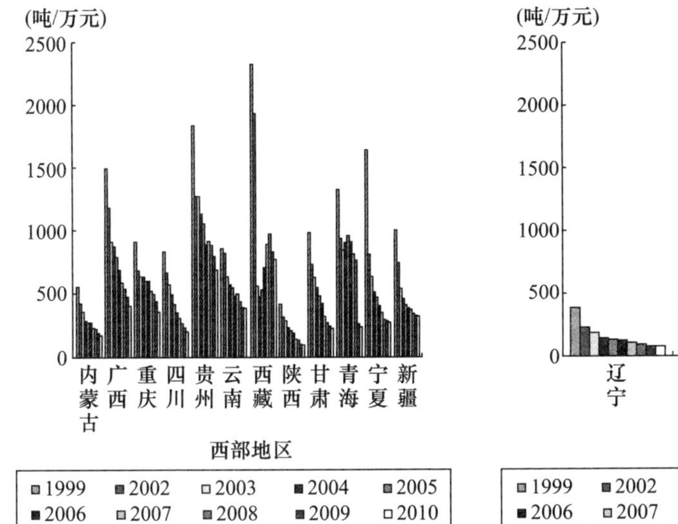

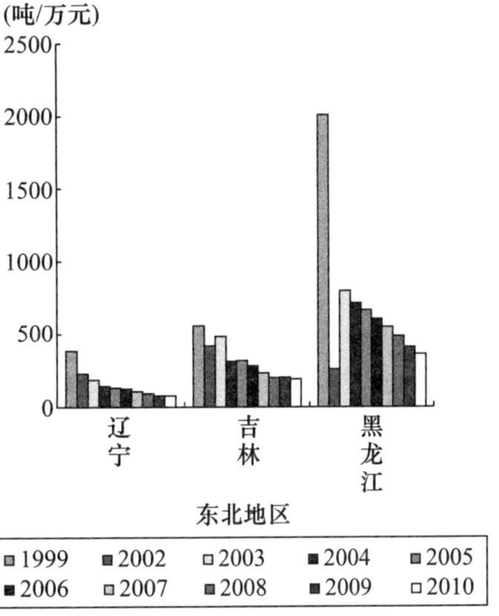

图 2-9　1999~2010 年各省市区万元工业增加值用水量（续）

（五）资源产出比方面，东部地区同样要高出很多

西部地区资源产出比最低。从几个年份的变化趋势来看，大多数省份的资源产出比在提高，个别西部地区资源产出比在下降，如内蒙古、贵州、青海、新疆 4 个省份（见图 2-10）。

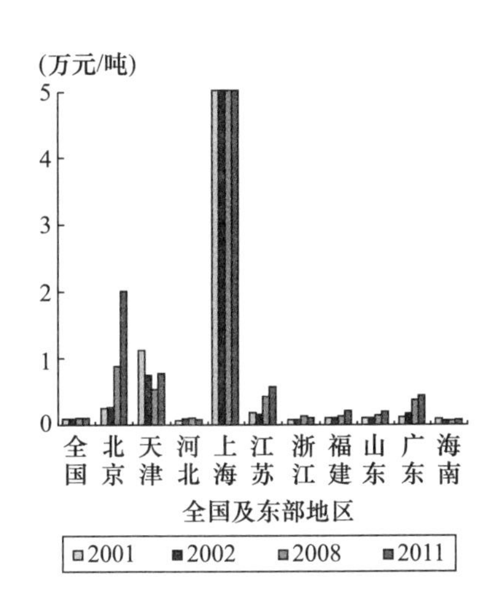

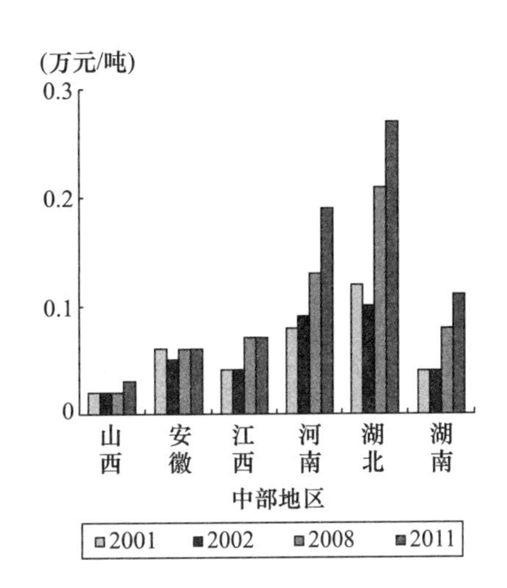

图 2-10　主要年份各省市区资源产出比

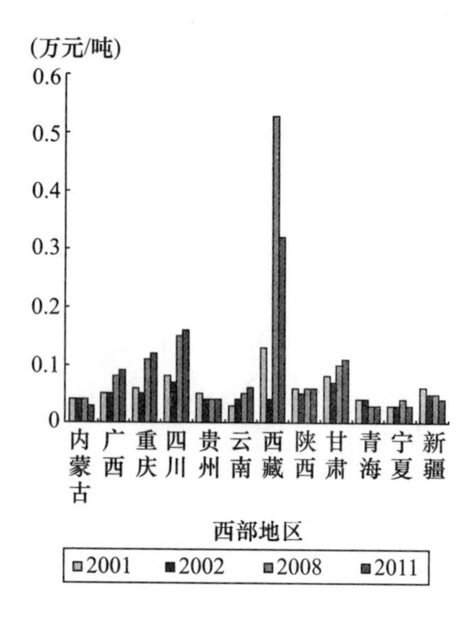

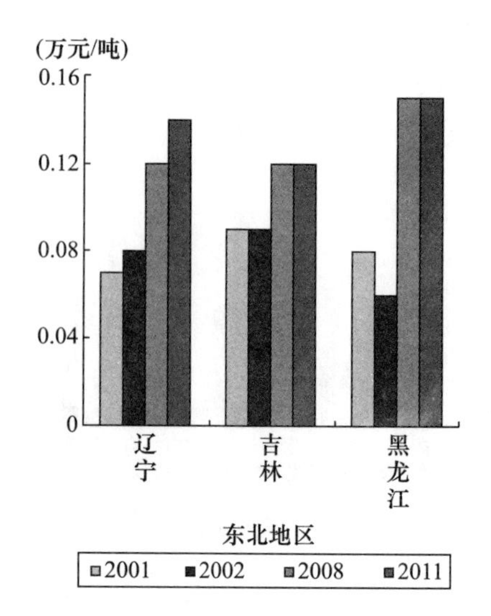

图 2-10　主要年份各省市区资源产出比（续）

附录

附表 2-1　各省市区指标主要年份情况对比

地区	省市区	国土开发强度（%）		单位建设用地生产总值(亿元/平方公里)		水资源利用率（%）		
		1999 年	2008 年	1999 年	2008 年	1999 年	2008 年	2013 年
	全国	**3.79**	**3.48**	**709.53**	**1882.46**	**19.83**	**21.54**	**22.12**
东部	北京	16.85	20.58	2847.36	6505.50	293.73	102.57	146.63
东部	天津	31.16	30.90	1456.94	4844.67	980.77	122.02	162.27
东部	河北	11.06	9.52	710.65	2166.52	208.03	121.13	108.77
东部	上海	29.83	30.77	7569.86	20387.76	150.05	323.70	439.56
东部	江苏	22.27	18.12	1238.60	4603.48	105.63	147.70	203.40
东部	浙江	7.37	9.96	2184.15	4765.72	17.46	25.33	21.30
东部	福建	4.86	5.22	1490.59	3777.75	14.79	19.10	17.78
东部	山东	18.46	15.98	788.04	2724.90	137.07	66.90	74.72
东部	广东	8.59	9.95	1862.69	4875.56	30.26	20.91	19.58
东部	海南	7.44	8.43	583.75	1312.95	13.46	11.19	8.60
东部	**算术平均**	**15.79**	**15.94**	**2073.26**	**5596.48**	**195.13**	**96.06**	**120.26**
中部	山西	6.09	5.55	579.15	1841.56	82.30	65.13	58.29
中部	安徽	14.53	11.86	434.90	1372.13	18.98	38.09	50.55

续表

地区	省市区	国土开发强度（%）		单位建设用地生产总值(亿元/平方公里)		水资源利用率（%）		
		1999 年	2008 年	1999 年	2008 年	1999 年	2008 年	2013 年
中部	江西	5.76	5.72	605.29	1643.12	11.63	17.27	18.60
中部	河南	15.36	13.21	547.86	1758.79	111.87	61.28	112.91
中部	湖北	8.46	7.53	732.60	2137.22	24.40	26.18	36.93
中部	湖南	6.81	6.56	603.34	1651.23	15.96	20.23	21.02
中部	**算术平均**	**9.50**	**8.40**	**583.86**	**1734.01**	**44.19**	**38.03**	**49.72**
西部	内蒙古	1.44	1.30	267.79	1211.62	38.07	42.65	19.09
西部	广西	3.72	4.01	551.75	1357.25	15.11	13.59	14.98
西部	重庆	6.88	7.21	785.54	2037.63	8.82	14.35	17.69
西部	四川	3.50	3.31	680.41	1910.33	7.87	8.34	9.82
西部	贵州	3.10	3.16	522.93	1315.10	7.27	8.93	12.11
西部	云南	2.28	2.13	561.36	1373.78	5.92	6.62	8.77
西部	西藏	0.07	0.06	517.68	1855.48	0.57	0.82	0.69
西部	陕西	4.37	3.97	643.80	2103.25	34.27	28.11	25.22
西部	甘肃	2.78	2.42	346.90	1004.49	54.38	65.16	45.37
西部	青海	0.40	0.46	233.57	568.29	4.11	5.22	4.37
西部	宁夏	4.83	4.09	313.94	985.46	1053.48	806.30	632.58
西部	新疆	0.92	0.74	203.90	610.69	48.97	64.76	61.51
西部	**算术平均**	**2.86**	**2.74**	**469.13**	**1361.11**	**106.57**	**88.74**	**71.02**
东北	辽宁	10.36	9.45	862.97	2612.90	79.55	53.68	30.69
东北	吉林	6.19	5.57	455.72	1419.47	36.16	31.35	21.65
东北	黑龙江	4.32	3.30	403.02	1326.95	54.90	64.29	25.52
东北	**算术平均**	**6.96**	**6.11**	**573.90**	**1786.44**	**56.87**	**49.77**	**25.95**
全国	**算术平均**	**8.71**	**8.42**	**1018.94**	**2840.70**	**118.25**	**77.51**	**78.42**

附表 2－2 各省市区指标主要年份情况对比

地区	省市区	万元工业增加值用水量（吨/万元）			资源产出比		
		1999 年	2008 年	2010 年	2001 年	2008 年	2011 年
	全国	727.07	334.32	280.62	0.07	0.09	0.09
东部	北京	271.69	55.20	42.79	0.24	0.88	2.01

续表

地区	省市区	万元工业增加值用水量（吨/万元）			资源产出比		
		1999 年	2008 年	2010 年	2001 年	2008 年	2011 年
东部	天津	212.33	29.90	26.70	1.12	0.53	0.77
东部	河北	332.35	106.19	77.48	0.06	0.10	0.08
东部	上海	605.20	227.18	200.41	5.01	20.43	42.70
东部	江苏	787.91	329.48	237.25	0.17	0.42	0.56
东部	浙江	399.68	150.82	122.89	0.07	0.14	0.10
东部	福建	755.77	360.94	289.52	0.10	0.12	0.20
东部	山东	274.23	42.84	36.24	0.09	0.14	0.19
东部	广东	642.68	194.03	156.69	0.12	0.36	0.43
东部	海南	1138.41	435.76	253.70	0.08	0.05	0.08
东部	**算术平均**	**542.02**	**193.23**	**144.37**	**0.71**	**2.32**	**4.71**
中部	山西	405.26	131.71	102.08	0.02	0.02	0.03
中部	安徽	630.86	436.04	340.47	0.06	0.06	0.06
中部	江西	1382.44	469.52	324.69	0.04	0.07	0.07
中部	河南	565.86	206.11	172.69	0.08	0.13	0.19
中部	湖北	1074.75	469.43	403.74	0.12	0.21	0.27
中部	湖南	1146.94	521.72	399.36	0.04	0.08	0.11
中部	**算术平均**	**867.69**	**372.42**	**290.50**	**0.06**	**0.09**	**0.12**
西部	内蒙古	560.25	223.38	172.23	0.04	0.04	0.03
西部	广西	1494.94	543.36	409.26	0.05	0.08	0.09
西部	重庆	921.7	506.3	360.7	0.06	0.11	0.12
西部	四川	835.76	266.01	198.83	0.08	0.15	0.16
西部	贵州	1836.09	895.14	696.34	0.05	0.04	0.04
西部	云南	867.72	441.02	386.36	0.03	0.05	0.06
西部	西藏	2327.57	976.49	781.53	0.13	0.53	0.32
西部	陕西	424.50	132.65	92.57	0.06	0.06	0.06
西部	甘肃	992.78	276.60	227.33	0.08	0.10	0.11
西部	青海	1327.91	768.59	240.48	0.04	0.03	0.03
西部	宁夏	1639.91	296.50	276.64	0.03	0.04	0.03
西部	新疆	1004.71	345.61	323.92	0.06	0.05	0.04

续表

地区	省市区	万元工业增加值用水量（吨/万元）			资源产出比		
		1999 年	2008 年	2010 年	2001 年	2008 年	2011 年
西部	**算术平均**	**1210.19**	**469.58**	**345.95**	**0.06**	**0.11**	**0.09**
东北	辽宁	390.17	97.13	72.90	0.07	0.12	0.14
东北	吉林	563.18	199.98	194.85	0.09	0.12	0.12
东北	黑龙江	2008.91	489.26	367.79	0.08	0.15	0.15
东北	**算术平均**	**987.42**	**262.12**	**211.85**	**0.08**	**0.13**	**0.14**
全国	**算术平均**	**896.69**	**337.29**	**254.26**	**0.27**	**0.82**	**1.58**

附表 2-3　各省市区相关年份资源产出弹性系数

区域代码	省市区	非油气矿产资源产出弹性			区域代码	省市区	非油气矿产资源产出弹性		
		2002 年	2008 年	2011 年			2002 年	2008 年	2011 年
0	全国	1.252	0.506	0.625	3	四川	2.119	0.142	0.268
1	上海	0.005	-0.352	-0.341	3	重庆	4.876	0.261	0.377
1	北京	0.012	-0.319	-0.337	3	广西	0.409	0.384	0.386
1	广东	-0.861	-0.120	-0.028	3	云南	-0.445	0.419	0.311
1	江苏	1.588	-0.007	0.016	3	甘肃	1.620	0.486	0.513
1	浙江	-0.531	0.106	0.582	3	宁夏	0.206	0.564	0.869
1	河北	-1.369	0.237	0.580	3	陕西	2.688	0.932	0.963
1	山东	1.343	0.371	0.246	3	内蒙古	0.690	1.106	1.551
1	福建	0.630	0.587	0.236	3	贵州	4.163	1.214	1.457
1	天津	5.558	2.775	1.611	3	新疆	5.728	1.360	2.007
2	湖南	2.910	0.178	0.128	3	青海	1.239	1.433	1.478
2	湖北	2.775	0.191	0.175	3	海南	8.925	2.179	0.951
2	江西	0.305	0.267	0.352	3	西藏	24.13	-0.35	0.14
2	河南	-0.130	0.405	0.216	4	辽宁	-0.346	0.250	0.256
2	山西	0.737	0.699	0.557	4	吉林	0.875	0.552	0.642
2	安徽	1.652	0.995	0.785	4	黑龙江	6.109	0.183	0.347

附表 2-4　1999~2008 年各省市区国土开发强度　　　　单位:%

代码	省市区	1999 年	2000 年	2001 年	2002 年	2003 年	2004 年	2005 年	2006 年	2007 年	2008 年
0	全国	3.8	3.8	3.8	3.2	3.3	3.3	3.4	3.4	3.4	3.5
1	北京	16.8	17.0	17.8	18.4	18.8	19.5	19.7	19.9	20.3	20.6
1	天津	31.2	31.3	31.5	26.1	26.4	28.8	29.1	29.3	30.2	30.9
1	河北	11.1	11.1	11.2	8.9	9.0	9.0	9.2	9.4	9.5	9.5
2	山西	6.1	6.1	6.1	5.2	5.3	5.3	5.4	5.5	5.5	5.5
3	内蒙古	1.4	1.4	1.5	1.2	1.2	1.2	1.3	1.3	1.3	1.3
4	辽宁	10.4	10.4	10.4	8.9	9.0	9.2	9.3	9.3	9.4	9.4
4	吉林	6.2	6.2	6.2	5.4	5.5	5.5	5.5	5.5	5.5	5.6
4	黑龙江	4.3	4.3	4.3	3.2	3.2	3.2	3.3	3.3	3.3	3.3
1	上海	29.8	30.7	30.9	27.0	27.5	28.4	29.1	28.8	29.5	30.8
1	江苏	22.3	22.3	22.5	16.1	16.3	16.9	17.2	17.5	17.8	18.1
1	浙江	7.4	7.5	7.7	7.9	8.3	8.6	8.9	9.2	9.6	10.0
2	安徽	14.5	14.5	14.6	11.3	11.4	11.5	11.6	11.7	11.8	11.9
1	福建	4.9	4.9	5.0	4.5	4.5	4.6	4.7	4.9	5.1	5.2
2	江西	5.8	5.8	5.8	5.2	5.3	5.4	5.4	5.6	5.6	5.7
1	山东	18.5	18.6	18.8	14.7	14.9	15.2	15.4	15.7	15.8	16.0
2	河南	15.4	15.4	15.4	12.7	12.8	12.9	13.0	13.1	13.2	13.2
2	湖北	8.5	8.5	8.5	7.2	7.2	7.3	7.4	7.4	7.5	7.5
2	湖南	6.8	6.8	6.9	6.2	6.2	6.3	6.3	6.4	6.5	6.6
1	广东	8.6	8.7	8.8	9.0	9.2	9.4	9.5	9.7	9.9	10.0
3	广西	3.7	3.7	3.8	3.7	3.7	3.7	3.8	3.9	4.0	4.0
1	海南	7.4	7.5	7.5	8.2	8.2	8.3	8.3	8.3	8.4	8.4
3	重庆	6.9	7.0	7.0	6.3	6.6	6.8	6.9	7.0	7.1	7.2
3	四川	3.5	3.5	3.5	3.1	3.2	3.2	3.2	3.3	3.3	3.3
3	贵州	3.1	3.1	3.1	2.9	3.0	3.0	3.1	3.1	3.1	3.2
3	云南	2.3	2.3	2.3	1.9	2.0	2.0	2.0	2.1	2.1	2.1
3	西藏	0.1	0.1	0.1	0.0	0.0	0.1	0.1	0.1	0.1	0.1
3	陕西	4.4	4.4	4.4	3.8	3.8	3.9	3.9	3.9	3.9	4.0
3	甘肃	2.8	2.8	2.8	2.4	2.4	2.4	2.4	2.4	2.4	2.4
3	青海	0.4	0.4	0.4	0.4	0.4	0.4	0.4	0.4	0.5	0.5
3	宁夏	4.8	4.9	4.9	3.5	3.6	3.8	3.9	4.0	4.0	4.1
3	新疆	0.9	0.9	0.9	0.7	0.7	0.7	0.7	0.7	0.7	0.7

附表2－5　1999～2008年各省市区单位建设用地生产总值

单位：亿元/平方公里

代码	省市区	1999年	2000年	2001年	2002年	2003年	2004年	2005年	2006年	2007年	2008年
0	全国	709.5	765.0	823.8	1065.2	1158.9	1256.3	1382.0	1536.2	1735.3	1882.5
1	北京	2847.4	3147.3	3362.3	3624.3	3944.3	4342.5	4818.6	5374.1	6054.6	6505.5
1	天津	1456.9	1605.3	1786.3	2436.2	2765.1	2927.8	3337.4	3801.7	4249.6	4844.7
1	河北	710.6	774.4	838.4	1146.5	1274.6	1432.8	1593.1	1767.8	1981.4	2166.5
2	山西	579.2	632.7	692.6	914.3	1043.2	1188.3	1343.0	1483.4	1705.4	1841.6
3	内蒙古	267.8	295.8	326.2	446.7	519.3	616.4	751.3	884.4	1038.9	1211.6
4	辽宁	863.0	936.1	1017.8	1308.8	1455.3	1597.9	1791.3	2031.5	2316.6	2612.9
4	吉林	455.7	496.2	541.6	677.4	744.9	832.8	930.0	1064.5	1229.6	1419.5
4	黑龙江	403.0	435.2	474.7	703.5	774.0	859.9	957.5	1070.1	1194.5	1327.0
1	上海	7569.9	8168.7	8978.6	11418.9	12578.7	13941.1	15114.5	17249.3	19397.0	20387.8
1	江苏	1238.6	1366.4	1495.0	2338.6	2609.8	2891.8	3267.4	3678.7	4152.9	4603.5
1	浙江	2184.1	2379.1	2562.5	2801.4	3078.9	3398.8	3694.9	4061.9	4483.1	4765.7
2	安徽	434.9	470.7	512.1	720.0	783.3	879.4	971.0	1080.6	1224.4	1372.1
1	福建	1490.6	1612.5	1735.6	2125.3	2324.7	2545.1	2778.6	3067.7	3428.5	3777.8
2	江西	605.3	651.5	704.8	862.4	959.8	1077.4	1202.3	1319.5	1473.4	1643.1
1	山东	788.0	861.9	938.0	1345.7	1504.4	1701.2	1925.0	2172.2	2454.2	2724.9
2	河南	547.9	598.9	651.2	868.4	948.6	1071.0	1215.9	1381.8	1575.5	1758.8
2	湖北	732.6	793.5	860.9	1111.7	1214.0	1339.1	1487.6	1670.9	1898.5	2137.2
2	湖南	603.3	654.0	709.6	857.0	934.1	1039.9	1160.5	1286.5	1467.1	1651.2
1	广东	1862.7	2054.1	2251.0	2463.8	2767.9	3116.0	3493.0	3924.2	4447.8	4875.6
3	广西	551.7	591.4	634.4	722.6	791.7	871.7	964.6	1069.0	1215.4	1357.3
1	海南	583.8	633.3	689.8	687.7	760.6	839.1	925.0	1045.0	1199.0	1313.0
3	重庆	785.5	842.9	913.4	1116.2	1197.4	1297.9	1423.8	1577.0	1802.0	2037.6
3	四川	680.4	734.6	794.9	987.2	1091.3	1219.2	1359.3	1527.0	1738.2	1910.3
3	贵州	522.9	563.4	607.8	709.8	771.0	843.3	940.3	1048.8	1192.9	1315.1
3	云南	561.4	594.6	632.0	829.5	891.4	972.7	1044.0	1146.8	1268.7	1373.8
3	西藏	517.7	567.3	637.6	1134.8	1168.2	1276.9	1388.7	1538.7	1717.6	1855.5
3	陕西	643.8	707.9	773.9	995.5	1105.7	1237.8	1400.4	1582.3	1823.6	2103.3
3	甘肃	346.9	379.7	416.2	538.5	594.9	660.5	736.3	818.7	916.8	1004.5
3	青海	233.6	253.1	280.5	281.2	325.8	363.7	398.5	448.6	504.6	568.3
3	宁夏	313.9	343.9	375.3	577.4	634.9	667.7	720.6	803.4	891.2	985.5
3	新疆	203.9	219.8	238.6	337.3	369.6	408.0	448.7	495.6	552.6	610.7

附表 2-6　1999~2013 年各省市区水资源利用率　单位:%

代码	省市区	1999 年	2002 年	2003 年	2004 年	2005 年	2006 年	2007 年	2008 年	2013 年
0	全国	19.8	19.5	19.4	23.0	20.1	22.9	23.0	21.5	22.1
1	北京	293.7	203.8	190.3	161.9	148.8	155.4	146.2	102.6	146.6
1	天津	980.8	543.9	193.7	154.2	217.2	227.1	206.6	122.0	162.3
1	河北	208.0	245.4	130.5	127.0	149.9	190.1	169.0	121.1	108.8
2	山西	82.3	73.0	41.7	60.4	66.2	67.0	56.8	65.1	58.3
3	内蒙古	38.1	56.6	33.7	39.2	38.3	43.4	60.9	42.7	19.1
4	辽宁	79.6	85.7	58.3	45.6	35.3	54.0	54.6	53.7	30.7
4	吉林	36.2	30.3	31.9	30.6	17.6	29.1	29.1	31.3	21.6
4	黑龙江	54.9	39.9	29.7	39.8	36.5	39.3	59.2	64.3	25.5
1	上海	150.1	226.3	720.8	472.9	495.6	429.0	348.4	323.7	439.6
1	江苏	105.6	178.6	70.0	257.6	111.3	135.1	112.6	147.7	203.4
1	浙江	17.5	16.9	35.9	30.8	20.7	23.0	23.6	25.3	21.3
2	安徽	19.0	24.2	16.5	41.9	28.9	41.7	32.6	38.1	50.6
1	福建	14.8	15.2	22.7	26.0	13.3	11.5	18.3	19.1	17.8
2	江西	11.6	10.2	12.7	19.7	13.8	12.6	21.1	17.3	18.6
1	山东	137.1	257.2	44.8	61.5	50.7	113.3	56.7	66.9	74.7
2	河南	111.9	69.8	26.9	49.4	35.4	70.5	45.0	61.3	112.9
2	湖北	24.4	20.8	19.9	26.2	27.1	40.5	25.5	26.2	36.9
2	湖南	16.0	12.0	17.7	19.7	19.7	18.5	22.7	20.2	21.0
1	广东	30.3	23.7	31.4	39.1	26.3	20.7	29.3	20.9	19.6
3	广西	15.1	12.5	14.6	18.1	18.2	16.7	22.4	13.6	15.0
1	海南	13.5	13.2	15.9	27.1	14.3	20.4	16.5	11.2	8.6
3	重庆	8.8	11.0	10.7	12.1	14.0	19.2	11.7	14.3	17.7
3	四川	7.9	10.1	8.1	8.6	7.3	11.5	9.3	8.3	9.8
3	贵州	7.3	8.0	10.2	9.5	11.6	12.3	9.3	8.9	12.1
3	云南	5.9	6.4	8.6	7.0	8.0	8.5	6.7	6.6	8.8
3	西藏	0.6	0.7	0.5	0.6	0.7	0.8	0.8	0.8	0.7
3	陕西	34.3	30.5	13.1	24.4	16.1	30.5	21.6	28.1	25.2
3	甘肃	54.4	81.6	49.2	70.8	45.6	66.3	53.6	65.2	45.4
3	青海	4.1	4.8	4.6	5.0	3.5	5.7	4.7	5.2	4.4
3	宁夏	1053.5	638.9	522.6	750.9	915.5	732.0	683.6	806.3	632.6
3	新疆	49.0	44.4	54.4	58.1	52.8	53.9	59.9	64.8	61.5

附表 2－7　1999～2010 年各省市区万元工业增加值用水量

单位：吨/万元

代码	省市区	1999 年	2002 年	2003 年	2004 年	2005 年	2006 年	2007 年	2008 年	2009 年	2010 年
0	全国	727.1	550.4	503.3	472.9	441.2	406.8	369.0	334.3	302.9	280.6
1	北京	271.7	146.7	133.0	114.0	92.0	76.0	62.5	55.2	50.0	42.8
1	天津	212.3	95.2	87.1	75.9	57.4	47.9	39.0	29.9	28.9	26.7
1	河北	332.3	246.5	211.4	177.6	156.8	139.2	116.2	106.2	90.4	77.5
2	山西	405.3	301.7	272.3	228.7	197.8	189.2	151.6	131.7	101.1	102.1
3	内蒙古	560.3	431.5	361.2	291.5	273.8	275.8	229.5	223.4	188.6	172.2
4	辽宁	390.2	226.0	191.8	150.2	136.2	128.2	110.8	97.1	81.5	72.9
4	吉林	563.2	423.0	491.0	318.6	324.1	281.9	237.4	200.0	209.3	194.9
4	黑龙江	2008.9	263.9	804.4	718.8	668.2	613.6	548.4	489.3	418.7	367.8
1	上海	605.2	437.3	357.7	336.0	314.6	268.6	251.3	227.2	232.2	200.4
1	江苏	787.9	551.3	503.7	504.1	494.8	452.1	400.1	329.5	272.1	237.2
1	浙江	399.7	290.6	258.3	224.3	207.4	195.9	173.5	150.8	128.0	122.9
2	安徽	630.9	691.0	700.1	617.3	564.2	565.6	498.1	436.0	409.4	340.5
1	福建	755.8	584.8	599.0	513.2	486.4	438.1	401.1	360.9	324.8	289.5
2	江西	1382.4	997.5	809.4	761.3	638.3	542.0	535.4	469.5	355.9	324.7
1	山东	274.2	158.1	116.8	88.0	57.2	50.8	46.9	42.8	37.6	36.2
2	河南	565.9	412.1	349.5	302.4	293.7	262.9	236.3	206.1	190.9	172.7
2	湖北	1074.7	839.3	797.4	715.0	621.5	564.7	545.3	469.4	417.8	403.7
2	湖南	1146.9	874.7	896.6	861.2	809.2	707.4	603.1	521.7	446.7	399.4
1	广东	642.7	426.6	382.4	338.6	288.5	250.0	222.3	194.0	176.3	156.7
3	广西	1494.9	1184.0	912.3	875.9	800.2	693.2	589.8	543.4	481.9	409.3
1	海南	1138.4	829.4	787.3	509.5	454.6	452.4	444.2	435.8	308.7	253.7
3	重庆	921.7	691.1	646.5	644.4	604.3	602.1	531.6	506.3	444.1	360.7
3	四川	835.8	669.5	579.2	496.2	422.5	356.6	306.8	266.0	237.5	198.8
3	贵州	1836.1	1274.5	1277.3	1141.2	1058.1	898.9	918.3	895.1	807.9	696.3
3	云南	867.7	825.0	647.0	578.6	550.5	480.3	496.1	441.0	394.0	386.4
3	西藏	2327.6	1936.6	561.9	478.6	535.3	713.4	898.9	976.5	837.3	781.5
3	陕西	424.5	317.3	289.0	236.9	210.5	189.6	142.9	132.7	103.3	92.6
3	甘肃	992.8	737.9	634.5	550.5	483.5	422.8	321.8	276.6	249.0	227.3
3	青海	1327.9	936.9	850.1	914.9	950.1	918.6	817.6	768.6	262.8	240.5
3	宁夏	1639.9	818.9	635.4	514.5	479.8	409.9	358.5	296.5	286.1	276.6
3	新疆	1004.7	753.7	546.5	462.2	413.6	390.6	371.5	345.6	327.6	323.9

附表 2-8　主要年份各省市区资源产出比

代码	省市区	2001 年	2002 年	2008 年	2011 年
0	全国	0.07	0.07	0.09	0.09
1	北京	0.24	0.26	0.88	2.01
1	天津	1.12	0.74	0.53	0.77
1	河北	0.06	0.08	0.10	0.08
2	山西	0.02	0.02	0.02	0.03
3	内蒙古	0.04	0.04	0.04	0.03
4	辽宁	0.07	0.08	0.12	0.14
4	吉林	0.09	0.09	0.12	0.12
4	黑龙江	0.08	0.06	0.15	0.15
1	上海	5.01	5.57	20.43	42.70
1	江苏	0.17	0.16	0.42	0.56
1	浙江	0.07	0.08	0.14	0.10
2	安徽	0.06	0.05	0.06	0.06
1	福建	0.10	0.10	0.12	0.20
2	江西	0.04	0.04	0.07	0.07
1	山东	0.09	0.09	0.14	0.19
2	河南	0.08	0.09	0.13	0.19
2	湖北	0.12	0.10	0.21	0.27
2	湖南	0.04	0.04	0.08	0.11
1	广东	0.12	0.15	0.36	0.43
3	广西	0.05	0.05	0.08	0.09
1	海南	0.08	0.05	0.05	0.08
3	重庆	0.06	0.05	0.11	0.12
3	四川	0.08	0.07	0.15	0.16
3	贵州	0.05	0.04	0.04	0.04
3	云南	0.03	0.04	0.05	0.06
3	西藏	0.13	0.04	0.53	0.32
3	陕西	0.06	0.05	0.06	0.06
3	甘肃	0.08	0.07	0.10	0.11
3	青海	0.04	0.04	0.03	0.03
3	宁夏	0.03	0.03	0.04	0.03
3	新疆	0.06	0.05	0.05	0.04

第三章　中国省际能源利用评价分析

中共十八届三中全会《中共中央关于全面深化改革若干重大问题的决定》（以下简称《决定》）提出，加快转变政府职能，完善发展成果考核评价体系，纠正单纯以经济增长速度评定政绩的偏向。如何有效评价我国经济发展中的能源利用情况？我们在参考“环发〔2013〕58号”和“发改环资〔2013〕2420号”两个文件的基础上，遵循国际可比性及区域可比性原则以及易操作性原则，选择了三个指标作为评价指标：能源消费总量（万吨标准煤）、万元GDP能耗（吨标准煤/万元）和非化石能源占一次能源消费比重（%）。能源消费总量是反映全国或全地区能源消费水平、构成与增长速度的总量指标；万元GDP能耗反映的是能源消费水平和节能降耗状况，是一个国家或地区经济活动中对能源的利用程度；非化石能源占一次能源消费比重是反映能源利用结构的重要指标，2014年中美气候变化联合声明提出，计划到2030年非化石能源占一次能源消费比重提高到20%左右。

第一节　能源利用基本现状分析[①]

一、我国能源利用现状

2013年，我国能源消费总量世界第一，约为37.55亿吨标准煤，占全球一次能源消费总量的21.23%，与美国、加拿大及墨西哥三国的能源消费总量之和大体相当，比美国多约6亿吨标准煤（见表3－1）。

① 评价数据主要来源于《中国统计年鉴》、《中国能源统计年鉴》、各省市区统计年鉴、BP世界能源统计及主要国家和地区的统计年鉴。

表 3－1　2013 年主要国家能源消费总量

	2013 年能源消费总量（亿吨标准煤）	占比（%）	其他国家/中国
中国	37.55	21.23	1.0
美国	31.54	17.83	1.19
法国	3.50	1.98	10.73
德国	4.53	2.56	8.29
印度	8.19	4.63	4.58
日本	6.83	3.86	5.50
世界	176.87	100.00	—

资料来源：《2014 年中国社会发展统计公告》，2014 年 BP 世界能源统计。

从能源结构看，2013 年我国煤炭、石油、天然气和非化石能源占比分别是 66%、18.4%、5.8% 和 9.8%（见图 3－1）。与国际比较可以看出，尽管 2013 年我国非化石能源比重达到了 9.8%，比日本高，但还是比世界平均水平 13.3% 要低，也低于美国的 13.6%（见表 3－2）。

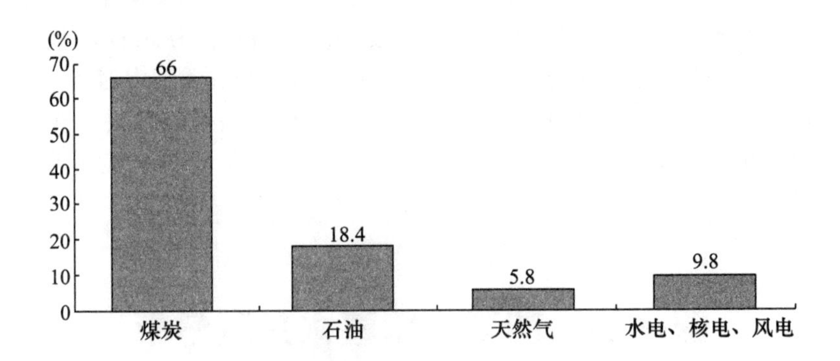

图 3－1　2013 年中国非化石能源比重

资料来源：《2014 年中国社会发展统计公告》。

表 3－2　单位 GDP 能耗及非化石能源比重

国家	中国	美国	法国	德国	日本	印度	世界
非化石能源占一次能源消费的比重（%）（2011 年）	8.00	12.10	46.70	11.50	2.90	—	—
非化石能源占一次能源消费的比重（%）（2013 年）	9.80	13.60	47.20	17.30	6.60	8.30	13.30

续表

国家	中国	美国	法国	德国	日本	印度	世界
单位 GDP 能耗（吨标准煤/万美元）（2011 年）	3.91	2.26	1.84	1.57	1.67	2.67	2.58
中国/其他国家	1.00	1.73	2.12	2.49	2.34	1.47	1.52
单位能源投入产出的 GDP（2005 年不变价格（美元/千克油当量）（2011 年）	4.90	7.10	9.40	10.80	9.50	8.00	—

资料来源：世界银行 WDI 数据库和 BP 能源统计。

2013 年，我国单位 GDP 能耗下降 3.7%。目前，我国万元 GDP 能耗水平远高于美国、日本同期水平甚至高于印度，分别是美国、日本和印度的 1.73 倍、2.34 倍和 1.47 倍。

二、分省能源利用现状分析

（一）能源消费总量

从能源消费总量看，山东、河北、广东和江苏都是能源消费大省，2012 年能源消费总量占比分别是 8.78%、6.83%、6.58% 和 6.51%，都超过了 6.5%，4 个省份能源消费总量占比接近 30%。其中，山东是能源消费总量最多的省份，2012 年为 3.89 亿吨标准煤；海南是能源消费总量最少的省份，2012 年为 1688 万吨标准煤，占全国能源消费总量不到 1%（见表 3－3）。

表 3－3　2011 年和 2012 年中国分地区能源消费情况

省（市、区）	2011 年能源消费（万吨标准煤）	占比（%）	2012 年能源消费（万吨标准煤）	占比（%）
北京	6995	1.66	7178	1.62
天津	7598	1.80	8208	1.85
河北	29498	6.98	30250	6.83
山西	18315	4.34	19336	4.36
内蒙古	18737	4.44	19786	4.46
辽宁	22712	5.38	23526	5.31
吉林	9103	2.16	9443	2.13
黑龙江	12119	2.87	12758	2.88
上海	11270	2.67	11362	2.56
江苏	27589	6.53	28850	6.51
浙江	17827	4.22	18076	4.08

续表

省（市、区）	2011 年能源消费（万吨标准煤）	占比（%）	2012 年能源消费（万吨标准煤）	占比（%）
安徽	10570	2.50	11358	2.56
福建	10653	2.52	11185	2.52
江西	6928	1.64	7233	1.63
山东	37132	8.79	38899	8.78
河南	23062	5.46	23647	5.34
湖北	16579	3.93	17675	3.99
湖南	16161	3.83	16744	3.78
广东	28480	6.74	29144	6.58
广西	8591	2.03	9155	2.07
海南	1601	0.38	1688	0.38
重庆	8792	2.08	9278	2.09
四川	19696	4.66	20575	4.64
贵州	9068	2.15	9878	2.23
云南	9540	2.26	10434	2.35
陕西	9761	2.31	10626	2.40
甘肃	6496	1.54	7007	1.58
青海	3189	0.76	3524	0.80
宁夏	4316	1.02	4562	1.03
新疆	9927	2.35	11831	2.67

注：西藏数据未列入。

（二）非化石能源比重

从非化石能源利用角度看，水资源丰富的青海、广西的非化石能源比重较高，分别为25.0%和22.3%。而北京、河北、内蒙古、黑龙江、山东、宁夏等13年省市区的非化石能源比重都不到1%（见表3-4）。

表3-4 2012年中国各省市区非化石能源比重

地区	能源消费总量（万吨标准煤）	煤炭（%）	石油（%）	天然气（%）	非化石能源（%）
北京	7178	49.0	32.3	18.1	0.6
天津	8208	65.4	28.1	5.8	0.7
河北	30250	89.8	7.6	2.0	0.6
山西	19336	94.2	3.8	1.7	0.3

续表

地区	能源消费总量(万吨标准煤)	煤炭(%)	石油(%)	天然气(%)	非化石能源(%)
内蒙古	22103	92.5	5.7	1.6	0.2
辽宁	22314	67.6	28.7	3.6	0.1
吉林	9443	84.3	12.4	2.7	0.7
黑龙江	12758	76.4	20.6	2.9	0.1
上海	11362	41.0	40.3	7.5	11.2
江苏	28850	82.0	12.6	4.7	0.7
浙江	18076	76.8	19.0	3.5	0.7
安徽	11358	85.9	9.8	2.3	2.1
福建	11185	55.8	21.5	4.4	18.2
江西	7233	66.2	15.0	3.3	15.5
山东	38899	81.0	16.6	2.2	0.2
河南	23647	84.8	9.2	3.8	2.2
湖北	17675	68.0	16.7	2.3	13.0
湖南	16744	66.3	11.1	1.9	20.7
广东	24081	40.6	24.1	15.0	20.3
广西	9155	59.6	17.5	0.6	22.3
海南	1688	31.5	27.0	29.1	12.4
重庆	9278	70.0	10.8	11.4	7.8
四川	20575	50.5	16.5	12.5	20.5
贵州	9878	92.4	6.8	0.8	0.0
云南	10434	67.9	14.6	0.5	17.0
陕西	10626	74.4	11.0	6.0	8.6
甘肃	7007	66.6	13.1	3.9	16.4
青海	3524	45.3	11.7	18.0	25.0
宁夏	4562	91.6	4.8	3.6	0.0

注：新疆和西藏数据未列入。

资料来源：根据“2013年能源统计年鉴地区能源平衡表”的实物量数据计算。

（三）万元GDP能耗

从万元GDP能耗来看，宁夏、青海超过2吨标准煤/万元，山西、贵州、新疆、内蒙古、甘肃、河北、云南、辽宁、黑龙江等省区则都超过了1吨标准煤/万元，青海、新疆、海南、宁夏四省区的万元GDP不降反升；万元GDP能耗最低的是北京、广东、浙江，不到0.6吨标准煤/万元；万元GDP能源下降最多的是北京、上海、天津（见表3-5）。

表 3－5　2012 年中国各省市区万元 GDP 能耗

排名	地区	万元 GDP 能耗（吨标准煤/万元）	下降百分比（%）
1	北京	0.459	－6.94
19	广东	0.563	－3.78
11	浙江	0.590	－3.07
10	江苏	0.600	－3.52
9	上海	0.618	－5.32
13	福建	0.644	－3.29
14	江西	0.651	－3.08
21	海南	0.692	5.23
2	天津	0.708	－4.28
12	安徽	0.754	－4.06
20	广西	0.800	－3.36
26	陕西	0.846	－3.56
15	山东	0.855	－3.77
18	湖南	0.894	－3.68
16	河南	0.895	－3.57
17	湖北	0.912	－3.79
7	吉林	0.923	－3.59
22	重庆	0.953	－3.81
23	四川	0.997	－4.23
8	黑龙江	1.042	－3.50
6	辽宁	1.096	－3.40
25	云南	1.162	－3.22
3	河北	1.300	－3.69
27	甘肃	1.402	－2.51
5	内蒙古	1.405	－2.51
30	新疆	1.631	6.96
24	贵州	1.714	－3.51
4	山西	1.762	－3.55
28	青海	2.081	9.44
29	宁夏	2.279	4.60

注：西藏数据未列入。

资料来源：《中国能源统计年鉴》（2013）。

第二节　能源利用历史趋势分析

一、全国能源利用的历史趋势分析

（一）能源消费总量

从总量来看，我国能源消费总量增长非常快，从1978年的5.71亿吨标准煤、占世界能源消费总量的6.1%，增长到了2013年的37.5亿吨标准煤、占世界能源消费总量的22.4%。35年净增了31.88亿吨标准煤。同一时期，世界能源消费总量增加了89.11亿吨标准煤，美国增加了5.9亿吨标准煤，德国能源消费总量减少了0.39亿吨标准煤（见表3－6）。

表3－6　1978～2013年能源消费总量的国际比较

国家	1978～2013年能源消费		2013年能源消费	1978年能源消费
	增量（亿吨标准煤）	增量份额（%）	世界份额（%）	世界份额（%）
中国	31.88	35.9	6.1	22.4
美国	5.90	6.6	28.5	17.8
法国	0.79	0.9	3.0	2.0
德国	－0.39	—	5.4	2.6
日本	1.72	1.9	5.4	3.7
印度	7.15	8.0	1.5	4.7
世界	89.11	100	100	100

资料来源：2013年BP世界能源统计，中国能源消费增量来自《中国统计年鉴》（2013）。

（二）我国非化石能源比重的历史变化

从结构变化来看，尽管我国能源消费的非化石能源比重不高，但是却呈不断提高的趋势。1978年，我国非化石能源消费占能源消费总量的3.4%，到2013年，这一比重提高到了9.8%，非化石能源的增长速度快于化石能源。非化石能源比重这一指标，与世界平均差距在缩小，世界非化石能源比重1978年为7.8%，2013年为13.3%。但与法国和德国的非化石能源比重的差距在扩大，1978年法国和德国分别为11.8%和4.1%，2013年分别为47.2%和17.3%（见表3－7）。

表 3－7　1978～2013 年能源消费及其结构

年份	国家	能源消费总量（亿吨标准煤）	构成（能源消费总量＝100）			
			煤炭（%）	石油（%）	天然气（%）	非化石能源（%）
1978	中国	5.71	70.7	22.7	3.2	3.4
	美国	26.47	18.7	47.0	27.2	7.1
	世界	92.77	26.7	46.9	18.6	7.8
1980	中国	6.03	72.2	20.7	3.1	4.0
1985	中国	7.67	75.8	17.1	2.2	4.9
1990	中国	9.87	76.2	16.6	2.1	5.1
1995	中国	13.12	74.6	17.5	1.8	6.1
2000	中国	14.55	69.2	22.2	2.2	6.4
2005	中国	23.60	70.8	19.8	2.6	6.8
2010	中国	32.49	68.0	19.0	4.4	8.6
2011	中国	34.80	68.4	18.6	5.0	8.0
2012	中国	36.17	66.6	18.8	5.2	9.4
2013	中国	37.50	66.0	18.4	5.8	9.8
	美国	26.47	20.1	36.7	29.6	13.6
	世界	181.88	30.1	32.9	23.7	13.3

资料来源：《中国统计年鉴》（2013）和 BP 世界能源统计（2013）。

从能源品种看，我国煤炭和石油消费比重下降，天然气消费比重上升。①我国煤炭消费比重，从 1978 年的 70.7% 下降到 2013 年的 66.0%。同一时期，美国煤碳消费比重却是上升的，从 1978 年的 18.7% 上升到 2013 年的 20.1%；世界煤炭消费比重也是上升的，从 1978 年的 26.7% 上升到 2013 年的 30.1%。②我国石油消费比重有所下降，从 1978 年的 22.7% 下降到 2013 年的 18.4%。同一时期，美国和世界的石油消费比重也有所下降，分别从 1978 年的 47.0%、46.9% 下降到 2013 年的 36.7% 和 32.9%。③我国天然气消费比重上升，从 1978 年的 3.2% 上升到 2013 年的 5.8%。同一时期，美国和世界的天然气消费比重也有所上升，分别从 1978 年的 27.2%、18.6% 上升到 2013 年的 29.6% 和 23.7%。但我国天然气消费的比重也与世界平均水平有较大的差距。

（三）我国单位 GDP 能耗的历史趋势

1990～2013 年，我国单位 GDP 能耗下降幅度非常大，但总体还处于比较高的水平，我国目前万元 GDP 能耗高于 1990 年世界平均水平，节能减排任务还相当艰巨（见表 3－8）。

表 3-8　1990～2013 年能源强度的国际比较

国家	指标	1990 年	2000 年	2005 年	2010 年	2011 年	2012 年	2013 年
中国	单位 GDP 能耗（吨标油/万美元）	6.97	3.45	3.31	2.76	2.74	2.64	2.55
	与中国的比值	1.00	1.00	1.00	1.00	1.00	1.00	1.00
美国	单位 GDP 能耗（吨标油/万美元）	2.33	1.97	1.77	1.63	1.58	1.50	1.42
	与中国的比值	0.33	0.57	0.53	0.59	0.58	0.57	0.56
德国	单位 GDP 能耗（吨标油/万美元）	1.71	1.35	1.31	1.20	1.10	1.08	1.06
	与中国的比值	0.25	0.39	0.40	0.43	0.40	0.41	0.42
法国	单位 GDP 能耗（吨标油/万美元）	1.58	1.47	1.45	1.36	1.29	1.28	1.27
	与中国的比值	0.23	0.43	0.44	0.49	0.47	0.48	0.50
日本	单位 GDP 能耗（吨标油/万美元）	1.34	1.42	1.34	1.26	1.17	1.13	1.09
	与中国的比值	0.19	0.41	0.40	0.46	0.43	0.43	0.43
印度	单位 GDP 能耗（吨标油/万美元）	3.00	2.51	2.14	1.93	1.87	1.81	1.76
	与中国的比值	0.43	0.73	0.65	0.70	0.68	0.69	0.69
世界	单位 GDP 能耗（吨标油/万美元）	2.36	2.03	1.95	1.81	1.68	1.61	1.55
	与中国的比值	0.34	0.59	0.59	0.66	0.61	0.61	0.61

二、分省能源利用的历史趋势分析

（一）各省市区能源消费总量的历史变化趋势

1990 年，我国地区能源消费总量在千万吨规模，能源消费总量最多的省份是辽宁，一次能源消费总量是 7856 万吨，约占全国的 8.24%；能源消费总量最少的省份是海南，一次能源消费总量 121 万吨，约占全国的 0.13%。2000 年，我国地区能源消费总量有三个省进入亿吨级规模，分别是山东、河北和辽宁，其一次能源消费总量分别是 1.14 亿吨、1.12 亿吨和 1.07 亿吨，分别占全国的 7.55%、7.44% 和 7.08%，辽宁能源消费总量从 1990 年的第 1 位降到了全国的第 3 位；能源消费总量最少的省份是海南，一次能源消费总量是 480 万吨，约占全国的 0.32%。2010 年，我国地区能源消费总量有 14 个省市区超过亿吨级规模，分别是山东、河北、广东、江苏、河南、辽宁、四川、浙江、内蒙古、山西、湖北、湖南、黑龙江和上海，其中山东仍是我国能源消费总量最多的省份，一次能源消费总量为 3.49 亿吨，约占全国的 8.94%；而辽宁省能源消费总量为 2.09 亿吨，占比 5.38%，从 2000 年的第 3 位降到了全国的第 6 位；海南仍是我国能源消费总量最少的省份，一次能源消费总量是 1359 万吨，约占全国的 0.35%（见表 3-9）。

表3-9 能源消费总量变化的省际比较

平均增速（%）	1990年			2000年			2010年			2012年		
	地区	总量（万吨）	占比（%）	地区	总量（万吨）	占比（%）	地区	总量（万吨）	占比（%）	地区	总量（万吨）	占比（%）
5.11	辽宁	7856	8.24	山东	11362	7.55	山东	34808	8.94	山东	38899	8.78
8.23	山东	6830	7.16	河北	11196	7.44	河北	27531	7.07	河北	30250	6.83
5.49	四川	6353	6.66	辽宁	10656	7.08	广东	26908	6.91	广东	29144	6.58
7.53	河北	6124	6.42	广东	9448	6.27	江苏	25774	6.62	江苏	28850	6.51
7.82	江苏	5509	5.78	江苏	8612	5.72	河南	21438	5.50	河南	23647	5.34
4.09	黑龙江	5285	5.54	河南	7919	5.26	辽宁	20947	5.38	辽宁	23526	5.31
7.12	河南	5206	5.46	山西	6728	4.47	四川	17892	4.59	四川	20575	4.64
6.63	山西	4710	4.94	浙江	6560	4.36	浙江	16865	4.33	内蒙古	19786	4.46
9.37	广东	4065	4.26	四川	6518	4.33	内蒙古	16820	4.32	山西	19336	4.36
6.99	湖北	3997	4.19	湖北	6269	4.16	山西	16808	4.32	浙江	18076	4.08
6.95	湖南	3821	4.01	黑龙江	6166	4.09	湖北	15138	3.89	湖北	17675	3.99
4.58	吉林	3523	3.69	上海	5499	3.65	湖南	14880	3.82	湖南	16744	3.78
5.97	上海	3175	3.33	安徽	4879	3.24	黑龙江	11234	2.88	黑龙江	12758	2.88
6.64	安徽	2761	2.89	贵州	4279	2.84	上海	11201	2.88	新疆	11831	2.67
4.53	北京	2709	2.84	北京	4144	2.75	福建	9809	2.52	上海	11362	2.56
9.25	浙江	2580	2.70	湖南	4071	2.70	安徽	9707	2.49	安徽	11358	2.56
10.01	内蒙古	2424	2.54	吉林	3766	2.50	陕西	8882	2.28	福建	11185	2.52
7.34	陕西	2239	2.35	内蒙古	3549	2.36	云南	8674	2.23	陕西	10626	2.40
5.47	甘肃	2172	2.28	云南	3468	2.30	吉林	8297	2.13	云南	10434	2.35
7.22	贵州	2133	2.24	福建	3463	2.30	新疆	8290	2.13	贵州	9878	2.23
6.46	天津	2071	2.17	新疆	3328	2.21	贵州	8175	2.10	吉林	9443	2.13
8.26	新疆	2063	2.16	甘肃	3012	2.00	广西	7919	2.03	重庆	9278	2.09
7.91	云南	1954	2.05	天津	2794	1.86	重庆	7856	2.02	广西	9155	2.07
6.71	江西	1732	1.82	陕西	2731	1.81	北京	6954	1.79	天津	8208	1.85
9.73	福建	1451	1.52	广西	2669	1.77	天津	6818	1.75	江西	7233	1.63
9.24	广西	1309	1.37	江西	2505	1.66	江西	6355	1.63	北京	7178	1.62
8.84	宁夏	707	0.74	重庆	2428	1.61	甘肃	5923	1.52	甘肃	7007	1.58
9.21	青海	507	0.53	宁夏	1179	0.78	宁夏	3681	0.95	宁夏	4562	1.03
12.73	海南	121	0.13	青海	897	0.60	青海	2568	0.66	青海	3524	0.80
11.82	重庆	—	0.00	海南	480	0.32	海南	1359	0.35	海南	1688	0.38

资料来源：《中国能源统计年鉴》（2013）。

（二）各省市区非化石能源比重的演进

从统计角度看，历史上我国非化石能源主要是核电、水电。随着能源消费总量规模的扩大，各地非化石能源比重变化有所不同，主要依赖核电、水、风电和光伏发电的布局。对于缺少大型水电、核电项目及风电、光伏项目的省市区，如北京、天津等，其非化石能源比重增长缓慢（见表3－10）。①我国正在运行的核电机组主要布局在浙江、江苏和广东，这些省份的非化石能源比重相对要高很多。我国核电建设项目主要布局在广东、福建、浙江、辽宁、山东、海南等，可以预计这些省份的非化石能源比重未来将大幅提高。②我国水电主要布局在四川、云南、湖北、重庆、陕西、甘肃、宁夏、青海等地。③我国大型风电主要布局在河北、内蒙古、吉林、甘肃、新疆、黑龙江以及山东沿海、江苏沿海风电基地，2015年，大型风电基地规模达到7900万千瓦。

表3－10　1980～2012年非化石能源消费比重的省际比较　单位：%

年份 省市区	1980	1990	2000	2010	2012
北京	1.2	0.2	0.7	0.1	0.6
天津	—	—	0.0	8.7	0.7
河北	0.2	0.5	0.1	0.1	0.6
山西	4.6	17.5	9.6	21.0	0.3
内蒙古	—	—	—	—	0.2
辽宁	1.9	1.7	0.2	2.9	0.1
吉林	0.0	0.0	0.0	0.0	0.7
黑龙江	—	—	—	—	0.1
上海	—	—	1.0	11.1	11.2
江苏	—	0.0	0.0	0.0	0.7
浙江	—	—	—	—	0.7
安徽	—	1.8	0.3	1.1	2.1
福建	22.0	20.9	22.3	16.0	18.2
江西	—	—	12.2	10.9	15.5
山东	—	—	—	—	0.2
河南	1.2	1.2	1.1	1.5	2.2
湖北	12.0	21.0	16.1	21.9	13.0
湖南	—	—	—	14.6	20.7
广东	—	8.2	12.6	20.5	20.3

续表

省市区 \ 年份	1980	1990	2000	2010	2012
广西	17.5	25.7	35.5	27.0	22.3
海南	—	41.6	11.3	7.5	12.4
重庆	1.3	1.3	2.5	2.4	7.8
四川	—	—	28.5	30.4	20.5
贵州	36.0	—	—	—	0.0
云南	—	18.3	28.1	22.1	17.0
陕西	2.8	2.0	1.2	—	8.6
甘肃	—	18.3	13.3	13.7	16.4
青海	20.1	35.0	46.0	34.3	25.0
宁夏	4.5	33.1	18.1	0.9	0.0
新疆	3.0	4.4	4.5	4.9	0.6

注：西藏数据未列入。

资料来源：2012 年数据是根据 2013 年能源统计年鉴地区能源平衡表的实物量数据计算；其他年份数据来源于各省统计年鉴及《新中国六十年统计资料汇编》（1949～2008）。

（三）各省单位 GDP 能耗的变化

2010 年万元 GDP 能耗下降幅度排名前五位的省份分别是北京、山西、内蒙古、山东和吉林，2012 年这一指标同比下降幅度最大的前五个省份分别为北京、上海、天津、四川和安徽（见表 3－11）。

表 3－11　2005～2012 年中国各省（市、区）单位 GDP 能耗下降情况

地区 \ 指标	2005 年		2010 年		2012 年	
	万元 GDP 能耗（吨标准煤/万元）	“十一五”时期计划降低百分比（%）	万元 GDP 能耗（吨标准煤/万元）	比 2005 年降低百分比（%）	万元 GDP 能耗（吨标准煤/万元）	下降百分比（%）
全国	1.040	-19	0.590	-19.10		
北京	0.792	-20	0.582	-26.59	0.459	-6.94
天津	1.046	-20	0.826	-21.00	0.708	-4.28
河北	1.981	-20	1.583	-20.11	1.300	-3.69
山西	2.890	-22	2.235	-22.66	1.762	-3.55
内蒙古	2.475	-22	1.915	-22.62	1.405	-2.51

续表

地区＼指标	2005年		2010年		2012年	
	万元GDP能耗（吨标准煤/万元）	“十一五”时期计划降低百分比（%）	万元GDP能耗（吨标准煤/万元）	比2005年降低百分比（%）	万元GDP能耗（吨标准煤/万元）	下降百分比（%）
辽宁	1.726	-20	1.380	-20.01	1.096	-3.40
吉林	1.468	-22	1.145	-22.04	0.923	-3.59
黑龙江	1.460	-20	1.156	-20.79	1.042	-3.50
上海	0.889	-20	0.712	-20.00	0.618	-5.32
江苏	0.920	-20	0.734	-20.45	0.600	-3.52
浙江	0.897	-20	0.717	-20.01	0.590	-3.07
安徽	1.216	-20	0.969	-20.36	0.754	-4.06
福建	0.937	-16	0.783	-16.45	0.644	-3.29
江西	1.057	-20	0.845	-20.04	0.651	-3.08
山东	1.316	-22	1.025	-22.09	0.855	-3.77
河南	1.396	-20	1.115	-20.12	0.895	-3.57
湖北	1.510	-20	1.183	-21.67	0.912	-3.79
湖南	1.472	-20	1.170	-20.43	0.894	-3.68
广东	0.794	-16	0.664	-16.42	0.563	-3.78
广西	1.222	-15	1.036	-15.22	0.800	-3.36
海南	0.920	-12	0.808	-12.14	0.692	5.23
重庆	1.425	-20	1.127	-20.95	0.953	-3.81
四川	1.600	-20	1.275	-20.31	0.997	-4.23
贵州	2.813	-20	2.248	-20.06	1.714	-3.51
云南	1.740	-17	1.438	-17.41	1.162	-3.22
陕西	1.416	-20	1.129	-20.25	0.846	-3.56
甘肃	2.260	-20	1.801	-20.26	1.402	-2.51
青海	3.074	-17	2.550	-17.04	2.081	9.44
宁夏	4.140	-20	3.308	-20.09	2.279	4.60
新疆	—	—	—	—	1.631	6.96

资料来源：《中国统计摘要》（2013）。

第三节 影响中国能源消费的因素分析

节能水平、产业结构、产业规模等是影响我国能源消费总量的重要因素，而技术路径与节能水平是影响我国万元 GDP 能耗的重要因素。

（一）节能水平

从节能水平来看，我国主要耗能产品单位能耗不断下降，但与国际先进水平还有一定的差距。我国 60 万千瓦以上机组的火电厂发电煤耗与日本相比差距在缩小，到目前为止，我国火电厂发电煤耗大约比日本高 11%。尽管我国火电厂供电煤耗不断下降，但与意大利的水平还有较大的差距，我国目前还比意大利高出约 18%。2012 年，全国电力行业耗煤总量 18.7 亿吨，如果发电煤耗按日本的水平下降 11%，那么将节约煤炭 1.9 亿吨标准煤；如果供电煤按意大利的水平下降 18%，那么将可少用煤炭 3.4 亿吨标准煤。同样方法，经过测算，电力、钢铁、电解铝、建材 4 个行业可能少用 4 亿吨标准煤（见表 3－12）。

表 3－12　1990～2012 年主要高耗能产品单位能耗中外比较统计

项目	国家	1990 年	1995 年	2000 年	2005 年	2010 年	2011 年	2012 年
火电厂发电煤耗（千克标准煤/千瓦时）	中国①	392	379	363	343	312	308	305
	日本②	317	315	303	301	294	295	295
	差距（%）	23.66	20.32	19.80	13.95	6.12	4.41	3.39
火电厂供电煤耗（千克标准煤/千瓦时）	中国	427	412	392	370	333	329	325
	意大利	326	319	315	288	275	275	275
	差距（%）	30.98	29.15	24.44	28.47	21.09	19.64	18.18
钢可比能耗（千克标准煤/吨）	中国③	997	976	784	732	681	675	674
	日本	629	656	646	640	640	640	640
	差距（%）	58.51	48.78	21.36	14.38	6.41	5.47	5.31
电解铝交流电耗（千瓦时/吨）	中国	17100	16620	15418	14575	13979	13913	13844
	国际先进水平	14400	14400	14400	14100	12900	12900	12900
	差距（%）	18.75	15.42	7.07	3.37	8.36	7.85	7.32

注：① 6 兆瓦以上机组；②九大电力公司平均；③大中型钢铁企业平均值。

资料来源：中国电力企业联合会；中国钢铁工业协会；中国有色金属工业协会；日本钢铁协会；The Institute of Energy Economics Japan. Handbook of Energy and Economic Statistics in Japan. 2013 Edition；International Energy Agency. Electricity Information.

（二）产业结构

长期以来，我国煤炭消费集中在电力、钢铁、建材三个行业，2013 年这三个行业的煤炭消费量占总消费量约 80%。其中电力行业煤炭消费量约占总消费量的 50%，钢铁、建材分别约占总消费量的 16%、15%。分省看，山东、河北、江苏的能耗总量高（见表 3－13）。造成这些地区能耗总量高的原因主要有三：一是钢铁高度集中在河北、江苏和山东，分别占全国的 24.9%、10.2% 和 8.7%；二是发电相对集中在江苏、广东和山东；三是水泥相对集中在江苏、山东、河南、河北。

表 3－13　2012 年三大耗能产业的地区分布

地区	发电量（万千瓦时）		粗钢（万吨）		水泥产量（万吨）	
全国	49875.5		72388.2		220984.1	
北京	291.0	0.6	2.6	0.0	882.3	0.4
天津	589.7	1.2	2124.2	2.9	847.4	0.4
河北	2411.2	4.8	18048.4	24.9	13131.8	5.9
山西	2545.9	5.1	3950.2	5.5	5076.2	2.3
内蒙古	3172.2	6.4	1734.1	2.4	6062.3	2.7
辽宁	1441.1	2.9	5177.5	7.2	5503.8	2.5
吉林	691.6	1.4	1174.2	1.6	3242.8	1.5
黑龙江	849.2	1.7	697.6	1.0	3985.1	1.8
上海	886.2	1.8	1970.9	2.7	798.9	0.4
江苏	4001.1	8.0	7419.7	10.2	16902.3	7.6
浙江	2808.2	5.6	1305.2	1.8	11575.4	5.2
安徽	1771.1	3.6	2146.4	3.0	11004.7	5.0
福建	1622.6	3.3	1576.8	2.2	7259.0	3.3
江西	728.2	1.5	2179.6	3.0	7572.1	3.4
山东	3211.7	6.4	6282.1	8.7	15455.0	7.0
河南	2643.0	5.3	2215.9	3.1	14888.9	6.7
湖北	2238.2	4.5	2913.3	4.0	10375.3	4.7
湖南	1398.1	2.8	1680.3	2.3	10573.7	4.8
广东	3763.8	7.5	1228.7	1.7	11485.5	5.2
广西	1186.1	2.4	1341.6	1.9	9984.0	4.5
海南	198.6	0.4	0	0	1672.5	0.8
重庆	597.7	1.2	545.8	0.8	5561.8	2.5

续表

地区	发电量（万千瓦时）		粗钢（万吨）		水泥产量（万吨）	
四川	2150.5	4.3	1674.9	2.3	13465.0	6.1
贵州	1617.7	3.2	531.3	0.7	6749.4	3.1
云南	1759.1	3.5	1526.7	2.1	8013.9	3.6
西藏	26.2	0.1	0.0	0.0	286.7	0.1
陕西	1341.8	2.7	828.7	1.1	7636.2	3.5
甘肃	1103.0	2.2	810.2	1.1	3651.9	1.7
青海	584.2	1.2	141.2	0.2	1409.5	0.6
宁夏	1009.7	2.0	22.1	0.0	1615.0	0.7
新疆	1237.1	2.5	1138.2	1.6	4315.9	2.0

资料来源：《中国统计快报》（2013年2～12月）。

（三）产业规模

2013年，全球水泥产量40亿吨，其中中国水泥产量为24.2亿吨，占到全球水泥总产量的58.6%；全球粗钢产量16.07亿吨，其中中国粗钢产量7.79亿吨，占全球粗钢总产量的48.5%；全球发电量23.13万亿千瓦时，其中中国发电量5.24万亿千瓦时，占全球发电量的23.2%；全球电解铝产量5080万吨，其中中国2400万吨，约占47.2%（见表3－14）。

表3－14　2013年高耗能产业规模

项目	水泥（亿吨）	粗钢（亿吨）	发电量（万亿千瓦时）	电解铝（万吨）
世界	40.0	16.07	23.13	5080.0
中国	24.2	7.79	5.24	2400.0
占比（%）	58.6	48.50	23.20	47.2

资料来源：根据中国水泥协会、中国钢铁工业协会、中国电力企业联合会、中国有色工业协会、World Steel Association、CEMBUREAU数据计算。

第四节　小结

我国能源消费总量规模大、增长快，改革开放35年净增了31.88亿吨标准煤。同一时期，世界能源消费总量增加了 89 亿吨标准煤。我国能源消费总量高，主要由我国高耗能产业的规模决定的。通过控制高耗能产业发展的规模、提高高耗能产业的能源利用效率和发展低能源消耗产业将有效降低能源消费总量。

尽管我国万元 GDP 能耗不断下降，但仍然远高于美国、日本同期水平，甚至高于印度的水平，2011 年分别是美国、日本和印度的 1.73 倍、2.34 倍和 1.47 倍。万元 GDP 能耗的先进省市是北京、广东、浙江和江苏，而落后的省区是宁夏、青海、山西和贵州等。从能源利用效率来看，尽管我国主要耗能产品单位能耗不断下降，但与国际先进水平还有一定的差距。提高能源利用效率将有效降低能源消费总量和万元 GDP 能耗。

尽管我国能源消费的非化石能源比重不高，但是却呈不断提高的趋势。各省市区非化石能源比重与可再生能源的资源禀赋紧密相关，也与我国的电源布局紧密相关。我国核电主要布局在沿海，内陆省份人口稠密，发展核电还有政策层面的障碍。水资源丰富的青海、广西的非化石能源比重较高；北京、河北、内蒙古、黑龙江、山东、宁夏等省市区的非化石能源比重都不到 1%。

第四章　中国省际生态环境与生态治理

改革开放以来，中国经济实现了持续快速增长。在加速工业化和城镇化进程中，我国资源消耗激增，环境质量下降，经济增长的资源和环境压力不断加大，严重制约着经济社会可持续发展。为加快转变经济发展方式，建设资源节约型、环境友好型社会，促使经济增长由主要依靠增加资源投入带动向主要依靠提高资源利用效率带动转变，促进经济发展与人口、资源、环境相协调，国家在“十一五”规划纲要中明确提出，“十一五”时期我国经济社会发展的主要目标是资源利用效率显著提高、可持续发展能力增强，并设定了主要污染物减排的约束性和预期性指标。其中，约束性指标包括单位国内生产总值能源消耗降低20%、单位工业增加值用水量降低30%、主要污染物（化学需氧量和二氧化硫）排放总量减少10%；预期性指标主要有工业固体废物综合利用率由2005年的55.8%增加到2010年的60%、森林覆盖率由2005年的18.2%增加到2010年的20%。这是我国首次在“五年计划”中将主要污染物排放总量设为约束性指标。“十二五”时期，国家继续延续了环保高压态势，并在“十二五”规划中设置了相应的考核指标。

本章分析污染减排和环境治理的总体进展及存在的主要问题，并对省际污染总量控制和生态环境治理的情况进行对比分析。针对当前污染减排和环境治理的总体形势及面临的机遇和挑战，提出加快产业转型升级、推进节能减排、改善环境质量的政策建议。

第一节　生态环境的总体情况与省际比较

本节从生态环境和治理投入两个方面评价我国生态环境的总体情况。

（1）生态环境。关于生态环境评价指标，主要参考了《国民经济和社会发

展第十二个五年规划纲要》（以下简称《“十二五”规划纲要》）和《节能减排“十二五”规划》，选用了废水排放总量、化学需氧量排放量、二氧化硫排放量和氨氮排放量四个总量指标。在此基础上，考虑到各地横向比较中，污染物排放强度（吨/平方公里）能够在一定程度上反映出各地环境负荷状况，因此增设了两个强度指标，将化学需氧量排放强度和氨氮排放强度列入指标体系。此外，还增加了森林覆盖率和空气质量指数达到优良天数占比（用于地区比较）两个指标。具体指标为：

1）森林覆盖率，亦称森林覆被率，指一个国家或地区森林面积占土地面积的百分比，是反映一个国家或地区森林面积占有情况或森林资源丰富程度及实现绿化程度的指标，又是确定森林经营和开发利用方针的重要依据之一。

2）废水排放总量，是指报告期工业废水排放量、生活污水排放量和集中式污染治理设施废水（不含城镇污水处理厂）排放量。

3）化学需氧量（COD），是在一定的条件下，采用一定的强氧化剂处理水样时所消耗的氧化剂量。它是表示水中还原性物质多少的一个指标。水中的还原性物质有各种有机物、亚硝酸盐、硫化物、亚铁盐等，但主要的是有机物。因此，化学需氧量又往往作为衡量水中有机物质含量多少的指标。化学需氧量排放量是指报告期工业废水中 COD 排放量与生活污水中 COD 排放量之和。化学需氧量排放量越大，说明水体受有机物的污染越严重。

4）二氧化硫（SO_2）是最常见的硫氧化物，是大气主要污染物之一。二氧化硫排放量指报告期内企业在燃料燃烧和生产工艺过程中排入大气的二氧化硫总质量。工业中二氧化硫主要来源于化石燃料（煤、石油等）的燃烧，还包括含硫矿石的冶炼或含硫酸、磷肥等生产的工业废气排放。二氧化硫排放量越大，说明空气污染越严重。

5）氨氮是指水中以游离氨和铵离子形式存在的氮。水中的氨氮可以在一定条件下转化成亚硝酸盐，如果长期饮用，水中的亚硝酸盐将和蛋白质结合形成亚硝胺，这是一种强致癌物质，对人体健康极为不利。水中氨氮排放量数值越高，说明水污染程度越严重。氨氮排放强度是指报告期每平方公里氨氮排放量。其计算公式为：

$$氨氮排放强度=\frac{氨氮排放量}{地区国土面积}\times 100\%$$

6）氮氧化物，指的是只由氮、氧两种元素组成的化合物。NO 和 NO_2 是常见的大气污染物。氮氧化物对环境的损害作用极大，它既是形成酸雨的主要物质之一，也是形成大气中光化学烟雾的重要物质和消耗臭氧的重要因子。氮氧化物排放量是指报告期内企业在燃料燃烧和生产工艺过程中排入大气的氮氧化物总质量。氮氧化物排放量越大，说明空气污染越严重。氮氧化物排放强度是指每平方公里氮氧化物排放量。其计算公式为：

$$氮氧化物排放强度=\frac{氮氧化物排放量}{地区国土面积}$$

7）空气质量指数，是根据环境空气质量标准和各项污染物对人体健康和生态环境的影响来确定污染指数的分级及相应的污染物浓度限值。我国当前采用的空气质量指数（AQI）分为六级，分别为优、良、轻度污染、中度污染、重度污染和严重污染。空气质量指数达到优良天数占比是指报告期城市空气质量指数大于或等于二级的天数占全年天数的比重。

（2）治理投入。环境治理投入是衡量环境质量变化的重要维度，本章选用了环境污染治理投资总额占 GDP 比重、生活垃圾无害化处理率、城市生活污水集中处理率和工业固体废物综合利用率 4 个指标。

1）环境污染治理投资总额占 GDP 比重，指报告期环境污染治理投资总额占 GDP 比重，该指标反映一国（地区）环境治理投资的强度。其计算公式为：

$$环境污染治理投资总额占\text{ GDP }比重=\frac{环境污染治理投资总额}{国民生产总值}\times100\%$$

环境污染治理投资又包括老工业污染源治理、建设项目“三同时”、城市环境基础设施建设三个部分。

2）生活垃圾无害化处理率，指报告期生活垃圾无害化处理量与生活垃圾产生量的比率。在统计上，由于生活垃圾产生量不易取得，可用清运量代替。其计算公式为：

$$生活垃圾无害化处理率=\frac{生活垃圾无害化处理量}{生活垃圾产出量}\times100\%$$

3）城市生活污水集中处理率，指报告期城市市辖区经过城市集中式污水处理厂二级处理达标的城市生活污水量与城市生活污水排放总量的百分比。

4）工业固体废物综合利用率，指报告期工业固体废物综合利用量占工业固体废物产生量的百分率。其计算公式为：

$$工业固体废物综合利用率=\frac{工业固体废物综合利用量}{工业固体废物产生量+综合利用往年贮存量}\times100\%$$

由于统计年鉴没有公布 2012 年和 2011 年各地区工业固体废物综合利用率，而统计年鉴中只有工业固体废物综合利用量和工业固体废物产生量数据，没有综合利用往年贮存量数据，故将上述公式变形，即：

$$工业固体废物综合利用率=\frac{工业固体废物综合利用量}{工业固体废物产生量}\times100\%$$

该指标数值越大，表明工业固体废物的利用率越高，资源循环利用越充分。

生态环境与治理评价体系涉及 12 个指标，这些指标的数据来源如表 4－1 所示。

表 4－1 数据来源说明

序号	指标	数据来源
1	森林覆盖率	统计年鉴
2	废水排放总量	统计年鉴
3	化学需氧量排放总量	统计年鉴
4	二氧化硫排放总量	统计年鉴
5	氨氮排放量	统计年鉴
6	氨氮排放强度	依据公式计算
7	氮氧化物排放强度	依据公式计算
8	空气质量指数达到优良天数占比	统计年鉴
9	环境污染治理投资总额占 GDP 比重	环境年鉴
10	生活垃圾无害化处理率	统计年鉴
11	城市生活污水集中处理率	统计年鉴
12	工业固体废物综合利用率	全国数据和地区数据（地区 2012 年和 2011 年除外）来源于统计年鉴；地区 2012 年和 2011 年数据依公式计算

一、我国生态环境的总体情况

2011 年环境保护部对统计制度中的指标体系、调查方法及相关技术规定等进行了修订，统计范围扩展为工业源、农业源、城镇生活源、机动车、集中式污染治理设施 5 个部分。2011 年化学需氧量、二氧化硫、固体废物等指标数据与以前年度不可直接比较。因此，本章分“十一五”时期、2011 年与 2012 年这个区间段进行分析。

（一）森林覆盖率

我国的森林资源清查自 20 世纪 70 年代开始，采用国际上公认的森林资源连续清查方法。第 7 次清查的数据显示我国森林覆盖率为 20.4%，较第 6 次清查增加了 2.2 个百分点，比第 5 次清查增加了 3.8 个百分点，表明我国森林覆盖率呈现上升的态势。2014 年 2 月 25 日，国家林业局公布的第 8 次全国森林调查结果显示，全国森林面积 2.08 亿公顷，森林覆盖率 21.63%。目前，日本森林覆盖率为 68.5%，美国为 33.2%。我国森林覆盖率远低于世界森林覆盖率 31% 的平均水平。我国人均森林面积仅为世界人均水平的 1/4，人均森林蓄积只有世界人均水平的 1/7。

（二）废水排放总量

“十一五”时期，全国废水排放量呈现逐年上升态势。2005 年，全国废水排放总量为 524.5 亿吨，到 2010 年达到 617.3 亿吨，比 2005 年增加约 17.69%，“十一五”时期年均增长 3.56%。从废水排放总量的构成来看，在产业升级、技术进步和严格监管的共同作用下，工业废水排放量所占比重逐年下降，由 2005 年的 46.35% 降至 2010 年的 38.47%；与之相反，随着城市化进程加快，生活污水排放量所占比重上升，由 2005 年的 53.65% 增至 2010 年的 61.53%。2012 年，全国废水排放总量达到 684.8 亿吨，比 2011 年增加了 3.9%，其中工业废水排放 221.6 亿吨，占全部废水排放总量的 32.3%，较上年减少 2.6 个百分点（见图 4－1）。

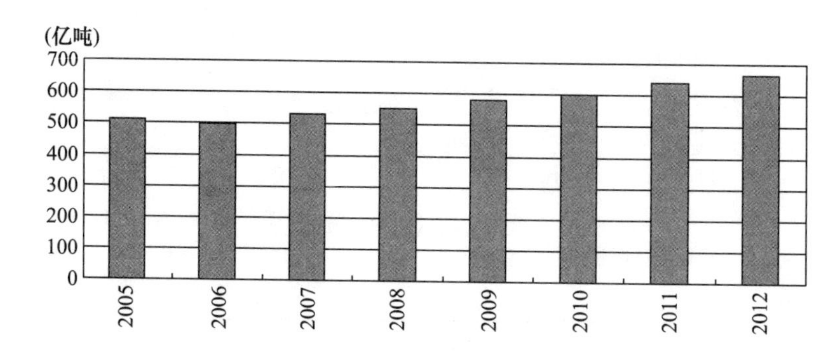

图 4－1　2005～2012 年中国废水排放总量

（三）化学需氧量排放量（COD）①

“十一五”时期，全国废水中化学需氧量排放总量呈现逐年下降趋势。2005 年，全国废水中化学需氧量排放总量为 1414.2 万吨，到 2010 年降为 1238.1 万吨，比 2005 年减少约 12.45%，“十一五”时期年均减少 2.61%。从化学需氧量排放总量的构成来看，工业废水中化学需氧量排放量所占比例逐年下降，由 2005 年的 39.22% 降至 2009 年的 34.42%，2010 年该比例略有增加，为 35.12%。2012 年，我国废水中化学需氧量排放总量为 2426.7 万吨，比 2011 年减少 3.05%。其中，工业废水中化学需氧量排放量 338.5 万吨，比 2011 年减少 4.6%；占化学需氧量排放总量的 14.0%，与 2011 年持平（见图 4－2）。

（四）二氧化硫排放量

从图 4－3 可以看出，“十一五”时期，我国二氧化硫排放量呈现逐年减少态势。2005 年全国二氧化硫排放量为 2549.4 万吨，到 2010 年降为 2185.1 万吨，

① 2011 年之后化学需氧量统计口径发生较大变化，与前期不具有可比性。氨氮和氮氧化物的情况相似。

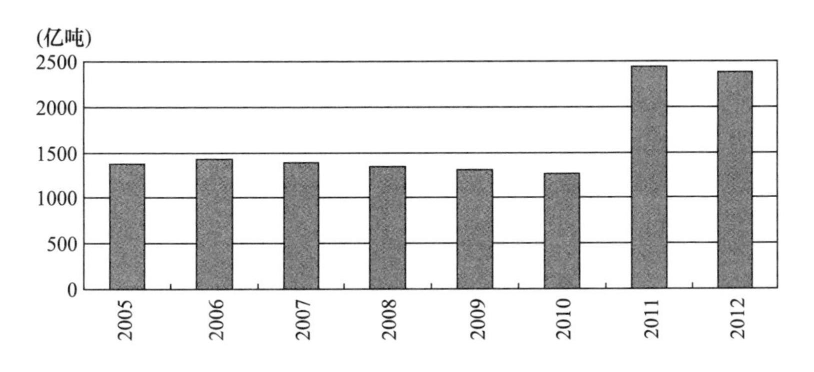

图 4－2 2005～2012 年中国化学需氧量排放总量

比 2005 年减少约 14.29%。全国二氧化硫排放量中，85% 来自工业二氧化硫排放，生活二氧化硫排放量一直占 15% 左右。“十一五”时期，全国二氧化硫排放量与工业二氧化硫排放量的排放趋势完全一致，都是呈现逐年下降的趋势，2010 年工业二氧化硫排放量比 2005 年减少约 14.02%；生活二氧化硫排放量略有波动，2010 年排放量比 2005 年减少约 15.38%。2012 年，我国二氧化硫排放总量为 2117.6 万吨，比 2011 年减少 4.52%。其中，工业二氧化硫排放量 1911.7 万吨，比 2011 年减少 5.2%，占全国二氧化硫排放总量的 90.3%。

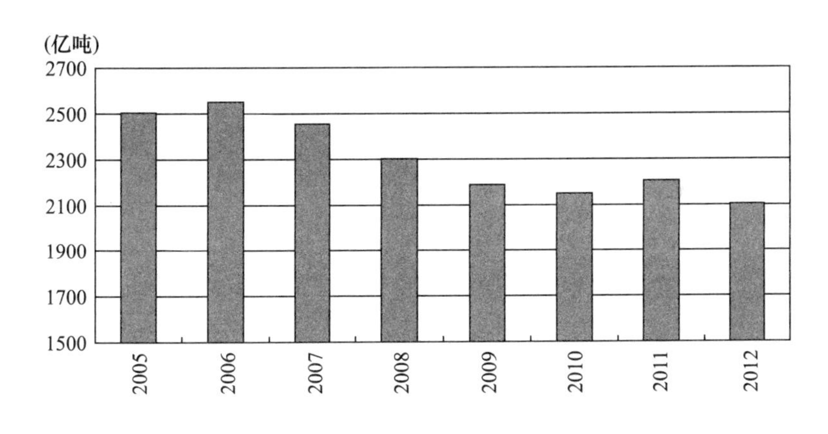

图 4－3 2005～2012 年中国二氧化硫排放总量

（五）氨氮（NH_3-N）排放量

“十一五”时期，全国废水中氨氮排放总量呈现逐年下降趋势。2005 年，全国废水中氨氮排放总量为 149.8 万吨，到 2010 年降为 120.3 万吨，比 2005 年减少约 19.7%，“十一五”时期年均减少 4.28%。从氨氮排放量的构成来看，工业废水中氨氮排放量所占比例逐年下降，且下降幅度较大，由 2005 年的 35.05% 降至2010年的22.69%；生活污水中氨氮排放量所占比例逐年上升，由2005年的64.95%增至2010年的77.31%。2012年，全国废水中氨氮排放总量为253.6万吨，比2011年减少2.62%。其中，工业废水氨氮排放量26.4万吨，比上年减少6.0%；占氨氮排放总量的10.4%，与上年持平（见图4-4）。

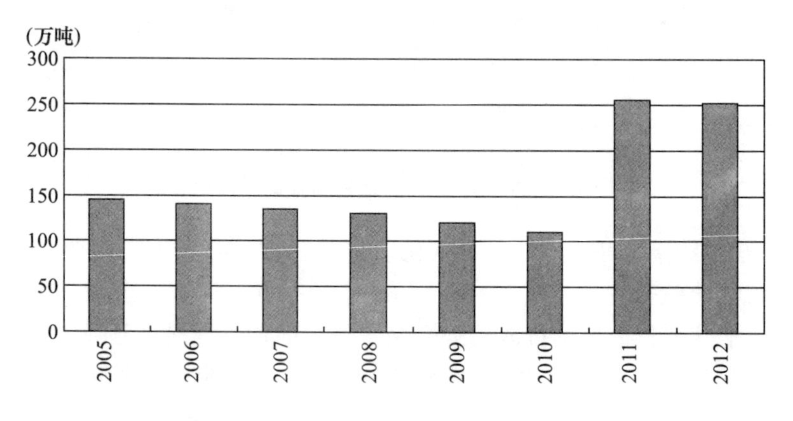

图4-4　2005～2012年中国氨氮排放总量

（六）氨氮（NH_3-N）排放强度

如图4-5所示，"十一五"时期，全国废水中氨氮排放强度呈现下降趋势。2005年，全国废水中氨氮排放强度为0.16吨/平方公里，2006年和2007年分别降至0.15吨/平方公里和0.14吨/平方公里，之后各年维持在0.13吨/平方公里的水平。2012年，全国废水中氨氮排放强度为0.27吨/平方公里，比2011年每平方公里下降了0.01吨。

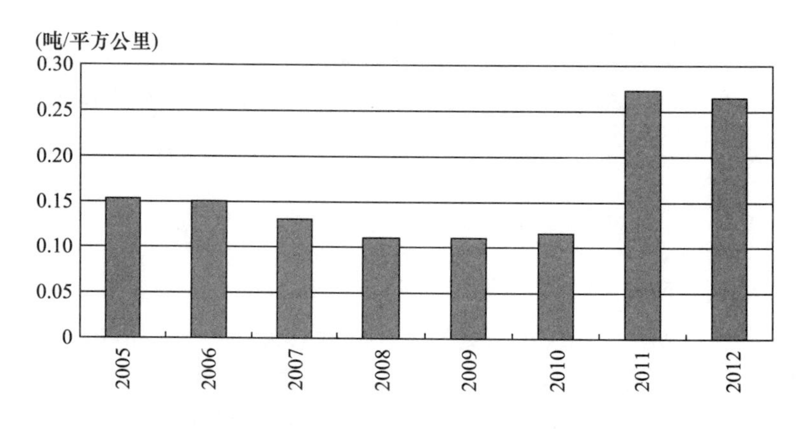

图4-5　2005～2012年中国氨氮排放强度

（七）氮氧化物排放强度

“十一五”时期，全国氮氧化物排放强度呈现走高的态势。2006年，全国氮氧化物排放强度为1.59吨/平方公里，至2010年上升到1.93吨/平方公里。“十一五”时期全国氮氧化物排放强度呈现走高的原因主要是国民经济持续快速发展和能源消费总量大幅攀升。火力发电、工业和交通运输三个部门占我国氮氧化物排放总量的85%。2012年，全国氮氧化物排放强度为2.43吨/平方公里，比2011年每平方公里减少排放0.07吨（见图4-6）。“十二五”开局头两年氮氧化物排放强度呈减少的态势，主要原因在于《“十二五”规划纲要》增加了氨氮和氮氧化物两项指标，要求规划期内分别减少10%，氮氧化物已经成为我国下一阶段污染减排的重点。

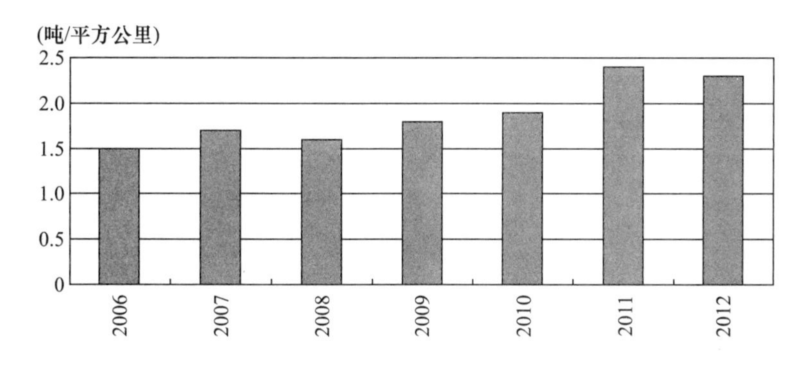

图4-6　2006~2012年中国氮氧化物排放强度

从以上指标的变化情况来看，总体而言，“十一五”时期我国生态环境呈趋好态势，8项指标中除氮氧化物排放强度增加外其余指标均向好，2012年生态环境较2011年也有所改善。

二、生态环境的省际比较

（一）空气质量指数达到优良天数占比

表4-2显示，自2005年以来，只有海口全年空气质量达到及好于二级。长春、福州、南昌、广州、南宁、贵阳、昆明、拉萨8个城市空气质量指数达到优良天数占比8年均在90%以上。其中，昆明有5年全年空气质量指数达到优良。北京、上海、哈尔滨、石家庄4个城市的空气质量持续向好；2005年石家庄空气质量达到优良天数占比为77.5%，至2012年提高到88%，增加了10.5个百分点。尽管空气质量有所好转，但2012年北京、兰州和乌鲁木齐城市空气质量达到优良天数占比仍不及80%，兰州、北京和乌鲁木齐分别列倒数三位。2012年

与2005年相比，城市空气质量达到优良的天数占比提高幅度超过10%的城市有济南（16.7个百分点）、太原（21.4个百分点）、重庆（19.7个百分点）、长沙（23.6个百分点）、武汉（13.5个百分点）、石家庄（10.5个百分点）、北京（12.7个百分点）。武汉和长沙空气质量大幅提升，很大程度归因于2007年底国家批复武汉城市圈和长株潭城市群为全国资源节约型和环境友好型社会建设综合改革配套试验区。湖南先后在产业转型、节约和综合利用、生态环境治理等领域推出8大类制度创新、106项原创性改革，包括资源性产品价格改革、能源资源两型工业准入提升退出、PM2.5监测及防治、排污权交易等。

表4-2　2005~2012年主要城市空气质量指数达到优良的天数占比　单位:%

城市＼年份	2012	2011	2010	2009	2008	2007	2006	2005
北京	76.8	78.4	78.4	78.1	75.1	67.4	66.0	64.1
天津	83.3	87.7	84.4	84.1	88.2	87.7	83.6	81.6
石家庄	88.0	87.7	87.4	87.1	82.5	79.2	78.6	77.5
太原	88.5	84.4	83.3	81.1	83.0	73.7	71.5	67.1
呼和浩特	95.1	95.1	95.6	94.8	93.2	90.7	85.8	85.5
沈阳	89.9	91.0	90.1	89.9	88.5	88.5	87.9	86.8
长春	92.6	94.5	93.4	93.2	93.7	93.2	93.2	93.2
哈尔滨	87.2	86.8	85.8	85.2	84.4	84.4	84.4	82.5
上海	93.7	92.3	92.1	91.5	89.9	89.9	88.8	88.2
南京	86.6	86.8	82.7	86.3	88.2	85.5	83.6	83.3
杭州	91.8	91.2	86.0	89.6	82.5	84.4	81.9	82.5
合肥	90.4	83.0	84.9	87.9	70.4	82.2	89.9	90.1
福州	99.5	98.6	96.2	96.7	97.0	98.9	94.2	95.6
南昌	90.2	95.1	94.0	95.1	94.2	95.3	92.6	92.9
济南	88.5	87.7	84.4	80.8	80.8	85.2	84.1	71.8
郑州	87.2	87.1	87.1	88.2	89.0	85.8	83.8	82.2
武汉	87.7	83.8	77.8	82.5	80.5	75.6	74.8	74.2
长沙	90.7	93.4	92.6	91.2	90.1	82.7	76.7	67.1
广州	98.4	98.6	97.8	95.1	94.5	91.2	91.5	91.0

续表

年份 / 城市	2012	2011	2010	2009	2008	2007	2006	2005
南宁	96.2	96.2	95.6	99.2	96.4	96.4	96.7	97.0
海口	100.0	100.0	100.0	100.0	100.0	100.0	100.0	100.0
重庆	92.9	88.8	85.2	83.0	81.4	79.2	78.6	73.2
成都	80.1	88.2	86.6	86.3	87.4	87.4	82.5	80.3
贵阳	95.9	95.6	94.0	95.1	95.1	94.8	94.0	94.0
昆明	99.7	100.0	100.0	100.0	100.0	100.0	99.5	99.5
拉萨	99.5	99.7	98.9	98.9	96.7	98.1	99.5	98.1
西安	83.6	83.6	83.3	83.3	82.5	80.5	79.2	79.7
兰州	73.8	66.8	61.1	64.7	73.4	74.2	56.2	65.2
西宁	86.1	86.6	85.5	76.7	81.1	81.1	79.2	83.8
银川	89.9	91.2	91.0	89.9	90.4	86.8	85.5	88.5
乌鲁木齐	79.8	75.6	72.9	71.8	71.5	69	67.4	70.1

（二）森林覆盖率

根据第7次森林资源清查，我国有5个省份的森林覆盖率超过了50%，依次是福建（63.1%）、江西（58.32%）、浙江（57.41%）、广西（52.71%）和海南（51.98%），比第6次森林资源清查增加了1个省份；而宁夏、上海、天津、青海和新疆森林覆盖率不足10%。第7次森林资源清查比第6次清查森林覆盖率提升超过10%的省市有重庆、广西和北京，分别提高了12.6个、11.3个和10.5个百分点（见表4-3）。

表4-3 2005~2012年各省市区森林覆盖率的变化 单位:%

年份 / 省市区	2012	2011	2010	2009	2008	2007	2006	2005
北京	31.72	31.72	31.72	31.72	21.26	21.26	21.26	21.26
天津	8.24	8.24	8.24	8.24	8.14	8.14	8.14	8.14
河北	22.29	22.29	22.29	22.29	17.69	17.69	17.69	17.69
山西	14.12	14.12	14.12	14.12	13.29	13.29	13.29	13.29
内蒙古	20.00	20.00	20.00	20.00	17.70	17.70	17.70	17.70
辽宁	35.13	35.13	35.13	35.13	32.97	32.97	32.97	32.97

续表

年份 省市区	2012	2011	2010	2009	2008	2007	2006	2005
吉林	38.93	38.93	38.93	38.93	38.13	38.13	38.13	38.13
黑龙江	42.39	42.39	42.39	42.39	39.54	39.54	39.54	39.54
上海	9.41	9.41	9.41	9.41	3.17	3.17	3.17	3.17
江苏	10.48	10.48	10.48	10.48	7.54	7.54	7.54	7.54
浙江	57.41	57.41	57.41	57.41	54.41	54.41	54.41	54.41
安徽	26.06	26.06	26.06	26.06	24.03	24.03	24.03	24.03
福建	63.10	63.10	63.10	63.10	62.96	62.96	62.96	62.96
江西	58.32	58.32	58.32	58.32	55.86	55.86	55.86	55.86
山东	16.72	16.72	16.72	16.72	13.44	13.44	13.44	13.44
河南	20.16	20.16	20.16	20.16	16.19	16.19	16.19	16.19
湖北	31.14	31.14	31.14	31.14	26.77	26.77	26.77	26.77
湖南	44.76	44.76	44.76	44.76	40.63	40.63	40.63	40.63
广东	49.44	49.44	49.44	49.44	46.49	46.49	46.49	46.49
广西	52.71	52.71	52.71	52.71	41.41	41.41	41.41	41.41
海南	51.98	51.98	51.98	51.98	48.87	48.87	48.87	48.87
重庆	34.85	34.85	34.85	34.85	22.25	22.25	22.25	22.25
四川	34.31	34.31	34.31	34.31	30.27	30.27	30.27	30.27
贵州	31.61	31.61	31.61	31.61	23.83	23.83	23.83	23.83
云南	47.50	47.50	47.50	47.50	40.77	40.77	40.77	40.77
西藏	11.91	11.91	11.91	11.91	11.31	11.31	11.31	11.31
陕西	37.26	37.26	37.26	37.26	32.55	32.55	32.55	32.55
甘肃	10.42	10.42	10.42	10.42	6.66	6.66	6.66	6.66
青海	4.57	4.57	4.57	4.57	4.40	4.40	4.40	4.40
宁夏	9.84	9.84	9.84	9.84	6.08	6.08	6.08	6.08
新疆	4.02	4.02	4.02	4.02	2.94	2.94	2.94	2.94

（三）废水排放总量

从表4-4可以看出，“十一五”时期，除辽宁、西藏、四川和重庆4个省市区外，其余27个省市区废水排放量总体呈现增加的态势。其中，山东、河南、河北、上海、云南5个省市区的废水排放总量呈现逐年递增的态势，增加量分别为15.6亿吨、9.6亿吨、5.4亿吨、4.9亿吨、1.7亿吨，广东、浙江和上海等

22个省市区废水排放量表现为波动中上升的态势。2012年，废水排放量超过30亿吨的省共计7个，依次为广东（83.9亿吨）、江苏（59.8亿吨）、山东（47.9亿吨）、浙江（42.1亿吨）、河南（40.4亿吨）、河北（30.6亿吨）、湖南（30.4亿吨）。这7个省份废水排放量占全国废水排放量的49%。

表4-4 2005~2012年废水排放总量的省际比较 单位：万吨

年份 省市区	2012	2011	2010	2009	2008	2007	2006	2005
北京	140273.7	145469.0	136415	140812.9	113259	107816.7	104922	101009
天津	82813.2	67146.9	68196	59647.4	61229	56928.2	58834	60361
河北	305773.5	278551.3	262543	244988.5	234697	222914.4	213672	208524
山西	134298.5	116132.0	118299	105875.1	106911	104594.4	89142	95096
内蒙古	102424.5	100389.0	92548	73154.7	70421	60405.2	55102	56241
辽宁	238768.8	232247.0	218189	217154.7	212021	220996.7	206236	218705
吉林	119509.2	116162.4	114431	109714.7	107781	97857.8	89855	98005
黑龙江	162589.1	150661.0	118575	110508.2	110996	108972.6	110201	114041
上海	219244.1	214155.1	248250	230517.5	223751	226614.1	222565	199710
江苏	598211.0	592773.8	555500	522329.3	509701	505598.3	508825	519425
浙江	420960.5	420133.9	394828	365017.1	350377	338100.9	303515	313196
安徽	254328.9	243265.2	184700	179701.2	168670	175327.1	164449	156591
福建	256262.8	316177.5	238502	246012.6	236269	226997.9	213401	212392
江西	201189.7	194431.6	160661	147080.5	138909	141266.7	130183	123320
山东	479100.3	443331.0	436372	386731.1	358911	334254.7	299812	280377
河南	403667.6	378784.9	358679	333980.2	309193	296467.3	268888	262564
湖北	290200.4	293063.5	270755	265756.8	258874	246582.6	231454	237368
湖南	304214.4	278811.4	268110	260278.4	250331	252073.0	235728	255638
广东	838550.5	785586.5	722978	687429.2	677352	690887.0	618921	638403
广西	245577.8	222438.9	312630	305507.1	345355	319808.3	250584	270857
海南	37103.4	35725.2	36689	37517.7	36188	35158.6	34962	35274
重庆	132430.2	131449.8	128113	147068.8	145113	134240.4	145263	145221
四川	283657.1	279852.0	256095	262708.7	262343	252961.8	234483	261651
贵州	91455.1	77927.2	60823	59159.2	55866	55112.4	51460	55668
云南	154009.7	147523.1	91992	87590.6	83865	83758.9	76760	75202

续表

省市区＼年份	2012	2011	2010	2009	2008	2007	2006	2005
西藏	4683.1	4634.6	3825	3455.2	3420	3335.6	2685	4555
陕西	128749.1	121814.7	115673	111218.7	104883	99348.2	82204	83368
甘肃	62813.0	59231.7	51241	49270.2	47470	44335.3	42254	43728
青海	21994.5	21291.5	22609	22170.9	19997	19948.5	15726	19360
宁夏	38948.1	39432.4	40653	41336.5	37948	37213.4	25276	35817
新疆	93810.5	83328.5	83690	77183.6	74700	68617.3	57440	63419

（四）化学需氧量排放量

“十一五”时期，西藏、青海、新疆3个省区废水中化学需氧量排放量呈增长趋势，其余省市区废水中化学需氧量排放量呈现逐年下降的态势。其中降幅超过10万吨的省市区依次为广东、江苏、山东、广西、河北、浙江、辽宁和河南8省，分别下降20.0万吨、17.8万吨、14.9万吨、13.3万吨、11.5万吨、10.8万吨、10.2万吨和10.1万吨。2012年，共计10个省废水中化学需氧量排放量超过100万吨，依次是山东（192.1万吨）、广东（180.3万吨）、黑龙江（149.9万吨）、河南（139.4万吨）、河北（134.9万吨）、辽宁（130.6万吨）、四川（126.9万吨）、湖南（126.3万吨）、江苏（119.7万吨）、湖北（108.7万吨）。这10个省的化学需氧量排放量占全国化学需氧量排放量的比例约为58.1%（见表4-5）。

表4-5　2005~2012年各省市区化学需氧量排放量　　单位：万吨

省市区＼年份	2012	2011	2010	2009	2008	2007	2006	2005
北京	18.7	19.3	9.2	9.9	10.1	10.6	11.0	11.6
天津	22.9	23.6	13.2	13.3	13.3	13.7	14.3	14.6
河北	134.9	138.9	54.6	57.0	60.5	66.7	68.8	66.1
山西	47.7	49.0	33.3	34.4	35.9	37.4	38.7	38.7
内蒙古	88.4	91.9	27.5	27.9	28.0	28.8	29.8	29.7
辽宁	130.6	134.3	54.2	56.3	58.4	62.8	64.1	64.4
吉林	78.8	82.5	35.2	36.1	37.4	40.0	41.7	40.7
黑龙江	149.9	157.7	44.4	46.2	47.6	48.8	49.8	50.4
上海	24.3	24.9	22.0	24.3	26.7	29.4	30.2	30.4

续表

省市区 \ 年份	2012	2011	2010	2009	2008	2007	2006	2005
江苏	119.7	124.6	78.8	82.2	85.1	89.1	93.0	96.6
浙江	78.6	81.8	48.7	51.4	53.9	56.4	59.3	59.5
安徽	92.4	95.3	41.1	42.4	43.3	45.1	45.6	44.4
福建	66.0	67.9	37.3	37.6	37.8	38.3	39.5	39.4
江西	74.8	76.8	43.1	43.5	44.5	46.9	47.4	45.7
山东	192.1	198.3	62.1	64.7	67.9	72.0	75.8	77.0
河南	139.4	143.7	62.0	62.6	65.1	69.4	72.1	72.1
湖北	108.7	110.5	57.2	57.6	58.6	60.1	62.6	61.6
湖南	126.3	130.5	79.8	84.8	88.5	90.4	92.3	89.5
广东	180.3	188.5	85.8	91.1	96.4	101.7	104.9	105.8
广西	78.0	79.3	93.7	97.6	101.3	106.3	111.9	107.0
海南	19.7	20.0	9.2	10.0	10.1	10.1	9.9	9.5
重庆	40.3	41.7	23.5	24.0	24.2	25.1	26.4	26.9
四川	126.9	130.2	74.1	74.8	74.9	77.1	80.6	78.3
贵州	33.3	34.2	20.8	21.6	22.2	22.7	22.9	22.6
云南	54.9	55.5	26.8	27.3	28.1	29.0	29.4	28.5
西藏	2.6	2.7	2.9	1.5	1.5	1.5	1.5	1.4
陕西	53.6	55.8	30.8	31.8	33.2	34.5	35.5	35.0
甘肃	38.9	39.7	16.8	16.8	17.1	17.4	17.8	18.2
青海	10.4	10.3	8.3	7.6	7.5	7.6	7.5	7.2
宁夏	22.8	23.4	12.2	12.5	13.2	13.7	14.0	14.3
新疆	67.9	67.3	29.6	28.7	28.7	29.0	28.8	27.1

（五）二氧化硫排放量

表4－6显示，“十一五”时期，青海、新疆和西藏3个省区二氧化硫排放量大体上呈增长趋势，其余省市区废水中二氧化硫排放量大体上呈现逐年下降的态势。其中降幅超过10万吨的省市依次为山东、江苏、河南、山西、河北、广东、贵州、浙江、辽宁、四川、上海、陕西、广西、湖南和重庆，分别下降46.4万吨、32.3万吨、28.5万吨、26.7万吨、26.1万吨、24.4万吨、20.9万吨、18.2万吨、17.5万吨、16.9万吨、15.5万吨、14.3万吨、12.0万吨、11.8万吨和11.8万吨。2012年，共计7个省区二氧化硫排放量超过100万吨，依次是

山东、内蒙古、河北、山西、河南、辽宁和贵州，分别为174.9万吨、138.5万吨、134.1万吨、130.2万吨、127.6万吨、105.9万吨和104.1万吨。这7个省区的二氧化硫排放量占全国二氧化硫排放量的比重约为43.2%。

表4-6　2005~2012年各省市区二氧化硫排放量　　单位：万吨

省市区＼年份	2012	2011	2010	2009	2008	2007	2006	2005
北京	9.38	9.79	11.51	11.88	12.30	15.17	17.60	19.00
天津	22.45	23.09	23.52	23.67	24.00	24.47	25.50	26.50
河北	134.12	141.21	123.38	125.35	134.50	149.25	154.50	149.50
山西	130.18	139.91	124.92	126.84	130.80	138.67	147.80	151.60
内蒙古	138.49	140.94	139.41	139.88	143.10	145.58	155.70	145.60
辽宁	105.87	112.62	102.22	105.14	113.10	123.38	125.90	119.70
吉林	40.35	41.32	35.63	36.30	37.80	39.90	40.90	38.30
黑龙江	51.43	52.19	49.02	49.04	50.60	51.54	51.80	50.80
上海	22.82	24.01	35.81	37.89	44.60	49.78	50.80	51.30
江苏	99.20	105.38	105.05	107.42	113.00	121.81	130.40	137.30
浙江	62.58	66.20	67.83	70.13	74.10	79.70	85.90	86.00
安徽	51.96	52.95	53.21	53.84	55.60	57.17	58.40	57.10
福建	37.13	38.92	40.91	41.97	42.90	44.57	46.90	46.10
江西	56.77	58.41	55.71	56.42	58.30	62.10	63.40	61.30
山东	174.88	182.74	153.78	159.03	169.20	182.21	196.20	200.20
河南	127.59	137.05	133.87	135.50	145.20	156.39	162.40	162.40
湖北	62.24	66.56	63.26	64.38	67.00	70.76	76.00	71.80
湖南	64.50	68.55	80.13	81.15	84.00	90.43	93.40	91.90
广东	79.92	84.77	105.05	107.05	113.60	120.30	126.70	129.40
广西	50.41	52.10	90.38	89.05	92.50	97.38	99.40	102.40
海南	3.41	3.26	2.88	2.20	2.20	2.56	2.40	2.20
重庆	56.48	58.69	71.94	74.61	78.20	82.62	86.00	83.70
四川	86.44	90.20	113.10	113.53	114.80	117.87	128.10	130.00
贵州	104.11	110.43	114.88	117.55	123.60	137.51	146.50	135.80
云南	67.22	69.12	50.07	49.93	50.20	53.37	55.10	52.20
西藏	0.42	0.42	0.39	0.17	0.20	0.19	0.20	0.20

续表

年份 省市区	2012	2011	2010	2009	2008	2007	2006	2005
陕西	84.38	91.68	77.86	80.44	88.90	92.72	98.10	92.20
甘肃	57.25	62.39	55.18	50.03	50.20	52.32	54.60	56.30
青海	15.39	15.66	14.34	13.57	13.50	13.39	13.00	12.40
宁夏	40.66	41.04	31.08	31.42	34.80	36.98	38.30	34.20
新疆	79.61	76.31	58.85	58.99	58.50	57.99	54.90	51.90

（六）氨氮（NH_3-N）排放量

“十一五”时期，有22个省市区氨氮排放量总体呈现下降的态势。其中，共有14个省区氨氮排放量呈现逐年下降的态势，依次是广西、辽宁、河南、湖南、浙江、江苏、福建、山东、湖北、河北、黑龙江、安徽、上海和贵州，分别下降4.2万吨、3.5万吨、3.1万吨、2.6万吨、2.3万吨、2.2万吨、2.2万吨、1.7万吨、1.7万吨、1.4万吨、1.2万吨、0.9万吨、0.6万吨和0.1万吨；甘肃、内蒙古、四川、吉林、宁夏、重庆、北京和山西呈现波动中降低的态势。其余9个省市区总体呈现增长的态势，其中，新疆、青海和西藏3个省区氨氮排放量呈现持续增加的态势，分别增加0.5万吨、0.1万吨和0.1万吨；天津、江西、海南、云南、陕西、广东6个省市呈现出波动中增加的态势。2012年，共计11个省氨氮排放量超过10万吨，依次是广东、山东、湖南、江苏、河南、四川、湖北、浙江、河北、辽宁和安徽，分别为22.4万吨、16.9万吨、16.1万吨、15.3万吨、15万吨、14.1万吨、12.9万吨、11.2万吨、11.1万吨、10.8万吨和10.6万吨。这11个省的氨氮排放量占全国氨氮排放量的比例约为61.6%（见表4-7）。

表4-7　2005~2012年各省市区氨氮排放量　　单位：万吨

年份 省市区	2012	2011	2010	2009	2008	2007	2006	2005
北京	2.1	2.1	1.2	1.3	1.2	1.2	1.3	1.4
天津	2.5	2.6	2.0	1.2	1.4	1.5	1.5	1.9
河北	11.1	11.4	5.5	5.5	5.6	6.1	6.8	6.9
山西	5.7	5.9	4.2	4.1	4.2	4.5	4.2	4.3
内蒙古	5.3	5.4	4.1	3.4	3.4	3.3	3.8	5.0
辽宁	10.8	11.1	5.6	6.3	6.4	6.9	7.4	9.1

续表

年份 / 省市区	2012	2011	2010	2009	2008	2007	2006	2005
吉林	5.6	5.8	3.0	2.9	3.0	3.1	3.6	3.6
黑龙江	9.3	9.7	4.3	4.8	5.0	5.1	5.3	5.5
上海	4.7	5.0	2.8	3.0	3.4	3.4	3.5	3.4
江苏	15.3	15.7	6.3	6.5	7.0	7.5	8.3	8.5
浙江	11.2	11.5	4.0	4.1	4.7	5.3	5.7	6.3
安徽	10.6	11.0	4.4	4.7	4.8	5.5	5.9	5.3
福建	9.3	9.5	3.0	3.0	3.0	3.0	4.9	5.2
江西	9.1	9.3	3.5	3.4	3.4	3.7	3.5	3.4
山东	16.9	17.3	6.7	6.7	7.0	7.7	8.3	8.4
河南	15.0	15.4	7.3	7.5	7.6	8.6	9.4	10.4
湖北	12.9	13.1	6.1	6.5	7.0	7.1	7.4	7.8
湖南	16.1	16.5	7.5	8.4	8.5	9.2	10.1	10.1
广东	22.4	23.1	10.7	11.5	12.2	12.0	9.3	10.0
广西	8.3	8.4	4.7	4.8	5.6	6.1	7.1	8.9
海南	2.3	2.3	0.8	0.8	0.9	0.8	0.8	0.7
重庆	5.3	5.5	2.5	2.7	2.3	2.5	2.8	2.8
四川	14.1	14.4	6.1	6.0	6.2	6.0	6.6	6.7
贵州	3.9	4.0	1.7	1.7	1.8	1.8	1.8	1.8
云南	5.9	5.9	2.1	1.9	2.0	2.0	2.0	1.9
西藏	0.3	0.3	0.2	0.2	0.2	0.1	0.1	0.1
陕西	6.2	6.3	3.2	3.2	3.2	2.6	2.7	2.6
甘肃	4.1	4.3	2.4	2.7	2.2	2.3	3.3	3.4
青海	1.0	1.0	0.8	0.7	0.7	0.7	0.7	0.7
宁夏	1.7	1.8	1.3	0.8	0.8	0.8	1.0	1.7
新疆	4.7	4.7	2.7	2.6	2.4	2.3	2.3	2.2

（七）氨氮排放强度

由表4－8可知，“十一五”时期，有21个省区氨氮排放强度总体呈现下降的态势。其中，共有15个省区氨氮排放量呈现逐年下降的态势，依次是上海、辽宁、浙江、江苏、河南、福建、广西、山东、湖南、湖北、河北、安徽、黑龙江、贵州和内蒙古，分别下降0.98吨/平方公里、0.24吨/平方公里、0.23吨/平方公里、0.22吨/平方公里、0.19吨/平方公里、0.18吨/平方公里、0.18吨/平方公里、0.12吨/平方公里、0.12吨/平方公里、0.09吨/平方公里、0.08吨/平方公里、0.06吨/平方公里、0.02吨/平方公里、0.01吨/平方公里和0.01吨/平方公里；北京、宁夏、重庆、四川、吉林和甘肃6个省市区呈现出波动中降低的态势。山西、江西、云南、西藏和青海5个省区总体呈现持平的状态。余下5个省市区总体呈现增长的态势。其中，新疆和陕西2个省区氨氮排放强度呈现持续增加的态势，分别增加0.01吨/平方公里和0.03吨/平方公里；海南、天津、广东3个省市呈现出波动中增加的态势。2012年，共计7个省市氨氮排放强度超过1吨/平方公里，依次是上海、天津、江苏、广东、北京、山东和浙江，分别为7.52吨/平方公里、2.25吨/平方公里、1.49吨/平方公里、1.25吨/平方公里、1.22吨/平方公里、1.1吨/平方公里和1.1吨/平方公里。

表4-8 2005~2012年各省市区氨氮排放强度

单位：吨/平方公里

省市区＼年份	2012	2011	2010	2009	2008	2007	2006	2005
北京	1.22	1.27	0.72	0.77	0.71	0.74	0.78	0.82
天津	2.25	2.34	1.75	1.06	1.27	1.32	1.33	1.72
河北	0.59	0.61	0.29	0.29	0.30	0.32	0.36	0.37
山西	0.36	0.38	0.27	0.26	0.27	0.28	0.27	0.27
内蒙古	0.04	0.05	0.03	0.03	0.03	0.03	0.03	0.04
辽宁	0.74	0.76	0.38	0.43	0.44	0.47	0.51	0.62
吉林	0.30	0.31	0.16	0.15	0.16	0.16	0.19	0.19
黑龙江	0.20	0.21	0.10	0.10	0.11	0.11	0.12	0.12
上海	7.52	8.00	4.37	4.73	5.32	5.40	5.48	5.35
江苏	1.49	1.53	0.61	0.64	0.68	0.73	0.81	0.83
浙江	1.10	1.13	0.39	0.40	0.46	0.52	0.56	0.62
安徽	0.76	0.79	0.32	0.34	0.34	0.39	0.42	0.38
福建	0.77	0.79	0.25	0.25	0.25	0.25	0.41	0.43
江西	0.55	0.56	0.21	0.20	0.21	0.22	0.21	0.21
山东	1.10	1.12	0.43	0.44	0.46	0.50	0.54	0.55
河南	0.90	0.92	0.43	0.45	0.46	0.51	0.56	0.62

续表

省市区 \ 年份	2012	2011	2010	2009	2008	2007	2006	2005
湖北	0.69	0.71	0.33	0.35	0.38	0.38	0.40	0.42
湖南	0.76	0.78	0.36	0.40	0.40	0.43	0.47	0.48
广东	1.25	1.28	0.59	0.64	0.68	0.67	0.52	0.55
广西	0.35	0.36	0.20	0.20	0.24	0.26	0.30	0.38
海南	0.66	0.67	0.23	0.24	0.25	0.25	0.22	0.21
重庆	0.65	0.67	0.31	0.33	0.28	0.30	0.34	0.34
四川	0.29	0.30	0.13	0.12	0.13	0.12	0.14	0.14
贵州	0.22	0.23	0.09	0.10	0.10	0.10	0.10	0.10
云南	0.15	0.15	0.05	0.05	0.05	0.05	0.05	0.05
西藏	0.00	0.00	0.00	0.00	0.00	0.00	0.00	0.00
陕西	0.30	0.31	0.16	0.16	0.15	0.13	0.13	0.13
甘肃	0.09	0.09	0.05	0.06	0.05	0.05	0.07	0.08
青海	0.01	0.01	0.01	0.01	0.01	0.01	0.01	0.01
宁夏	0.26	0.27	0.19	0.12	0.12	0.12	0.15	0.25
新疆	0.03	0.03	0.02	0.02	0.01	0.01	0.01	0.01

（八）氮氧化物排放强度

2007～2010年，在全国30个省市区中（由于西藏数据缺失，故不包含），有7个省市的氮氧化物排放强度呈现波动中走低的态势，依次是上海、贵州、北京、海南、广东、河北和辽宁。其余23个省市区氮氧化物排放强度总体呈现出上升的态势。其中，福建、陕西、四川、河南、湖北、湖南、云南、新疆和青海9个省区的氮氧化物排放强度呈现逐年增加的态势，分别增长1.14吨/平方公里、1.05吨/平方公里、0.71吨/平方公里、0.66吨/平方公里、0.5吨/平方公里、0.47吨/平方公里、0.38吨/平方公里、0.1吨/平方公里和0.03吨/平方公里；天津、宁夏、山西等14个省市区的氮氧化物排放强度呈现出波动中走强的态势。2012年，在全国31个省市区中，有5个省市的氮氧化物排放强度超过10吨/平方公里，依次是上海、天津、江苏、山东和北京，分别为63.8吨/平方公里、29.6吨/平方公里、14.4吨/平方公里、11.3吨/平方公里和10.6吨/平方公里。

表 4-9　2007~2012 年各省市区氮氧化物排放强度

单位：吨/平方公里

年份 省市区	2012	2011	2010	2009	2008	2007
北京	10.57	11.21	13.27	10.77	10.48	14.76
天津	29.58	31.76	21.77	19.03	17.08	17.79
河北	9.38	9.60	5.95	5.31	5.32	6.51
山西	7.96	8.23	5.85	6.94	6.63	4.39
内蒙古	1.20	1.20	1.09	0.87	0.89	0.71
辽宁	7.10	7.28	5.56	5.61	5.28	5.58
吉林	3.07	3.23	3.01	2.43	2.45	2.03
黑龙江	1.72	1.72	1.10	1.04	1.00	1.05
上海	63.75	69.11	70.95	66.51	75.56	75.24
江苏	14.42	14.97	12.27	11.49	11.33	11.66
浙江	7.93	8.42	9.27	8.62	7.53	8.00
安徽	6.59	6.87	4.55	3.86	3.92	4.07
福建	3.85	4.08	3.58	2.72	2.48	2.44
江西	3.46	3.67	2.03	1.77	1.88	1.74
山东	11.31	11.64	9.15	8.99	8.29	8.50
河南	9.74	9.97	7.26	7.14	6.75	6.60
湖北	3.44	3.60	3.00	2.70	2.56	2.50
湖南	2.87	3.15	1.93	1.71	1.49	1.46
广东	7.24	7.71	7.21	7.14	8.27	7.89
广西	2.11	2.09	1.47	1.27	1.28	1.14
海南	3.04	2.81	1.65	1.35	1.18	2.35
重庆	4.65	4.89	3.65	2.86	2.70	2.92
四川	1.37	1.40	1.40	1.23	0.74	0.69
贵州	3.20	3.14	1.28	1.20	1.07	5.06
云南	1.42	1.43	1.13	1.03	0.92	0.75
西藏	0.04	0.03	0.00	—	0.00	—
陕西	3.93	4.05	2.52	2.43	2.32	1.47
甘肃	1.04	1.06	0.64	0.56	0.42	0.48
青海	0.17	0.17	0.15	0.13	0.13	0.12
宁夏	6.86	6.90	5.26	2.67	2.18	2.70
新疆	0.49	0.45	0.36	0.31	0.30	0.26

通过省际比较，总体来看，“十一五”时期，我国生态环境地区差异化较大。具体到不同指标，各省市区之间也存在较大差异。如就氮氧化物排放强度而言，2010 年上海的数值高达 70.95 吨/平方公里，远远高出天津（21.77 吨/平方公里）、北京（13.27 吨/平方公里）和广东（7.21 吨/平方公里）。再如天津，就氨氮排放强度而言，其年均超过 1 吨/平方公里，仅低于上海，而其二氧化硫排放量却处于全国较低水平，仅高于北京、海南、青海和西藏。导致这一情况出现的原因比较复杂，影响各地主要污染物排放除了人口规模、经济发展阶段、产业结构和技术水平等因素之外，气候、地理、消费习惯等区位条件也是造成部分污染物排放差别的重要原因。

第二节 环境治理情况分析

一、中国环境治理总体情况

（一）环境污染治理投资总额占 GDP 比重

从图 4－7 可以看出，2005～2012 年，我国环境污染治理投资总额占 GDP 的比重呈现波动中走高的态势。2005 年，我国环境污染治理投资总额占 GDP 的比重为 1.3%，2012 年提升至 1.6%。根据国际经验，当环境污染治理投资占 GDP 的比重达到 1%～1.5%时，可以控制环境恶化的趋势，而当达到 2%～3%时，环境质量有望得到改善。发达国家在 20 世纪 70 年代环境保护投资已经占 GDP 的 1%～3%，其中美国为 2%，日本为 2%～3%，德国为 2.1%。相比发达国家而言，我国环境污染治理投资占 GDP 的比重还偏低，应该加大对环境污染治理的投资力度。

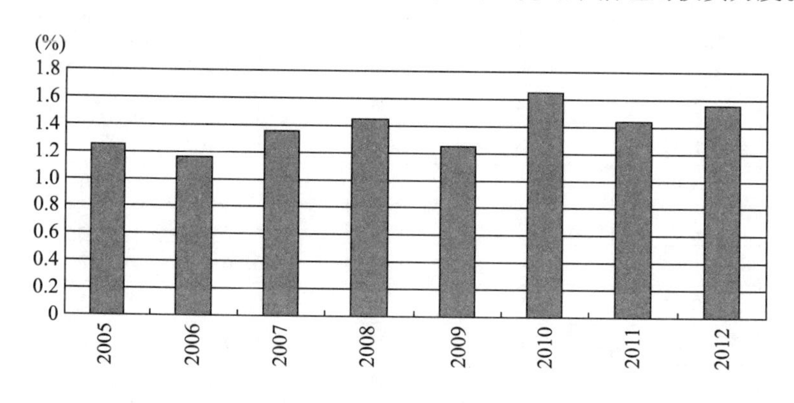

图 4－7 2005～2012 年我国环境污染治理投资总额占 GDP 比重

（二）城市污水处理率

图4-8显示，2005~2012年，我国城市污水处理率呈现逐年提高的态势。2005年，我国城市污水处理率为52%，2012年升至87.3%，增加了35.3个百分点。按照《“十二五”全国城镇污水处理及再生利用设施建设规划》到2015年城市污水处理率达到85%的要求，2012年已经提前完成这一目标，城市污水治理方面已经取得了实质性的进展。

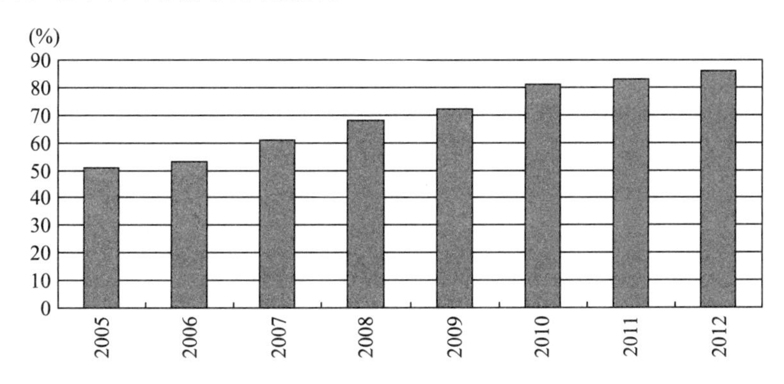

图4-8　2005~2012年我国城市污水处理率

（三）城市生活垃圾无害化处理率

近年来，我国城市生活垃圾无害化处理率与城市污水处理率同样呈现逐年上升态势。2005年，我国城市生活垃圾无害化处理率为51.7%，2012年提高到84.8%，提升了33.1个百分点。按照《“十二五”全国城镇生活垃圾无害化处理设施建设规划》的要求，到2015年，直辖市、省会城市和计划单列市生活垃圾全部实现无害化处理，设市城市生活垃圾无害化处理率达到90%以上。与规划目标相比，我国城市生活垃圾无害化处理率还需在2012年的基础上再提高至少5.2个百分点（见图4-9）。

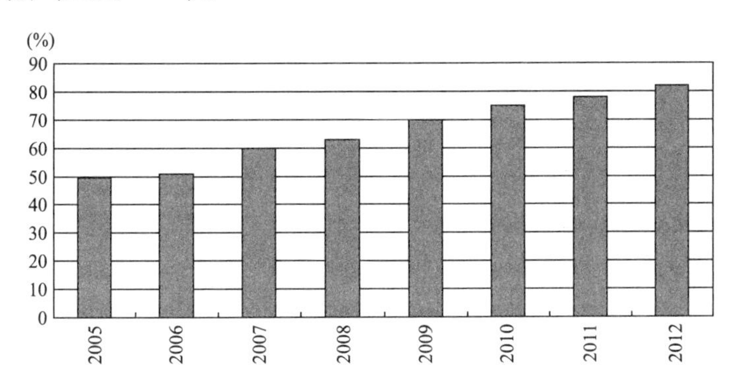

图4-9　2005~2012年我国城市生活垃圾无害化处理率

（四）工业固体废物综合利用率

"十一五"时期，我国工业固体废物综合利用率总体呈现提高的态势。2005年，我国工业固体废物综合利用率仅为56.1%，之后逐年上升，至2009年提升至67%，2010年略有回落，至66.7%。工业固体废物综合利用率上升较快得益于主要固体废物利用规模不断扩大。"十一五"时期，我国资源综合利用工作取得了显著成绩，累计利用粉煤灰超过10亿吨、煤矸石约11亿吨、冶炼渣约5亿吨，回收利用废钢铁、废有色金属、废纸、废塑料等再生资源9亿吨，超额完成"十一五"规划对工业固体废物综合利用率达60%的预期性目标。2012年，我国工业固体废物综合利用率为61%，比2011年提高了1.1个百分点（见图4-10）。

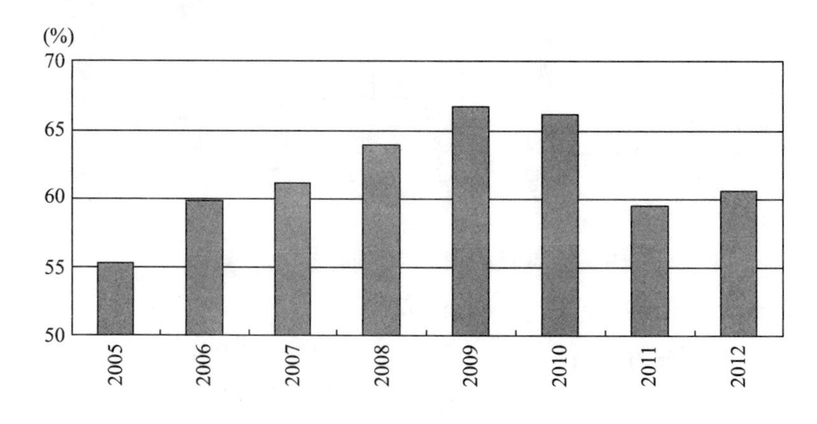

图4-10　2005~2012年中国工业固体废物综合利用率

"十一五"时期，我国环境治理总体投入力度极大。从4个指标反映的情况来看，除2010年工业固体废物综合利用率较2009年略有降低外（下降0.3个百分点），其余3个指标均呈现向好的态势，特别是城市污水处理率和生活垃圾无害化处理率这两个指标，提升幅度分别为27个和26个百分点。

二、环境治理的省际比较

（一）环境污染治理投资总额占GDP比重

由表4-10可以看出，2005~2012年，有22个省市区环境污染治理投资总额占GDP的比重总体呈现上升的态势。其中，有9个省市区环境污染治理投资总额占GDP的比重各年均处于1%以上，分别是山西、辽宁、内蒙古、北京、河北、江苏、宁夏、山东和重庆。这9个省市区中宁夏环境污染治理投资总额占GDP的比重各年均在2%以上，其中2007年占比高达3.76%。2012年，新疆、内蒙古、辽宁、山西、江西、宁夏和甘肃7个省区环境污染治理投资总额占GDP

的比重超过 2%，分别为 3.4%、2.8%、2.75%、2.71%、2.44%、2.38% 和 2.15%。2012 年，环境污染治理投资总额占 GDP 的比重排名靠后的省市区有广东、西藏、上海，环境污染治理投资总额占 GDP 的比重不足 0.7%。

表 4-10　2005~2012 年各省市区环境污染治理投资总额占 GDP 比重

单位:%

年份 省市区	2012	2011	2010	2009	2008	2007	2006	2005
北京	1.92	1.31	1.64	1.72	1.46	1.98	2.10	1.23
天津	1.22	1.55	1.19	1.38	1.07	1.18	0.93	1.93
河北	1.83	2.54	1.82	1.44	1.29	1.24	1.13	1.20
山西	2.71	2.21	2.25	2.14	2.03	1.69	1.33	1.16
内蒙古	2.80	2.76	2.05	1.59	1.74	1.49	2.19	1.75
辽宁	2.75	1.69	1.12	1.35	1.22	1.14	1.58	1.61
吉林	0.87	0.96	1.43	0.91	0.93	0.96	0.99	0.94
黑龙江	1.59	1.21	1.27	1.26	1.19	0.83	0.88	0.85
上海	0.66	0.75	0.78	1.06	1.12	1.01	0.91	0.96
江苏	1.22	1.17	1.13	1.07	1.31	1.24	1.31	1.61
浙江	1.08	0.74	1.20	0.86	2.42	0.94	0.89	1.19
安徽	1.92	1.75	1.46	1.38	1.57	1.12	0.84	0.92
福建	1.13	1.13	0.88	0.71	0.77	0.84	0.79	1.23
江西	2.44	2.06	1.66	0.92	0.60	0.83	0.80	0.91
山东	1.48	1.35	1.24	1.36	1.39	1.24	1.17	1.29
河南	0.71	0.61	0.57	0.62	0.60	0.76	0.76	0.78
湖北	1.28	1.32	0.92	1.16	0.80	0.70	0.89	0.95
湖南	0.86	0.65	0.66	1.12	0.82	0.70	0.71	0.58
广东	0.46	0.62	3.08	0.61	0.46	0.49	0.61	0.77
广西	1.46	1.38	1.71	1.70	1.30	1.10	0.85	1.01
海南	1.57	1.11	1.14	1.19	0.87	1.22	0.79	0.70
重庆	1.64	2.59	2.22	1.68	1.32	1.55	1.72	1.64
四川	0.75	0.67	0.52	0.73	0.81	0.97	0.82	1.06
贵州	1.01	1.14	0.65	0.54	0.70	0.82	0.86	0.71
云南	1.28	1.34	1.47	1.29	0.77	0.63	0.72	0.82
西藏	0.57	4.66	0.06	0.61	0.05	0.15	0.59	0.19
陕西	1.25	1.23	1.77	1.46	1.10	1.17	0.91	0.99

续表

年份 省市区	2012	2011	2010	2009	2008	2007	2006	2005
甘肃	2.15	1.19	1.55	1.31	0.98	1.41	1.22	1.05
青海	1.27	1.57	1.26	1.13	1.88	1.35	0.94	0.97
宁夏	2.38	2.73	2.04	2.12	2.81	3.76	3.00	2.00
新疆	3.40	2.01	1.44	1.83	1.13	1.00	0.77	1.28

（二）城市污水处理率

2005～2012年，各省市区（除西藏外）城市污水处理率总体呈现上升的态势。其中，湖南、安徽、四川、河北、湖北、内蒙古、甘肃、山东、山西、福建、天津和浙江9个省区城市污水处理率逐年提高，增幅分别为45.2个、42.2个、40.9个、40.5个、39.5个、34.5个、34.4个、34.3个、31.8个、31.1个、30.2个和28个百分点。2012年，云南、安徽、河北、山东、宁夏、上海、江苏和重庆8个省市的城市污水处理率超过90%，分别为94.7%、94.5%、94.3%、94.2%、93.4%、91.3%、90.7%和90.1%。2012年，城市污水处理率排名居后的省份是青海和黑龙江，这两个省份的城市污水处理率不足65%（见表4－11）。

表4－11　2005～2012年各省市区城市污水处理率　　单位：%

年份 省市区	2012	2011	2010	2009	2008	2007	2006	2005
北京	83.2	81.7	82.1	80.3	78.9	76.2	73.8	70.1
天津	88.2	86.8	85.3	80.1	72.4	61.4	59.5	58.0
河北	94.3	93.9	92.3	84.5	77.6	66.1	63.6	53.8
山西	88.0	86.5	84.9	75.2	71.4	63.3	60.2	56.2
内蒙古	85.6	83.9	80.6	75.2	67.6	57.0	52.1	51.1
辽宁	84.6	84.1	74.9	60.2	59.0	51.7	48.8	47.3
吉林	82.4	82.9	73.9	64.6	51.5	38.6	30.4	27.6
黑龙江	60.8	57.3	56.7	55.6	53.0	52.7	32.8	35.9
上海	91.3	84.4	83.3	89.0	79.8	73.0	74.9	70.8
江苏	90.7	89.9	87.6	85.4	84.1	84.4	81.8	76.8
浙江	87.5	85.1	82.7	78.9	75.1	70.1	61.5	59.5
安徽	94.5	91.1	88.5	83.2	78.9	73.6	57.5	52.3

续表

省市区＼年份	2012	2011	2010	2009	2008	2007	2006	2005
福建	85.6	85.3	84.4	80.3	72.7	66.7	58.8	54.5
江西	84.3	85.1	80.8	74.9	51.5	39.3	34.9	34.9
山东	94.2	93.2	91.1	88.1	85.0	80.3	69.2	59.9
河南	87.8	89.0	87.6	83.9	77.6	68.3	54.1	45.9
湖北	87.1	86.5	81.0	75.3	66.8	63.3	54.5	47.6
湖南	85.8	82.8	75.0	59.2	52.1	46.3	42.7	40.6
广东	88.3	79.1	86.1	71.5	66.2	56.0	45.2	45.0
广西	87.8	64.1	83.4	73.4	64.5	49.4	46.8	46.4
海南	75.3	73.1	54.9	58.4	63.7	66.5	65.7	65.0
重庆	90.1	94.6	91.7	88.4	84.2	74.4	50.4	34.7
四川	83.6	78.3	74.8	67.5	65.4	55.2	49.4	42.7
贵州	83.9	90.7	86.8	56.2	40.2	39.1	29.5	26.8
云南	94.7	94.6	93.4	85.3	73.6	65.4	69.8	61.8
陕西	88.5	84.0	74.2	66.4	56.7	51.2	51.6	31.9
甘肃	75.4	68.8	62.6	61.3	60.0	54.4	47.0	41.0
青海	60.4	61.0	43.5	46.4	39.9	32.1	20.4	18.5
宁夏	93.4	80.2	78.0	42.2	72.1	60.1	55.9	53.9
新疆	84.3	77.0	73.3	75.4	72.8	66.5	74.6	69.7

注：西藏数据除外。

（三）城市生活垃圾无害化处理率

从表4－12可以看出，2005～2012年，我国各省市区（除西藏和青海外）城市生活垃圾无害化处理率与城市污水处理率同样总体呈现上升的态势。其中，安徽、山西、湖南、内蒙古、江西、辽宁、河北、广东、甘肃和江苏10个省区城市生活垃圾无害化处理率逐年上升，增幅分别为73.5个、67.2个、55.3个、48.5个、40.2个、37.2个、35.6个、28.5个、24.5个和13个百分点。2012年，有13个省市区的城市生活垃圾无害化处理率达到90%以上，分别是海南、天津、重庆、北京、浙江、山东、广西、福建、江苏、湖南、贵州、内蒙古和安徽，其值分别为99.9%、99.8%、99.3%、99.1%、99%、98.1%、98%、96.4%、95.9%、95%、91.9%、91.2%和91.1%。2012年，城市生活垃圾无害化处理率不足50%的省是甘肃、吉林和黑龙江。

表4-12　2005~2012年各省市区城市生活垃圾无害化处理率　　单位:%

省市区 \ 年份	2012	2011	2010	2009	2008	2007	2006	2005
北京	99.1	98.2	97.0	98.2	97.7	95.7	92.5	96.0
天津	99.8	100.0	100.0	94.3	93.5	93.3	85.0	80.5
河北	81.4	72.6	69.8	59.0	57.2	53.4	46.5	45.8
山西	80.3	77.5	73.6	62.9	47.5	38.2	23.1	13.1
内蒙古	91.2	83.5	82.8	72.0	55.0	54.0	48.3	42.7
辽宁	87.2	80.4	70.9	59.9	59.8	56.5	54.1	50.0
吉林	45.8	49.2	44.5	38.4	32.6	38.2	17.8	40.2
黑龙江	47.6	43.7	40.4	29.9	26.4	23.0	23.3	32.3
上海	83.6	61.0	81.9	78.8	74.4	79.2	57.9	35.7
江苏	95.9	93.8	93.6	91.0	90.8	86.9	83.8	82.9
浙江	99.0	96.4	98.3	97.6	89.6	87.4	86.3	82.4
安徽	91.1	87.0	64.6	60.9	54.0	49.1	31.4	17.6
福建	96.4	94.6	92.0	92.5	88.0	81.6	58.1	85.9
江西	89.1	88.3	85.9	84.4	79.7	70.5	50.7	48.9
山东	98.1	92.5	91.9	90.5	79.4	80.7	70.1	58.2
河南	86.4	84.4	82.6	75.3	67.3	54.9	46.3	57.9
湖北	71.5	61.0	61.4	55.7	53.0	41.9	34.8	61.0
湖南	95.0	86.4	79.0	66.6	59.5	52.8	46.3	39.7
广东	79.1	72.1	72.1	65.5	63.9	63.0	55.8	50.6
广西	98.0	95.5	91.1	86.3	82.3	68.4	57.5	61.4
海南	99.9	91.4	68.0	65.0	64.7	62.1	62.5	69.0
重庆	99.3	99.6	98.8	95.9	88.4	82.3	58.9	54.8
四川	88.3	88.4	86.9	83.5	80.6	69.9	57.0	51.2
贵州	91.9	88.6	90.6	81.7	76.8	71.2	68.0	57.8
云南	82.7	74.1	88.3	80.9	80.0	80.4	34.3	82.2
西藏	—	—	—	—	—	66.7	9.7	—
陕西	88.5	90.3	79.8	69.2	68.5	52.4	60.2	39.8
甘肃	41.7	41.7	38.0	32.4	32.3	26.3	18.3	17.2
青海	89.2	89.5	67.3	65.1	75.2	94.9	94.6	100.0
宁夏	70.6	67.0	92.5	42.0	56.5	52.4	55.4	50.4
新疆	78.7	79.5	70.6	60.6	52.0	28.2	27.0	35.9

（四）工业固体废物综合利用率

由表4－13可知，2005～2012年，各省市区工业固体废物综合利用率差别较大。其中，四川、河北、海南、湖南、江苏、浙江和黑龙江7个省市工业固体废物综合利用率呈现下降态势。河北、内蒙古、山西等省区这一指标出现了较大幅度的波动。导致一些发达地区工业固体废物综合利用率略有下滑的主要原因在于基数较高，而河北、内蒙古、吉林、山西的情况则从侧面反映出2009年以来，在国家一揽子经济刺激政策拉动下，部分省市区工业产能急剧扩张，而相应地，工业固废处置投入滞后等问题。2012年，工业固体废物综合利用率超过90%的有天津、上海、山东、浙江和江苏5个省市，其工业固体废物综合利用率分别为99.8%、97.3%、93.1%、91.5%和91.4%。2012年，工业固体废物综合利用率不足50%的省区有西藏、河北、辽宁、内蒙古、四川和云南。

表4－13　2005～2012年各省市区工业固体废物综合利用率　　单位：%

年份 省市区	2012	2011	2010	2009	2008	2007	2006	2005
北京	79.0	66.5	65.8	68.9	66.4	74.8	74.6	67.9
天津	99.8	99.8	98.6	98.3	98.2	98.4	98.4	98.3
河北	38.1	41.7	56.6	70.9	64.1	61.2	61.7	50.6
山西	69.7	57.4	65.5	60.1	56.7	48.9	45.0	44.6
内蒙古	45.1	58.1	56.3	52.6	49.3	56.7	44.0	40.9
辽宁	43.5	38.0	46.9	47.2	46.8	39.0	38.0	41.6
吉林	67.6	58.9	67.1	64.3	59.7	65.4	63.5	52.5
黑龙江	73.6	68.8	76.5	71.7	72.5	70.8	71.5	74.0
上海	97.3	96.6	96.2	95.7	95.5	94.2	94.7	96.3
江苏	91.4	95.4	96.1	96.8	96.6	96.1	94.1	94.8
浙江	91.5	92.0	94.3	91.6	92.2	92.2	91.8	92.6
安徽	85.4	81.6	84.6	83.1	82.8	82.2	81.6	79.3
福建	89.2	68.5	82.9	85.4	72.9	70.5	73.1	68.9
江西	54.5	55.4	46.5	41.6	39.6	36.4	35.6	26.9
山东	93.1	93.7	94.7	94.8	92.6	94.6	92.0	90.5
河南	76.0	75.2	77.1	73.7	73.6	67.8	67.6	66.4
湖北	75.4	79.1	80.5	74.8	74.7	74.9	72.3	73.3
湖南	63.9	66.9	81.0	76.7	78.9	74.3	73.0	70.0
广东	87.1	87.5	90.2	90.3	85.3	84.2	84.3	76.7

续表

省市区 \ 年份	2012	2011	2010	2009	2008	2007	2006	2005
广西	67.4	57.7	67.8	67.3	61.6	68.7	58.1	61.8
海南	61.7	47.8	84.1	83.6	90.8	89.0	77.1	68.3
重庆	82.5	78.4	80.2	79.8	79.1	76.7	73.7	72.1
四川	45.9	47.3	54.8	57.5	61.5	52.2	55.0	59.7
贵州	61.8	52.8	50.9	45.6	39.9	37.5	36.0	34.1
云南	49.5	50.3	50.8	48.9	47.8	42.7	41.0	35.0
西藏	1.6	2.7	1.8	1.8	5.1	4.4	—	1.4
陕西	61.3	59.9	54.4	54.0	40.2	41.6	38.0	24.0
甘肃	53.9	51.2	46.3	33.4	34.1	36.1	27.1	29.4
青海	55.5	56.5	42.2	37.3	31.0	29.8	29.4	21.5
宁夏	69.0	61.2	57.5	70.6	61.6	61.5	53.9	53.9
新疆	51.6	54.4	47.5	47.3	47.7	47.3	47.5	51.3

总体来看，“十一五”时期我国各省份环境治理的差异较大，并且同一省份环境治理存在较大的波动。如2010年天津工业固体废物综合利用率（98.6%）比辽宁（46.9%）高出51.7个百分点；又如宁夏城市生活垃圾无害化处理率，2010年较2009年大幅提升50.5个百分点，2011年再次下跌近26个百分点。

第三节　生态环境治理的影响因素分析

一、各地区处于不同发展阶段

目前，东、中、西部三大区域经济和社会发展处于不同阶段。从收入水平来看，2010年，东部地区人均国内生产总值约为45510元，中部地区为24871元，西部地区为22570元。若按当年汇率计算，则分别为6873美元、3756美元和3408美元。根据世界银行2010年调整后的划分标准，虽然目前东、中、西部地区都已经跨入了中等收入阶段，但东部地区处于偏上中等收入阶段（标准为3946～12195美元），中西部地区处于偏下中等收入阶段（标准为996～3945美元）。从城市化水平来看，2010年，东部地区城镇化率达58%，中部地区为

46%，西部地区高出41%。再从就业结构来看，根据2010年统计数据，我国工业从业人员占全部从业人员的比重为28.7%，其中，东部地区为36.3%，中部地区为26.6%，西部地区为19.7%。如果再考虑产业结构和人均国内生产总值等因素指标，可以初步判定，目前我国工业化进程已开始进入钱纳里所划分的工业化中期的后半阶段。其中，沿海地区已开始进入工业化后期的前半阶段，中部地区已进入工业化中期的后半阶段，而西部地区至今仍处于工业化中期的前半阶段。发展阶段不同决定了各省市区环境保护与经济发展的协调程度也有所不同。东部发达地区在经济发展到一定水平后，更加重视经济发展与资源环境的协调，更加重视提高经济增长效率和质量，注重生态和环境保护，使其污染减排效果更显著。

二、高耗能、高污染企业加快向中西部地区转移

随着经济发展，东部省份居民的环保意识增强，企业环保设施投入以及较高的排污费成为东部双高企业生产经营中的主要压力。再加上土地成本、人力成本、交易成本等不断上升，致使投资报酬递减。与此同时，由于东部地区已初步实现产业升级，当地政府通过各种政策措施迫使那些不符合本地发展模式的企业迁移，因此，企业寻求新的低成本市场成为必然的选择。而在西部省份，由于经济落后，更多的是考虑生存问题而不是环境质量。因此，近年来很多东部沿海的高能耗、高污染项目，不断转移到中西部省份。中西部地区由于还相对落后，为了发展经济往往不惜牺牲环境。在承接东部产业转移的过程中，中西部地区很多省份有“招商引资饥渴症”，地方政府为了引进项目，增加GDP、税收和就业，往往降低环境门槛，对高耗能、高污染企业姑息纵容。高耗能、高污染企业虽然对中西部经济增长产生了重要的拉动作用，但这些企业带来的环境问题也很严重。环保部的一项生态状况调查表明，仅西部9个省区生态破坏造成的直接经济损失就占当地GDP的13%，相当于甘肃和青海两省的GDP总和。该调查还指出，晋陕宁蒙交界的能源富集区区域性连片污染反弹异常突出，当地大气和水环境质量恶劣，二氧化硫和酸雨污染极为严重，黄河水在这一段有多个断面是劣V类（即完全丧失使用功能）。

三、政策、监管和激励机制存在差异

我国各省市区污染治理效果存在较大差异，污染治理效果较好的省份有山东、江苏、浙江、广东、河南、上海和北京等，大部分地处经济相对发达的东部地区，这些地区除了环境污染治理投入力度比较大之外，更重要的是在污染减排政策的执行力度、污染减排监管激励机制创新等方面有一些可供借鉴的经验和做

法。在政策的执行力度方面，污染治理效果较好的地区都十分注重环境保护，坚决执行中央关于污染减排的各项政策，强调落实污染减排目标责任制，认真执行主要污染物减排统计监测考核、减排核查核算办法，对总量削减目标责任书和年度减排目标完成情况进行评价考核，严格落实奖惩措施。与之形成对照的是，污染治理效果相对较差、能源富集的一些中西部地区为了发展经济，通过低廉的电价、低成本的土地、相对宽松的政策承接那些东部地区不能容纳的高耗能、高污染企业，执行中央政策力度不足。

在污染减排监管力度方面，与东部相对发达地区相比，中西部欠发达地区监测队伍人员素质和监管水平有待提高和改善。在监管过程中，往往还存在监管力度相对不足或“被不足”等问题。污染治理效果较好地区高度重视减排设施监管和减排监测体系建设，在强化污染减排监测、统计、考核工作时，注重完善污染源在线监控平台建设，对重点排污企业和上市公司的监管力度也不小。在激励或约束机制方面，污染治理效果较好地区通过采用各种措施，努力增强减排的活力和动力。归纳起来，这些措施就是有利于减排的激励和约束机制，对减排目标实现较好的企业进行奖励，惩罚完不成减排任务的企业。具体的做法一般有：出台烟气脱硫、脱硝电价政策；开展排污权有偿使用和交易试点；增加氨氮、总磷的排污权有偿使用；加强污水深度处理、再生水利用、畜禽污染治理等污染减排急需的共性关键技术攻关等。

第四节　小结

通过对我国生态环境质量和环境治理投入总体情况进行分析和省际比较，得出以下主要结论：

（一）环境污染总体形势日益严峻

随着我国经济的快速增长，资源环境约束压力越来越大。“十一五”时期通过工程减排、结构减排和管理减排三大措施，减排工作取得了显著的进展，但是也必须清醒地看到，“十一五”时期我国环境污染恶化的趋势得到了一定的抑制，局部环境形势有所改善，但是环境污染的总体状况没有得到根本改善，呈现出“局部改善、总体恶化”的态势，污染减排面临更加严峻的环境挑战。首先，区域大气污染治理的压力将进一步增大。目前，丰富的煤炭资源仍是我国最主要的一次能源，在今后较长时期内，煤炭在我国一次能源生产和消费结构中仍占主体地位。燃煤导致的有害气体排放占到各种有害气体排放量的65%～90%，特别是火力发电行业排放的二氧化硫导致的酸雨污染十分严重。《“十二五”规划纲要》的约束性指标要求将主要大气污染物二氧化硫的排放量降低8%，而电厂脱硫需要消耗电力，这意味着要增加脱硫量，需要消耗更多的能源。其次，水体污染负荷居高不下，减排任务任重道远。我国所处的发展阶段决定了污染物排放总量大，工业污染排放形势复杂，农业面源污染和生活污染持续上升，有机污染物增加，使得水污染负荷日益加重。以2010年为例，调整后的我国GDP增长率为10.4%，工业废水和生活污水排放总量为617.3亿吨，其中约有6%的未达标工业废水和一半左右的生活污水未经处理直接排入水中，造成水体污染。要实现在经济增长率为7%～8%的前提下制定的污染物减排目标本身就存在一定困难，而经济社会进一步发展带来的新一轮污染将给水资源环境及其治理工作带来巨大压力。最后，我国控制温室气体排放任务艰巨。中国作为一个人均排放量低但排放总量高，且仍在不断扩大的发展中大国，能源消费和温室气体排放情况备受国际瞩目。近年来，发达国家利用各种国际平台频繁对中国施压，要求我国承担更多温室气体减排的责任。由于我国能源结构以煤炭为主，这种状况在短期内难以改变，加之工业化和城镇化进程需要消耗大量能源，因此，随着工业化和城市化进程加快，我国能源安全、资源与环境约束矛盾日益突出，能源消耗、温室气体排放量将持续上升。面对国内经济社会可持续发展和国际舆论的双重压力，在可预见的技术发展水平下，温室气体减排工作步履维艰。

（二）减排潜力有限，后续减排难度增大

我国作为发展中大国，保持一定的增长速度是必须的。而GDP的发展速度与污染物排放总量关系密切，GDP每上升一个百分点，都将带来大量废水、废气和固体废物的排放。相关数据显示，2010年，全国每万元单位产值化学需氧量排放量为0.0031吨，每万元单位产值二氧化硫排放量为0.0055吨，已经处于较低水平。“十二五”时期，如果保持7%～8%的增长速度，在目前排放基数上进一步减排难度很大。“十二五”时期污染减排的另一个难点在于，化学需氧量和二氧化硫存量的削减空间逐步缩小，同时还要消化增量。在“十一五”污染减排工作中，为完成二氧化硫和化学需氧量减排，政府和企业采取了多种减排措施。“十一五”时期，我国化学需氧量和二氧化硫污染减排主要依靠城市污水处理厂和燃煤电厂脱硫设施建设运营等工程减排手段实现。“十二五”时期，污染减排将主要依赖工业行业的深度治理以及有色、冶金、建材等非电行业的脱硫脱硝治理等工程减排措施，化学需氧量和二氧化硫持续减排的潜力不足。由于产业结构、能源结构调整是一个长期的过程，因而结构减排过程相对缓慢。同时，强制电厂上脱硫设施、签署行政军令状等监管减排形成的有效削减量余地较小，这些措施可形成的化学需氧量和二氧化硫两项主要污染物减排能力已十分有限，再往下降的空间越来越有限。同时，“十一五”时期，污水处理厂和脱硫设施的建设规模都是前所未有的，但治污工程建设水平不高，减排工程质量难以保障。城市污水管网建设滞后严重阻碍COD削减，而城市污水处理污泥问题则没有得到足够重视。二氧化硫减排则过分依靠火电厂脱硫工程燃煤工业锅炉，煤炭消费量难以保证不增长。在这种情况下，未来这些工程减排的可持续性较差。“十一五”时期，通过管理减排，已经关停了大量污染治理不规范的小企业，淘汰了落后的生产线，完成了重点耗能企业煤改气、煤改电等。在工程减排方面，也已经广泛启动了污染治理，改善了企业的排污状况，解决了企业长期以来的环保遗留问题。对于新上项目，提高了项目准入门槛，对污染物总量严格把关。可以说环保部门对于排污企业管理和环保项目的审批已经步入了规范化轨道，加之实施总量控制已把污染物指标严格分配到了每个排污企业，基本上没有富余的指标来支撑减排项目，后续减排空间已经很小。

（三）新增指标减排缺乏经验

近年的环境质量状况公报显示，地表水中的氨氮已逐步成为最主要的污染，甚至超过化学需氧量成为影响地表水环境质量的首要指标。根据废水中主要污染物排放情况的分析，氨氮主要来源于生活污水。以2010年为例，氨氮排放量中有77.3%来自生活污水，行业排放则集中在化学原料及化学制品制造业、造纸及纸制品业、农副食品加工业等行业中，以及农业生产者使用的化肥、农药流失，家畜养殖场、牧场中畜禽的废弃物和排泄物等。以往对于氨氮的排放量没有硬性要求，只采用收费的手段限制排放，超出限制值交罚款。氨氮排放涉及的行业和企业众多，又与人民生活息息相关，氨氮减排要依靠工业、生活治理，更要依靠畜禽养殖业全面整治，减排形势非常复杂和困难。“十二五”时期，氨氮减排设立了约束性指标，其减排工作缺乏经验和实际工作基础。由于氨氮减排的重点和难点是畜禽养殖业，直接关系群众经济利益，因而成为“十二五”减排的新挑战。相较氨氮是水污染物中的大户而言，同样的情况也存在于氮氧化物之于大气污染中。目前，氮氧化物已成为影响大气环境的重要指标。卫星监测发现，近年来，我国上空的二氧化硫开始急剧下降，降幅大约在20%，但空气中氮氧化物的浓度却在增加。结果表现为酸雨和阴霾现象并未因二氧化硫排放减少而减轻，一些地区反而更加严重。氮氧化物的主要来源是电力部门，电力部门的氮氧化物排放量占氮氧化物总排放量的比例约为35%；其次是交通部门，占氮氧化物总排放量的比例约为30%；其他依次为非金属矿物制品业、黑色金属冶炼及压延加工业、化学原料及化学制品制造业等。由于以往未对氮氧化物进行有效的环保定量化管理，氮氧化物减排也是一个新领域，管控经验少，基础薄弱。氮氧化物减排不仅涉及电厂、大中型锅炉，而且涉及小锅炉淘汰、钢铁烧结机和水泥企业脱硝以及机动车淘汰和油品替代等，牵涉行业、企业和居民（机动车主）等多种类型的排放主体，是一项十分复杂和困难的任务。当前，氮氧化物减排的重点和难点是机动车，直接影响千千万万群众的利益，需要妥善应对和处理。此外，由于新增指标氮氧化物和氨氮减排基础研究不够，其减排工作很难取得立竿见影的效果，即便技术手段可以在短时间内取得突破，相关的工程和管理措施要发挥效益，也需要一定的时间。因此，新增指标减排工作具有长期性、艰巨性和复杂性，迫切需要在制度安排和具体监管等方面加强创新。

（四）拓展领域减排能力建设亟待加强

“十二五”时期，减排领域在工业、生活的基础上拓展至农业（主要是畜禽养殖业）、交通（主要是机动车排气污染），减排范围在工业和生活污染源基础上，将交通机动车和农业污染源纳入减排体系。这些新增领域对减排工作提出了更高的要求。其中，农业污染具有量大面广、瞬时性强、构成复杂等特点，其排污量削减与控制技术是目前环境领域的重大技术挑战，也是我国农业经济、社会、生态环境和谐发展的瓶颈。控制农业污染、削减农业污染物排放总量是“十二五”时期的重点工作之一。然而，目前我国尚未形成控制畜禽养殖业污染物排放的适用技术体系和减排核算方法，且畜禽养殖污染源分布广，缺少合理区划，减排核算手段与减排措施都尚欠明确。农业环境保护工作起步较晚，起点较低，管理基础较薄弱，存在农业环境保护法律法规及标准体系不完善，农业环境污染治理缺少有效技术、政策和资金支持，难以建立市场化机制等一系列问题。同时，由氮氧化物等污染物引起的臭氧和细粒子污染问题日益突出，威胁人民群众的身体健康，成为当前迫切需要解决的环境问题。2006 年全国环境统计中将氮氧化物因子纳入环境统计范畴，2007 年开展的污染源普查工作对全国氮氧化物排放系数和排放现状进行了全面调查。但是，在机动车领域的污染源统计、监测管理方面，现阶段基础能力还比较弱，统计、监测和管理手段有待加强，机动车污染排放总量减排监管体系有待建立和完善。另外，尽管近年来工业废气排放下降较明显，但在机动车保有量不断增加的情况下，我国空气污染日趋严重，环境空气质量的现状堪忧。随着居民环境保护意识提高，与空气质量关系十分密切的 PM2.5（细颗粒物）和二氧化碳等指标日渐受到社会各界的关注。一定程度上受社会舆论压力的影响，对相关监测标准制定、检测仪器和技术投入以及信息发布规范等都提出了更高的要求。而在国际温室气体减排和国内资源环境约束的双重压力下，未来二氧化碳的排放量也将纳入减排指标中，这使得我国“十二五”时期以及更长的时期内污染减排和环境治理工作更加繁重。

第五章　中国省际生态环境与资源利用效率综合评价[①]

中共十八届三中全会提出，"探索编制自然资源资产负债表，对领导干部实行自然资源资产离任审计。建立生态环境损害责任终身追究制。"国内对自然资源资产负债表的研究处于起步阶段，已发表的研究文献不到百篇，研究的内容与问题主要集中在对自然资源资产负债表编制的目的与意义的理解、国际经验与表的框架等方面（史丹，2015）。如何对自然资源资产的利用状况进行评价，特别是系统的分析评价，仍是一个没有解决的难题。本章采用生态足迹的方法尝试解决我国各省区生态环境综合评价问题。

第一节　中国各省区生态足迹及承载力测算

一、数据来源及说明

生态足迹方面，我们选取了中国大陆30个省市区1995~2013年的数据（缺西藏）；生态承载力方面，由于数据缺失较多，本章仅获取了2009年的数据。我们通过稻谷、小麦、玉米、豆类、薯类、花生、油菜、芝麻、甘蔗、甜菜、棉花和烟叶的产量来计算耕地足迹；通过木材、水果和茶叶的产量计算林地足迹；通过二氧化碳排放量计算化石燃料足迹；通过猪肉、牛肉、羊肉和家禽肉的产量计算草地足迹。由于较难获取水产品数据和水域面积，这里计算生态足迹时直接忽略了水域需求。各种类型土地的承载力根据它们的实际面积计算。这些数据来自历年《中国统计年鉴》和各省市区的统计年鉴。为了核算土地的持续生态供给

① 本章内容已发表。史丹，王俊杰．基于生态足迹的中国生态压力与生态效率测度与评价［J］．中国工业经济，2016（5）．

能力，我们用1995～2013年各种资源的世界平均产量来表示土地对这种资源的持续供给能力，如表5－1所示。

表5－1　1991～2013年各种资源的世界平均产量

资源种类	稻谷	小麦	玉米	豆类	薯类	花生	油菜籽
单位面积产量	3998	2790	4549	719	16797	1479	1625
资源种类	芝麻	棉花	麻类	甘蔗	甜菜	烟叶	茶叶
单位面积产量	450	1861	1387	66510	43031	1652	1305
资源种类	水果	猪肉	牛肉	羊肉	禽蛋	木材	森林吸碳率
单位面积产量	6594.73	74	33	33	400	1.99	4.43

注：木材的单位为立方米/公顷；森林吸碳率的单位为吨/公顷·年；其他资源的单位为千克/公顷；森林的二氧化碳吸收速率是根据《国家生态足迹账户》推算得来的。

资料来源：世界粮农组织和世界自然基金会。

二、人均生态足迹与生态承载力测算

为了便于看清，图5－1给出了8个代表性省市区的人均生态足迹变化趋势。我们选取的8个代表性省市区包括东部的北京和广东，中部的江西和山西，西部的内蒙古、宁夏和青海以及东北的辽宁。它们除了分别代表四个区域外，还具有其他特征。北京、广东和江西是2013年人均生态足迹最低的三个省；内蒙古、宁夏和山西则是最高的三个省；青海是唯一有生态盈余的省；北京还是两个人均生态足迹呈下降趋势的省市之一，另一个是上海。

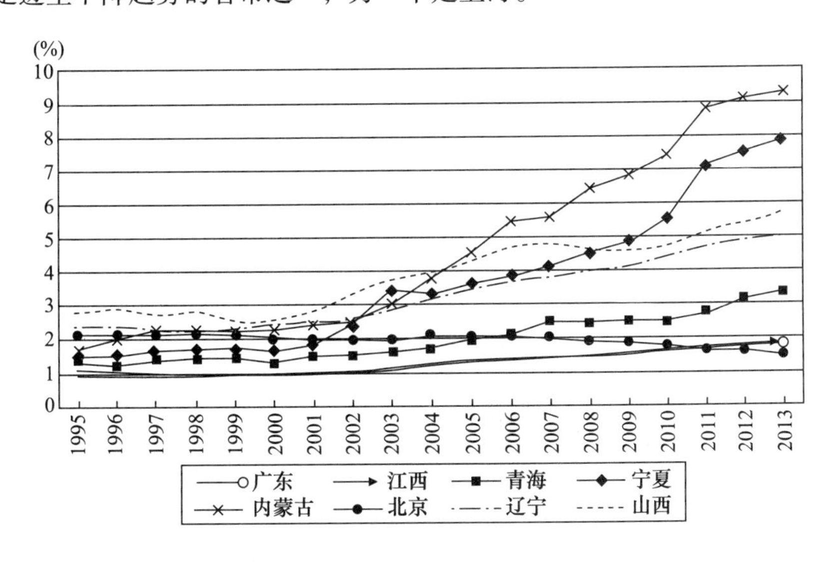

图5－1　1995～2013年8个代表性省市区的人均生态足迹

图5－1显示，7个省份都呈上升趋势，且这种上升趋势在2001年后变得更明显和迅猛。这与史丹和王俊杰（2015）计算的全国层面的变化趋势一致，原因在于加入世界贸易组织（WTO）之后贸易量激增。1995～2013年，人均生态足迹上升最快的是内蒙古，上升了439.5%；北京下降了28.2%，是8个代表性省市中唯一下降的，在全国也仅有2个，上海下降了0.9%；除北京和上海外，上升最慢的是江西，上升了69.4%。

人均生态足迹的增长速度在2001年后出现明显的分化，导致各省的人均生态足迹的差异越来越明显，不过这种差异并不是典型的东、中、西部差异。以2013年为例，经济发达的地区内部，人均生态足迹差异也很大，如内蒙古和辽宁人均生态足迹很高，而北京和广东则很低；在经济欠发达的地区内部，同样存在这种分化，如宁夏和山西人均生态足迹很高，而江西则很低。这表明，人均生态足迹的地区差异与人均收入的地区差异非常不同。

图5－2给出了2013年各省生态足迹构成。可见，在所有省市区中人均二氧化碳足迹都占总的人均生态足迹的50%以上，而且，基本上，越是发达地区，二氧化碳足迹所占比重越高，如北京、上海、广东等。这表明，中国各省份面临的生态压力都主要来自碳排放方面。

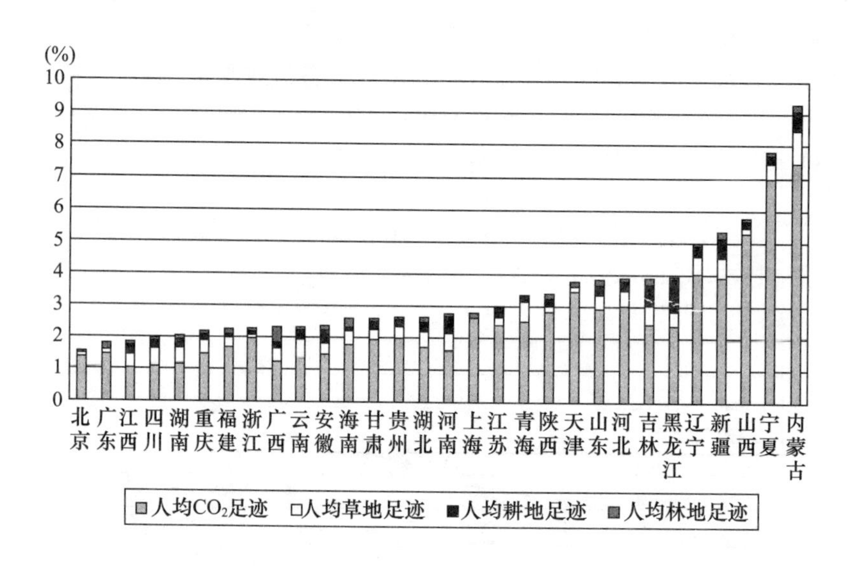

图5－2 2013年各省份生态足迹构成

注：忽略建成区。

生态足迹仅表明了一个省的资源消耗情况，不足以说明生态环境状况，如北京的人均生态足迹是全国最低的，但众所周知，北京的生态环境状况并不好。因

此，表5－2给出了30个省市区人均生态足迹、人均生态承载力等的对比及排名。由第6列可见，在2009年，除了青海省之外，所有的省份都是生态赤字状态，包括上文指出的人均生态足迹较低的省份，如北京、广东等。在人均生态足迹方面，青海的排名很低，但从生态盈余（赤字）的角度看，青海省还存在生态盈余，即对大自然的索取没有超过当地的生态承载力。这样看来，青海省的生态环境是较好的。此外，从表5－2第6列可以看到，人均生态赤字较低的地区还有云南、广西、甘肃和江西；人均生态赤字最高的省市分别是山西、宁夏、辽宁、天津和山东。可见，人均生态赤字最低的都是欠发达地区，而人均生态赤字最高的既包含发达地区也包含欠发达地区。

我们测算了各省市区的生态盈余、生态承载强度。表5－2还给出了另外一些信息，如一些省市区虽然生态足迹很高，但其生态承载力也很高，如内蒙古；一些省市区生态足迹不算高，但相对其生态承载力而言却非常高，如上海。因此，仅仅用生态赤字这个指标也会掩盖一些问题。于是，我们用生态承载强度做进一步评价。各省承载强度及排名见表5－2第7列。尽管上海人均生态足迹并不很高，但其生态足迹是生态承载力的近44倍。这也足以说明上海面临的生态环境压力实际上非常高。类似的还有天津和北京。相反，内蒙古虽然人均生态足迹较高，但从承载强度来看，生态环境压力其实低于大部分省市区。类似的还有新疆。承载强度最低的5个省市区分别是青海、云南、黑龙江、新疆和广西；承载强度最高的5个省市分别是上海、天津、北京、山东和江苏。很明显，承载强度最低的都是欠发达地区，承载强度最高的都是发达地区。

本章综合人均生态足迹和人均生态承载力（或者人均生态盈利和承载强度），对各省市的生态环境压力进行评价，依据是2009年人均生态赤字和生态承载强度的平均排名。平均排名低，则生态环境压力小。根据这一评价方法，我们认为，青海等7省市区生态环境压力很小，四川等7省市区生态环境压力较小，内蒙古等7省市区生态环境压力较大，而宁夏等7省市区生态环境压力很大。

表5－2　各省人均生态足迹、人均生态承载力及排名

	2009年人均生态足迹	2013年人均生态足迹及排名	人均生态足迹1995～2013年增幅（%）	2009年人均生态承载力	2009年人均生态盈余及排名	2009年生态承载强度及排名	生态环境压力评价
青海	2.492	3.335（19）	144.5	4.707	－2.215（1）	0.53（1）	很小
云南	2.005	2.333（10）	160.6	1.610	0.395（2）	1.25（2）	很小
广西	1.460	2.286（9）	152.7	1.064	0.396（3）	1.37（5）	很小

续表

	2009年人均生态足迹	2013年人均生态足迹及排名	人均生态足迹1995～2013年增幅（%）	2009年人均生态承载力	2009年人均生态盈余及排名	2009年生态承载强度及排名	生态环境压力评价
黑龙江	3.421	3.942（25）	81.4	2.598	0.823（6）	1.32（3）	很小
甘肃	1.953	2.584（13）	127.2	1.357	0.596（4）	1.44（7）	很小
新疆	3.578	5.306（27）	170.2	2.709	0.869（7）	1.32（4）	很小
江西	1.517	1.842（3）	69.4	0.798	0.719（5）	1.90（9）	很小
四川	1.761	1.962（4）	83.0	0.753	1.008（8）	2.34（10）	较小
湖南	1.818	2.055（5）	78.0	0.643	1.175（9）	2.83（13）	较小
吉林	3.126	3.875（24）	95.9	1.745	1.381（14）	1.79（8）	较小
重庆	1.811	2.165（6）	109.2	0.635	1.177（10）	2.85（14）	较小
海南	2.030	2.571（12）	310.9	0.722	1.308（13）	2.81（12）	较小
陕西	2.311	3.385（20）	243.0	0.884	1.427（15）	2.61（11）	较小
福建	1.848	2.250（7）	162.4	0.632	1.216（12）	2.92（15）	较小
内蒙古	6.842	9.274（30）	439.5	4.775	2.067（23）	1.43（6）	较大
广东	1.518	1.784（2）	87.2	0.334	1.184（11）	4.54（20）	较大
贵州	2.095	2.630（14）	170.0	0.657	1.438（16）	3.19（16）	较大
湖北	2.090	2.632（15）	106.2	0.579	1.512（18）	3.61（17）	较大
安徽	1.971	2.364（11）	121.1	0.468	1.503（17）	4.21（19）	较大
浙江	2.098	2.264（8）	118.7	0.434	1.664（19）	4.84（22）	较大
河南	2.424	2.757（16）	141.9	0.505	1.920（21）	4.81（21）	较大
宁夏	4.888	7.846（29）	395.4	1.295	3.593（29）	3.78（18）	很大
北京	1.878	1.526（1）	-28.2	0.147	1.730（20）	12.75（28）	很大
江苏	2.345	3.009（18）	121.7	0.343	2.002（22）	6.83（26）	很大
河北	3.294	3.867（23）	128.7	0.592	2.702（25）	5.56（24）	很大
辽宁	4.107	4.987（26）	109.2	0.752	3.356（28）	5.46（23）	很大
山东	3.281	3.852（22）	162.2	0.454	2.827（26）	7.23（27）	很大
上海	2.670	2.771（17）	-0.9	0.061	2.609（24）	43.94（30）	很大
山西	4.584	5.734（28）	102.8	0.798	3.786（30）	5.74（25）	很大
天津	3.149	3.749（21）	61.9	0.212	2.938（27）	14.87（29）	很大

注：①重庆自1997年从四川分离出来，故我们必须将四川省1995年和1996年的数据进行拆分，分配比例分别按1997年四川和重庆各数据的比例进行。②括号中为排名，所有排名均按由低到高排列。③生态环境压力的评定方式是：人均生态赤字和生态承载强度的平均排名处在［1，7］时，为很小；（7，14］时，为较小；（14，21］时，为较大；（21，28］时，为很大。

第二节　生态足迹效率测算及分解

一、生态足迹效率测度的基本结果

人均生态足迹上升几乎是很难避免的趋势，正如在经济发展过程中很难避免排放二氧化碳一样。因此，可用生态足迹效率（人均 GDP/人均生态足迹）来衡量各省市区的生态利用效率。图 5－3 给出了 1995 年和 2013 年各省市区的生态足迹效率及期间的变化。可见，1995～2013 年，绝大部分省市区的生态足迹效率都呈大幅上升趋势，仅宁夏、海南和新疆上升幅度甚微，分别为 3.9%、9.3% 和 29.2%；生态足迹效率上升幅度最高的三个省市是重庆（368%）、北京（327%）和四川（291%）；30 个省市区平均上升幅度为 173.4%。可见，随着经济的发展，大部分省市的资源利用效率都有了显著的提升。至 2013 年，生态足迹效率最高的 3 个省市分别是北京、上海和福建，它们都是经济发达地区；生态足迹效率最低的 3 个省区分别是宁夏、山西和新疆，它们都是经济欠发达地区，在全部 30 个省市区中，发达地区的生态足迹效率也普遍高于欠发达地区。

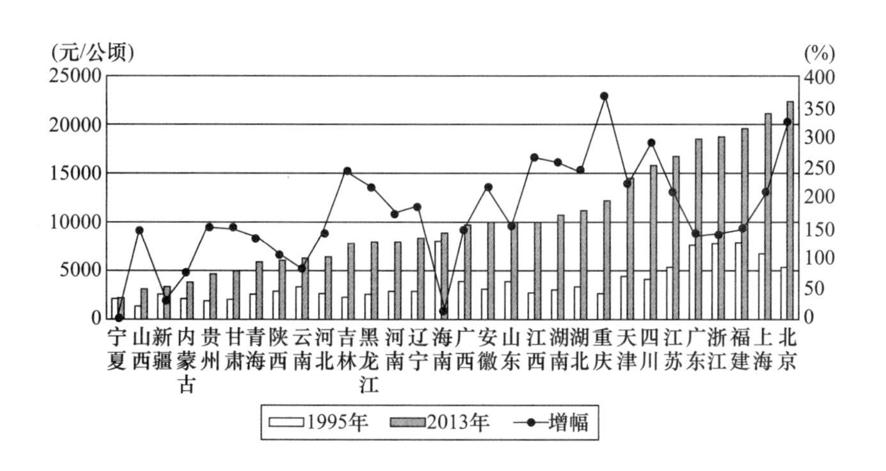

图 5－3　1995 年和 2013 年生态足迹效率及增幅

注：本章使用的 GDP 都是以 1995 年价格计算的实际 GDP。

对比表 5－2 可以发现，一些省市区尽管生态足迹和生态赤字较高，即自然资源的消耗量较大，但利用效率较高，如上海、天津和江苏；另一些地区则恰好相反，生态足迹和生态赤字较低，而生态足迹效率也较低，如青海、云南和甘肃。这可能是由于生态压力大的省市区更有动力去提升资源利用效率。不过也有省市区在生态压力较大的情形下依然具有很低的生态足迹效率，如宁夏和山西，它们的生态赤字和生态承载强度都很高，显示有较大的生态压力，然而生态足迹效率却是最低的。

图5－4给出了4个地区生态足迹效率平均值以及泰尔指数①，可见生态足迹效率呈现东部、中部、东北到西部递减的格局，东部地区要远高于其他地区。从泰尔指数来看，生态足迹效率的差异总体上呈上升趋势。其中，最主要的差异来自地区间的差异，尽管地区间的差异有缩小的趋势；东部和西部地区内部，生态足迹效率的差异都较大，且呈上升趋势，特别是西部地区。

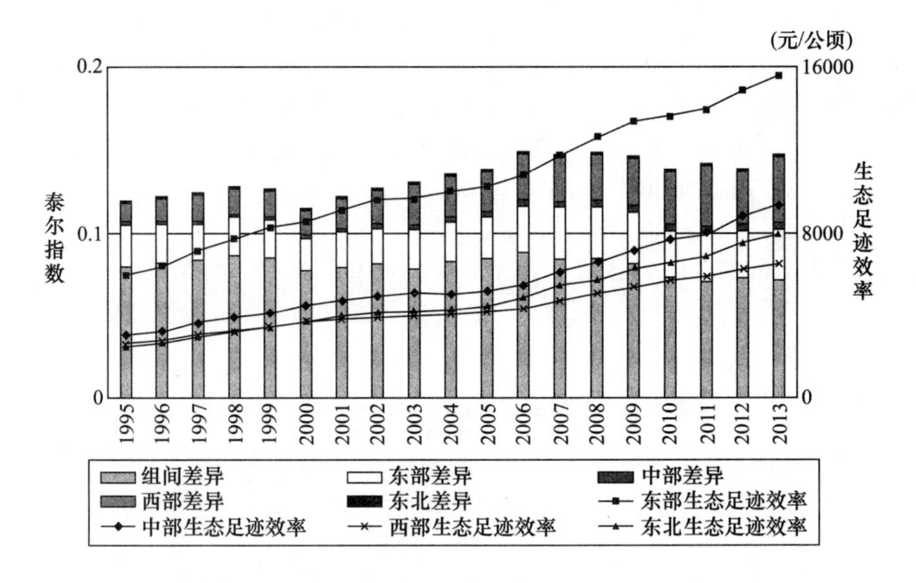

图5－4　1995～2013年地区间生态足迹效率差异及泰尔指数

总体而言，各省市区生态足迹效率都呈现较快上升趋势，发达省市区生态足迹效率较高，而欠发达地区生态足迹效率较低。生态足迹效率的差异在扩大，特别是东部内部和西部内部。

二、生态足迹效率变化的因素分解

本部分对生态足迹效率的变化进行因素分解，以分析效率变化的原因。目前，学者对生态足迹效率的研究还很匮乏，但学者们对能源效率的研究已经非常

---

① 依国家统计局的划分标准将全国划分为东部、中部、西部和东北四个地区。

充分。因此，本章借鉴学者们对能源效率的研究方法来分析生态足迹效率。在进行能源效率的变化分析时，通常是将能源作为一种投入要素。最常用的方法是基于 Malmquist 指数的全要素生产率方法，将能源效率的变化分解为全要素生产率（TFP）变化和要素替代的变化，其中，全要素生产率又可以被分解为技术进步和技术效率。孙广生、张成等就是采用这样的方法。

本章采用类似孙广生等对能源效率的研究方法，将生态足迹（EF）作为一种生产要素，它可以被理解为生态资本，为了表述方便，在这里我们用生态资本一词表示生态足迹，其他生产要素包括物质资本和劳动，产出（Y）为国内生产总值（GDP）。在进行分解时，各省生态足迹的数据在计算人均生态足迹之前就已经被计算出来。GDP、劳动投入（L）的数据来源于《中国统计年鉴》和各省市统计年鉴。物质资本存量（K）需要估算，我们参照单豪杰的方法进行计算，并对其中的一个代数错误进行了更正[①]。GDP 和物质资本存量的数据都调整到了 1995 年的价格。生产函数如式（5－1），分解公式如式（5－2）。

$$Y_t = F(K_t, L_t, EF_t) \qquad (5-1)$$

$$\dot{y}_t = \frac{y_t}{y_{t-1}} = \frac{Y_t \div EF_t}{Y_{t-1} \div EF_{t-1}} = EFFCH \times TECH \times SUB = TFPCH \times SUB \qquad (5-2)$$

其中，t 为年份；EFFCH 为技术效率变化；TECH 为技术进步；SUB 为要素替代变化；TFPCH 为全要素生产率变化。式（5－2）运用了方向距离函数和 Malmquist－DEA 方法，具体步骤参考孙广生等（2012）。这里，要素替代的变化即资本—足迹比和劳动—足迹比的变化；要素替代增长即资本—足迹比和劳动—足迹比平均而言上升，也即生态资本被其他要素所替代。随着经济发展水平的提升以及人们环保意识的加强，生态资本的相对价格将越来越高，因而倾向于被其他要素所替代。因此，若要素替代负增长，说明生态资本的相对价格下降，也说明人们对生态环境保护的重视程度不够。

分解结果表明，1995～2013 年，生态足迹效率年均提升 5.6%，其中，TFP 年均增长 5.7%，要素替代年均增长－0.1%，即生态资本的投入量相对其他生产要素而言增长率 0.1%，没有出现其他要素对生态资本的替代。在 TFP 的增长中，技术进步率年均为 5.6%，技术效率年均提高 0.1%。可见，平均而言，生态足迹效率的提升都是由技术进步贡献的，要素替代和技术效率的贡献接近 0，

① 山东财经大学的学者发现了单豪杰的文章中在计算 1952～1957 年的平均投资增长率和平均产出增长率时出现代数错误，并公布在人大经济论坛上。详见 http：//bbs. pinggu. org/thread－3287126－1－1. html。笔者检查了原文，发现单豪杰的原文确有代数错误，即原文表 1 中计算的投资增长率有误。这个错误导致基期（1952 年）物质资本存量比正确值低 7%，但对后期估计值的影响越来越小。至 1991 年，这个错误仅使得物质资本存量估计值偏低 0.06%；至 2006 年（单豪杰计算的最后一年），这个偏差已经降低到 0.004%。出于严谨的考虑，本书对这个错误进行了更正。

前者还是负值。这说明的问题是：第一，总体而言，生态资本的“价格”还较低，使得经济主体没有激励用其他要素替代生态资本。这表明中国对生态环境的保护力度还不够，生态资本的“价格”还没有反映其重要性。第二，技术效率增长率接近0表明，总体而言，各省份的技术差距没有明显缩小。

当然，各因素对生态足迹效率提升的贡献在各年份波动很大。于是，我们选取两个时间点将1995～2013年分为3个时间段，分别是2001年和2008年。2001年是中国加入WTO的年份，2008年是全球经济危机开始的年份。1995～2013年及各时间段内由三种因素对生态足迹效率变化的贡献如图5－5所示。可见技术效率的变化在各年份均较小。技术进步的速度在加入WTO之后明显加快，而在2008年之后明显减慢。技术进步速度在这3个阶段分别平均为5.7%、7.0%和4.0%。由于在这期间，TFP的提高主要是技术进步导致的，因此，TFP的变化趋势也与技术进步速度的变化趋势一致。这与大部分关于中国TFP和技术进步速度的研究一致，表明对外开放有利于技术进步和TFP的提高。

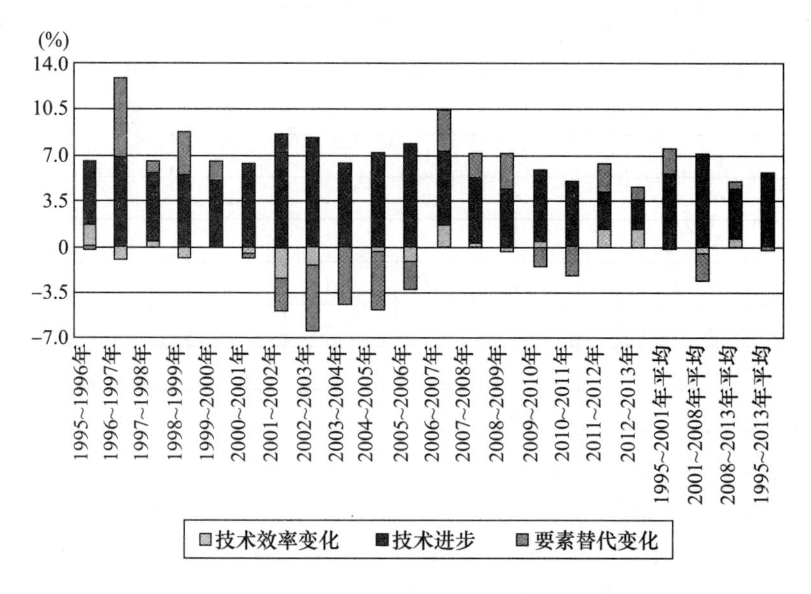

图5－5　全国平均生态足迹效率变化的分解

此外，加入WTO以后，另一个明显变化的是要素替代的变化，它由正值变为负值，对生态足迹效率的贡献为负。1995～2001年，要素替代的年均增长率是1.8%，而2002～2008年，这一数值变为－2.0%。其含义是，经济主体用生态资本替代了其他要素投入。这与整个发展趋势是背道而驰的，也与经济发展的长期规律相悖，表明生态资本被越来越廉价地利用。究其原因，一方面可能在于中国在此阶段对生态保护的不力；另一方面可能在于加入WTO以后重工业产品出口的快速增加，重工业产品出口的激增导致了能源消耗和二氧化碳排放的急剧上升。李昭华和傅伟也指出，在进出口贸易中，中国的生态资源越来越廉价。但是，在2008～2013年这一阶段，要素替代年均增长率提高到2.28%，贡献了生态足迹效率提升的43%。这可能与出口的减速和政府对环境保护力度的加强有关。

此外，图5－6至图5－10显示了各省市区在3个时间阶段各因素对生态足迹效率的贡献情况；为了更清晰地展示各省市区的变化以及地区差异，本节分东部、西部、中部和东北四个地区分别展示。由于上文表明，技术效率的变化在各年份均较小，故我们不再单独考虑技术效率的变化，而是仅将生态足迹效率变化分解为要素替代变化和TFP变化。这4个图表明，两个因素变化和贡献在各省市区之间有很大的差异。

从图5－6可知，在东部发达地区，TFP通常增长较快，也是生态足迹效率提升的主要因素[①]。不过，东部大部分省市都出现了TFP增长率逐渐下降的趋势，这与全国的趋势不一致。可能的原因是东部地区在2001年之前开放程度就较高，因而加入WTO对东部地区的TFP影响相对较小。在要素替代方面，除了北京在这三个阶段内要素替代的增长均为正之外，其他省市区都至少有一个阶段出现了要素替代的负增长。这表明，只有北京市始终对生态环境的重视程度一直较高，没有让生态资本成为廉价的投入要素；其他省市区则或多或少对生态环境保护的重视程度较低，特别是海南，1995～2013年，要素替代的年均增长率为－5.0%，导致海南的生态足迹效率在这期间几乎没有任何提高（见图5－3）。海南非常有必要加强对生态环境保护的重视。

从图5－7可知，在中部的安徽、湖南和江西3省，两种因素的贡献均为正值；在湖北、河南和山西3省，要素替代的贡献为负值。此外，仅在安徽，要素替代的贡献超过TFP增长，说明只有安徽的生态足迹效率增长不仅依靠了TFP增长，也依靠了要素替代。这表明，安徽对生态环境的重视度较高，没有将生态资本当作一种廉价的要素；其他省市区则重视程度较低，特别是湖北和山西。除安徽和江西在加入WTO后，TFP增长出现下降外，其他4省的TFP增长率在2001～2008年均比前一个阶段有所提高。

图5－8表明，在西部地区11省市区中，仅云南一省要素替代的贡献在各个阶段均为正值，1995～2013年，要素替代的总体贡献为正值的也仅有云南、四川和广西；其他各省市区，要素替代的贡献总体均为负值，且在各个阶段大部分为负值，而且要素替代负增长的幅度较高，特别是宁夏、内蒙古和陕西。这说

① 由于各省市区规模差别很大，简单的算数平均的结果意义不大，而加权平均又较复杂，故本书在这里并没有计算各地区的平均值。

明，西部各省市区对生态环境保护的重视程度普遍较低，生态资源被廉价的利用，特别是宁夏、内蒙古和陕西。此外，云南是全国唯一一个在 2008～2013 年 TFP 下降的省；四川在 1995～2001 年出现 TFP 下降，但之后两个阶段增长很快。

图 5－9 表明，东北 3 省的情况比较接近，TFP 和要素替代的贡献均为正，且 TFP 的贡献占主导。

图 5－10 是分地区和分阶段的平均。可见，尽管各地区几乎普遍在加入 WTO 之后出现 TFP 增长率提高，但又普遍出现要素替代负增长的情况。可见，尽管国际贸易有利于提升中国 TFP，但同时也造成中国自然资源的大量消耗和廉价利用。

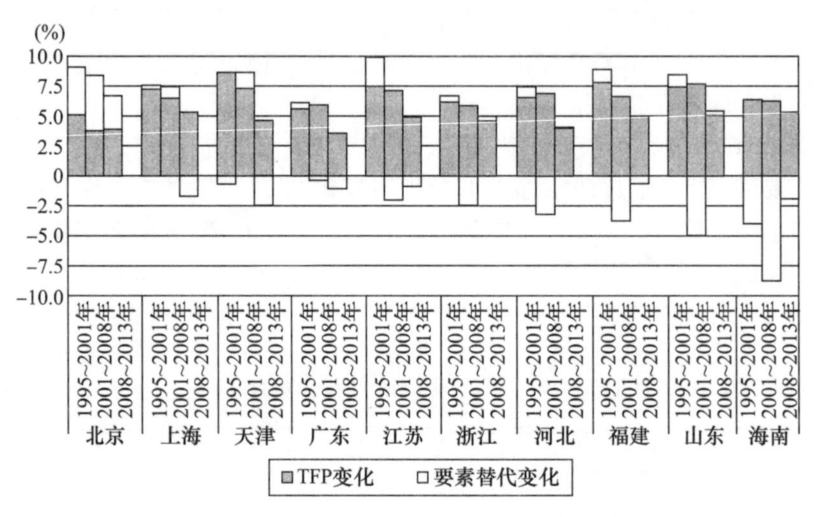

图 5－6　东部地区生态足迹效率变化率分解

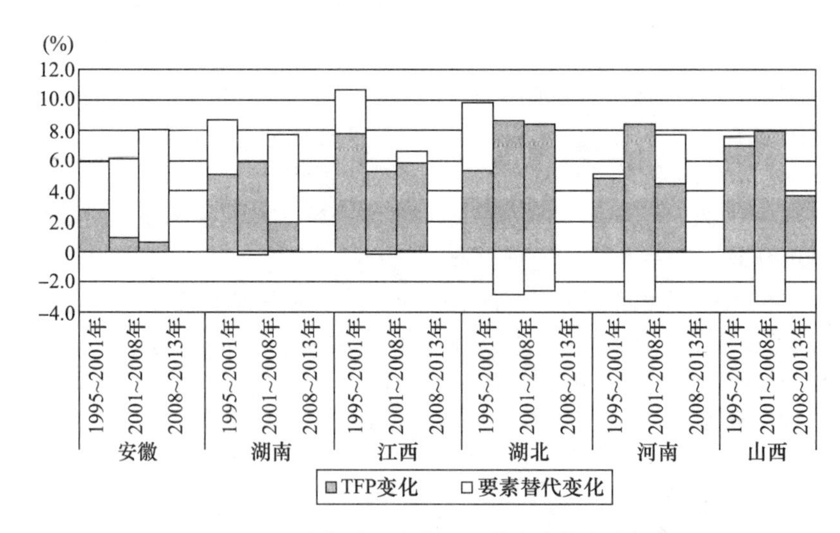

图 5－7　中部地区生态足迹效率变化率分解

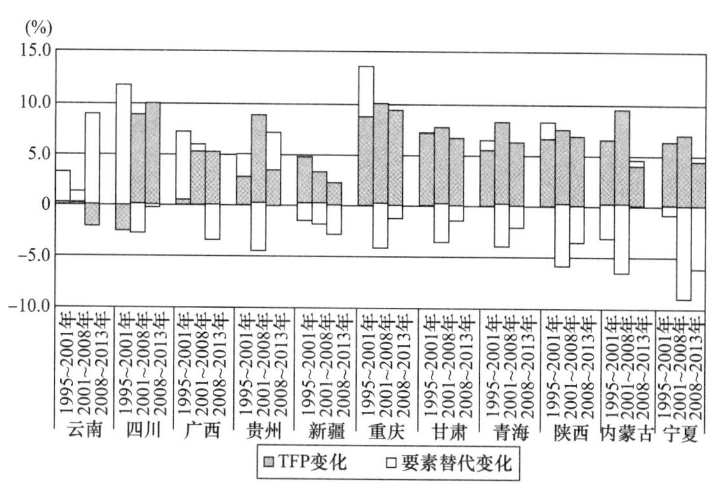

图5-8　西部地区生态足迹效率变化率分解

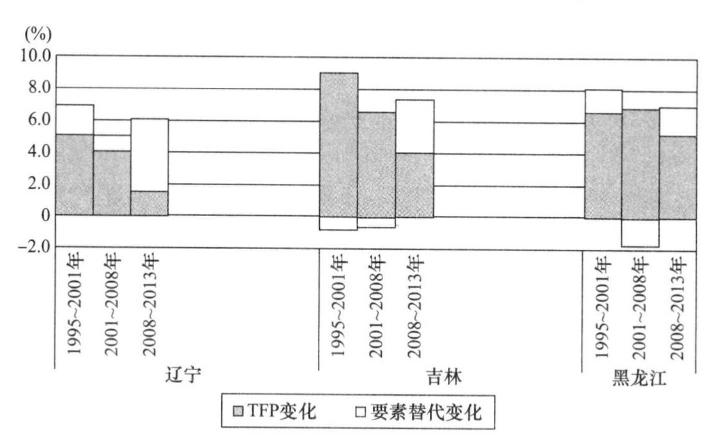

图5-9　东北地区生态足迹效率变化率分解

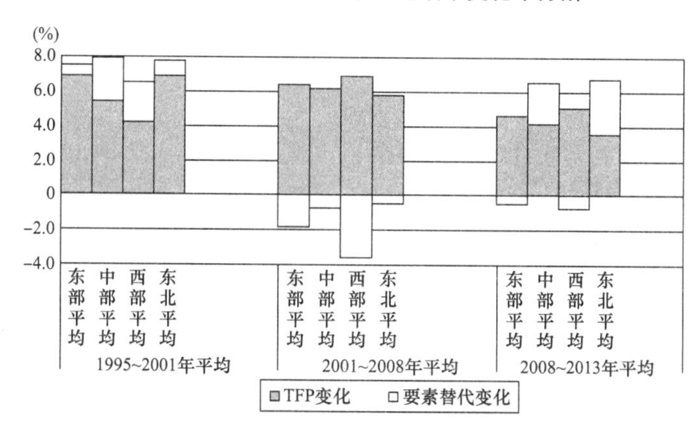

图5-10　生态足迹效率变化率及因素分解的地区差异

第三节 结论及政策建议

一、结论

通过以上分析，我们的主要发现如下：

（一）除北京和上海外，各省市区的人均生态足迹均呈快速上升趋势

在大部分省市区，这种上升趋势在2001年后更明显，使得各省市区人均生态足迹的差异在2001年后扩大。人均生态足迹的差异不同于经济发展水平的差异，并不是典型的东、中、西差异。以2013年为例，人均生态足迹最低的5个省市分别是北京、广东、江西、四川和湖南；最高的5个省区分别是辽宁、新疆、山西、宁夏和内蒙古；它们都同时包含发达地区和欠发达地区。从趋势来看，1991～2013年，人均生态足迹上升最缓慢的5个省市分别为北京、上海、天津、江西和湖南；上升最快的5个省区分别为内蒙古、宁夏、海南、陕西和新疆。综合绝对值和增长速度，北京、江西和湖南的生态足迹很可能继续保持较低水平；新疆、宁夏和内蒙古则很可能继续保持较高水平。二氧化碳足迹占总的人均生态足迹的50%以上，基本上，越是发达地区，二氧化碳足迹所占比重越高。

（二）综合人均生态足迹和人均生态承载力，可以发现，青海、云南、广西、黑龙江和甘肃绝对和相对生态压力都较小；天津、山西、上海、山东、辽宁和北京的绝对和相对生态压力都很大

生态压力小的都是中西部欠发达地区，而生态压力最大的五省市则除山西之外，都是发达地区。

（三）绝大部分省市生态足迹效率都呈快速上升趋势，平均值为年均5.6%

生态足迹效率最高的3个省市分别是北京、上海和福建；最低的3个省区分别是宁夏、山西和新疆。生态足迹效率呈现从东部、中部、东北到西部递减的格局，各省市生态足迹效率差异总体呈上升趋势。其中，最主要的差异来自四大地区间的差异，尽管地区间的差异有缩小的趋势；东部和西部地区内部，生态足迹效率的差异都较大，且呈上升趋势。

（四）对生态足迹效率变化率的分解结果表明，总体上，1995～2013年，生态足迹效率提升都得益于TFP的增长，要素替代的贡献为负值

这表明，生态资本的“价格”还较低，使得经济主体没有激励用其他要素替代生态资本。TFP的增长速度在加入WTO以后明显加快，但在2008年世界经

济危机之后又明显减慢。要素替代增长率在 2001 ~ 2008 年变为负值。

（五）在东部地区，TFP 通常增长较快，也是生态足迹效率提升的主要因素；东部大部分省市都出现了 TFP 增长率逐渐下降的趋势；从要素替代角度看，北京对生态环境保护的重视程度最高，而海南最低

在中部地区，安徽、湖南和江西对生态环境保护的重视程度较高，且仅安徽省生态足迹效率的提升主要依靠 TFP 的增长。在西部地区，仅云南省生态足迹效率的提高主要依靠要素替代，且 TFP 的增长率为负；其他各省市区，要素替代的贡献总体均为负值。这说明，西部各省市区对生态环境保护的重视程度普遍较低，生态资源被廉价的利用，特别是宁夏、内蒙古和陕西。在东北地区，TFP 增长率呈明显下降趋势，且对生态环境保护的重视程度在 2008 ~ 2013 年明显加强。

二、政策建议

根据以上分析和发现，我们提出以下对策建议：

（一）中国正在尝试进行自然资产负债表的编制，以用于各级政府的考核

自然资源资产负债表分为实物量表和价值量表两种，实物量表的缺陷是不能综合汇总，价值量表的难点是确定各种资源的价格。生态足迹方法可以解决实物量表的综合汇总和分析问题。建议采用生态足迹法对自然资源资产负债的实物量表进行汇总分析。有关部门可在借鉴国际有关做法的基础上，确定我国各种资源的折算因子。本着先易后难的原则，推动自然资源资产负债表的编制，并尽快在实践中运用。

（二）根据生态足迹法编制的自然资源资产实物量表，保持经济社会环境协调发展

加快生态文明建设，对各级政府的考核要把握以下三个层面指标：第一，努力保持生态承载力不下降；第二，在第一个层面指标的基础上，努力提高生态足迹利用效率；第三，在前两个指标的基础上努力降低生态赤字。这三个层面指标依次递进，完成难度也递增。第一个指标是最基本的目标，可以作为政府相关部门和主要负责人考评时的“一票否决”项，甚至可以对未能完成第一个指标的部门和负责人问责。在采用新的考核方式的同时，必须有一个专门的机构来对自然资源资产和负债进行核算和管理，因此，建议在国有资产监督管理委员会下设置“自然资源监督管理委员会”。

（三）转变生产和消费方式

改善环境和减轻生态压力的根本措施还在于提高生产效率和转变消费模式。提高生产效率的关键在于发挥市场的优胜劣汰机制，而让市场来淘汰低效率生产方式的关键又在于合理的价格体系。具体而言，是指合理评估自然资源的经济价

值和生态破坏的社会成本，并通过税收和补贴将这些价值和成本转移到产品价格中去。如可以逐步推行自然资源所有权、管理权和经营权的适当分离，建立自然资源经营权和使用权的交易市场，以促进自然资源的最有效利用；通过资源税提高不可再生资源的价格，抑制其粗放的生产和消费；通过环境税提高污染企业的生产成本，迫使其改进生产方式，减少污染；通过绿色补贴激励可再生资源的生产和消费；减少政府的行政干预，使高排放、高污染的企业被市场自然地淘汰。此外，倡导绿色环保的生活理念也应该是教育和政府宣传的重要内容。

（四）从法律层面加强对生态环境保护的力度，给各经济主体施加环保压力

严格落实和加强生态环境保护法律，让违法破坏生态环境的企业和个人受到应有的法律和经济制裁。这种对生态环境的重视和对破坏生态环境的惩罚将提高生态环境的“价格”，促使市场主体更加高效地利用生态环境。

（五）许多省份需要加强对生态环境保护的重视程度

特别是宁夏、山西、海南、新疆。宁夏、山西、新疆是生态足迹效率最低的三个省区；宁夏、新疆和海南是生态足迹效率提升最慢的省区。此外，宁夏和山西是生态压力最大的省区；海南、宁夏是要素替代下降最快的省区。这些迹象表明这些省市区对生态环境保护的重视程度仍需加强。

第六章 中部地区经济社会发展与城镇化的基本态势

中部地区包括山西、河南、湖北、湖南、安徽和江西6省，是2006年国家提出实施中部地区崛起战略所确定的区域范围，土地面积91.6平方公里，占全国国土面积的9.5%，2013年末人口36084.7万人，占全国总人口的26.52%。中部6省地处我国腹地内陆，物资资源丰富，科教和工业基础较好，是全国最大的商品粮基地、重要的能源和原材料供应基地，也是承东启西、南来北往的交通枢纽，分布着京广、京九、陇海、沪渝等多条交通干线。同时，长江和黄河两大流域经境内穿过，山西和河南地处黄河中游地区，湖南、湖北、江西和安徽则地处长江中游地区，由于流域自然而形成的“江湖”关系，使得省际之间长期存在着共荣共损的关系。新中国成立以来，中部地区作为我国重要的农产品、能源、原材料和装备制造业基地，曾经为国家经济建设做出了重要贡献。当前，在经济新常态下，继续促进中部地区崛起，有利于全面深化改革和进一步扩大内陆开放；有利于加快工业化和城镇化进程，不断扩大内需，培育新的经济增长点；有利于提高我国粮食和能源保障能力，缓解资源约束；有利于优化区域经济格局，加快推进长江经济带建设和融入“一带一路”战略，进一步促进区域协调发展，为全国经济实现中高速增长、向中高端迈进争取更大的回旋余地。

第一节 中部地区经济社会发展与城镇化现状

中部地区具有优越的区位优势和较好的资源禀赋优势，工农业生产条件较好，但由于历史、政策、观念等诸多因素的影响，中部与东部之间长期存在着显著的经济梯度差异，这不仅表现在经济发展水平、对外开放程度等方面，也表现在城镇化水平较低、城镇体系不完善、城镇化的产业支撑能力不足等方面。不过，21世纪以来，在国家区域政策的支持下，中部地区迎来了一次国家区域发展战略调整的历史机遇期，后发赶超优势非常明显，地区发展环境发生了积极的变化。总的来看，这些年中部地区经济社会发展取得显著的进步，进一步巩固和提升了中部地区战略地位。

一、后发赶超优势显现，逐渐走出经济低谷

“十一五”以来，随着国家中部崛起战略的支持和国内外发展环境的变化，中部地区后发优势逐渐显现出来，促进地区经济从塌陷走向崛起，无论是经济增速还是人均收入水平，都能够印证这一特征。当然，也应该看到，中部地区与东部之间差异还较大，需要较长时间将地区差距缩小至合理区间；另外，中部地区内部差距也很明显，既有总量差距，又有发展水平差距。

（一）从后发赶超优势实现经济崛起

2013 年，中部地区生产总值达到 127305.63 亿元，占全国的 20.21%，其中，河南省地区生产总值进入“G6 俱乐部”，列居全国第 5 位。从经济增速看，中部地区经济增速出现“追赶”现象，2013 年增速达到 9%，比全国平均水平略高 0.2 个百分点，高于东部 0.57 个百分点，这种增长态势是从“十一五”开始就得到延续，即使是国际金融危机期间，也没有出现大起大落现象。进一步，从图 6 - 1 和图 6 - 2 来看，1996 ~2006 年，中部地区生产总值与东部之间的差距出现持续扩大的态势，2006 年中部地区生产总值仅相当于东部的 33.65%，位于历史的最低点，这段时间曾被学术界称为“中部塌陷”。随着 2006 年国家中部崛起战略实施，这种状况发生了积极变化，2006 ~2013 年，中部地区生产总值与东部的差距不断缩小，2013 年中部地区生产总值相当于东部的 39.5%。同样，中部地区生产总值与西部之间的差距也处于收敛的状态。

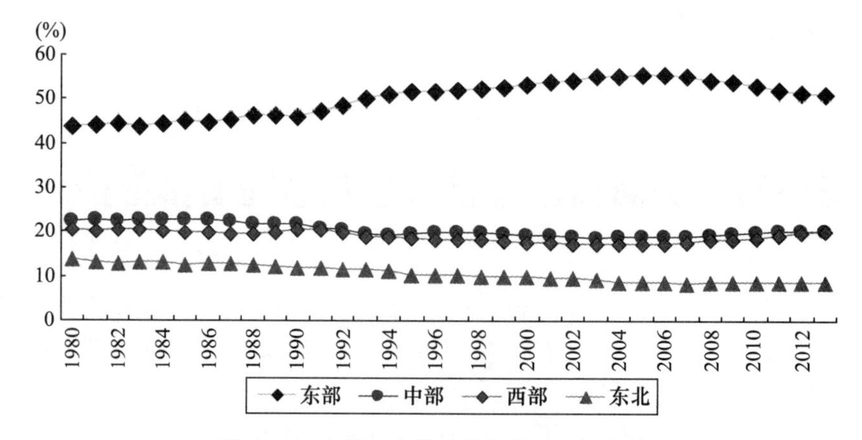

图 6 - 1　中国四大板块地区生产总值占比

资料来源：历年《中国统计年鉴》。

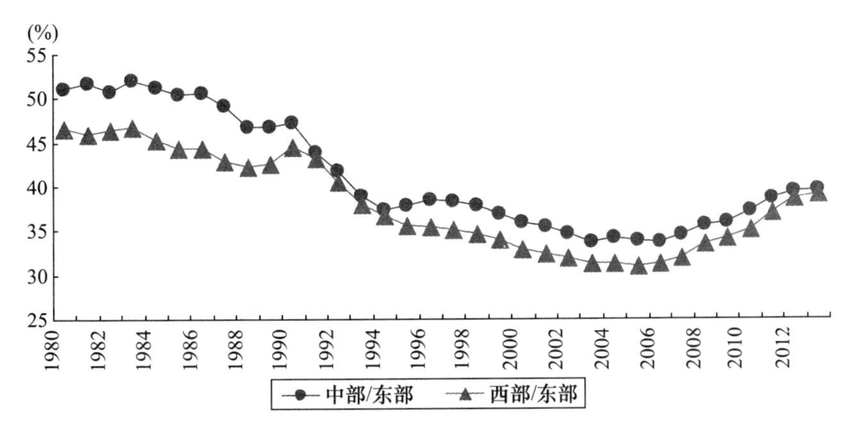

图 6-2　中部地区生产总值与东部、西部的比较

资料来源：历年《中国统计年鉴》。

（二）从经济追赶中缩小差距

近年，中部地区经济高速增长不仅惠及了越来越多的城乡居民，也显著地改变了地区发展的软硬环境，使更多地理区位不占优势的地方（如赣南、湘西、鄂西等欠发达地区）也能分享到发展的机遇。从人均 GDP 看，2013 年中部地区人均 GDP 为 62189 元/人，较上年增长 8.2%，比全国平均增速高了 0.25 个百分点，也高于东部地区 9 个百分点。从 GDP 含金量看，中部地区 2013 年（GDP 含金量 = 居民收入/人均 GDP）为 0.64，明显高于西部地区（0.522），说明地区经济高速增长让更多居民分享到发展成果（见图 6-3）。从城乡居民可支配收入

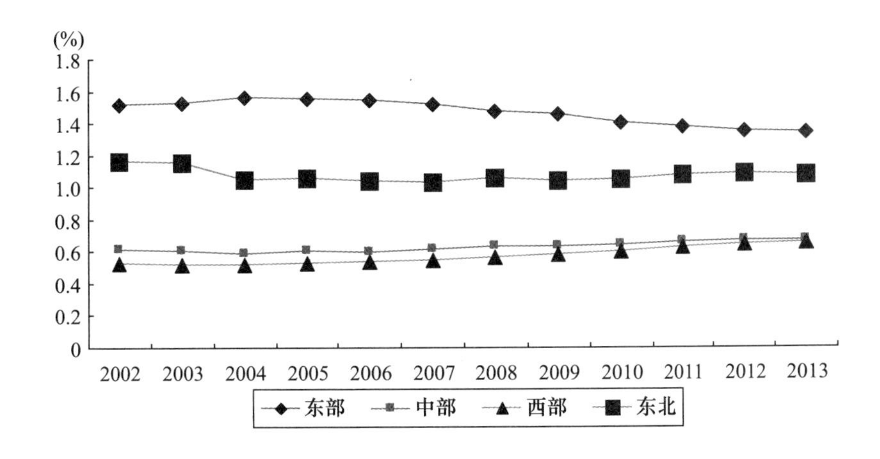

图 6-3　中国四大板块人均 GDP 相对水平

注：相对水平 = 地区人均 GDP/全国人均 GDP。

资料来源：历年《中国统计年鉴》。

看，2013 年，中部地区城镇居民可支配收入为 22736 元，比上年增长 10%，高于东部地区 0.2 个百分点；农村居民收入 8377 元，比上年增长 12.7%，高于东部地区 0.7 个百分点。跟东部相比，中部人均 GDP 与东部之间的差距呈现 U 形变化趋势，正如上文所述那样，中部有一段时间陷入“经济塌陷”，其中，1994～2004 年这段时间可以说是中部“失去的 10 年”。近年来，中部人均 GDP 与东部的差距处于缩小的趋势，同样，中部人均 GDP 和西部日益接近（见图 6-4）。

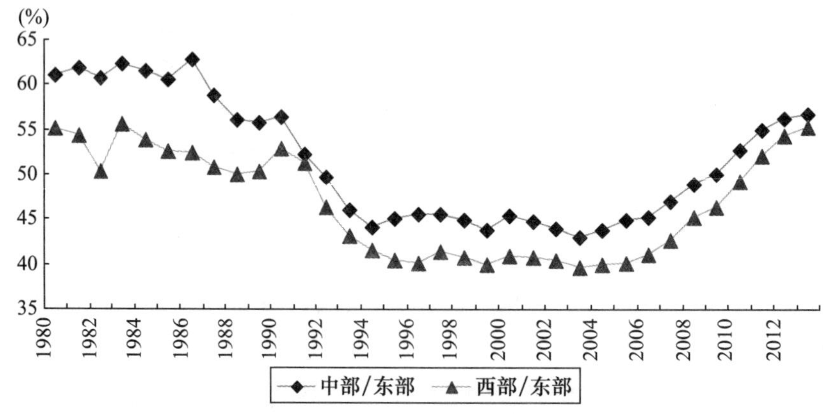

图 6-4 中部地区人均 GDP 与东部、西部的差距

资料来源：历年《中国统计年鉴》。

（三）从不平衡走向协调发展

尽管中部地区整体上处于一个经济梯度，但跟其他区域一样，地区内部差异较大，整体上形成以山西和河南为代表的黄河中游地区和以湖南、湖北、江西和安徽为代表的长江中游地区两大区域。这两大区域在资源禀赋、产业结构、历史文化等方面具有较高的同质性。如果从经济规模看，河南省地区生产总值在中部地区中最大，山西省最小且长期处在低位徘徊的状态（见表 6-1）。如果从 1980～2013 年变异系数的变化趋势看（见图 6-5），中部 6 省地区差距呈现弱倒 U 形变化趋势，2006 年地区差异达到最高点，之后就缓慢回落。可见在区域发展战略的政策框架下，中部 6 省从过去的不平衡逐步走向更加协调的区域发展之路。

另外，从地区人均 GDP 差异看，到 2013 年，湖北省人均 GDP 达到 7064.3 元，略高于河南省（6928 元/人），湖南省人均 GDP 最低，为 5483.2 元，与湖北相差 1581.1 元。从排序看，1980～2010 年，中部 6 省人均 GDP 相对位次保持稳定，而在 2010～2013 年，湖北实现经济“弯道超车”，人均 GDP 赶超过了河南。进一步，从 1980～2013 年地区人均 GDP 的变异系数看，中部 6 省人均 GDP 的差距显得比较平稳，本轮国际金融危机发生以来，人均 GDP 的差距发生了积极的变化，出现缩小的趋势（见图 6-6）。

表 6-1　中部各省地区生产总值比较（不变价）

省份	1980 年		1990 年		2000 年		2010 年	
	GDP（亿元）	占比（%）	GDP（亿元）	占比（%）	GDP（亿元）	占比（%）	GDP（亿元）	占比（%）
山西	108.76	2.39	214.26	2.27	428.45	1.71	1708.29	2.08
安徽	140.88	3.10	338.04	3.58	708.88	2.83	2436.48	2.97
江西	111.15	2.45	209.88	2.22	480.76	1.92	1866.01	2.28
河南	229.16	5.04	509.25	5.39	1479.36	5.91	5218.85	6.36
湖北	199.38	4.39	431.31	4.57	842.54	3.37	2967.11	3.62
湖南	191.72	4.22	354.65	3.76	743.54	2.97	2650.73	3.23

资料来源：历年《中国统计年鉴》。

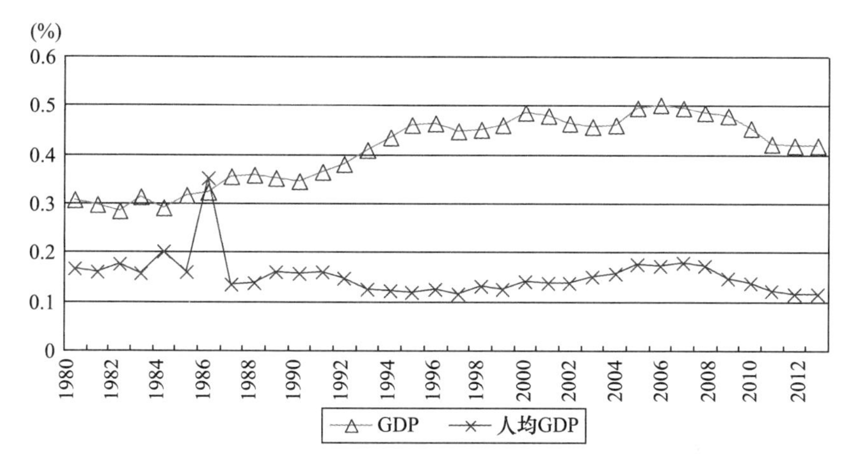

图 6-5　中部 6 省地区差距的变化趋势

资料来源：历年《中国统计年鉴》。

二、工业化进入中期后半段，呈现要素和投资“双轮”驱动

跟东部相比，中部地区工业化和城镇化具有“双滞后”现象，主要受制于自身现有的发展阶段。但是，进入 21 世纪以来，中部地区压缩式工业化特征非常明显，仅用 5 年时间实现了从工业化初期后半段向工业化中期后半段的跨越，主要是要素和投资共同驱动带来的结果。

（一）从压缩式工业化中实现崛起

20 世纪 90 年代以来，中部地区工业化进程经历了从工业化初期前半段向工业化中期演进的过程。根据中国社会科学院工业经济研究所中国工业化进程课题

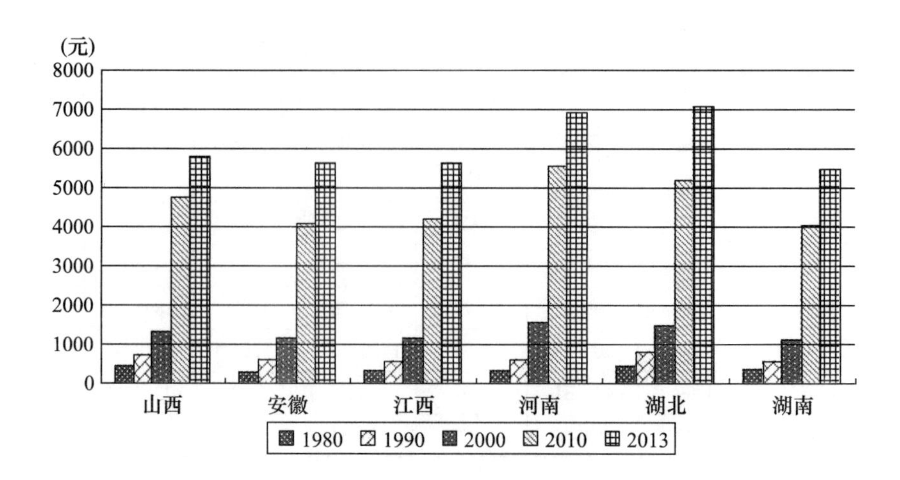

图6-6　中部6省人均GDP比较

资料来源：历年《中国统计年鉴》。

组的研究，2010年，中部地区工业化指数为58，比全国平均水平略低，滞后于全国工业化进程。但跟1995年、2000年和2005年三个时点相比，中部地区工业化经历了跃越式阶段转变的过程，从工业化初期顺利地过渡到工业化中期，特别是"十一五"以来，中部地区工业化进程呈现加速向前的特征，预计"十三五"时期将进入工业化后期。跟其他板块相比，中部地区工业化进程远没有结束，工业化仍处于大有可为的发展阶段，工业和服务业将进入齐头并进的发展时期（见表6-2）。

（二）"双轮"驱动实现经济高增长

从经济增长动力看，投资、消费和出口作为拉动经济增长的"三驾马车"，中部地区此轮经济高速增长从大规模投资中获益，特别是新一轮的重化工项目投资和承接国内外产业转移。据统计，2009~2013年，中部地区累计完成社会固定资产投资170323.9亿元，比2004~2008年增长了80%，其中，安徽固定资产投资增幅最大，2009~2013年完成固定资产投资较2004~2008年增长了111%。不可否认，中部地区经济高增长是建立在高强度、大规模的投资基础之上实现的。

另外，劳动力等生产要素的低成本优势是推动中部地区跨越赶超的另一动力。人力资源充足是中部地区经济发展的优势基础，据统计，2009~2013年，中部地区新增就业人数484.3万人，比2004~2008年增长了147.6万人，其中，河南新增就业人数增长最快，达到126%，山西新增就业规模最小，但江西新增就业规模出现阶段性萎缩。从表6-3进一步看出，河南、湖南、安徽、湖北等人口大省承接产业转移具有相对较低的劳动力成本优势，新增就业规模较大，事实也印证了这一点。

表 6－2　各地区工业化进程指数比较

年份 指标 地区	1995			2000			2005			2010		
	工业化指数	工业化阶段	全国排名	工业化指数	工业化阶段	全国排名	工业化指数	工业化阶段	全国排名	工业化指数	工业化阶段	全国排名
全国	12	二（Ⅰ）		18	二（Ⅱ）		41	三（Ⅰ）		66	四（Ⅰ）	
长三角	28	二（Ⅱ）	1	47	三（Ⅰ）	1	72	四（Ⅰ）	1	89	四（Ⅱ）	1
珠三角	17	二（Ⅱ）	3	35	三（Ⅰ）	2	67	四（Ⅰ）	2	81	四（Ⅰ）	2
环渤海	17	二（Ⅱ）	3	26	二（Ⅱ）	3	57	三（Ⅱ）	3	77	四（Ⅰ）	3
东三省	19	二（Ⅱ）	2	24	二（Ⅱ）	4	37	三（Ⅰ）	4	71	四（Ⅰ）	4
中部 6 省	6	二（Ⅰ）	5	9	二（Ⅰ）	5	21	二（Ⅱ）	5	58	三（Ⅱ）	5
大西南	6	二（Ⅰ）	5	9	二（Ⅰ）	5	16	二（Ⅱ）	6	51	三（Ⅱ）	6
大西北	4	二（Ⅰ）	7	6	二（Ⅰ）	7	16	二（Ⅱ）	6	49	三（Ⅰ）	7
安徽	4	二（Ⅰ）	23	7	二（Ⅰ）	27	17	二（Ⅰ）	22	55	三（Ⅱ）	20
山西	16	二（Ⅰ）	11	22	二（Ⅱ）	14	33	三（Ⅰ）	10	47	三（Ⅰ）	25
河南	6	二（Ⅰ）	21	11	二（Ⅰ）	23	18	二（Ⅱ）	20	56	三（Ⅱ）	19
湖南	2	二（Ⅰ）	26	11	二（Ⅰ）	24	18	二（Ⅱ）	21	57	三（Ⅱ）	17
湖北	13	二（Ⅰ）	16	28	二（Ⅱ）	11	28	二（Ⅱ）	14	63	三（Ⅱ）	13
江西	2	二（Ⅰ）	27	8	二（Ⅰ）	25	16	二（Ⅱ）	24	57	三（Ⅱ）	18

注："二（＊）"、"三（＊）"分别表示工业化初期和工业化中期；"I"、"II"分别表示前半段、后半段。工业化进程指数计算方法是，课题组选择了各地区人均 GDP、三次产业增加值占比、制造业增加值占比、人口城镇化率、三次产业就业占比 5 个指标，并赋予相应的权重，利用加权合成法形成指数，用来评价工业化进程。具体方法参见陈佳贵，黄群慧．中国工业化进程报告［M］．北京：社会科学文献出版社，2012.

资料来源：陈佳贵，黄群慧．中国工业化进程报告［M］．北京：社会科学文献出版社，2012.

表6－3　中部地区就业和投资情况

指标／地区	新增就业（万人）		（Ⅱ）／（Ⅰ）	累计投资（亿元）		（Ⅱ）／（Ⅰ）
	期间（Ⅰ）2004～2008年	期间（Ⅱ）2009～2013年		期间（Ⅰ）2004～2008年	期间（Ⅱ）2009～2013年	
山西	4.8	8.9	1.85	17715.6	29491.1	1.66
安徽	55.0	83.6	1.52	12042.6	25453.3	2.11
江西	76.8	45.2	0.59	8033.1	14064.1	1.75
河南	81.0	183.4	2.26	23450.9	46028.5	1.96
湖北	59.1	73.9	1.25	21774.6	32880.5	1.51
湖南	60.0	89.3	1.49	11452.9	22406.5	1.96
中部	336.7	484.3	1.44	94469.7	170323.9	1.80

资料来源：历年《中国统计年鉴》和相关省份的统计年鉴。

三、工业成为经济增长的主要引擎，进入重化工业阶段

现阶段，中部地区工业进入蓄势发力的高速增长时期，重化工业曾出现了全面产能扩张，化工、水泥、钢铁、有色等产业经历过了从超高速到中高速的增长阶段，在经济中高速增长的新常态下将迎来结构调整、方式转变的艰难转型时期。

（一）工业发展经历了"黄金十年"

2013年，中部地区实现工业增加值60299亿元，同比增长11.95%，高于东部地区1.75个百分点。在2004～2013年的10年间，中部地区工业保持年均22%的高速增长，明显高于东部（14.5%）、西部（21.5%）和东北（16.4%）。这种高增长态势为中部加快工业化进程创造了有利的基础条件，同时也证明中部崛起战略实施成效显著。另外，2013年中部地区工业对地区生产总值的贡献率为47.4%，高于东部3.7个百分点，也明显高于其他板块。应该说，过去10年中部地区经济增长动力逐步从农业部门转到工业部门，工业实质上已成为中部地区经济的强大引擎。从图6－7可以看出，中部地区工业对经济发展的支撑作用显著增强。工业部门经济贡献率由2004年26.2%上升至2013年47.4%，10年间提高了21.2个百分点，明显高于东部（4.7个百分点）、西部（16.0个百分点）和东北（7.9个百分点）。预计，"十三五"时期，中部地区工业增速会继续回落，但工业对中部地区增长支撑作用不会发生根本性的变化。

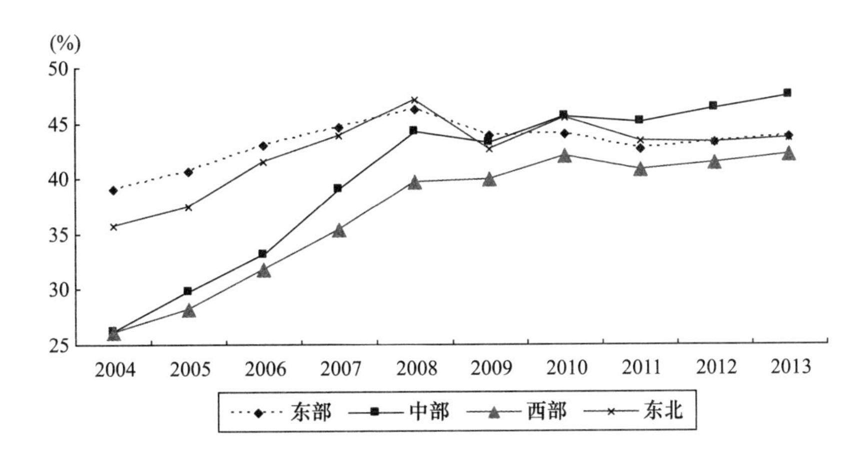

图6－7　四大板块工业对经济增长的贡献率

（二）重化工业出现全面、高速、规模化的扩张

中部地区是我国传统的原材料和能源生产供应基地，具有较好的资源禀赋，各地都选择从自身优势资源入手，实施资源就地转化战略，扩大原材料加工基地的规模。“十一五”以来，中部地区出现重化工业全面扩张的现象。钢铁、水泥、有色、火电、化工、电解铝等产业项目大规模建设，各地区主导产业雷同度很高（见表6－4）。这些产业基本上都是高投入、高排放、产出大的重化工业，对就业吸纳能力比较有限。并且，原材料工业产能全面扩张，与全国其他地区产能过剩的相互叠加，从而影响了地区工业稳定发展。而这种工业结构给当地生态环境带来很大的影响，如湖南重金属污染，山西二氧化硫和烟粉尘污染等（见表6－5）。

表6－4　2013年中部6省主导产业的行业分布

地区	低排放产业	中排放产业	高排放产业
山西			煤炭开采和洗选（37.9） 石油、炼焦和核燃料（7.6） 黑色金属冶炼和延压（16.1） 电力、热力生产和供应（9.6）
安徽	通用设备制造（5.1） 汽车制造（5.8） 电气机械和器材（12.1）	农副食品加工业（7.6）	非金属矿物制品（5.8） 黑色金属冶炼和延压（6.2） 有色金属冶炼和延压（5.2） 电力、热力生产和供应（7.2）

续表

地区	低排放产业	中排放产业	高排放产业
江西		农副食品加工业（5.7）	化学原料和化学制品（7.7） 非金属矿物制品（8.3） 有色金属冶炼和延压（17.6） 电气机械和器材制造（7.9）
河南		农副食品加工业（7.2）	煤炭开采和洗选（6.5） 化学原料和化学制品（5.0） 非金属矿物制品（12.9） 黑色金属冶炼和延压（5.5）
湖北	汽车制造（12.8）	农副食品加工业（10.2） 纺织（5.0）	化学原料和化学制品（8.6） 非金属矿物制品（6.6） 黑色金属冶炼和延压（7.9）
湖南	专用设备制造（8.1）	农副食品加工业（7.5）	化学原料和化学制品（8.4） 非金属矿物制品（7.4） 黑色金属冶炼和延压（5.0） 有色金属冶炼和延压（8.2）

注：每个行业后面的括号数据表示该行业占该省工业总产值或增加值的比重。

资料来源：2013 年相关省份的统计年鉴。

表 6-5　中部 6 省工业污染的基本类型

	工业废水	工业废气
山西	化学需氧量、氨氮、石油类、（挥发酚）、（氰化物）、（镉）	（二氧化硫）、氮氧化物、（烟粉尘）
安徽	化学需氧量、氨氮、（石油类）、（铅）、（砷）	二氧化硫、氮氧化物、烟粉尘
江西	化学需氧量、氨氮、（石油类）、（挥发酚）、（氰化物）、（汞）、（镉）、（六价铬）、（总铬）、（铅）、（砷）	二氧化硫、氮氧化物、烟粉尘
河南	（化学需氧量）、（氨氮）、（石油类）、（挥发酚）、（氰化物）、（镉）、（总铬）、（铅）、砷	（二氧化硫）、（氮氧化物）、烟粉尘
湖南	（化学需氧量）、（氨氮）、（石油类）、挥发酚、氰化物、（汞）、（镉）、（六价铬）、（总铬）、（铅）、（砷）	二氧化硫、氮氧化物、烟粉尘
湖北	（化学需氧量）、（氨氮）、（石油类）、挥发酚、氰化物、（镉）、（六价铬）、总铬、（铅）、砷	二氧化硫、氮氧化物、烟粉尘

注：括号内表示这类重金属或废气污染比较突出。

资料来源：《中国环境年鉴 2014》。

四、城镇化步入加速期，出现以城市群为主要形态的空间格局

中部地区是我国推进新型城镇化的主战场，也是“四化”同步发展的试验场。跟其他板块不一样，中部地区城镇化要面对比较紧迫的“三农”问题，既要解决农民进城问题，又要解决粮食安全问题。所以，中部地区城镇化道路有自身的特殊性、长期性和复杂性。

（一）城镇化在加速、失衡中交织进行

改革开放以来，中部地区城镇化水平跟全国变化趋势基本一致，处于持续加速的状态。在1980～1990年、1990～2000年和2000～2010年的三个时间段，中部地区城镇化率分别提高了6.2个百分点、9.6个百分点、13.4个百分点，而同期全国平均城镇化率则提高了7个百分点、9.8个百分点、13.7个百分点，略低于全国步伐。然而，中部地区城镇化起点较低，1980年城镇化率仅为16.2%，加之，城镇化加速度低于全国平均水平，因此，到2013年，中部地区平均城镇化率49.9%，明显低于全国53.73%的平均水平。可以预计，即使在经济新常态的背景下，中部地区城镇化加速态势还将持续到“十三五”末，有望到2020年达到58%，略低于全国2～5个百分点（见图6－8）。

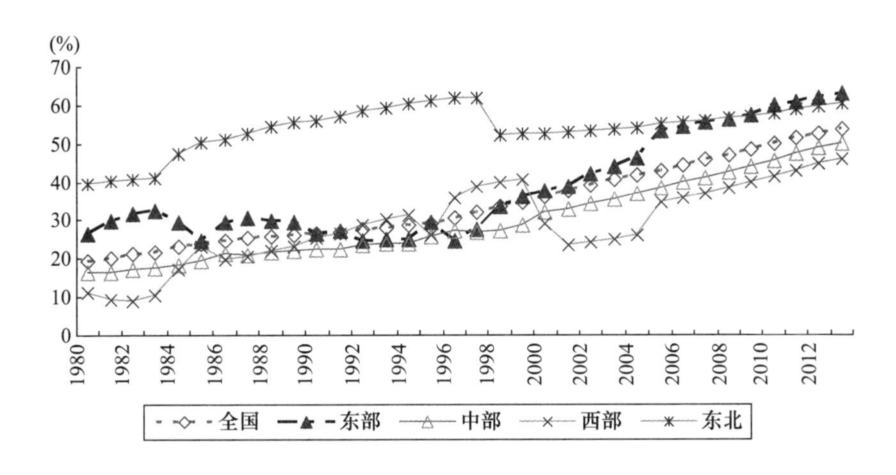

图6－8　1980～2013年四大板块城镇化率变动趋势

资料来源：相关年份的《中国统计年鉴》和各省统计年鉴。

当然，中部地区城镇化水平存在明显的地区差异。河南既是全国第一人口大省，也是中部地区城镇化率最低的省份，2013年全省人口规模接近1亿人，达到9413万人，城镇化率仅为43.80%，比全国平均水平低了近10个百分点，但高于西部，湖北是中部地区城镇化率最高的省份，为54.51%，比全国水平略高了

0.78个百分点。当然，跟2005年相比，中部地区城镇化水平显著提高，除了山西之外，其他五个省的城镇化率提高幅度明显高于全国平均水平，河南城镇化率提高了13.15个百分点，快速工业化、持续完善的城镇体系和大规模跨省外出务工人员回流为河南城镇化率加速提高奠定了坚实的基础（见表6－6）。

表6－6　中部省份城镇化水平　　单位：%

地区＼年份	2005	2006	2007	2008	2009	2010	2011	2012	2013
全国	42.99	44.34	45.89	46.99	48.34	49.95	51.27	52.57	53.73
山西	42.11	43.01	44.03	45.11	45.99	48.05	49.68	51.26	52.56
江西	37.00	38.68	39.80	41.36	43.18	44.06	45.70	47.51	48.87
河南	30.65	32.47	34.34	36.03	37.70	38.50	40.57	42.43	43.80
湖北	43.20	43.80	44.30	45.20	46.00	49.70	51.83	53.50	54.51
湖南	37.00	38.71	40.45	42.15	43.20	43.30	45.10	46.65	47.96

资料来源：历年《中国统计年鉴》。

（二）城市群成为城镇化的主要依托载体

城市群是城镇化过程中人口和产业高度集聚的空间形态，是不同城市职能、产业等方面分工协作的空间组织形式。跟东部地区相比，中部地区城市群进入快速成长期，无论是城市职能分工还是产业协作分工，都开始向更高级的空间组织形式阶段迈进（见表6－7）。同时，城市群内部在基础设施、社会服务管理和产业对接协作等方面实现一体化水平提高。

表6－7　2010年中国城市群发展情况

区域＼指标	面积		GDP		常住人口		就业人口	
	总量（万平方公里）	构成（%）	总量（亿元）	构成（%）	总量（万人）	构成（%）	总量（万人）	构成（%）
中原城市群	5.9	0.6	11061	2.7	4153	3.1	2131	3.0
武汉城市群	10.2	1.1	10007	2.5	3940	2.9	2000	2.8
长株潭城市群	2.8	0.3	5509	1.4	1365	1.0	678	0.9
皖江城市群	2.8	0.3	4784	1.2	1537	1.1	691	1.0
昌九城市群	4.2	0.4	3835	1.0	1419	1.1	782	1.1
太原城市群	0.7	0.1	1614	0.4	500	0.4	181	0.3

资料来源：叶裕民，陈炳欣．中国城市群的发育现状及动态特征［J］．城市问题，2014（4）．

过去10年，中部6省进入板块发展的高峰期，各省都把城市群作为全省发展格局实施战略调整的抓手。湖北加快武汉都市圈建设，在全省层面大力打造“一主（武汉）、两副（宜昌、襄阳）”城镇化战略新格局，提升武汉对沿江流域和周边城市的辐射带动作用，把武汉建设成中部地区的国家中心城市。河南加大推进中原经济区建设，依托中原城市群，强化京广、陇海等主要通道的辐射作用，积极融入丝绸之路经济带。山西加快资源型经济转型，依托太原城市群和太西铁路，构建全方位的开发开放新格局。湖南围绕环长株潭城市群建设，借助经京广、沪昆两大通道和环洞庭湖经济区建设，不断完善和提升城市群功能。江西继续依托昌九经济走廊，大力建设环鄱阳湖经济区，完善鄱阳湖地区城市交通网络建设。安徽积极对接长三角，大力建设皖江承接产业转移示范区，拓展合肥和沿江城市发展空间，以承接产业转移加快工业化进程。

五、承接国内外产业转移效果明显，带动本地外出务工回流

近年来，中部地区承接产业转移已得到国家政策大力支持。2010年8月，《国务院关于中西部地区承接产业转移的指导意见》（国发〔2010〕28号）出台，使产业转移问题上升到国家政策层面。另外，经国务院同意，国家发改委先后批复了皖江城市带、湖南湘南、豫晋陕黄河金三角、湖北荆州、江西赣南等地区为国家级承接产业转移示范区，旨在发挥示范区先行先试作用，带动区域经济发展。事实也表明，中部地区承接国内外产业转移的效果是非常明显的。

（一）承接产业转移阶段效果明显

河南、安徽、湖北等省2013年实际利用境内省外资金均超过6000亿元，河南和安徽两省实际利用外资超过100亿美元（见表6-8），湖南和江西是利用境内省外资金规模较少的地区，山西是实际利用外资规模最少的省份。此外，本轮产业转移是一次大范围“北上、西进”产业布局调整，从长江中游地区到黄河中游地区，都是承接产业转移的重点区域。从投资结构看，重化工业项目投资比重较高。如表6-9所示，2013年，安徽利用境内外资金主要投向工业部门，装备制造业（占26.2%）、家电及电子信息业（占17.1%）、化工业（占11.3%）、农产品加工业（占9.1%）、金属制品业（占4.4%）、冶金业（占3.9%）和非金属矿物制品业（占2.7%）等行业是重点投资的领域；相反，外资更青睐于投向采矿业，占52.2%。

（二）跨省外出务工出现回流趋势

中部地区人口众多，外出务工人员也较多。2013年地区人口达到3.6亿人，占全国27%，其中，河南人口达到9413万人，仅次于广东、山东，列全国第三，湖南、湖北和安徽也是传统的人口大省。很长一段时间，湖南、湖北、河南、安

表 6-8 2012~2013 年中部六省吸引国内外资金情况

地区 \ 指标	境内省外资金（亿元）		实际利用外资（亿美元）	
	2012 年	2013 年	2012 年	2013 年
山西	3381.9	—	25.0	28.1
安徽	5283.2	6796.7	86.4	106.9
江西	3189.5	3860.1	68.3	75.5
河南	5027.0	6197.5	121.2	134.6
湖北	5040.0	6157.0	56.7	68.9
湖南	2465.6	2883.9	72.8	87.0

资料来源：相关省份的统计公报或商务统计公报。

表 6-9 2013 年安徽承接国内外产业转移的基本情况

工业行业 \ 指标	境内省外资金		境外资金	
	到位资金（亿元）	构成（%）	外商直接投资（万美元）	构成（%）
采矿业	102.4	2.4	738786	52.2
装备制造	1099.6	26.2	129826	9.2
农产品加工	380.8	9.1	99801	7.1
冶金	163.0	3.9	21878	1.5
化工	473.2	11.3	95295	6.7
纺织服装	265.3	6.3	78488	5.5
家电及电子信息	718.3	17.1	112793	8.0
非金属矿物制品业	114.0	2.7	41323	2.9
金属制品业	185.9	4.4	51806	3.7
建材	171.8	4.1	0	0
其他制造业	236.8	5.6	31239	2.2
水电气生产和供应业	282.4	6.7	14255	1.0

资料来源：安徽省区域合作交流办公室。

徽和江西是我国劳动力输出大省，大量人口流向东部沿海，为东部地区工业化提供低成本、富足的劳动力。近年来，这种趋势发生转折性的变化，正如《中国流动人口发展报告 2013》所述，中部地区劳动力向省外流出的规模开始下降，许多省份出现农民工回流现象。无疑，这种趋势的出现为中部地区工业化创造了有利的要素支撑条件。《中国流动人口发展报告 2013》（中国人口出版社，2013 年）显示，2013 年东部地区农民工比上年减少 0.2%，中部地区增长 9.4%，西部地区增长3.3%。现在，在中部地区，更多外出务工人员选择就近就业，农村劳动力转移也出现“刘易斯拐点”迹象。以河南为例，2011年全省农村劳动力省内转移就业首次超过省外，到2013年底，农村新增劳动力明显下降，比上年减少了22万人（见表6－10）。同样，安徽统计局提供的调查数据显示，2013年安徽净流出省外半年以上人口达到897.7万人，较上年减少15.3万人，首次出现农民工“回流”现象。

表6－10　2013年河南农村劳动力转移就业基本情况　单位：万人

年份＼指标	转移就业规模	转移就业去向			新增转移就业
		省内就业	省外就业	省内外差额	
2010	2357	1142	1215	－73	105
2011	2458	1268	1190	78	101
2012	2570	1451	1119	332	112
2013	2660	1523	1137	386	90

资料来源：历年河南省相关的统计公报。

六、加强资源节约和生态环境保护，促进经济发展方式转变

（一）资源利用效率逐渐提高

中部地区经济社会发展带来资源消耗增长，但资源利用效率却有明显的提高。以水资源为例，基于《中国环境统计年鉴》数据，2013年，中部地区用水总量达到1499.5亿立方米，占全国24.25%，比2005年增长了248.1亿立方米，2005～2010年均增长2.3%，高于全国平均增速（1.2%）；不过，用水结构发生了一些积极的变化，农业用水量占比略有下降，从2005年的59.04%下降到2013年的58.52%，而生态环境补水用水量占比则出现明显回升，从2005年的0.8%上升至2013年的1.27%。同时，工农业节水取得一定的成效。2013年中部农业节水灌溉面积达到4011.2千公顷，比2005年增长了474.17千公顷；同样，按可比价计算，中部工业单位增加值用水量从2005年的219万立方米/亿元下降到2013年的86.06万立方米/亿元（见表6－11）。

（二）生态环境保护得到重视

中部地区横跨南北两个地理分界线，生态环境有典型的区域特征，各地区污染物排放情况不尽相同。如表6－12所示，2013年，中部地区废水、化学需氧量、氮氧化物、二氧化硫、氨氮和烟（粉）尘六大污染物排放量分别为162.52亿吨、575.99万吨、535.81万吨、480.91万吨、67.42万吨和316.11万吨，分

表 6－11 中部地区用水量基本情况

地区＼指标	2005 年					2013 年				
	用水量（亿立方米）	用水结构（%）				用水量（亿立方米）	用水结构（%）			
		农业	工业	生活	生态		农业	工业	生活	生态
山西	55.72	58.65	25.02	15.65	0.68	73.80	58.40	20.19	16.67	4.74
安徽	208.03	54.58	32.55	12.20	0.66	296.00	54.76	33.24	10.64	1.39
江西	208.05	64.70	24.61	10.07	0.62	264.80	66.35	22.70	10.16	0.79
河南	197.78	57.89	23.19	16.99	1.93	240.60	58.89	24.69	13.88	2.54
湖北	253.38	56.09	32.58	11.30	0.03	291.80	54.69	31.67	13.50	0.14
湖南	328.44	61.30	24.51	13.24	0.95	332.50	58.74	28.39	12.03	0.87
中部	1251.40	59.04	27.31	12.85	0.80	1499.50	58.52	27.98	12.24	1.27

资料来源：相关年份《中国环境统计年鉴》。

别占全国比重23.37%、24.48%、24.06%、23.53%、27.44%和24.73%。略高于地区生产总值占全国20.02%的比重，其中，在氮氧化物、二氧化硫、烟（粉）尘等污染物排放中，工业占比较高，超过60%；在化学需氧量和氨氮排放中，农业的占比都超过30%；在废水排放中，生活废水排放占69.46%；在氮氧化物和烟（粉）尘排放中，机动车排放不可忽视，其中，机动车排放氮氧化物占29.88%、排放烟（粉）尘占4.88%。进一步观察各地区的六大污染物排放情况，就可以发现各地区因为产业结构和城镇化水平不同而表现出各异的结果。

随着工业化和城镇化进程的加快，中部地区面临的生态环境压力持续增大，倒逼了产业转型升级和城市绿色发展。首先，中部地区以体制改革促进发展方式转变。2007 年，武汉都市圈和长株潭城市群被国家批准为"资源节约型、环境友好型"综合配套改革试验区，湖北和湖南两地政府利用这次机会，加快体制机制创新，如排污权转让、生态补偿、碳排放交易等，引导各类主体加强生态环境治理和保护。2010 年，山西被国家批准为"国家资源型经济转型综合配套改革试验区"，全省各级政府把资源型经济转型作为突破口，加快资源管理体制改革，加快非资源型产业发展，大力推进矿山治理、落后产能淘汰、区域环评限批等，减缓"三废"排放快速增长。除此之外，国家还在长江、黄河、淮河等流域以及鄱阳湖、洞庭湖等湖泊，实施了一系列的生态环境整治工程，有效缓解区域性的生态危机。其次，各地区加大环境污染治理投资。2013 年中部地区完成环境污染治理投资总额为1857.5 亿元，是2005 年5.86 倍。其中，城镇环境基础设

表 6－12　2013 年中部地区主要污染排放的基本情况

指标 地区	废水			化学需氧量				氮氧化物			
	总量（亿吨）	工业（%）	生活（%）	总量（万吨）	工业（%）	农业（%）	生活（%）	总量（万吨）	工业（%）	生活（%）	机动车（%）
全国	695.44	30.17	69.76	2352.72	13.58	47.85	37.82	2227.36	69.39	1.83	28.76
中部	162.52	30.46	69.46	575.99	12.13	44.75	42.18	535.81	68.44	1.67	29.88
山西	13.80	34.64	65.36	46.13	17.08	37.85	44.53	115.78	74.59	2.63	22.78
安徽	26.62	26.67	73.29	90.27	9.65	41.07	48.34	86.37	72.53	1.24	26.20
江西	20.71	32.93	66.92	73.45	12.70	31.65	54.32	57.04	60.66	0.54	38.80
河南	41.26	31.70	68.27	135.42	12.61	57.71	29.15	156.56	65.71	1.55	32.74
湖北	29.41	28.90	71.00	105.82	12.11	43.60	43.01	61.24	66.05	2.12	31.83
湖南	30.72	30.05	69.82	124.90	11.27	44.60	43.15	58.82	67.63	1.36	30.99

指标 地区	二氧化硫			氨氮				烟（粉）尘			
	总量（万吨）	工业（%）	生活（%）	总量（万吨）	工业（%）	农业（%）	生活（%）	总量（万吨）	工业（%）	生活（%）	机动车（%）
全国	2043.92	89.79	10.20	245.66	10.01	31.72	57.54	1278.14	85.64	9.69	4.65
中部	480.91	90.45	9.54	67.42	10.86	36.37	52.00	316.11	86.46	8.65	4.88
山西	125.54	90.87	9.13	5.53	13.74	21.88	63.83	102.67	87.45	10.28	2.27
安徽	50.13	89.81	10.15	10.33	7.45	35.62	56.24	41.86	84.04	10.63	5.30
江西	55.77	97.45	2.55	8.88	10.14	32.32	56.76	35.63	91.13	1.74	7.10
河南	125.40	87.94	12.07	14.42	8.53	42.37	48.54	64.13	85.33	6.66	8.00
湖北	59.94	87.42	12.56	12.49	10.89	36.19	51.72	35.95	82.00	13.41	4.62
湖南	64.13	91.80	8.20	15.77	14.59	38.87	45.78	35.87	88.32	7.30	4.38

资料来源：《中国环境年鉴》（2014）。

施建设投资为1213.80亿元，占65.34%，工业污染源治理投资为205亿元，占11.04%。由于城镇化加快推进，城镇环境基础设施投资无论是规模还是强度都有较快的增长（见表6－13）。此外，受落后产能淘汰、环境监督到位等因素影响，中部地区工业节能减排取得阶段效果。按可比价计算，2013年中部地区单位工业增加值的废水排放、废气排放都比2005年有明显下降，日废水排放和废气排放低于全国平均水平，固废产生量略高于全国平均水平（见表6－14）。此外，山西、安徽、河南等省份积极实施大气污染防治行动计划和重污染应急预案，将大气污染防治纳入领导干部考核评价指标体系，建立大气污染防治联席会议制度。

表6－13　2005年和2013年中部地区污染治理设施投资

指标 地区	2005年				2013年			
	环境污染治理投资总额（亿元）	环境污染治理投资占GDP比重（%）	城镇环境基础设施建设投资强度（万元/平方公里）	工业污染源治理投资占工业增加值比重（%）	环境污染治理投资总额（亿元）	环境污染治理投资占GDP比重（%）	城镇环境基础设施建设投资强度（万元/平方公里）	工业污染源治理投资占工业增加值比重（%）
全国	2388.0	1.29	435.17	0.59	9516.5	1.67	1091.42	0.41
中部	317.0	0.86	263.50	0.54	1857.5	1.46	1213.80	0.35
山西	48.5	1.18	258.82	0.96	337.2	2.68	1966.96	0.92
安徽	49.3	0.92	306.18	0.25	506.0	2.66	1799.40	0.46
江西	37.1	0.91	310.14	0.49	239.6	1.67	1583.26	0.24
河南	82.4	0.78	309.95	0.42	288.1	0.90	687.61	0.28
湖北	62.0	0.96	256.43	0.62	252.7	1.02	769.92	0.24
湖南	37.7	0.58	139.83	0.64	233.9	0.95	1111.00	0.23

资料来源：历年《中国环境年鉴》。

表6－14　中部地区单位增加值工业“三废”排放

指标 地区	2005年			2013年		
	废水排放（吨/万元）	废气排放（立方米/万元）	固废产生量（吨/万元）	废水排放（吨/万元）	废气排放（立方米/万元）	固废产生量（吨/万元）
全国	42.49	4.70	1.89	12.12	3.87	2.35
中部	58.89	6.93	2.05	11.75	3.80	4.30
山西	23.85	11.25	6.21	9.72	8.40	8.31
安徽	53.32	5.85	1.93	11.50	4.59	3.52

续表

指标 地区	2005年			2013年		
	废水排放（吨/万元）	废气排放（立方米/万元）	固废产生量（吨/万元）	废水排放（吨/万元）	废气排放（立方米/万元）	固废产生量（吨/万元）
江西	86.09	6.98	2.72	16.10	3.67	11.18
河南	53.50	6.71	1.31	10.55	3.04	2.68
湖北	59.27	6.03	1.06	11.04	2.60	2.37
湖南	97.69	4.80	1.17	13.79	2.58	2.69

资料来源：历年《中国环境年鉴》。

七、城乡社会事业取得进步，城乡一体化进程加快

促进城乡基本公共服务均等化是新型城镇化的要求，也是提升城镇化质量的要务所在。进入21世纪以来，中部地区教育事业取得令人瞩目的成就，城乡居民受教育机会明显增加，九年义务教育实现全覆盖，高等院校招生录取率逐年提高，如根据新浪教育频道提供的数据显示，2013年，河南、湖北、湖南和安徽高考录取率分别达到74.83%、80%、85.3%和82.3%，明显高于2005年。同时，中部地区医疗卫生事业也取得了长足进步，由2005年5.1张/万人上升到2013年9.5张/万人。从城乡基本公共服务看，中部6省积极落实国家有关政策，出台了促进城乡基本公共服务均等化的实施方案。很多省份已建立较完善的城乡医疗保障、社会保障、促进就业等社会化的服务体系，并向城乡基本公共服务均等化迈进。由于城乡基本公共服务明显改善，城乡居民收入差距也呈缩小的趋势，城乡居民收入比由2007年的3.03下降到2013年的2.71（见图6-9）。“十三五”中部地区城乡收入差距还将继续下降，城乡一体化发展初步实现。

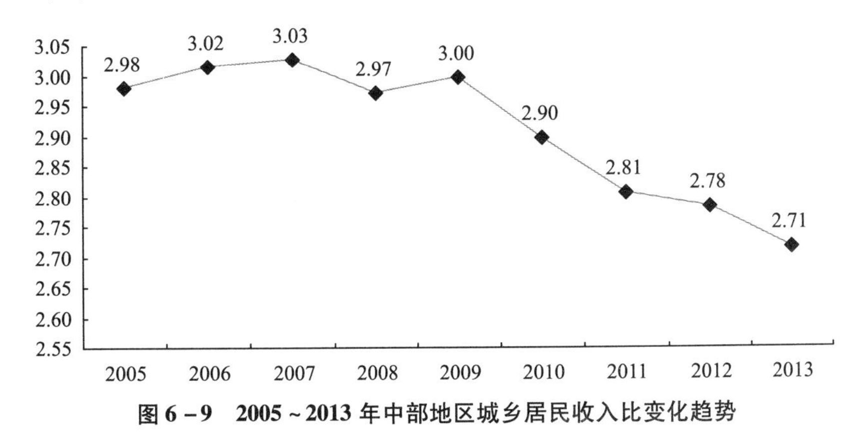

图6-9 2005~2013年中部地区城乡居民收入比变化趋势

注：城乡居民收入比=城镇居民可支配收入/农民人均纯收入。

资料来源：《中国统计年鉴2014》。

第二节　中部地区经济社会发展与城镇化主要问题

中部地区省情差异较大，发展水平也不同，应对资源环境问题的压力有所差异。在经济新常态的背景下，中部地区经济社会发展的外部环境随之发生了相应的变化，各种困难或问题交织并存。总体看，中部地区经济社会发展存在的主要问题如下：

一、局部地区仍然存在“中部塌陷”现象

中部地区尽管处于同一经济梯度，但经济社会发展水平却有明显差异。如表6－15所示，从横向比较看，中部6省人均GDP低于内蒙古、重庆、陕西等西部省市区，河南、安徽等人口和农业大省每万人口新增城镇单位就业不仅低于四川、陕西，也低于江苏、上海。不仅如此，中部6省经济社会发展面临的主要矛盾或困难也存在显著的差异，如山西仍面临着资源型经济艰难转型的困难，河南现阶段正遇到如何有效促进新型城镇化、新型工业化与农业现代化协调发展的难题。综合来看，中部地区6省尚未根本走出“塌陷”状态，人口基数大、地区发展不平衡等因素阻滞了中部地区通向繁荣之路。

表6－15　2013年各地区主要经济指标的比较

区域	地区	GDP（亿元）	人口（万人）	人均GDP（元）	经济增速（%）	工业占比（%）	城镇化率（%）	新增就业（万人）	粮食产量（万吨）
东部	北京	19501	2115	93213	9.92	18.14	86.30	24.3	96.1
	天津	14370	1472	99607	13.82	46.48	82.01	13.4	174.7
	河北	28301	7333	38716	10.43	46.62	48.12	33.7	3365.0
	上海	21602	2415	90092	7.50	33.50	89.60	63.0	114.2
	江苏	59162	7939	74607	11.42	43.29	64.11	674.3	3423.0
	浙江	37568	5498	68462	10.32	43.57	64.00	1.6	734.0
	福建	21760	3774	57856	12.20	43.45	60.77	6.4	664.4
	山东	54684	9733	56323	10.04	44.29	53.75	181.4	4528.2
	广东	62164	10644	58540	9.50	44.12	67.76	664.0	1315.9
	海南	3146	895	35317	13.72	17.52	52.74	15.8	190.9

续表

区域	地区	GDP（亿元）	人口（万人）	人均 GDP（元）	经济增速（%）	工业占比（%）	城镇化率（%）	新增就业（万人）	粮食产量（万吨）
中部	山西	12602	3630	34813	11.36	47.87	52.56	28.7	1312.8
	安徽	19039	6030	31684	13.60	46.89	47.86	83.3	3279.6
	江西	14339	4522	31771	13.37	44.88	48.87	65.3	2116.1
	河南	32156	9413	34174	10.54	49.64	43.80	195.4	5713.7
	湖北	24668	5799	42613	13.74	42.69	54.51	99.1	2501.3
	湖南	24502	6691	36763	13.41	40.82	47.96	33.6	2925.7
西部	内蒙古	16832	2498	67498	11.56	47.20	58.71	34.0	2773.0
	广西	14378	4719	30588	13.13	39.99	44.81	45.8	1521.8
	重庆	12657	2970	42795	14.15	41.48	58.34	49.0	1148.1
	四川	26261	8107	32454	13.16	44.09	44.90	205.6	3387.1
	贵州	8007	3502	22922	15.40	33.55	37.83	27.3	1030.0
	云南	11721	4687	25083	13.69	32.14	40.48	37.5	1824.0
	西藏	808	312	26068	12.85	7.57	23.71	5.6	96.2
	陕西	16045	3764	42692	14.45	46.79	51.31	95.1	1215.8
	甘肃	6268	2582	24296	13.10	35.50	40.13	45.6	1138.9
	青海	2101	578	36510	14.21	46.19	48.51	2.7	102.4
	宁夏	2565	654	39420	13.64	36.82	52.01	5.1	373.4
	新疆	8360	2264	37181	14.34	36.17	44.47	22.0	1377.0
东北	辽宁	27078	4390	61686	12.22	46.20	66.45	92.2	2195.6
	吉林	12981	2751	47191	12.27	46.48	54.20	55.0	3551.0
	黑龙江	14383	3835	37509	10.87	35.39	57.40	10.2	6004.1

注：新增就业是指 2013 年城镇单位就业较 2012 年的增长量。

资料来源：《中国统计年鉴 2014》。

二、城市之间的差距过大

从经济空间分布看，中部地区出现高度极化的增长格局（见图 6－10）。武汉、长沙、郑州、合肥、南昌、太原等省会城市具有强大的增长极作用，洛阳、宜昌、襄阳、芜湖等城市成为区域性的次中心；其他外围的城市经济规模明显较小，与中心城市差距较大。另外，在中心城市和次中心城市强大的极化作用下，外围城市的大量要素不断向这两类城市集中，从而形成马太效应，持续扩大地区差距。从图 6－10 可以看出，中部省际交界地区是我国典型的老、少、边、穷区

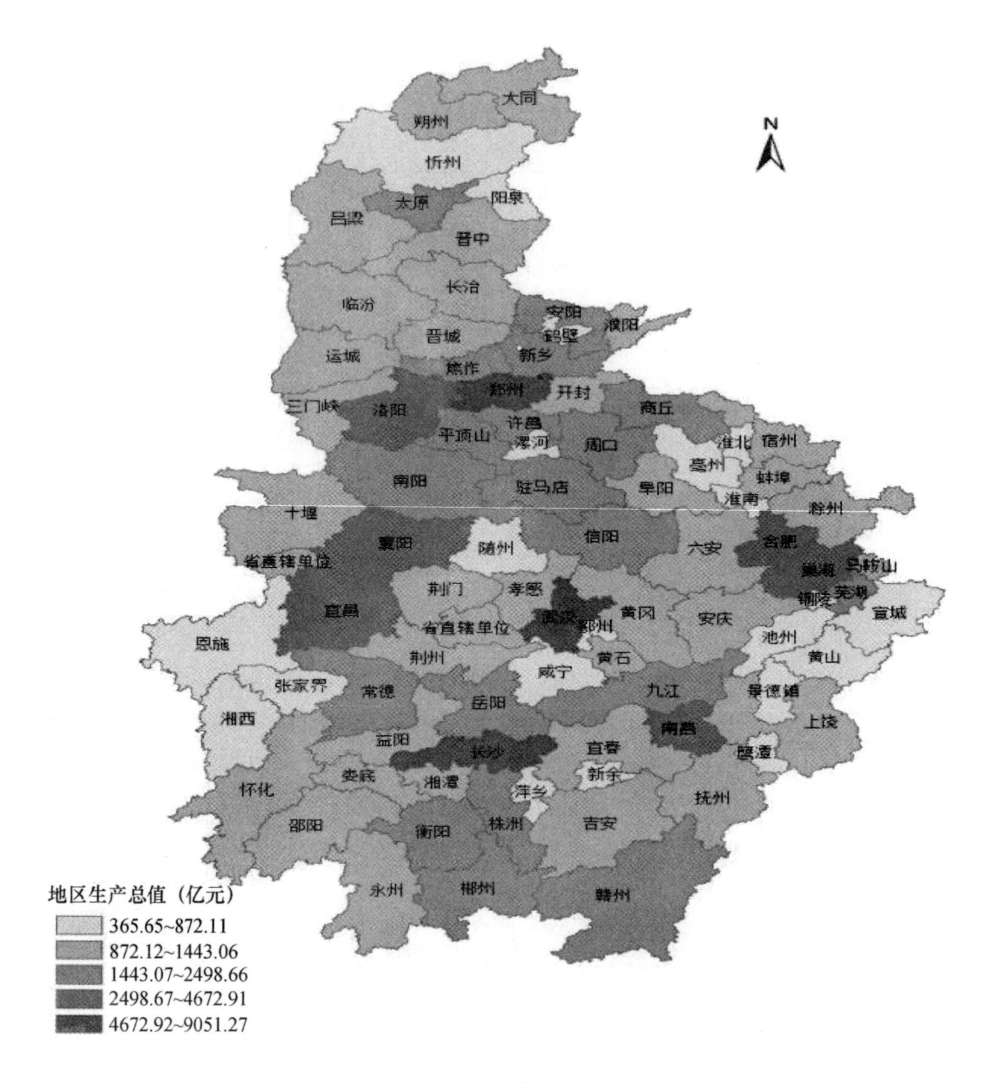

图 6-10　中部 6 省的经济差距

资料来源：历年《中国统计年鉴》。

域，分布着大量的贫困人口，特别是秦巴山、武陵山、燕山—太行山、吕梁山区、大别山区、罗霄山区等连片特困地区，经济发展水平很低，传统农业和资源加工业仍处于主导地位，脱贫致富的任务非常艰巨。

三、人口红利开始消失

现阶段，中部地区人口多，劳动力资源丰富。但如果从人口年龄构成变化趋势看，近年来，中部地区 15～64 岁年龄段人口占比略有下降，并且，这种趋势

与全国变化基本同步（见图6－11）。另外，据课题组调研，湖北、湖南、江西等省的省会城市已开始出现招工难问题，不仅缺少技术工人，也缺少普通工人；同时，普通工人工资上涨很快。种种迹象表明，中部地区人口红利发生了转折性的变化，人口红利开始消失，有“未富先老”的压力。可见劳动力低成本优势不足以较长时间支持中部地区经济持续快速增长。

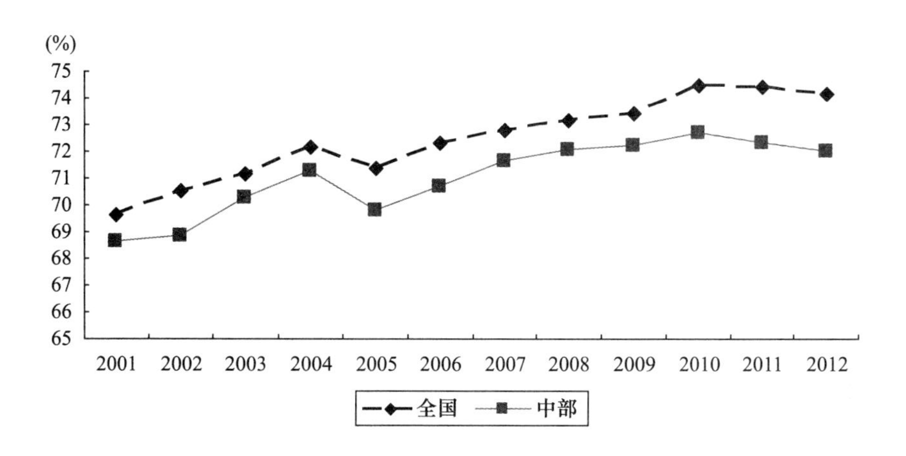

图6－11　中部地区15～64岁年龄段人口占地区总人口比重

资料来源：历年《中国人口和就业统计年鉴》。

四、工业结构调整升级难度大

正如上文所述，中部地区工业结构偏重，重化工业占比较高，结构调整难度非常大。一是实现产业结构动态调整需要较高的成本。除了淘汰落后产能之外，改造提升传统产业，疏解部分优质过剩产能以及引导产业整合升级都需要相配套的资金，同时也要承受一定的社会成本，如安排相关就业人员转岗就业或再择业等。二是培育发展新兴产业仍需时间。这些年，尽管中部6省都将战略性新兴产业作为扶持的重点，但由于缺少核心技术和成熟市场，所以，这些产业要形成规模并在全省经济发展中起到支柱作用，仍需时日。三是在经济下行压力下，中部地区工业发展面临的外部环境更加严峻，企业为了保生存就失去了求升级的动力。

五、农产品主产区问题复杂严峻

中部地区是典型的人多地少、资源人均占有量少的地区。据《中国统计年鉴2013》显示，中部地区粮食种植面积为3286.7万公顷，占全国的29.4%，粮食总产量为17849.2万吨，占全国的29.7%。俗话“两湖熟，天下足”，江汉平原、华北平原等地区是我国重要的商品粮基地，长期肩负着向我国华东、华南、西南、西北等地区输出粮食的任务。但是，受相关补偿政策不完善、产业基础薄弱、农村青壮年劳动大规模外出务工等因素影响，农产品主产区经济社会发展遇到不少的困难。

（一）地区发展水平总体偏低

在现行体制下，主要农产品产区为了完成粮食生产任务而不得不牺牲经济发展机会，长期处于较低的经济发展水平。从表6-16可以看出，除了山西之外，中部地区其他5个省主要农产品产区的人均GDP不及本省平均水平的65%，其中，河南、安徽这两个农业大省主要农产品产区人口分别为5428.5万人、3832.6万人，占全省人口的57.67%、63.56%。由于地区发展水平低，大量农业人口不得不背井离乡、外出务工。显然，这种以牺牲地方经济利益保障粮食安全的政策思路是不能适应现实需要的。另外，在工业化和城镇化快速推进的背景下，中部地区“保粮食”的压力异常艰巨，主要有两方面的原因：一方面，越来越多的农村剩余劳动力进城务工，农业从业人员老龄化问题日趋突出；另一方面，城市空间急速扩张势必占用更多的耕地，也影响了粮食生产，据调查，2012年湖南因各类建设占用减少耕地6924公顷，约占湖南耕地面积的0.18%。这些问题直接影响粮食安全保障。

表6-16　2013年中部地区农产品主产区经济发展水平

地区＼指标	地区生产总值		人口		人均GDP（元）	人均GDP/全省平均水平（%）
	规模（亿元）	占比（%）	规模（万人）	占比（%）		
山西	3048.6	24.19	1094.8	30.16	27845.9	79.99
安徽	6016.9	31.60	3832.6	63.56	15699.0	49.55
江西	3663.1	25.55	1815.0	40.14	20182.1	63.52
河南	11477.7	35.69	5428.5	57.67	21143.6	61.87
湖北	3286.3	13.32	1190.8	20.54	27596.9	64.76
湖南	6180.5	25.22	2594.4	38.78	23821.9	64.80

注：主要农产品产区是根据各省主体功能区规划确定的。

资料来源：各省统计年鉴。

（二）农村面源污染呈现蔓延的势头

2013年，中部地区化肥施用量达到1897.5万吨，占全国的32.10%，2005~2013年均增速2.8%，与全国平均增速接近；农药使用量为629738吨，占全国的34.95%，2005～2013年均增速2.4%，略低于全国平均增速（2.7%）（见表6－17）。从强度看，中部地区单位面积化肥施用量（或称施用强度）为1.024吨/公顷，略高于全国平均水平，也较2005年略微高一些，其中，河南和湖北化肥施用强度最高，分别为1.401吨/公顷、1.261吨/公顷，河南、湖南等省化肥施用强度较2005年有明显升高的趋势。在农药使用方面，中部地区单位面积农药使用量（或称使用强度）达到0.034吨/公顷，高于全国平均水平，与2005年基本持平，其中，江西农药使用强度最高，达到0.050吨/公顷。由于中部地区集中分布着全国重要的主要农产品产区，大范围施用化肥和使用农药，造成大面积的面源污染。进一步，利用简单指数进行分析，从表6－18的结果可以发现，安徽和湖北都属于化肥和农药污染相对较重的省份，江西和湖南主要遭受农药污染，河南化肥污染较重。如果没有尽快实施耕地轮作，预计中部地区"十三五"化肥施用量和农药使用量将继续保持每年1%左右的增速。

表6－17　中部地区农业面源污染

地区＼指标	2005年				2013年			
	化肥施用量（万吨）	单位面积化肥施用量（吨/公顷）	农药使用量（吨）	单位面积使用量（吨/公顷）	化肥施用量（万吨）	单位面积化肥施用量（吨/公顷）	农药使用量（吨）	单位面积使用量（吨/公顷）
全国	4766.2	0.866	1459945	0.027	5911.9	0.931	1801862	0.028
中部	1524.6	0.961	521416	0.033	1897.5	1.024	629738	0.034
山西	95.7	0.879	22792	0.021	121.0	0.875	30534	0.022
安徽	285.7	0.858	94841	0.028	338.4	0.786	117774	0.027
江西	129.4	0.707	75305	0.041	141.6	0.710	99922	0.050
河南	518.1	1.065	105056	0.022	696.4	1.401	130058	0.026
湖北	285.8	1.384	110172	0.053	351.9	1.261	127152	0.046
湖南	209.9	0.780	113250	0.042	248.2	0.805	124298	0.040

资料来源：《中国环境年鉴2014》。

表6－18　各地区化肥或农药污染类型识别

地区＼指标	粮食		化肥		农药		污染类型
	产量	占比（%）	占比（%）	指数	占比（%）	指数	
全国	60193.84	—		—		—	
山西	1312.80	2.181	2.047	0.938	1.695	0.777	—

续表

地区＼指标	粮食		化肥		农药		污染类型
	产量	占比（%）	占比（%）	指数	占比（%）	指数	
安徽	3279.60	5.448	5.724	1.051	6.536	1.200	化肥和农药污染
江西	2116.10	3.515	2.395	0.681	5.545	1.577	农药污染
河南	5713.69	9.492	11.780	1.241	7.218	0.760	化肥污染
湖北	2501.30	4.155	5.952	1.432	7.057	1.698	化肥和农药污染
湖南	2925.74	4.861	4.198	0.864	6.898	1.419	农药污染

注：①“占比”是指每个省相应指标占全国的比重；②化肥施用指数 = 该省化肥施用量占比/该省粮食产量占比，农药使用指数 = 该省农药使用量占比，如果指数值大于 1 说明该省化肥或农药污染较重。

资料来源：《中国统计年鉴 2014》和《中国环境年鉴 2014》。

六、生态环境威胁日益增多

近些年，中部地区生态环境发生了趋势性的变化，这些变化如应对不当，将给生态环境带来更严重的威胁。加之，中部地区工业化和城镇化的进程正处于加快推进阶段，工业和城乡居民生活污染排放量也会出现快速增长，可见中部地区生态环境不容乐观。归纳起来，中部地区生态环境的主要变化表现为：

（一）大气污染呈现“南北相连、东西挤压”

据中国气象局资料显示，中部地区雾霾区域基本是以秦岭为分界线，形成南北两大组团。并且，随着时间的推移，这两大组团可能出现南北相连的趋势。如图 6 - 12 和图 6 - 13 所示，在承接产业转移的过程中，中部地区废气排放经济强度尽管近年有所下降，但废气排放空间强度增长较快，与东部的差距有缩小趋势。如表6 - 19所示，从相对转移的视角看，中部地区二氧化硫排放量占全国比重略微上升，西部占比上升最明显，规模也很大，东部占比有所下降，规模比西部略小，意味着二氧化硫排放呈现“东西高、中部低”的现象，下一步，东部和西部二氧化硫排放随着大气流动和产业转移形成“东西挤压”的困局；而中部地区烟粉尘排放量占比却下降了 7.66 个百分点。上述事实表明，中部地区不仅出现污染转移，如果不采取积极措施，今后还有可能与东部污染带连成片，成为东部雾霾带的转移扩散地。当然，如果从全国大气排放格局来看，中部处于东部和西部两大高排放的地带，也有望成为两大高排放带的“隔离带”。

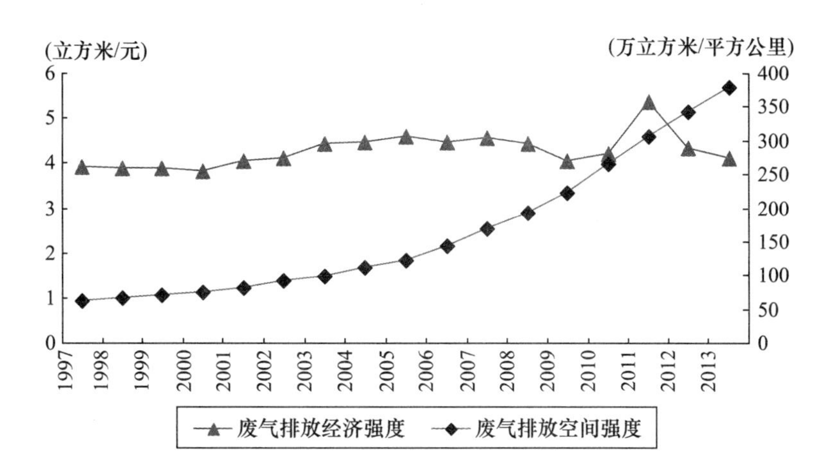

图 6-12　中部地区工业废气排放强度变化

资料来源：历年《中国统计年鉴》。

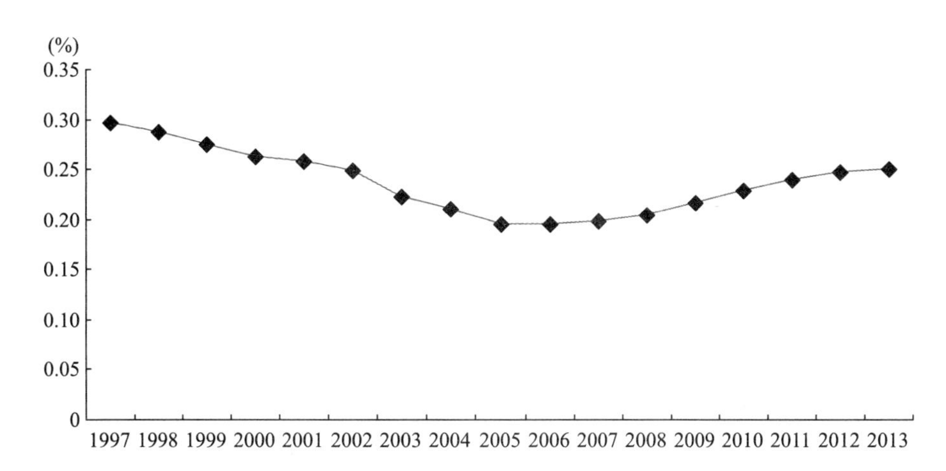

图 6-13　中部与东部工业废气排放的空间强度比较（中部/东部）

资料来源：历年《中国统计年鉴》。

表 6-19　中国各类废气排放的区域相对转移

指标 / 地区	2013 年		2005 年		期间变动	2013 年		2005 年		期间变动
	二氧化硫排放量（万吨）	占比（%）	二氧化硫排放量（万吨）	占比（%）		烟粉尘（万吨）	占比（%）	烟粉尘（万吨）	占比（%）	
全国	2043.92	—	2549.3	—	—	1278.14	—	2093.7	—	—
东部	613.97	30.04	847.8	33.26	-3.22	368.87	28.86	496	23.69	5.17

续表

地区＼指标	2013年		2005年		期间变动	2013年		2005年		期间变动
	二氧化硫排放量（万吨）	占比（%）	二氧化硫排放量（万吨）	占比（%）		烟粉尘（万吨）	占比（%）	烟粉尘（万吨）	占比（%）	
中部	480.91	23.53	596.1	23.38	0.15	316.11	24.73	678.1	32.39	-7.66
西部	759.27	37.15	896.7	35.17	1.97	421.84	33.00	677.4	32.35	0.65
东北	189.76	9.28	208.7	8.19	1.10	171.32	13.40	242.2	11.57	1.84

（二）化工产业带沦为污染扩散带

我国长江中游地区逐渐成为化工产业密集带。“十二五”以来，长江中游地区出现一轮化工产业投资建设的高潮，沿江城市从宜昌到马鞍山都有化工企业布局，初步形成了一条以磷化工、石化、炼化为主的化工产业带，其中，宜昌是磷化工基地，荆门、岳阳和九江是石化基地，武汉已开始建设炼化基地。这条产业带已初具规模，已出现大气污染扩散和废水直接排入长江问题。据《中国环境年鉴2014》，2005~2011年长江中游沿江城市各类化工企业出现迅猛增长势头，五大行业企业数从2005年的678家快速增长到2011年的2922家，导致沿江城市废水排放量大，废水直排入环境占废水排放总量普遍较高，基本为50%~95%，如南昌占比为92.5%，武汉占比为82.6%。如果不加以引导和调整产业布局，长江就可能沦为企业的排污沟（见图6-14）。

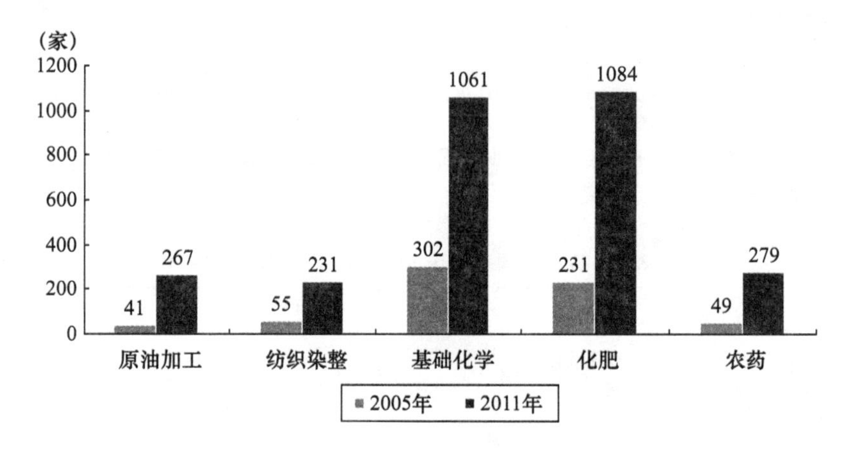

图6-14　长江中游沿江城市化工企业数增长

黄河中游煤化工产业带面临着不可低估的环境风险。由于前些年的煤化工

“大跃进”，黄河中上游正在形成连绵上千公里的煤化工产业密集带，山西沿河县市及周边地区多数布局煤化工产业园区，由此带来的结果是，环境风险持续加大，水资源日趋紧张。据统计，2005～2011 年，黄河中游（晋豫段）涉及煤化工的四个行业企业都有不同程度增长，从2005 年的576 家增长到2011 年的2014家，其中，基础化学、化肥和农药三个行业企业数出现井喷式增长，即使是在经济新常态下，这些传统煤化工产业增速放缓，产能利用率不足，但在“十三五”，这些行业污染物排放继续威胁地区生态环境（见图6－15）。

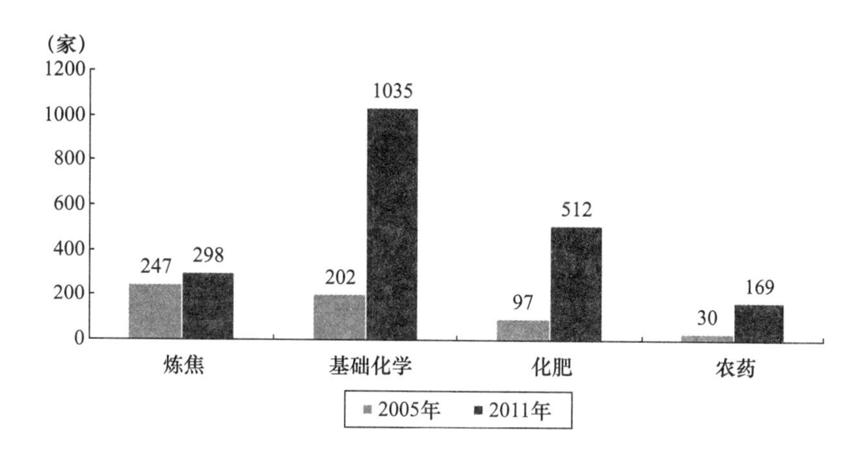

图6－15　黄河中游（晋豫段）化工企业数增长

（三）城镇化带来资源环境紧张

近年，中部地区快速城镇化不仅重塑了城乡空间结构，也改变了人们的工作和生活方式，每年至少有500 万农村人口进入各级城市工作、生活，越来越多小汽车进入百姓家中，相应地，这些变化给城市资源环境带来日益增长的压力。据统计，2011～2013 年，中部地区新增城镇人口1402.1 万人，年均转移农村人口为701.1 万人，每万名新增人口能源消费增加645.4 吨煤炭，每新增1 个城镇人口需增加用水113.46 吨、生活污水排放105.17 吨、二氧化硫排放25.08 吨、氮氧化物4.47 吨和烟尘50.61 吨。按照这个标准进行测算，如果中部地区“十三五”每年实现500 万农村人口转为城镇人口，那么，每年需消耗322730.19 吨煤和56728.3 万吨水，增加生活污水排放52586.44 万吨、生活二氧化硫12540 万吨、生活氮氧化物2235.22 万吨和生活烟尘25306.33 万吨（见表6－20）。这么大规模的资源消耗和环境排放迫切要求地方政府加大相关的基础设施建设。

表 6-20 2011~2013 年中部 6 省城镇生活资源消费和污染排放的人均增长量

地区 \ 指标	新增城镇人口（万人）	煤炭消费（吨/万人）	用水（吨/人）	污水排放（吨/人）	二氧化硫排放（吨/万人）	氮氧化物排放（吨/人）	烟尘排放（吨/人）
全国	4468.0	3209.04	166.05	128.00	18.22	9.23	20.45
中部	1402.1	645.46	113.46	105.17	25.08	4.47	50.61
山西	154.9	3918.66	49.10	88.86	63.72	9.18	48.83
安徽	238.3	2379.35	134.67	95.29	38.13	9.02	121.66
江西	151.2	-925.93	141.15	103.31	-11.81	2.58	-25.06
河南	374.3	-2652.95	98.28	111.28	26.78	2.78	4.20
湖北	247.4	2150.36	122.86	82.67	18.87	3.69	100.39
湖南	236.0	1406.78	130.75	140.96	13.98	1.49	

注：负值表明 2011~2013 年该省这个指标在新增城镇人口的情况下出现负增长。

资料来源：历年《中国环境年鉴》。

机动车增长也是中部地区大气环境的主要威胁。随着城镇化的加快和城乡居民生活水平的提高，中部地区民用汽车的拥有量保持强劲增长势头，2013 年，民用汽车数量已到达 2405.67 万辆，占全国 18.99%，2011~2013 年均增长 17.77%，高于全国平均水平（16.37%）。同时，2013 年，中部地区机动车尾气排放量为 965.91 吨，占全国 21.13%，略高于汽车拥有量占比，其中，总颗粒物占 1.6%、氮氧化物占 16.6%、一氧化碳占 72.55%、碳氢化物占 9.3%。2011~2013 年，中部地区民用汽车增长 671.181 万辆，机动车尾气增长 14.416 吨，氮氧化物和一氧化碳都出现增长，分别为 3.735 吨、11.207 吨（见表 6-21）。“十三五”中部地区继续停留于“汽车时代”，民用汽车数量增速将保持高速增长，预计增速为 18% 左右，到 2020 年将达到 7660 万辆；同时，汽车尾气排放量有可能继续增长，并成为很多城市雾霾的主因。

表 6-21 2011~2013 年中部地区机动车排放增长

地区 \ 指标	民用汽车增长（万辆）	尾气排放增长（吨）	各类尾气排放增长（吨）			
			总颗粒物	氮氧化物	一氧化碳	碳氢化物
中部	671.181	14.416	-0.164	3.735	11.207	-0.362
山西	82.939	3.932	0.012	-0.672	4.413	0.179
安徽	100.118	-7.126	-0.208	-0.130	-5.706	-1.082
江西	75.290	-1.676	-0.161	0.521	-1.824	-0.212

续表

指标 地区	民用汽车增长（万辆）	尾气排放增长（吨）	各类尾气排放增长（吨）			
			总颗粒物	氮氧化物	一氧化碳	碳氢化物
河南	199.412	7.876	-0.006	1.396	6.287	0.199
湖北	104.907	2.604	0.109	1.489	1.046	-0.040
湖南	108.515	8.806	0.090	1.131	6.991	0.594

资料来源：历年《中国环境年鉴》。

（四）重大水利工程的生态环境影响不可低估

三峡工程带来的生态环境影响显现。在长江三峡大坝蓄水发电之后，由于长江水流发生了明显的变化，长江中游地区湖泊水环境进入了“新的常态”，特别是枯水期，沿江许多湖泊出现大面积干涸，洞庭湖和鄱阳湖两大湖泊生态环境已出现恶化。同时，由于“长江水患”的解除，沿江城市有很大积极性大上工业项目，也带来更多的工业污染。

“南水北调”工程生态补偿机制不健全。南水北调工程中线通水后，丹江口库区及中线沿线地区处于“护水”和“保生产”的胶着状态。很多农民牺牲了自己的经济利益来“护水”，因此，如果得不到长期稳定的生态补偿，就会影响他们的积极性，可能影响水质。

（五）重点生态功能区发展水平较低

中部地区分布着长江、黄河等河流以及鄱阳湖、洞庭湖等湖泊，江湖生态环境质量直接关系我国生态安全。在主体功能区划框架下，中央和地方分别确定了国家级、省级生态功能区，从某种意义上讲，这些功能区为了守住国家或区域生态屏障而牺牲了经济发展，从表6-22可以看出，许多省份重点生态功能区发展水平明显低于全省平均水平，湖北最低，仅为全省平均水平的40.74%。从长远看，要让这些生态功能区甩掉经济发展的包袱亟需国家出台更加完善的生态补偿政策，否则，地方政府对经济发展的强烈诉求可能转化为不遗余力突破生态红线，大搞产业项目扩张。

表6-22　2013年中部地区重点生态功能区经济发展水平

指标 地区	地区生产总值		人口		人均GDP（元）	人均GDP/全省平均水平（%）
	规模（亿元）	占比（%）	规模（万人）	占比（%）		
山西	2658.0	21.09	850.0	23.42	31269.3	89.82
安徽	1178.0	6.19	508.9	8.44	23146.4	73.05
江西	2003.4	13.97	955.0	21.12	20978.0	66.03

续表

地区＼指标	地区生产总值		人口		人均 GDP（元）	人均 GDP/全省平均水平（%）
	规模（亿元）	占比（%）	规模（万人）	占比（%）		
河南	1559.0	4.85	699.7	7.43	22282.3	65.20
湖北	1423.7	5.77	820.0	14.14	17361.6	40.74
湖南	3708.1	15.13	1762.3	26.34	21041.1	57.23

注：重点生态功能区是根据各省主体功能区规划确定的，个别区县数据缺失，没纳入分析。

资料来源：各省统计年鉴。

七、地方政府城镇化财力负担重

中部地区实现城乡基本公共服务均等化的任务非常艰巨。据统计，1980～2013 年，中部地区人均公共财政支出与全国平均水平相比，出现了持续扩大的趋势。2013 年，中部地区人均地方财政支出 7065.3 元，低于全国平均水平 1734.5 元（见图 6－16）。换言之，如果中部地区要达到全国现在的平均水平，需当年新增财力 6258.8 亿元，这是一个不小的数字。另据测算，2010～2013 年，中部地区年均每年新增城镇人口 537 万人，按照国务院发展研究中心提供的研究报告结果，城镇化成本为 8 万元/人，那么中部地区每年还要增加 4000 亿元以上财政投入，据此，粗略地估算一下，中部地区要完成新型城镇化的目标，每年财政支出的缺口超过万亿元。

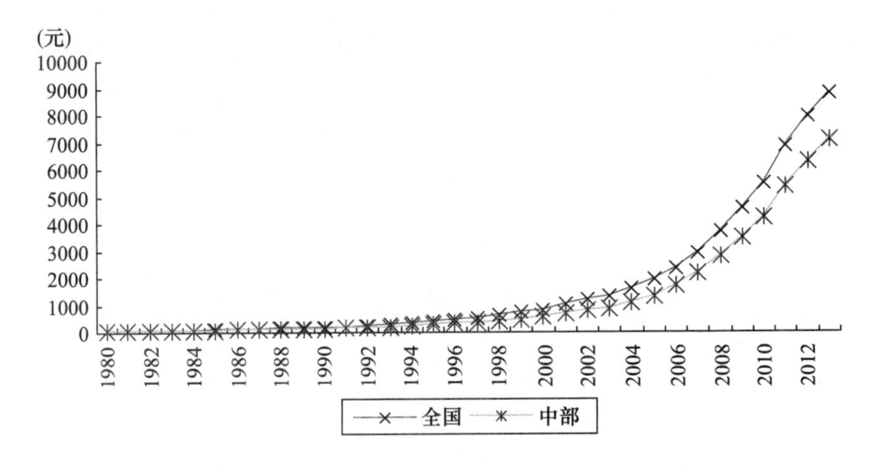

图 6－16 中部地区人均地方财政支出与全国平均水平的比较

第三节　中央和地方相关区域发展政策

一、国家支持中部地区发展的有关政策

2004 年 3 月，时任国务院总理温家宝提出“中部崛起”，这是继西部开发、东北振兴之后的又一个国家级区域发展战略。经过前期大范围调研和形势发展需要，2006 年 3 月，《中华人民共和国国民经济和社会发展第十一个五年规划纲要》正式发布，“促进中部地区崛起”首次写入国民经济发展五年规划中，并与“推进西部大开发”、“振兴东北地区等老工业基地”和“鼓励东部地区率先发展”并列一起进行详细阐述。当年 4 月，《中共中央国务院关于促进中部地区崛起的若干意见》（简称中央 10 号文件）正式出台，标志着中部地区崛起战略进入实施阶段，也首次明确了中部地区“三基地一枢纽”的发展定位，即全国重要的粮食生产基地、能源原材料基地、现代装备制造及高技术产业基地和综合交通运输枢纽。同时，国务院决定成立国务院中部崛起办公室，机构挂靠国家发改委，在国家发改委地区经济司加挂中部办牌子，该机构负责组织编制相关规划、指导实施国家有关政策和加强部际协调。

2010 年 1 月，国务院批复了《促进中部地区崛起规划》，该规划作为“十二五”时期指导中部地区发展的引导性规划，规划中坚持了“三基地一枢纽”的总体定位，进一步明确了这个时期中部地区发展的重点任务，确定中部 6 省重点区域发展方向。根据这个规划，国家发改委还专门出台了《关于促进中部地区城市群发展的指导意见》，该意见进一步明确了中部地区六大城市群的发展定位，就是建成支撑中部地区崛起的核心经济增长极和促进东中西良性互动、带动全国又好又快发展的重要区域，推动形成“两纵两横”经济带；同时也确定“四个一体化”的方向，即市场一体化、基础设施一体化、社会管理一体化和城乡一体化。2012 年，国务院针对中部地区经济发展形势，又专门出台了《国务院关于大力实施促进中部地区崛起战略的若干意见》（简称国发 43 号文），该意见立足转变经济发展方式、扩大内需和深化改革开放的国内发展环境，提出了中部地区在新的历史条件下更加注重转型发展、创新发展、协调发展、可持续发展和和谐发展，进一步强调了中部地区今后改革创新和对外开放的重点领域。

为了打造新的经济支撑带，培育新的增长点，国家谋划实施“一带一路”、京津冀协同发展、长江经济带三大战略，其中“一带一路”和长江经济带两大

战略都直接跟中部地区发展密切相关。2014 年 9 月，国务院正式出台了《国务院关于依托黄金水道推动长江经济带发展的指导意见》（国发〔2014〕39 号），把中部地区安徽、江西、湖北和湖南都纳入长江经济带规划范围，并把江西、湖北和湖南作为长江中游地区，培育发展长江中游城市群，把长江中游城市群建设成为引领中部地区崛起的核心增长极和资源节约型、环境友好型社会示范区，进一步明确了长江经济带建设的重点任务，主要包括提升黄金水道功能、建设综合立体交通走廊、创新驱动促进产业转型升级、全面推进新型城镇化、培育全方位对外开放新优势、建设绿色生态廊道等方面。而“一带一路”战略的实施将进一步加快中部地区对外国际通道建设，全面提升中部地区开放水平，加快中部地区产能对外输出。2015 年 3 月，经国务院授权，国家发改委、外交部和商务部共同发布了《推动共建丝绸之路经济带和 21 世纪海上丝绸之路的愿景与行动》，在方案中，明确提出了要打造郑州、武汉、长沙、南昌、合肥等内陆开放型经济高地，加快推动长江中上游地区和俄罗斯伏尔加河沿岸联邦区的合作，支持郑州等内陆城市建设航空港、国际陆港。

在支持重点区域发展方面，2007 年 12 月，国务院批准武汉都市圈和长株潭城市群为全国资源节约型和环境友好型社会建设综合配套改革试验区（简称“两型社会”试验区），“两型社会”试验区落户中部地区就像中心开花。2009 年 12 月，国务院批复了《鄱阳湖生态经济区规划》，把环绕鄱阳湖、包括南昌、景德镇、鹰潭 3 市以及九江、新余、抚州、宜春、上饶、吉安的部分县（市、区）作为经济区范围，明确了全国大湖流域综合开发示范区、长江中下游水生态安全保障区、加快中部崛起重要带动区和国际生态经济合作重要平台的四大发展定位。2010 年 1 月，国务院批复《皖江城市带承接产业转移示范区规划》，这意味着安徽沿江城市带进入国家发展战略，并作为第一个承接产业转移的国家级示范区，将在加快体制机制创新、形成后发赶超、加强地区协作等方面发挥着重要作用。2010 年 12 月，经国务院批准，国家发改委正式同意设立“山西省国家资源型城市”，这个决定契合了山西加快经济转型的需求，也为全省经济重心转移提供了良好的政策环境。2011 年 9 月，国务院出台了《国务院关于支持河南省加快建设中原经济区的指导意见》，这个文件首次将中原经济区作为工业化、城镇化和农业现代化协调发展的示范区，形成以郑州为核心、“米”字形的空间开发格局。2012 年 11 月，国务院正式批复了《中原经济区规划》，使得以河南为主体、包括周边省份的中原经济区进入我国区域经济版图，这个规划将“三化”协调发展的体制机制创新作为核心内容。2015 年 3 月，《长江中游城市群规划》出台，长江中游城市群定位为中国经济新增长极、中西部新型城镇化先行区、内陆开放合作示范区和“两型”社会建设引领区，其在引领中部崛起中的核心地

位突出。

此外，国家也大力支持“同质区域”发展。2012 年 5 月，国家发改委正式批准设立“晋陕豫黄河金三角承接产业转移示范区”，明确将这个区域建成中西部地区重要的能源原材料与装备制造业基地，这是中部地区首个由省际毗邻区域合作申请设立的国家级承接产业转移示范区。2012 年 6 月，国务院出台了《国务院关于支持赣南等原中央苏区振兴发展的若干意见》，该意见把赣南、闽西、粤北等中央苏区作为整体，着眼于革命老区扶贫攻坚、稀土金属开发和利用、南方生态屏障、红色文化传承与保护等定位，全面推进连片扶贫，增强地区经济发展的内生动力。2014 年 4 月，经国务院批准，国家发改委正式下发《洞庭湖生态经济区规划》，该规划覆盖了环洞庭湖流域的湖南和湖北两省“四市一区”（岳阳市、常德市、益阳市、荆州市和长沙市望江区），将该区域定位为全国大湖流域生态文明建设试验区、保障粮食安全的现代农业基地、“两型”引领的“四化”同步发展先行区和水陆联运的现代物流集散区，这也是湖南和湖北两省共同携手向国家申请设立的国家级生态经济区，这对于洞庭湖流域地区产业协作、生态环境治理、基础设施互联互通等方面都有重要的指导作用（见图 6 - 17 和表 6 - 23）。

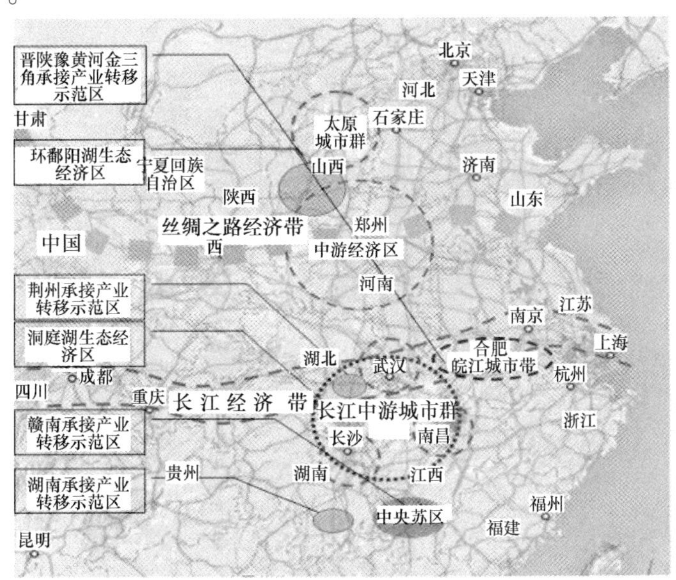

图 6 - 17　国家政策重点支持的区域分布

二、各省推进工业化和城镇化的有关政策

中部 6 省为了落实国家有关政策，也积极针对本省实际，制定相关规划或出台相应的指导意见，这些意见对于今后及未来一段时间具有重要的指导意义。

表 6－23　国家支持中部地区环境保护和生态建设的有关政策梳理

政策名称	项目建设	节能减排	机制建设	三农	其他
《中共中央国务院关于促进中部地区崛起的若干意见》（中发〔2006〕10 号）以及《国务院办公厅关于落实中共中央国务院关于促进中部地区崛起若干意见有关政策措施的通知》（国办函〔2006〕38 号）和《国务院办公厅关于中部六省比照实施振兴东北地区等老工业基地和西部大开发有关政策的实施意见》（国办函〔2008〕15 号）	①重点流域和重点工程水污染防治项目；②重点防护林体系建设；③野生动植物保护区建设；④重点河湖防洪建设		①建立大江大河上下游之间生态环境保护的协调和补偿机制；②产业转移带来的环境污染		①中部 26 个城市比照振兴东北等老工业基地有关政策；②243 个县（市、区）比照实施西部大开发有关政策
《国务院关于促进中部崛起规划的批复》（国函〔2009〕130 号）、《规划》内容和《促进中部崛起规划》实施意见（2010）	①重点区域的水土保持工程；②山区小流域综合治理；③石漠化综合治理；④河湖湿地保护；⑤大江大湖大河整治；⑥南水北调工程建设	在燃煤工业锅炉（窑炉）改造、区域热电联产、余热余压利用、电机系统节能、能量系统优化、建筑节能、绿色照明等领域实施一批节能减排重点工程	①重点流域污染防治规划；②取、用、排水的全过程管理；③强化工业点源污染治理；④建立武汉城市圈和长株潭城市群的区域大气污染联防联控机制；⑤推行排污权有偿使用和交易制度	加大对粮食主产区的均衡性转移支付力度，继续增加中央财政对产粮大县的奖励补助，扩大对种粮农民的直接补贴、良种补贴、农机具购置补贴和农资综合直补规模，继续对粮食主产区重点粮食品种实行最低收购价政策	
《关于促进中部地区城市群发展的指导意见》	建设循环经济要求的工业园区		建立“分区管理、分类指导”环境功能区规划体系		

续表

政策名称	项目建设	节能减排	机制建设	三农	其他
《国务院关于大力实施促进中部崛起战略的若干意见》（国发〔2012〕43号）	①重点行业节水技术改造；②城镇污水再利用工程；③“城市矿产”示范基地建设；④病险水库等水利工程加固		①武汉城市群和长株潭城市群“两型社会”综合配套改革；②湖北低碳省试点和南昌低碳城市试点；③丹江口库区等生态补偿试点改革		实施惩罚性和差别电价
《国务院关于依托黄金水道推动长江经济带发展的指导意见》（国发〔2014〕39号）	①重大航道整治工程；②内河船型标准化；③穿凿扩能；④武汉长江中游航运中心建设；⑤沿江高铁建设；⑥蒙华煤运通道建设；⑦重点湖泊全流域生态保护和环境修复工程；⑧重点区域水土流失治理和地质灾害防治；⑨沿江国家公园	①长江干支流沿线城镇污水垃圾全收集全处理；②三峡库区、丹江口库区、洞庭湖、鄱阳湖、长江口及长江源头等水体的水质监测和综合治理；③挥发性有机物排放重点行业整治；④重点行业和重点区域重金属污染综合治理；⑤农村环境综合整治；⑥大型高效清洁燃煤电站	①建立环境风险大、涉及有毒有害污染物排放的产业园区退出或转型机制；②建立健全长江岸线开发利用和保护协调机制；③生态环境协同保护治理机制	①农产品主产区特别是农业优势产业带和特色产业带建设；②国家有机食品生产基地建设；③高水平现代农业示范区	
《推动共建丝绸之路经济带和21世纪海上丝绸之路的愿景与行动》	①基础设施互联互通；②“郑新欧”、“汉新欧”等铁路货运班列；③开放平台建设	①依托产能输出，建设对外经贸园区；②能源通道建设	绿色丝绸之路		

注：以上政策相关内容存在诸多重复，故不重复列出；“一带一路”战略相关政策没有出台，在此不再详细列出。

河南出台了《河南省新型城镇化规划（2014～2020年）》，这部规划比较全面阐释了全省“十三五”期间工业化和城镇化的主要任务和目标。在规划中明确提出，到2020年，河南常住人口城镇化率达到56%左右，争取新增1100万左右农村转移人口；户籍人口城镇化率达到40%左右。完善城镇体系，基本形成以“米”字形为主体的城镇化空间格局。此外，还初步规划了郑州市中心城区常住人口达到700万人左右，洛阳市达到350万人左右，10个地区性中心城市达到100万人以上，13个城市（县城）达到50万～100万人，80个左右城市（县城）达到20万～50万人，100个左右中心镇区达到3万人以上。同时，在规划中，还明确了产业发展的目标，到2020年，全省主营业务收入超过千亿元的产业集聚区达到30个，超百亿的达到170个。同时将产业划分为三类：一是高成长性产业。做强电子信息、装备制造、汽车及零配件、食品、现代家居、服装服饰等制造业，大力发展现代物流、金融、文化、旅游等高成长性服务业，培育壮大电子商务、云计算、大数据等新兴业态，到2020年，高成长性制造业主营业务收入超过14.3万亿元，占全省的工业比重超过55%；高成长性服务业增加值规模超过1万亿元，占服务业增加值的比重超过50%。二是战略新兴产业。培育壮大生物医药、节能环保、新材料、新能源等战略性新兴产业，战略性新兴产业占生产总值达到15%。三是传统产业。下一步要做好提升改造升级。

江西在《江西省新型城镇化规划》中明确提出，到2020年常住人口城镇化率力争接近或达到60%，户籍人口城镇化率达到40%左右。同时，培育形成1座300万～500万人口的大城市、2座100万～300万人口的大城市、8座50万～100万人口的区域性中心城市、60个左右小城市、一批特色小城镇，促进大中小城市协调发展。在产业发展方面，重点培育发展航空、先进装备制造、新一代信息技术、锂电及电动汽车、新能源、新材料、生物和新医药、节能环保、文化暨创意、绿色食品十大战略性新兴产业。

湖北在《湖北省城镇化与城镇发展战略规划（2010～2030年）》中提出，到2020年，全省城镇化率达到65%，城市污水集中处理率超过98%，单位GDP能耗控制在0.6万吨标准煤以下，工业废水达标排放率达到100%，工业固体废弃物综合利用率超过95%，继续发展钢铁、汽车、石化、光电、农副食品等重点产业。

湖南在《湖南省推进新型城镇化实施纲要（2014～2020年）》提出，到2020年，全省常住人口城镇化率达到58%左右，力争达到全国平均水平，户籍人口城镇化率达到35%左右，新增城镇户籍人口850万人左右。同时，到2020年，发展中心城区常住人口500万人以上的特大城市1座（长沙），100万～500万人的大城市8个（衡阳、株洲、湘潭、岳阳、常德、郴州、邵阳、益阳），50

万~100万人的城市4个（永州、娄底、怀化、耒阳）。此外，在空间方面，构建“一核六轴”的新型城镇化发展空间格局。“一核”为长株潭城市群，“六轴”为岳阳—长株潭—衡阳—郴州城镇发展轴、津澧—常德—益阳—娄底—邵阳—永州城镇发展轴、石门—吉首—怀化—通道城镇发展轴、长株潭—娄底—邵阳—怀化城镇发展轴、长株潭—益阳—常德—张家界—龙山城镇发展轴、岳阳—常德—吉首城镇发展轴。

第四节　中部地区“十三五”经济社会与城镇化发展趋势及其对资源环境的影响

当前，国内外环境发生了新的变化，我国传统经济发展方式已难以为继，依靠大规模投资拉动和低成本要素驱动经济增长的发展模式已很难适应现阶段经济发展的内在要求。诸多事实表明，我国经济发展进入了由旧常态向新常态转换的阶段，经济新常态意味着，经济增长由高速转为中高速，经济增长方式由过去追求规模、速度的粗放式增长转向追求质量、效率的集约式增长，经济结构也将由增量扩张转向存量调整、增量做优。结合中部地区发展阶段，“十三五”时期，中部地区经济社会发展特别是工业化和城镇化将出现一些新的趋势。

一、经济增速从高速回落到中高速，将减缓资源消耗和污染排放增速

（一）经济增速将从9.4%回落到7.2%左右

过去10年，中部地区凭借大规模投资和低成本要素投入实现经济高速增长，但进入“十三五”之后，这样的增长支撑条件将发生转折性的变化，特别是大规模承接产业转移可能放缓，要素低成本优势也将受人口结构变化、土地管理从紧、环保监管力度加大等因素影响而逐步消失。在这样的情形下，中部地区经济增长速度可能在接续动力尚未形成的情况下出现失速，届时将波及更多的产业部门，前期投资也可能出现风险失控，同时也影响政府财政收入和居民生活水平。据预测，“十三五”时期，中部地区平均增速将降至7.2%左右，与全国经济增长趋势基本一致（见表6-24）。

（二）资源消耗和污染排放增速将出现相应调整

随着经济增速放缓，中部地区资源消耗和污染排放增长速度将发生调整，以降速为主。据测算，2015~2020年，由于经济发展环境的变化和增长动力转换，中部地区工业增加值年均增速将下滑到9%左右。但是，地区人口年均增长率将

表 6－24　2020 年中部 6 省区地区生产总值预测

地区＼指标	地区生产总值（亿元）							经济增速（%）		2015～2020 年均增速
	[2014] 年	2015 年	2016 年	2017 年	2018 年	2019 年	2020 年	2013 年	[2014] 年	
山西	12700.0	13240	13802	14389	15000	15637	16302	8.9	4.9	4.2
安徽	20848.8	22435	24142	25979	27956	30083	32193	10.4	9.2	7.5
江西	15708.6	16888	18157	19520	20986	22562	24256	10.1	9.7	7.5
河南	34900.0	37383	40043	42892	45943	49212	52713	9.0	8.9	7.1
湖北	27367.0	29557	31923	34478	37238	40219	43120	10.1	9.7	7.8
湖南	27000.0	29134	31438	33923	36604	39498	42308	10.1	9.5	7.7
中部	138524.0	148638	159504	171180	183727	197210	210892	—	—	7.2

注：①以 2014 年为基期，按可比价测算，通胀率设为 1.2%。②2014 年基数值和增速来自 2015 年各省政府工作报告。③ [＊] 表示该年份的数据为预测值。

有所提高，主要是人口政策调整带来的结果；随着新型城镇化试点的推开，城镇人口年均增速将提高到3%左右。在上述情境下，中部地区资源环境消耗特别是用水量、用电量增速将下降 0.2～0.3 个百分点；工业能源消费量和废水排放量将继续出现负增长，工业废气排放量增速将明显下降；但随着城镇化水平的提高，城市生活垃圾年均增速将不降反升，预计增速保持在 4.2%～4.5%（见表 6－25）。

表 6－25　经济新常态下中部地区的资源消耗与污染排放趋势预测

	2010～2013 年实际值（%）	2015～2020 年预测值（%）	判断依据
地区生产总值年均增速	9.4	[7.2]	①经济新常态的政策信号 ②经济增长动力转换 ③工业化进入新的阶段 ④宏观经济下行
工业增加值年均增速	11.7	[9.0]	①消化过剩产能 ②投资增速放缓 ③市场需求疲软
地区人口年均增长率	0.36	[0.365]	①单独政策放开 ②全面放开二胎政策的预期

续表

	2010～2013年实际值（%）	2015～2020年预测值（%）	判断依据
城镇人口年均增速	2.6	[3.0]	①大规模的就近城镇化 ②城镇化处于加速阶段
用水量年均增速	1.5	[1.2～1.4]	①制度和技术创新降低农业用水量 ②工业增速减缓相应影响用水增长 ③用水相应的制度安排创新
电力消费量年均增速	8.22	[8.0～8.1]	①工业增速减缓相应影响用电增长 ②产业结构调整减少高耗能产业
工业能源消费量年均增速	-1.3	[-1.6～-1.5]	①工业增速减缓相应影响能源消耗 ②节能减排技术应用、清洁能源广泛使用 ③产业结构调整升级
工业废水排放量年均增速	-0.02	[-0.05～-0.04]	①工业增速下滑减少废水排放 ②产业结构升级 ③节水技术和循环利用推广 ④水价上涨激励企业节水
工业废气排放量年均增速	12.6	[7～10]	①工业增速下滑减少废气排放 ②产业结构升级 ③减排技术和循环生产推广
城市生活垃圾年均增速	3.9	[4.2～4.5]	①城镇化水平提高 ②人均收入增长

注：①城市生活垃圾是使用城市生活垃圾清运量进行预测；②～表示预测区间；③[*]表示预测值。

二、工业化进程稳中有进，将带动资源节约和污染减排

“十三五”仍是中部地区工业大有可为的时期，工业化进程可能有所放缓，但随着国内外发展环境的变化，中部地区继续成为承接国内外产业转移的重点区域。同时，在巨大内需潜力和体制改革红利的释放，中部地区工业增长趋稳、高效。这种发展势头将把资源环境带入新的常态。

（一）工业处于中高速、质更优的发展阶段

“十三五”时期，中部地区经济结构还将停留在“二三一”阶段，工业仍然是推动中部地区工业化进程的主要引擎，工业增加值占GDP比重将在2015

年达到最高点，随后缓慢下降，2020 年将达到 46.1%。即使这样，服务业很难取代工业的地位。而现阶段工业大范围产能过剩的影响将继续波及“十三五”时期，可能恶化中部地区工业转型升级的环境，但将淘汰一批低效企业，也倒逼更多企业进行技术创新，增强自身竞争力。据预测，“十三五”中部地区工业化进程有所放缓，工业增速预计将回落到9%左右，工业增加值占地区生产总值的比重为 46.1% 左右，但工业发展稳中求进，走向绿色发展之路（见图 6－18）。

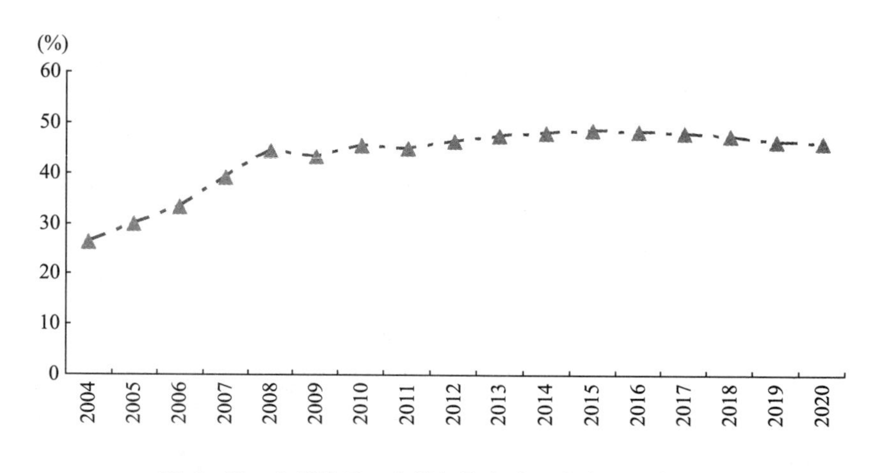

图 6－18　中部地区工业增加值占地区生产总值的比重

（二）工业发展实现资源节约和污染减排

随着工业增速放缓和产业结构调整升级，中部地区工业资源消耗和污染排放增长将放缓。同时，受发展环境变化、政策引导、科技进步以及相关体制创新，单位增加值工业用水量、废气排放量和废水排放量将比 2013 年进一步下降（见表 6－26）。即使这样，“十三五”中部地区工业用水量、“三废”排放量还不会出现负增长（见表 6－27 和图 6－19）。

（三）中部地区将成为东部和西部大气污染物转移扩散带

鉴于现阶段产业转移的趋势，根据 2005～2013 年各地区的大气污染排放数据，对 2020 年东部、中部和西部的工业废气排放进行预测，结果表明，2020 年东部、中部和西部工业废气排放量将比 2013 年略有减少，但并没有改变“东西高、中间低”的排放格局。不可否认的事实是，东部工业已长期积累了较大的废气排放规模，而西部则大力发展高排放产业，加之东部产业向中西部转移。据此可以推测，中部地区“十三五”大气污染既有来自自身的，也有来自东部产业转移、东部和西部废气扩散进来的。因此，“十三五”时期，如果不采取有效的

大气污染防治措施，中部地区就可能遭受东西双面挤压，从而形成一个东、中、西连成片的污染带；当然，如果及时果断采取有效的措施，不仅可以避免上述情形的发生，也可以使得中部地区成为东部和西部污染的隔离带，因此具有重要的战略意义。

表 6-26 “十三五”中部地区工业的资源利用和污染物排放

	2013 年实际值	2020 年预测值	判断依据	生态环境主要挑战
工业增加值占比（%）	45.47	[46.1]	①工业化处于快速推进阶段 ②工业是地区经济增长的主要引擎 ③工业增长动力和环境发生变化	①长江和黄河化工产业带形成很大的环境风险 ②长江和黄河两大流域工业废水排放和城市生活用水、取水矛盾复杂化，城市安全风险加大 ③两高产业扩张加速了雾霾带向四周蔓延
高能耗高排放产业占比（%）	42.3	[35~38]	①产能利用率不足 ②产业结构调整 ③落后产能淘汰	
单位增加值工业用水量（吨/亿元）	99.6	[75~80]	①节水技术应用 ②水资源管理创新 ③高耗水产业退出	
单位增加值工业废水排放量（吨/万元）	11.75	[5~8]	①减排技术和循环生产使用 ②更加严厉的环保政策实施 ③产业结构调整	
单位增加值工业废气排放量（立方米/万元）	3.8	[3.2~3.4]	①减排技术和循环生产使用 ②更加严厉的环保政策实施 ③产业结构调整	
单位增加值固废产生量（吨/万元）	4.3	[4.2~4.5]	①资源综合利用 ②产业结构调整	

注：2013 年实际值是按可比价进行计算。

表 6-27 2020 年中部地区工业资源消耗和污染物排放量

工业用水量（亿立方米）	工业废水排放量（亿吨）	工业固废产生量（亿吨）	工业污染治理投资（亿元）
539	62	35	290

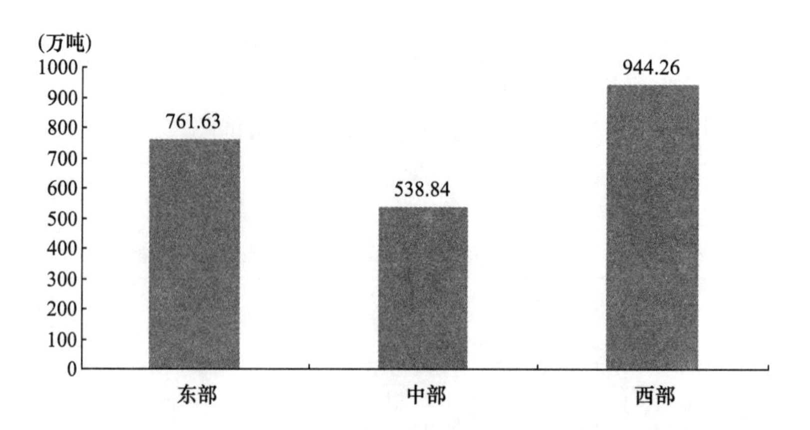

图6-19　2020年东部、中部和西部工业废气排放的预测

三、城镇化进程继续加速推进，将给资源环境带来新的压力

中部地区是我国“十三五”城镇化的主战场，面临着工业化、城镇化与农业现代化协调发展的艰巨任务，同时在国内外新的形势下，随着经济新常态的到来，也将遇到更多的挑战。

（一）每年新增城镇人口500万将给资源环境带来新的挑战

中部地区城镇化水平上升的空间很大。长期以来，中部地区就存在明显的城镇化滞后问题，即使现阶段正处于城镇化加速期，据预测，到2020年我国城镇化率将突破60%，中部地区可能到达58%，呈现亦步亦趋（见图6-20）；2015~2020年，中部地区每年平均新增城镇人口500万人。同时，据测算，中部地区现有约2500

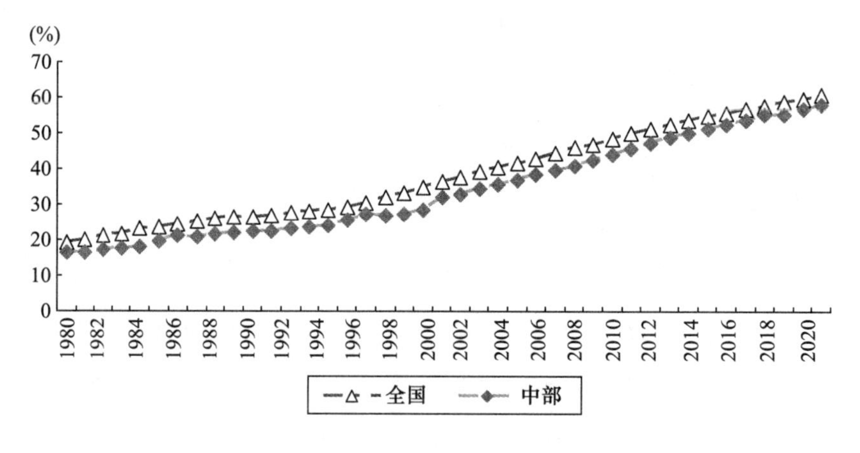

图6-20　2020年中部地区城镇化率预测

万人口需要完成市民化，预计“十三五”年均需要消化500万人。如表6－28和表6－29所示，这么宏大的城镇化进程势必给地区资源环境带来一系列的挑战，特别是城市环境公共基础设施、城市水资源供应、城市公共管理能力等方面都将面临着严峻的考验。另外，就地、就近城镇化是中部地区城镇化的重点方向。事实已经表明，东部地区很难再继续消化、接纳中部地区转移过来的就业人口。而跟东部地区不同，中部地区大规模人口跨省或跨市流动，人口净流出规模较大。受到产业转移、就业环境改善、工资水平提高等因素影响，中部地区将迎来一次人口回流的

表6－28　“十三五”中部地区城镇化对资源环境的影响预判

<table>
<tr><th></th><th>2013年
实际值</th><th>2020年
预测值</th><th>判断依据</th><th>生态环境
主要挑战</th></tr>
<tr><td>城镇人口
（万人）</td><td>17496.55</td><td>［21469.76］</td><td>①城镇化加速期
②城镇化主战场
③工业化带动城镇化</td><td rowspan="5">①现有城市环保公共设施难以负荷，大规模投资形成很大的财政负担
②城市生活垃圾、汽车尾气、生活污水排放等增长较快，影响城市环境质量
③城市水资源供应紧张
④旨在促进城市绿色发展的公共管理能力备受考验</td></tr>
<tr><td>城镇化率
（%）</td><td>50</td><td>［58］</td><td>①城镇化加速度略有下降
②农村人口进城落户的意愿下降
③农产品主产区保留适当规模农业就业人员</td></tr>
<tr><td>城市生活
垃圾清运量
（万吨）</td><td>3357.77</td><td>［4290］</td><td>①人均收入水平提高带动人均垃圾量增长
②城镇人口增长较快</td></tr>
<tr><td>城镇居民
生活用水量
（立方米）</td><td>［88.9］</td><td>［130］</td><td>①人均生活用水相对稳定
②城镇人口增长较快</td></tr>
<tr><td>能源消费
（万吨标煤）</td><td>7873</td><td>［9600］</td><td>①人均收入水平提高带动人均能源消费量增长
②城镇人口增长较快</td></tr>
</table>

注：①2013～2020年每年新增城镇人口预计500万。②2020年城市生活垃圾清运量按0.2吨/人测算。③因缺少城镇居民用水量，故2013年城镇居民用水量采用城乡居民人均生活用水量进行测算。

表6－29　每年新增城镇人口500万对资源环境影响

煤炭消费（万吨/）	用水（万吨）	污水排放（万吨）	二氧化硫排放（万吨）	氮氧化物排放（万吨）	烟粉尘排放（万吨）	城市垃圾清运量（万吨）	环境基础设施建设新增投资（亿元）
32.273	56730	52585	12540	2235	25305	220.7	84.2

注：以上计算标准根据2011～2013年新增城镇人口消耗资源和污染排放进行计算。

高潮，更多外出务工人员选择本地就业和置业，实现就近城镇化。

（二）“两个不牺牲”仍是中部地区城镇化不可突破的红线

不牺牲粮食安全和不牺牲生态环境是新型城镇化的内在要求。“十三五”时期，中部地区继续保留国家粮食主产区的定位，既要守住耕地的红线，又要在农业劳动力向非农业转移的过程中继续保持农业产量稳产、增产，如此艰巨的任务将无疑给中部地区推进城镇化加了一个约束条件。同时，中部地区地处大江大湖分布比较密集的地区，大规模人口和重化工业项目向各级城市集中势必将加剧资源环境压力，可能酿成生态环境灾难，长江和黄河有可能成为城市群的污水沟，洞庭湖、鄱阳湖等湖泊可能沦为城市群的废水池。可见，中部地区城镇化要实现不牺牲生态环境将充满各种挑战。

（三）城市群促进城镇化的格局更加合理

目前，中部地区6省区已出现各自的城市群，并且随着基础设施的互联互通，这些城市群将成为本省城镇化的空间载体。“十三五”时期，中部地区城市群的城镇化区域将集聚绝大部分的城镇人口和产业活动，城市群将打破行政界线，出现突破行政区划、一体化水平高、利益共享的巨型城市群——长江中游城市群，它可能成为中国经济的第四极。

（四）“城镇化泡沫化”不可低估

在我国现行体制下，中部地区的地方政府很可能为了追求“城镇化率”而不顾自身客观条件，大力推进城市空间扩张、蔓延，各种城市病也可能滋生出来。同时，根据现已颁布的各省新型城镇化规划，到“十三五”末，中部地区城市群很可能演化到了城市连绵区，空间无序蔓延将演化成一场更大的地产金融泡沫，从而出现非常高的金融系统性风险，由此可能引发金融危机。

四、“一带一路”和长江经济带两大战略进入实施，将进一步提升中部地区的战略地位

目前，“一带一路”和长江经济带被中央确定为十八大以来重点推进的国家战略，这些战略支撑带都涉及中部地区，在新时期将为中部地区构筑高水平的对外开放平台，也为中部地区经济发展创造一个更加有利的政策环境。同时，这两大经济支撑带开发开放也将带动沿线城市产业发展、人口集聚、城市扩张等，最终形成一体化的产业和人口高度集聚的经济走廊。郑州和武汉分别为丝绸之路经济、长江经济带的核心节点，将发挥承东启西、内外开放、辐射腹地的作用。应该说，两大战略是中部地区打造经济发展升级版的历史机遇，将对中部地区经济社会发展产生深远又有意义的影响（见表6－30）。

表 6－30　两大国家战略对中部地区发展的影响

	经济	社会	生态环境	其他
“一带一路”	①丝绸之路经济带的重点区域 ②扩大内陆开放 ③带动产业和产品输出 ④郑州等城市将成为枢纽	①国际文化交流 ②带动劳务国际输出	①绿色战略 ②跨国生态环境交流与协作 ③生态环境国际协同治理	基础设施互联互通
长江经济带	①长江经济带的核心区域 ②扩大内陆开放 ③吸引东部产业向中部转移 ④武汉中心城市地位更加突出	①扩大长江上中下游的人口流动和适合交往 ②中部地区就业机会增多 ③不同地域文化融合	①大江大湖生态治理和修复工程实施 ②沿江城市用水安全 ③流域湿地保护和生态多样性 ④“两型”社会和生态文明建设	①沿江综合交通运输体系建设 ②航道整治

第七章　中部地区经济社会发展与城镇化的环境问题

《“十二五”规划纲要》明确提出，坚持实施区域发展总体战略和主体功能区战略，构筑区域经济优势互补、主体功能定位清晰、国土空间高效利用、人与自然和谐相处的区域发展格局。以中原经济区与长江中下游城市群为主体的中部地区，在促进我国区域经济东西融合、南北对接的协调发展过程中具有突出的战略地位和功能，在保护全国生态安全格局、重点流域环境安全中占据举足轻重的地位，处理好发展与生态环境保护间的关系，是构建该区域人与自然和谐相处的区域发展格局的关键。在实施“促进中部地区崛起”和“主体功能区战略”中，要求加快构建长江中下游经济带，重点推进太原城市群、皖江城市带、鄱阳湖生态经济区、中原经济区、武汉城市圈、长株潭城市群等区域发展；要求建设好黄淮海平原、长江流域农业产出基地，保障农产品供给安全。因此，加快中部地区发展是提高中国国家竞争力的重大战略举措，是推动区域经济发展的客观需要。

中部地区处于我国第三级阶梯地势的核心区域，是我国长江、黄河、淮河等重要流域的关键区域，生态安全格局地位突出；平原地区水土资源丰富，气候条件优良，水网密布，湿地广布，生物多样性丰富，生态服务功能多样且重要。其生态环境的演化直接影响着整个流域的生态系统安全，以及全国生态环境安全格局的变化。中原经济区与长江中下游地区是我国人口稠密、开发强度较大的地区，随着国家一系列开发战略的实施和城市化、工业化的进一步发展，这些地区开发规模与强度将进一步加大。处理好城市发展规模与资源环境承载能力、重点区域开发与生态安全格局之间的矛盾，是实现中原经济区和长江中下游地区可持续发展的必然要求。开展中部重点区域发展战略环境评价工作，是深入贯彻落实科学发展观的重要举措，对于促进地区城镇化与城乡统筹发展、承接国内外产业转移、促进现代农业发展、优化生产力布局、转变发展方式、实现可持续发展具有重大的现实意义和深远的历史意义。

随着东部地区社会经济发展逐渐进入发达阶段，人才、资金也将随之向中部扩张，2006 年国家适时提出了中部崛起战略，旨在加快中部地区发展，提高人民生活水平，同时带动西部经济发展。但现阶段国情不再允许粗放和破坏式发展，而讲求协调发展，这对中部地区经济社会发展提出了新要求，即经济社会发展的同时考虑到与环境的协调度，达到可持续发展的目的。本节将探讨中部地区现阶段社会经济发展状况和环境状况。

第一节　东、中、西部地区环境污染现状比较

环境污染考察工业污染物的排放情况，根据对水资源、土地、空气造成的污染将指标细分为工业废水排放量、固体废弃物排放量、二氧化硫排放量、烟尘排放量、粉尘排放量，下面将分别详细说明各地区污染指标情况。

一、中部地区单位工业增加值废水排放呈下降趋势但总量呈上升趋势

考察东、中、西部地区在人均工业废水排放量这一指标的差异性特征时发现，1995 ~2013 年东部地区无论是人均排放量还是总排放量都要远高于中、西部地区。从东部地区人均排放量角度来看，大部分年份数值高于 20 吨，人均年排放量为 23.47 吨；从总量角度来看，大部分年份排放总量在 100 亿吨以上。相比东部地区而言，中、西部地区该指标处于较低水平，人均年排放量分别为 14.85 吨和 14.2 吨（见图 7 -1）。虽然我们从绝对量上看，东部地区的废水排放量要高于中、西部地区，但并不说明中、西部地区水污染程度较小。因为东、中、西部地区水资源分布存在的较大差异，污染程度的鉴定还要参考地区水资源禀赋和承载能力的大小。

从变化趋势看，在考察期间内，分阶段看，1995 ~2000 年，东部人均工业废水排放量先降低后增加再降低，呈现明显的倒 N 形趋势，中部地区一直处于下降阶段，西部地区先降低后增加，呈现出明显的正 U 形；2001 ~2013 年，东部地区工业废水排放量先增加后降低，呈现明显的倒 U 形，拐点出现在 2005 年，在此时间内，中、西部地区变化趋势不明显，维持在稳定水平。

从东、中、西部地区废水排放总量上看，东部地区最高，西部最低，但东部与中部地区工业废水排放总量自 2004 年以来呈现上升趋势，西部地区工业废水排放量呈下降趋势。从东、中、西部地区单位工业增加值废水排放量上看，中部地区最高，西部地区最低，且三地区单位工业增加值废水排放量自 2004 年以来

呈现下降趋势。2004～2013 年东、中、西部地区废水中化学需氧量排放量的变化趋势基本一致，但中部地区处于中游水平，2004～2010 年废水中化学需氧量排放量呈下降趋势，但 2011 年骤然上升（见图 7－2 至图 7－4）。

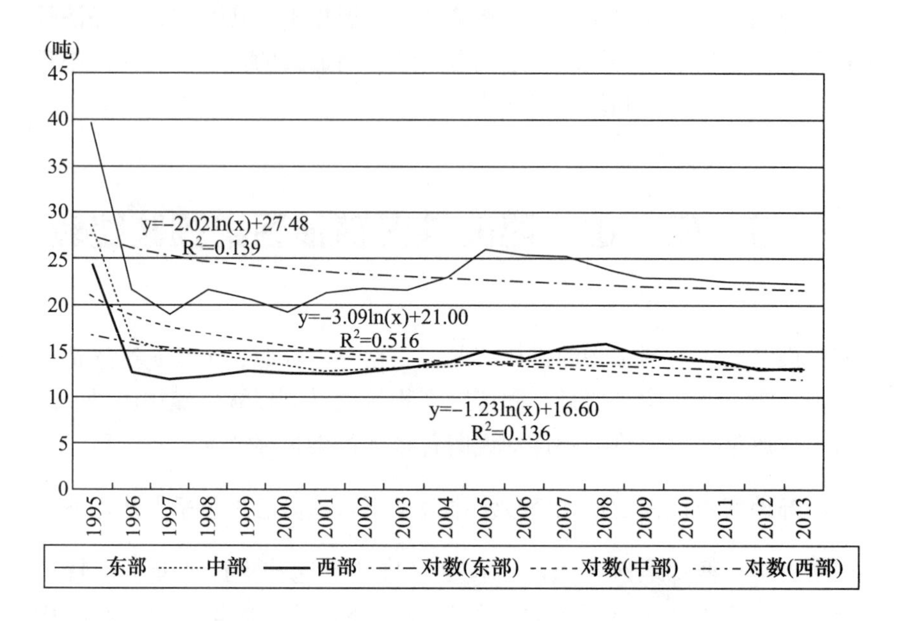

图 7－1　1995～2013 年东、中、西部地区人均工业废水排放量比较

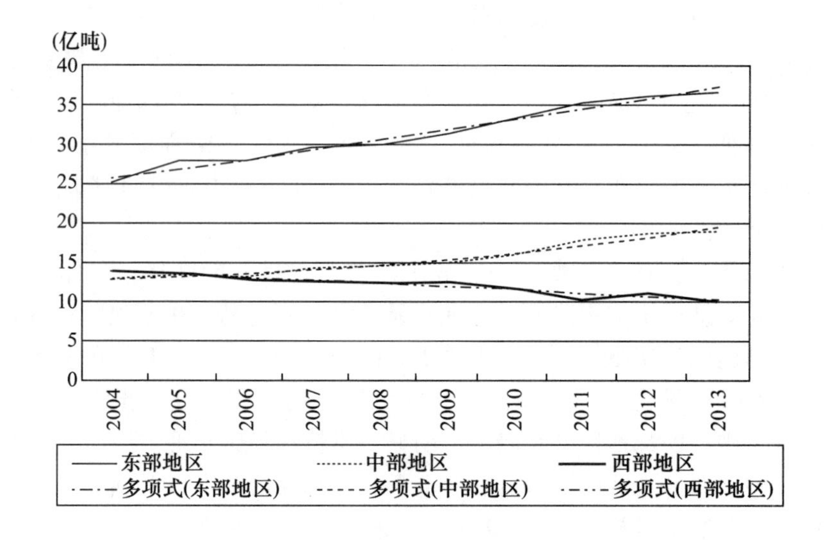

图 7－2　2004～2013 年东、中、西部地区工业废水排放量比较

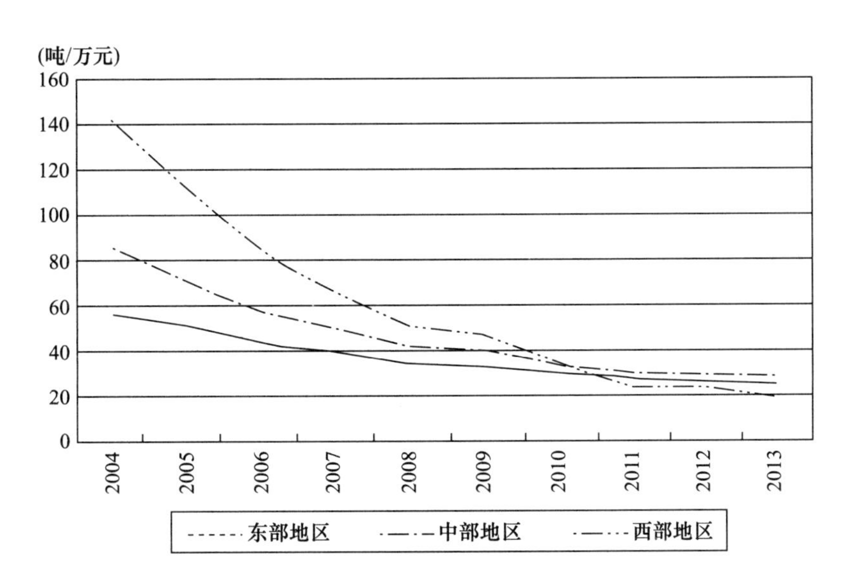

图7－3　2004～2013年东、中、西部地区单位工业增加值废水排放量比较

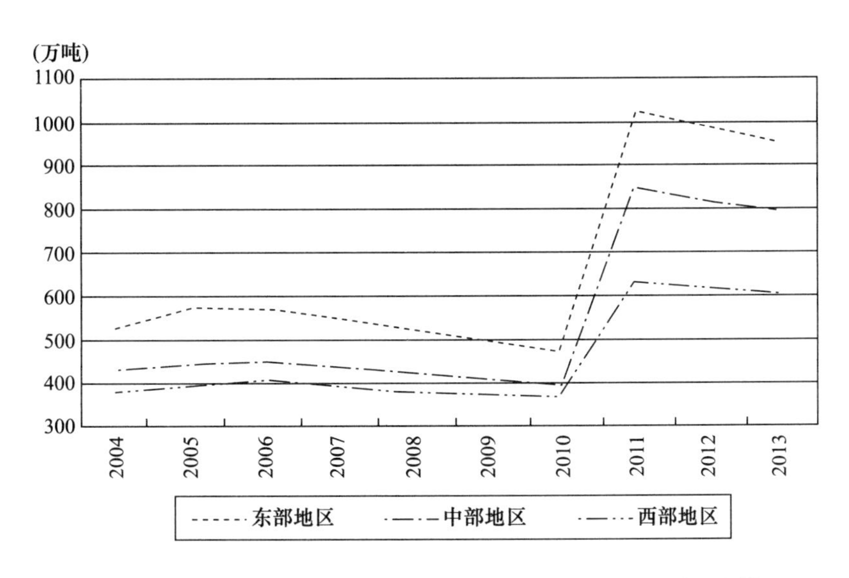

图7－4　2004～2013年东、中、西部地区化学需氧量排放量比较

二、中部地区人均固体废弃物排放量总体呈下降趋势，但生活垃圾产生量呈现上升趋势且无害化处理水平偏低

1995～2013年，人均固体废弃物排放量，西部地区要高于中、东部地区，

西部地区人均年固体废弃物排放量为355.76万吨，其次是中部地区，东部地区最低，人均年产生量分别为156.34万吨和47.47万吨。从变化趋势看，在观察年间，1997年（包含）之前，西部和东部地区人均固体废弃物排放量呈下降趋势，中部地区先上升后下降，1997年之后，在1998年三大区域固体废弃物排放量陡然上升，之后数年内均呈现明显的下降趋势；从绝对排放量上看，西部地区一直最高，中部地区居中，东部地区最低，且近年来有逐渐趋同的趋势。三大区域的人均固体废弃物排放趋势和总量排放趋势如图7－5所示。

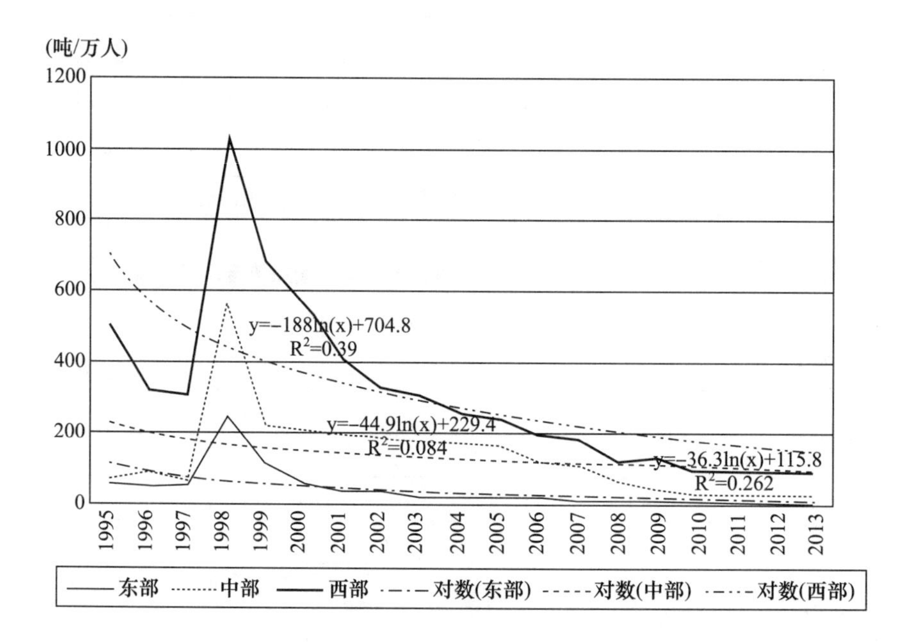

图7－5 1995～2013年东、中、西部地区人均固体废弃物排放量比较

2004～2013年，从东、中、西部地区生活垃圾清运量来看，三大地区均呈上升态势，中部地区总量居中，虽然在2012年后生活垃圾清运量略有下降，但总体依然呈现上升趋势，这与近年来城镇化进程加速和城市人口增加有直接关系。同时，三大地区垃圾无害化处理率呈现上升趋势，但是中部地区垃圾无害化处理水平偏低（见图7－6和图7－7）。

三、中部地区单位工业增加值二氧化硫排放量与总量均呈下降趋势

1995～2013年，从东、中、西部地区考察二氧化硫排放量之间的差异，可以看出人均二氧化硫排放量西部地区要高于中、东部地区，西部地区每年的人均排放量超过16.2千克，东部地区次之，每年的人均二氧化硫排放量在14.4千克

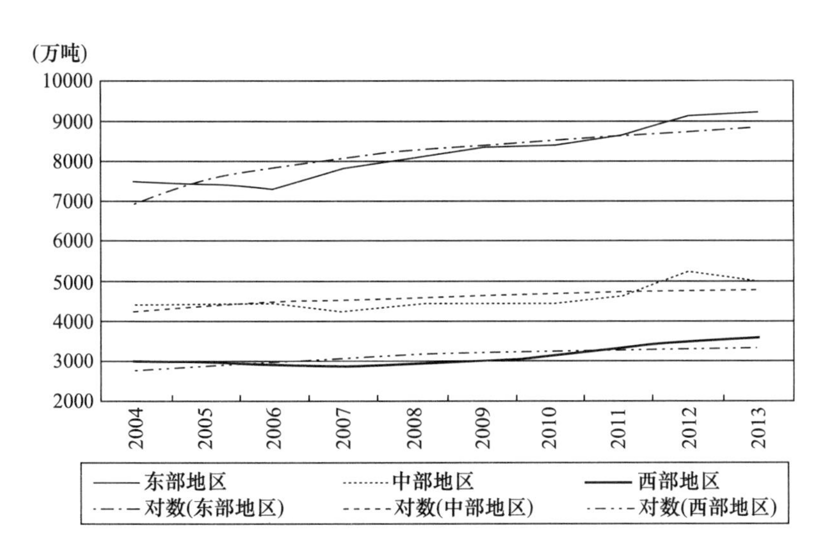

图 7-6　2004~2013 年东、中、西部地区生活垃圾清运量

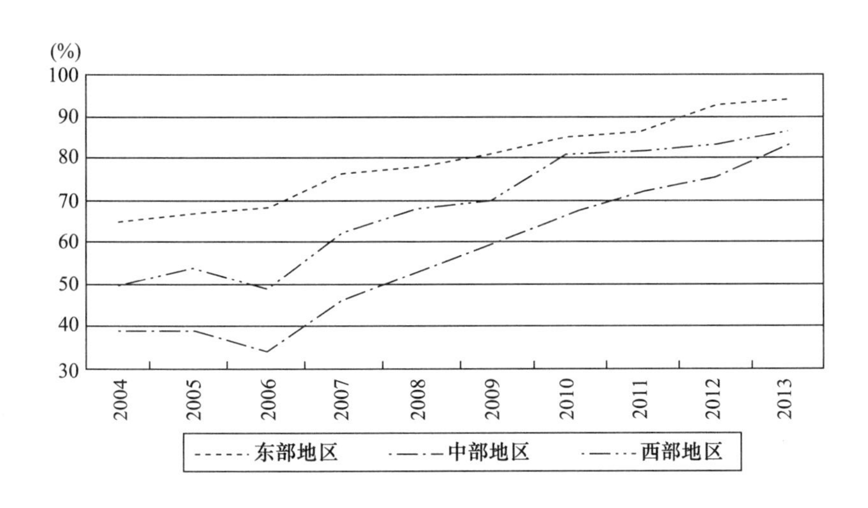

图 7-7　2004~2013 年东、中、西部地区生活垃圾无害化处理率

附近，中部地区最低在 10 千克左右。

三大区域从人均排放上看，东部地区排放量最高，西部地区次之，中部地区最低，且排放量的发展趋势有很好的拟合性，东、西部地区的变化趋势尤其相似，三大区域大体上都经历了先上升、后下降、再上升，而后继续下降的趋势，且近年来正处于逐步下降的趋势。三大区域总量排放趋势如图 7-8 所示。从人均水平上看，中部地区二氧化硫排放量始终处于最低水平，东部地区和西部地区处于较高水平，其中在2000年之前东部地区人均二氧化硫高于西部地区，2000年之后开始低于西部，2002年之后三大区域人均二氧化硫排放均呈现出明显的先上升后下降的倒U形变化趋势，西部和中部地区的拐点出现在2006年，东部地区拐点出现的相对早于中、西部地区，出现在2005年；从绝对人均排放量上看，近年来，东部和中部地区排放量日益趋同，在12千克左右，远低于西部地区的18千克。

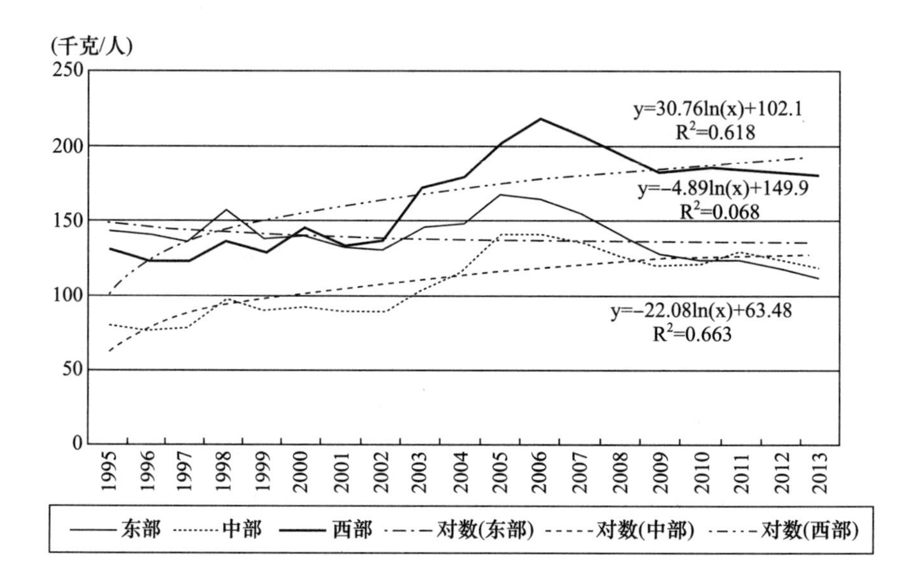

图7-8　1995~2013年东、中、西部地区人均二氧化硫排放量比较

2004~2013年，东、中、西部地区二氧化硫排放量比较来看，东部地区下降最快，中部和西部地区下降趋势缓慢。单位工业增加值二氧化硫排放量东、中、西部地区均呈下降趋势（见图7-9和图7-10）。

四、中部地区人均工业烟尘排放量相对较高且下降趋势缓慢

1995~2013年，三大区域人均烟尘排放量，中部地区和西部地区相对较高，每年人均排放量分别为7.24千克和7.33千克；东部地区人均排放量处于最低水平，每年排放量为5.42千克。从发展趋势上看，在1998年之前，三大区域人均烟尘排放量均呈现出先下降后上升的趋势，1997年处于低值，在1998年出现了大幅上升；1998年之后，三大区域总体上呈现出先下降、后上升、再下降的趋势，第二个峰值均出现在2005年，观察期末尾时间节点，2010年的排放水平要远

低于期初1995年的水平，总量上也要低于期初水平，由此说明，长期来看烟尘排放指标处于好转趋势，三大区域人均烟尘排放趋势和总量排放趋势如图7-11所示。

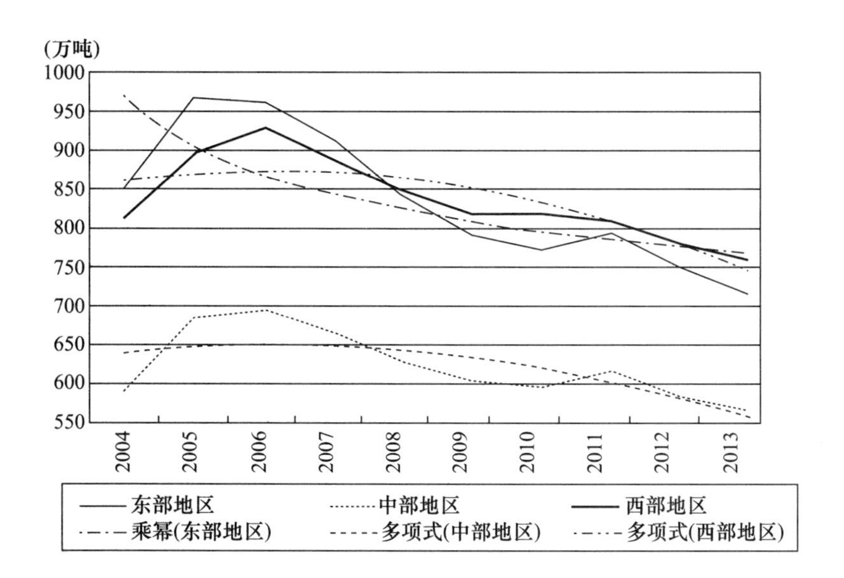

图7-9　2004~2013年东、中、西部地区二氧化硫排放量比较

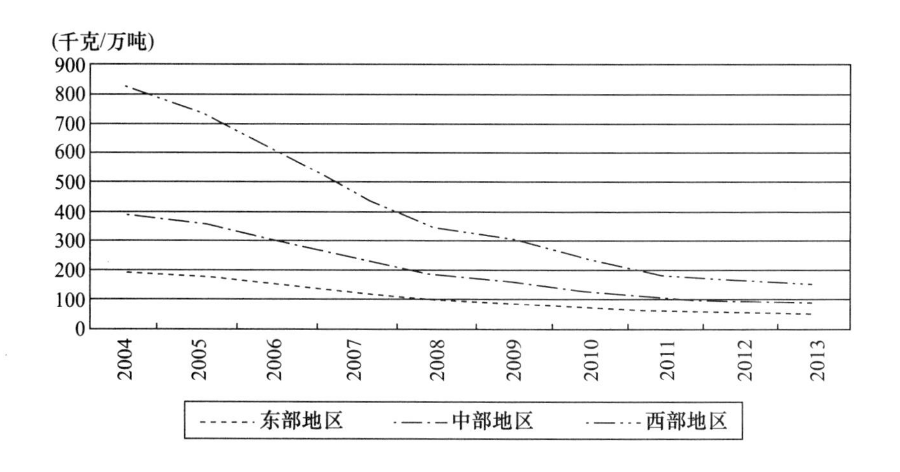

图7-10　2004~2013年东、中、西部地区单位工业增加值二氧化硫排放量比较

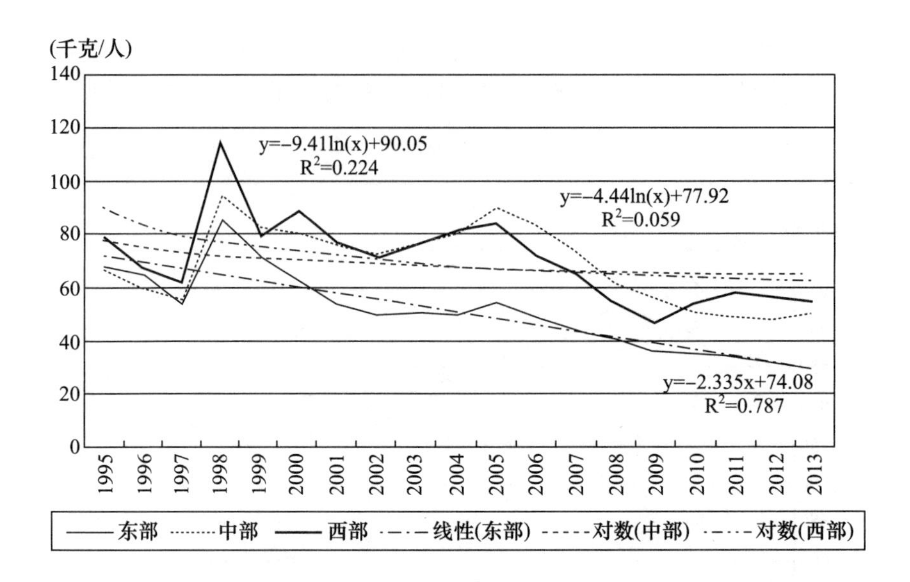

图7-11　1995~2013年东、中、西部地区人均烟尘排放量比较

第二节　中部6省污染排放现状分析

中部6省包括河南（豫）、山西（晋）、湖北（鄂）、安徽（皖）、湖南（湘）、江西（赣），居于大陆腹地。其中，河南下辖17个地级市，1个省直管市，48个市辖区，21个县级市，89个县；湖北省共下辖12个地级市、1个自治州、38个市辖区、24个县级市、37个县、2个自治县；湖南省共下辖13个地级市、1个自治州、34个市辖区、16个县级市、65个县、7个自治县；山西省共下辖11个地级市、16个县级市、119个县（市、区）；江西省共下辖11个地级市，19个市辖区、11个县级市、70个县；安徽省共下辖16个地级市、41个市辖区、6个县级市、56个县。中部6省地理位置承接东西，过渡南北，处于东部发达地区和西部欠发达地区的中间位置，对于我国经济社会共同发展重要性非比寻常。

随着东部地区社会经济发展逐渐进入发达阶段，人才、资金也将随之向中部扩张，国家中部崛起战略旨在加快中部地区发展，提高人民生活水平，同时带动西部经济发展。但现阶段国情不再允许粗放和破坏式发展，而讲求协调发展，这对中部地区经济社会发展提出了新要求，即经济社会发展的同时考虑到与环境的协调度，达到可持续发展的目的。本节将探讨中部地区现阶段社会经济发展状况和环境状况。2000～2010 年各省工业有了很大程度增长，同时带来的污染排放给环境增加了很大压力。下面将从时间维度分析 11 年内各省工业二氧化硫、废水、烟尘、粉尘排放及治理情况。

一、除河南、山西两省外，其余各省二氧化硫排放开始缓慢回落

图 7－12 给出了 2000～2012 年各省工业二氧化硫排放量的简单示意图。其中河南与山西省呈 N 形曲线，其余省呈倒 N 形曲线，说明在工业发展的同时，各省也加大了对二氧化硫污染排放治理的投入。除河南、山西外，其余各省在污染排放随着工业发展增加到一定程度后，开始缓慢回落，并在 2005～2010 年呈逐步下降态势。

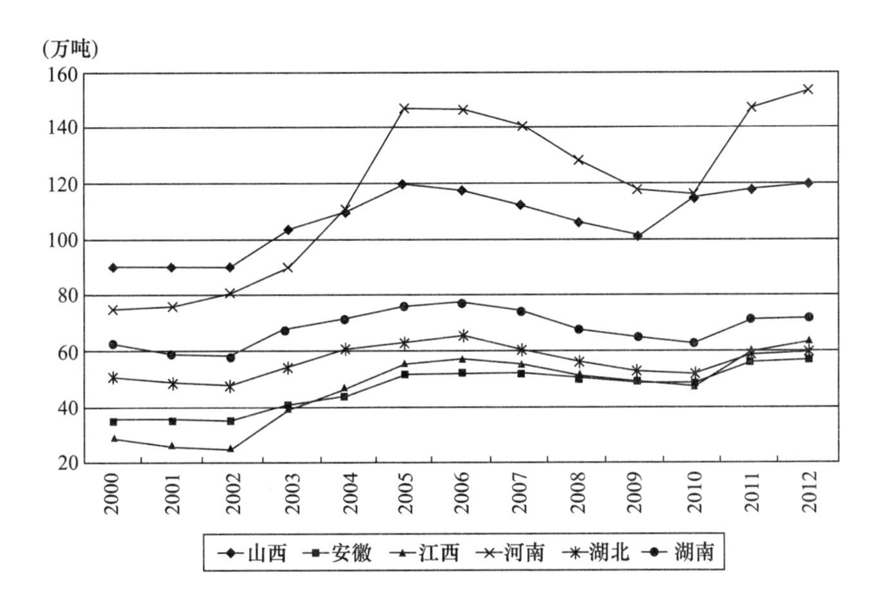

图 7－12　2000～2012 年中部各省二氧化硫排放量

二、除湖南、湖北两省，其余各省废水排放呈逐年上升趋势

图 7－13 给出了各省工业废水排放量情况，山西、江西、河南、安徽省工业废水排放量较明显地呈逐年上升趋势，其余各省废水排放曲线趋于平缓，湖南、湖北总体呈下降态势。虽然废水排放量并不能完全说明工业对环境的污染影响，因为如果排放的废水是达标的，那么其对环境的影响要远远小于不达标的废水，但从废水排放的减少可以看出各省对于废水排放的治理力度。

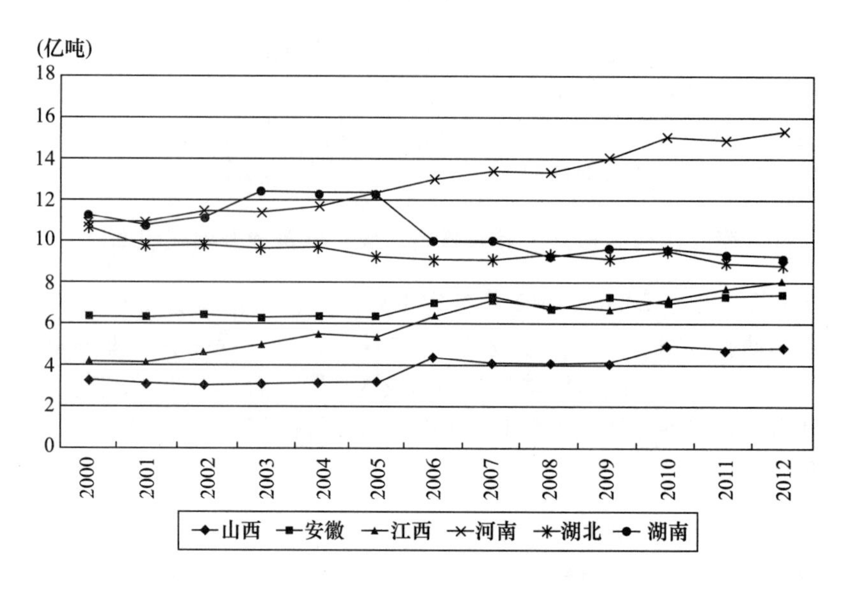

图7-13　2000~2012年中部各省工业废水排放量

三、2005年后各省工业烟尘排放均呈下降趋势

从图7-14可以看出，中部各省在工业烟尘的排放控制和烟尘治理方面成效显著，主要表现为2005年后各省工业烟尘排放量的下降。

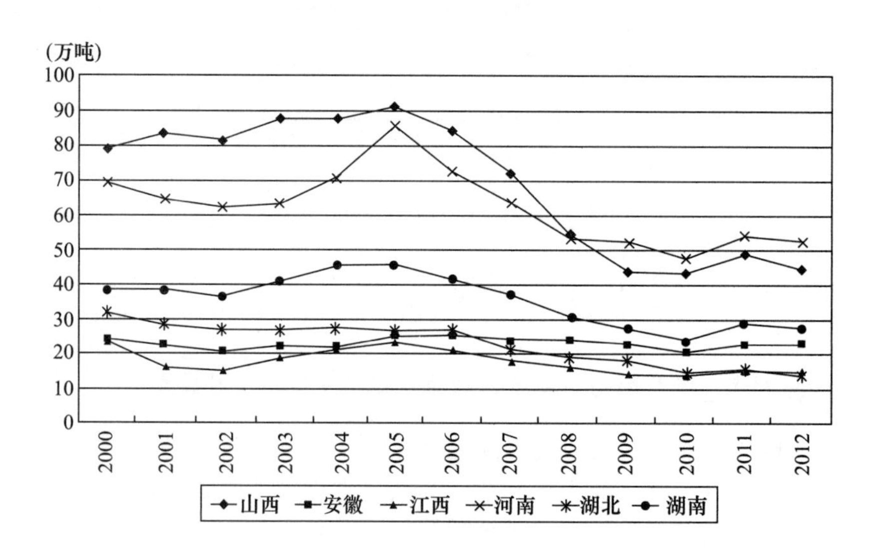

图7-14　2000~2012年中部各省工业烟尘排放量

四、中部各省粉尘排放均呈波动下降趋势

工业粉尘情况与烟尘类似，曲线上同样表现出排放量的下降（见图7－15），说明在工业粉尘排放控制和治理方面各省投入效果比较明显，但2010年后湖南、安徽、江西、山西工业粉尘排放略有上升。

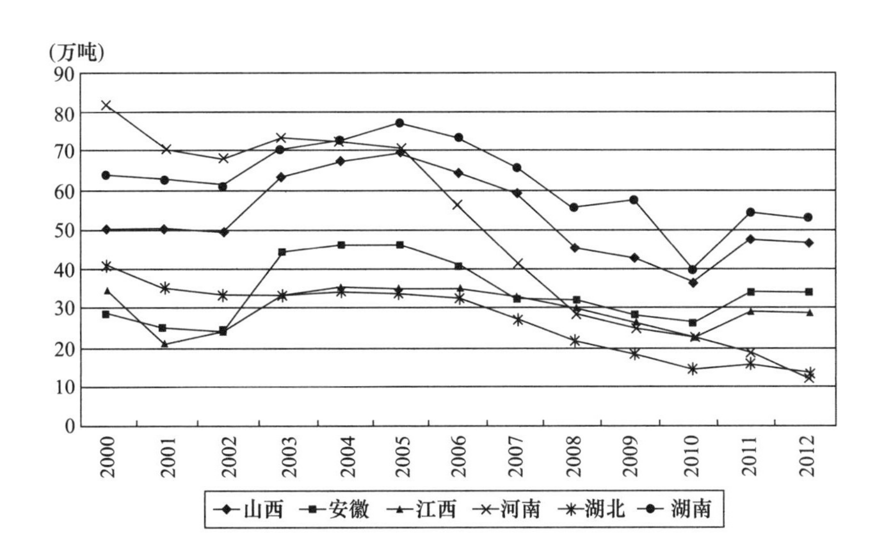

图7－15　2000～2012年中部各省工业粉尘排放量

五、工业固体废弃物产量自2001年以来较明显地呈逐年上升趋势

图7－16给出了各省工业固体废弃物产生量情况，各省区工业废弃物产生量自2001年以来较明显地呈逐年上升趋势，同时，固体废弃物治理控制难度较大。

六、工业污染治理投入增长不明显

图7－17给出了各省工业污染治理投入情况，各省污染治理投入增长不明显，12年基本维持同一水平，山西除外，由于山西是煤炭工业大省，污染情况一直比较明显，所以对于污染治理的投入波动也比较大。山西作为中部煤炭大省，污染一直是省内的一大问题，2000～2012年山西工业污染治理投入量和增长量均高于其他省，在2007年国家颁布煤炭新政策，山西关停、处理以及合并了一大批煤矿和下游企业后，污染情况有所改善，污染治理投入随之降低。

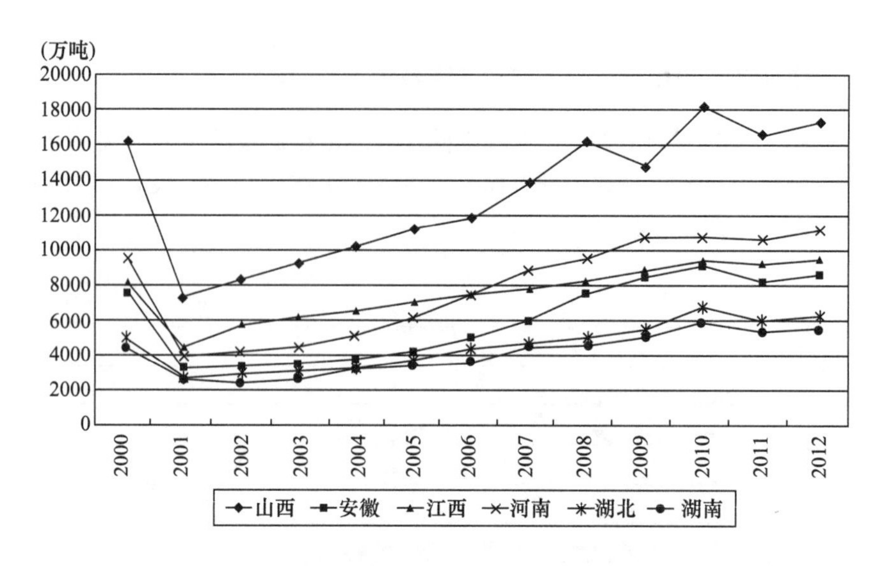

图7－16　2000～2012年中部各省工业固体废弃物产生量

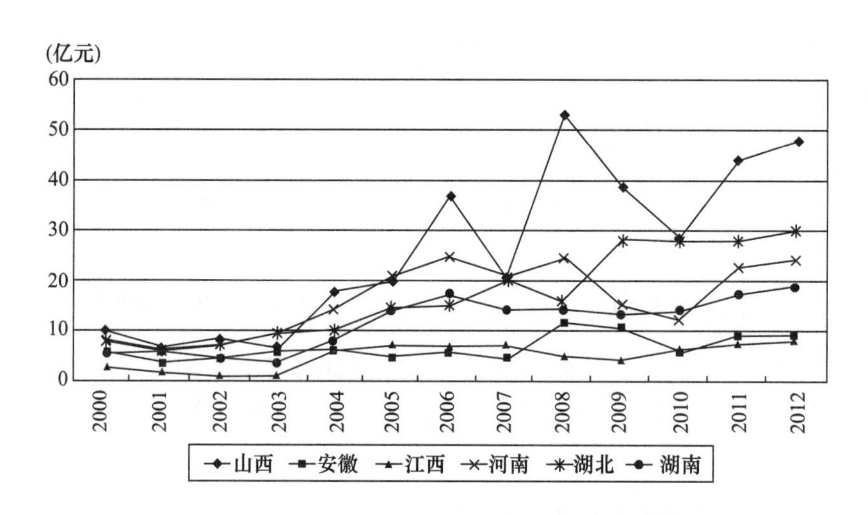

图7－17　2000～2012年中部各省工业污染治理投入

七、中部地区废水排放与城市群分布呈正相关，主要城市群废水排放量高且分布集中

从2003～2012年中部地区废水排放分布变化图（见图7－18）可以看出，中部省区各地市废水排放量呈增长趋势，黄河沿岸城市污水排放量较高，“两湖”地区废水排放量近两年又由增长趋势。废水排放与城市群分布呈正相关，主

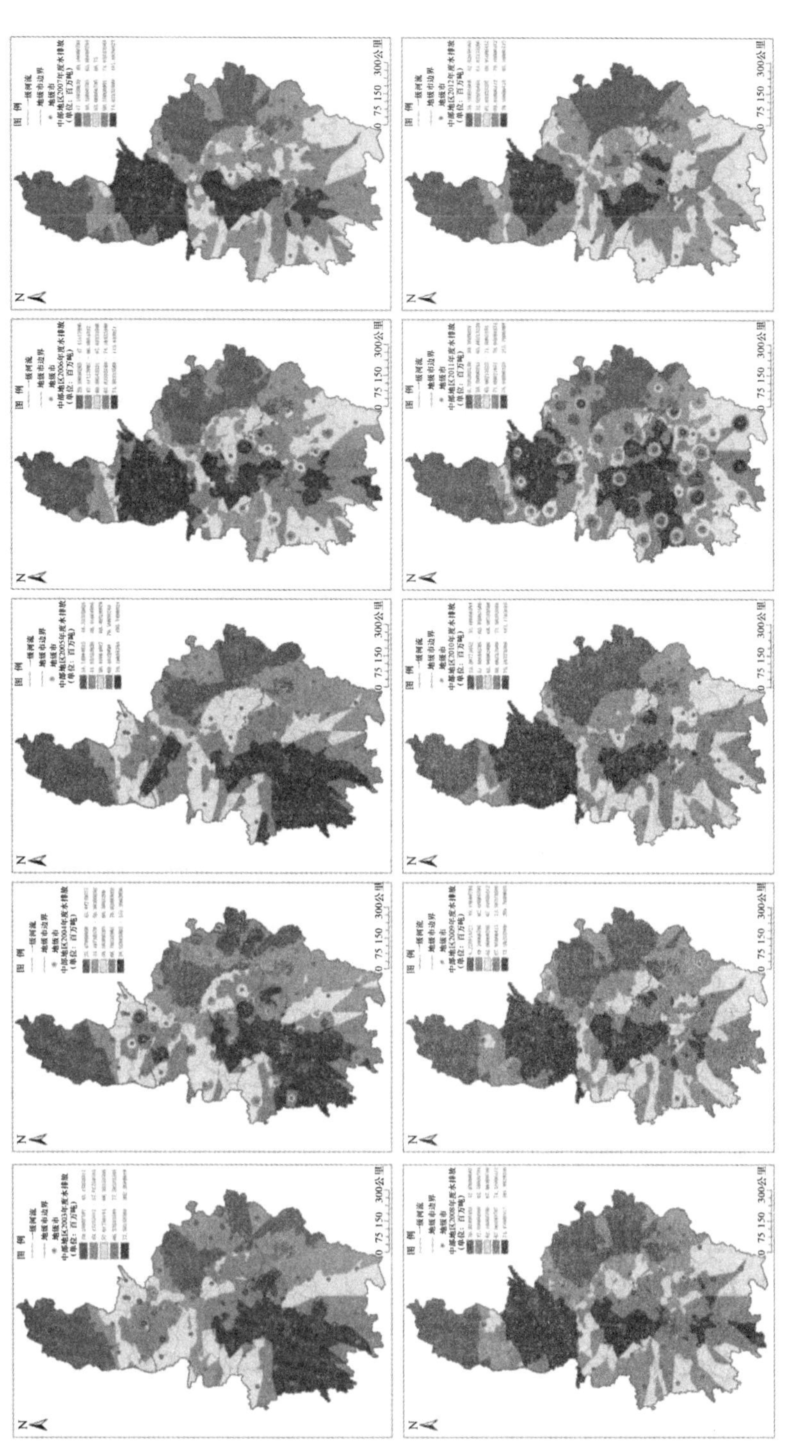

图7-18　2003~2012年中部地区废水排放分布变化

要城市群废水排放量高，分布集中。随着中部地区工业化和城市化进程的加快，城市人口相对集中，资源能源消耗大，污染源点多面广。环境敏感区域脆弱，水资源日益匮乏、水系河流严重污染等问题已成为制约中部地区人民生活质量提高和经济社会可持续发展的瓶颈。

中部地区水环境以地表水为主体，地表水资源总量丰富，长江、黄河两大河流中段、淮河上中段及三大湖泊——洞庭湖、鄱阳湖和巢湖都位于中部6省内。然而中部地区由于整体水质较差，面临着水质型缺水的严重问题。尤其近年来随着经济的大力发展，工业化的不断西推，水环境污染状况更为加重，中部地区江河流域面临严重的生态破坏、环境污染和水土流失等问题。河南河流众多，分布均匀，但由于地表径流不足，不利于污染的自净。同时人口众多，省人均地表水440立方米，仅为全国平均的1/6。在空间分布上，工业的分布与水资源的分布趋势相反，排到河流内的废水量远远超过河水的天然自净能力，水质污染十分严重。

2012年山西地表水环境质量达不到功能要求的河段占到全省监控河段总长的85%以上，较其他几省相比，除工业废水、生活污水和农业面源污染带来的水环境问题外，水土流失污染严重，土地沙化、荒漠化面积的不断增加给山西省的地表水环境带来了沉重的压力。湖南境内“四水”干流，江西境内“五河”的赣江上游、抚河、饶河，山西的汾河，河南省辖的长江流域，湖北辖内的长江和汉江支流都有不同程度的中、重度污染。2010年安徽巢湖全湖平均水质仍为劣Ⅴ类，洞庭湖水质为Ⅴ类，鄱阳湖南部部分水域水质为Ⅳ类，且三大湖泊都呈现中营养状态，中部地区水环境状况不容乐观。

八、二氧化硫集中分布在黄河沿岸省区和长江中游城市群，且分布范围变化不大

从2003~2012年中部地区二氧化硫排放分布变化图（见图7－19）可以看出，中部地区城市二氧化硫排放量较高地区集中分布在黄河沿岸省区和长江中游城市群，且分布范围变化趋势不大。受本地区能源消耗与产业结构影响，河南、山西两省城市二氧化硫排放常年处于高位，武汉城市群与鄱阳湖城市群二氧化硫排放量也较高。

虽然近年来中部省区对二氧化硫排放治理投入较大，但由于2000年后中部地区进入经济社会提速发展期，城镇化加速推进，能源消耗量持续增大，而且大量的能源与原材料消耗集中在城市群地区，导致中部地区重点城市群的二氧化硫排放量始终处于该地区的高位，形成二氧化硫排放集中区域，同时，由于二氧化硫的排放主要是源于电力和重工业基地，10多年来中部地区重点工业基地日趋集中，发展规模逐渐扩大，导致二氧化硫排放的分布区域变化趋势不大。

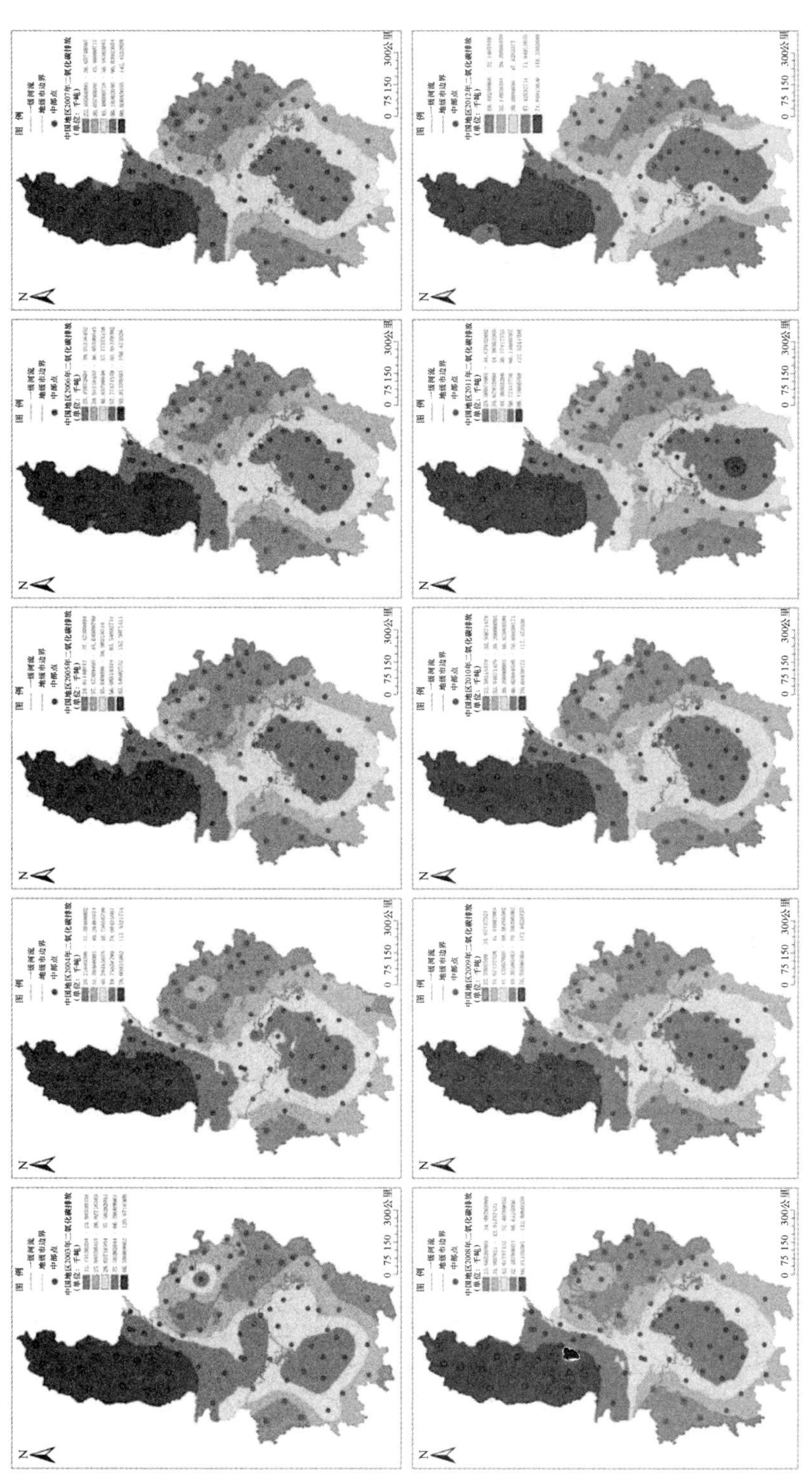

图 7-19　2003~2012 年中部地区二氧化硫排放分布变化

第三节 中部地区环境污染与经济增长的环境库兹涅茨曲线分析

中部地区已经成为全国重要的区域经济增长板块，在承接沿海产业转移和加速发展区域经济的过程中，是否会重复东部地区先污染、后治理的道路？针对此问题，运用时间序列数据分析法，采用 1995～2010 年的中部各省数据建立计量模型，解析两大环境压力指标的环境库兹涅茨曲线的演变轨迹和趋势。研究结果表明，目前河南和山西两省（占 33%）工业二氧化硫排放量随着人均 GDP 上升而上升，河南、湖北、江西和山西 4 省（占 67%）人均 GDP 的上升会带来工业废水排放量上升。总体来说，中部地区经济的增长对环境是有损害的，应该将人与自然的包容性增长作为未来经济发展的指导理念，抓紧把环境成本纳入经济发展目标中，尽快完善环境污染的财税制度。

一、模型构建

为揭示环境变化与经济发展的定量关系，首先要确定计量模型。计量模型的选择必须要有一定的统计意义，能够保证统计学所需的模拟精度。另外，还要有实际的经济意义，能够对指标间的关系予以合理的解释。根据以上原则以及前人研究的经验，我们选择模型环境库兹涅茨曲线形式为：

$$\ln y_{it} = \alpha_i + \beta_{1i}\ln pgdp_{it} + \beta_{2i}(\ln pgdp_{it})^2 + \beta_{3i}(\ln pgdp_{it})^3 + \mu_{it} \quad (7-1)$$

其中，i = 1，2，…，6；t = 1998，1999，…，2012；$\ln y_{it}$表示 i 省区 t 时期的人均工业废水排放量、人均工业废气排放量、人均工业固体废物产生量的对数（lnpgas，lnpsolid，lnpwater）；$\ln pgdp_{it}$表示 i 省区的 t 时期人均 GDP 的对数；μ_{it}表示随机误差项。其中模型参数 β_{1i}，β_{2i}，β_{3i}具有重要经济意义，不同的取值，可以反映出不同的环境质量和经济发展之间的关系。

（1）当 $\beta_{1i} \neq 0$，$\beta_{2i} = 0$，$\beta_{3i} = 0$ 时，环境状况与经济发展之间呈直线关系。

（2）当 $\beta_{1i} > 0$，$\beta_{2i} < 0$，$\beta_{3i} = 0$ 时，环境状况与经济发展之间符合倒 U 形关系。

（3）当 $\beta_{1i} < 0$，$\beta_{2i} > 0$，$\beta_{3i} = 0$ 时，环境状况与经济发展之间呈 U 形曲线关系。

（4）当 $\beta_{1i} < 0$，$\beta_{2i} > 0$，$\beta_{3i} < 0$ 时，环境状况与经济发展之间呈倒 N 形曲线关系。

（5）当 $\beta_{1i}>0$，$\beta_{2i}<0$，$\beta_{3i}>0$ 时，环境状况与经济发展之间呈 N 形曲线关系。

具体的判断如表 7－1 所示。

表 7－1　环境库兹涅茨曲线形状判断表

β_{1i}	β_{2i}	β_{3i}	线形
≠0	=0	=0	直线形
>0	<0	=0	倒 U 形
<0	>0	=0	U 形
<0	>0	<0	倒 N 形
>0	<0	>0	N 形

我们所用样本区间为 1998～2012 年，数据来源于历年各省统计年鉴、《中国统计年鉴》和《中国能源统计年鉴》。由于各项反映经济发展水平的指标与人均 GDP 都有密切的联系，故经济指标选取人均 GDP；为了能够较好地反映各省环境污染状况，环境指标选取人均工业废水排放量、人均工业废气排放量、人均工业固体废物产生量（虽然对一部分固体废弃物采用了掩埋、焚烧或者其他形式加以处理没有得到排放，但是它对环境也有间接影响，为了综合反映出固体废弃物对环境的影响，在分析时使用了产生量而非排放量），并且将各个指标对数化，以消除时间序列中存在的异方差。

二、模型检验及回归结果分析

（一）单位根检验

我们对面板数据的单位根检验采用两种方法：一是相同根情形下的单位根检验，这类检验方法假设面板数据中各截面序列具有相同的单位根过程，采用 LLC 检验（Levin、Lin 和 Chu，2002）、Breitung 检验（Breitung，2000）；二是允许面板数据中各截面序列具有不同的单位根过程，主要的检验方法采用 IPS 检验（Im、Pesaran 和 Shin，2003）、ADF－Fisher（Maddala 和 Wu，1999；Choi，2001）。单位根检验的滞后期选择我们采用 Schwarz 标准自动选择。本书所用变量的面板单位根检验结果如表 7－2 所示。

（1）lnpgas、lnpsolid 的 LLC、IPS、ADF－Fisher、PP－Fisher 检验均显著，拒绝原假设，因此 lnpgas、lnpsolid 是平稳的。

（2）lnpwater 的 LLC、PP－Fisher 检验是显著的，拒绝原假设，但是 IPS、Breitung、ADF－Fisher 都是不显著的，考虑到各种检验的差异性，可以认为 lnpwater 是平稳的。

(3) lnpgdp、$(\ln pgdp_{it})^2$、$(\ln pgd_{it})^3$ 的 LLC、IPS、ADF - Fisher、PP - Fisher 检验均显著，拒绝原假设，因此 lnpgdp、$(\ln pgdp_{it})^2$、$(\ln pgdp_{it})^3$ 是平稳的。

表 7-2 面板数据单位根检验结果

	LLC	Breitung	IPS	ADF - Fisher	PP - Fisher
lnpgas	-4.9768	0.86858	-2.01051	24.5985	34.2354
	(0.0000)***	(0.8075)	(0.0222)**	(0.0168)**	(0.0006)***
lnpwater	-2.27543		-0.77237	13.9394	22.6771
	(0.0114)**	—	(0.2199)	(0.3046)	(0.0306)**
lnpsolid	-4.58865	0.88054	-2.62923	28.5749	31.3138
	(0.0000)***	(0.8107)	(0.0043)***	(0.0046)***	(0.0018)***
lnpgdp	-6.26836	1.64199	-3.45862	32.7897	61.8951
	(0.0000)***	(0.9497)	(0.0003)***	(0.0010)***	(0.0000)***
$Lnpgdp^2$	-6.78476	2.66562	-3.43638	32.2899	55.8504
	(0.0000)***	(0.9962)	(0.0003)***	(0.0012)***	(0.0000)***
$Lnpgdp^3$	-6.36874	3.87061	-2.47797	26.0502	58.3955
	(0.0000)***	(0.9999)	(0.0066)***	(0.0106)***	(0.0000)***

注：括号中的数字是检验统计量的 P 值（P Value），即观察到的显著性水平；***、**、* 分别表示在 1%、5%、10% 的水平上显著，下同。

（二）模型设定形式检验

面板数据模型根据常数项和系数向量是否为常数，分为 3 种类型：变系数模型（皆非常数）、变截距模型（系数项为常数）和混合模型（都为常数）。因此，对面板数据进行估计时，需要对所建立的模型进行检验，检验样本数据符合变系数模型（7-2）、变截距模型（7-3）与混合模型（7-4）中的哪一个，防止模型设定误差导致的估计结果的偏差。即检验如下两个原假设：H_0：模型（7-2）中的解释变量系数对于所有截面成员（6 省区）都是相同的（斜率系数是齐性的），但截距项是不同的，即该模型是变截距模型（7-3）；H_1：模型（7-2）中的解释变量系数和截面系数项都是相同的，即该模型为混合模型（7-4）。

$$\ln y_{it} = \alpha_i + \beta_{1i}\ln pgdp_{it} + \beta_{2i}(\ln pgdp_{it})^2 + \beta_{3i}(\ln pgdp_{it})^3 + \mu_{it} \quad (7-2)$$

$$\ln y_{it} = \alpha_i + \beta_1\ln pgdp_{it} + \beta_2(\ln pgdp_{it})^2 + \beta_3(\ln pgdp_{it})^3 + \mu_{it} \quad (7-3)$$

$$\ln y_{it} = \alpha + \beta_1\ln pgdp_{it} + \beta_2(\ln pgdp_{it})^2 + \beta_3(\ln pgdp_{it})^3 + \mu_{it} \quad (7-4)$$

其中，$i=1, 2, \cdots, 6$；$t=1998, 1999, \cdots, 2012$。

模型形式检验根据以下两个统计量：

$$F_2=\frac{(S_3-S_1)/[(N-1)(k+1)]}{S_1/[NT-N(k+1)]}\sim F[(N-1)(k+1),\ NT-N(k+1)] \tag{7-5}$$

$$F_1=\frac{(S_2-S_1)/[(N-1)k]}{S_1/[NT-N(k+1)]}\sim F[(N-1)k,\ NT-N(k+1)] \tag{7-6}$$

其中，N 为截面成员的个数，为 6；T 是观察期数，为 15；k 是非常数项解释变量的个数，为 3；S_1、S_2、S_3 分别是模型（7-2）、模型（7-3）和模型（7-4）的回归残差和。模型检验的过程如下：先检验 H_1，如果 F_2 统计量小于某个检验水平，则不能拒绝原假设 H_1，不需要检验 H_0，从而方程（7-4）拟合样本是合适的；若拒绝原假设 H_1，则需继续检验 H_0。如果检验统计量 F_1 小于某个检验水平，则不能拒绝原假设 H_0，选择模型（7-3）是合适的，若拒绝 H_0，则选择模型（7-2）。分别以方程（7-2）、方程（7-3）、方程（7-4）对因变量 lnpgas、lnpwater、lnpsolid 回归，得到的残差平方和 S_1、S_2、S_3、F_2、F_1 分别如表 7-3 所示。

表 7-3　残差平方和与 F 统计量值

	lnpgas	Lnpwater	lnpsolid
S_1	0.460839	0.341754	0.286443
S_2	1.263192	1.340409	1.023033
S_3	21.01575	3.696753	36.93213
F_1	7.6607	12.8574	11.3146
F_2	147.1907	32.3961	422.1809

$F_{0.05}$（15，54）=1.820664，$F_{0.05}$（20，54）=1.731641，三个回归方程都拒绝 H_1 和 H_0，说明选择变系数模型（7-2）是合适的。

（三）模型回归结果分析

利用 EVIEWS6.0 软件进行回归分析。回归分析的具体过程是：先对模型（7-2）进行回归，若系数显著则写出基于式（7-2）的三次环境库兹涅茨曲线；若某省区的三次项系数不显著，然后就某省区的数据进行二次环境库兹涅茨曲线回归；若二次项系数再不显著，就进行线性回归。

通过结果分析发现，中部地区和东部地区走的道路相似，都是“先污染后治理”。开始以消耗资源和环境换取经济增长，之后再治理。不同之处是由于发展速度不同，东部地区率先开始环境治理，现今大部分省市都实现了经济和环境的协调发展，环境污染已得到缓解。同时产业转移也为东部地区减轻了环境污染的负担。中部地区在承接东部产业转移中，由于受自身条件的限制，多是承接的高消耗、高耗能的产业，并且本来所倚重的产业也多为不利于环境的产业，所以目前中部地区环境污染较严重。政府应重视环境问题，调动利于环境的各种因素，加快转变发展方式，促进中部经济和环境协调发展。

1. 以废气为污染水平对方程的回归分析

以人均工业废气排放量的对数 lnpgas 作为因变量进行回归，得到表 7-4 的结果，6 个回归方程的 R^2 均在 0.98 以上，说明拟合优度较好；F 值远远大于临界值，说明回归方程整体显著，建立的模型具有代表性。

表 7-4　中部地区人均工业废气排放量与人均 GDP 关系回归分析结果

地区	α_1	β_{11}	β_{21}	β_{31}	R^2	F	曲线形状	曲线拐点 lnpgdp =	2012 年 lnpgdp =
河南	-376.46 (0.015)**	120.00 (0.02)**	-12.71 (0.02)**	0.45 (0.02)**	0.98	157.66	N 形	lnpgas 的导数 >0	10.358
湖北	-590.28 (0.00)***	184.81 (0.00)***	-19.24 (0.00)***	0.67 (0.00)***	0.98	158.58	N 形	lnpgas 的导数 >0	10.56
湖南	4.19 (0.32)	-1.27 (0.17)	0.11 (0.03)**	—	0.99	727.82	U 形	5.5573	10.419
江西	-222.22 (0.04)**	70.48 (0.04)**	-7.46 (0.04)**	0.27 (0.04)**	0.99	541.99	N 形	lnpgas 的导数 >0	10.268
安徽	-8.06 (0.00)***	1.17 (0.00)***	—	—	0.98	706.72	直线	—	10.268
山西	-369.10 (0.00)***	117.12 (0.00)***	-12.32 (0.0029)***	0.43 (0.00)***	0.99	337.85	N 形	lnpgas 的导数 >0	10.423

由表 7-4 的数据可得出以下结论：

（1）中部 6 省的 lnpgas 的 EKC 都不是经典的倒 U 形，呈现直线形、U 形和 N 形。环境污染与经济发展之间之所以呈现不同的形状主要有以下原因：首先，两者之间关系与各地区的经济发展阶段、环境政策及环保意识有很大的关系，该内容将在下文讨论。其次，EKC 只是根据经验对经济增长和环境污染的分析一种方法，其结论的可靠性受样本空间、模型选取以及数据精度等多方面的影响。尽管如此，环境库兹涅茨曲线对于分析一个国家或地区自然、经济和社会协调发展的状况和走势仍有借鉴意义。

（2）中部6省各省都处于经济增长加大工业废气污染的阶段。河南、湖北、江西和山西的EKC呈N形，如图7－20至图7－23所示。在研究期内四省份的经济增长与工业废气污染排放图出现两个拐点，且lnpgas的导数大于零，说明随着经济的增长，河南、湖北、江西和山西工业废气排放量将增加，目前看来还没有相关迹象表示曲线有转折点。

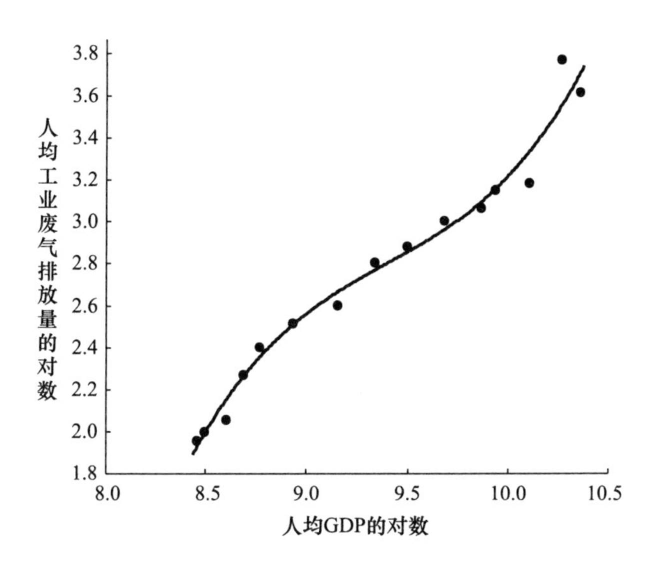

图7－20　河南人均工业废气排放量与人均GDP关系

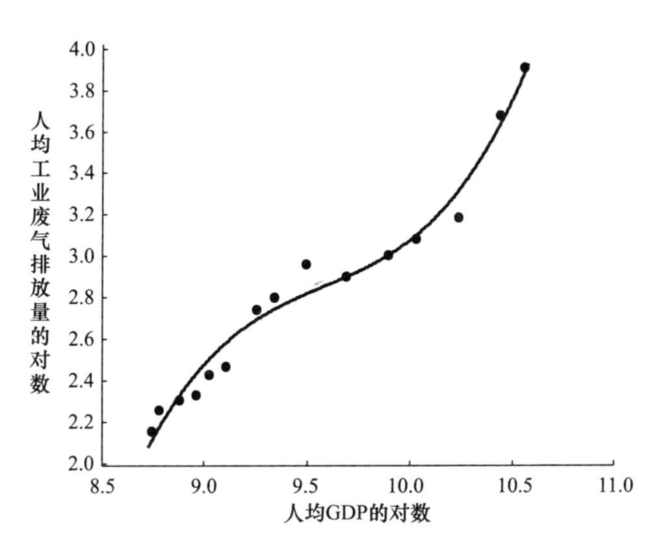

图7－21　湖北人均工业废气排放量与人均GDP关系

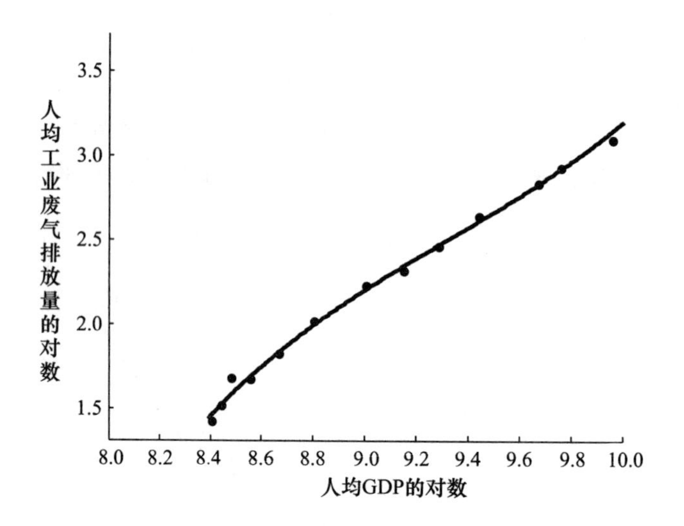

图 7－22　江西人均工业废气排放量与人均 GDP 关系

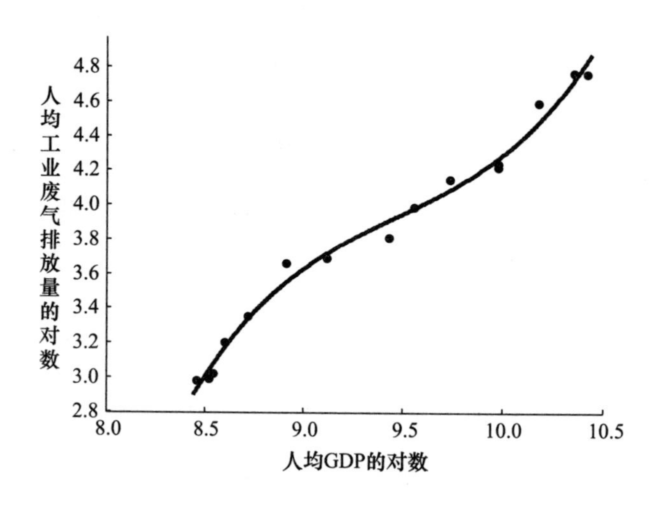

图 7－23　山西人均工业废气排放量与人均 GDP 关系

湖南的 EKC 呈 U 形，其拐点处于 lnpgdp＝5.5573 处，2012 年湖南的人均 GDP 的对数 lnpgdp 为 10.419，已经跨过拐点，说明湖南经济的增加会导致工业废气的增加（见图 7－24）。

安徽的 EKC 呈直线形状，且直线斜率均为正，说明随着经济的增长，在较长时间内将加大工业废气的排放量（见图 7－25）。

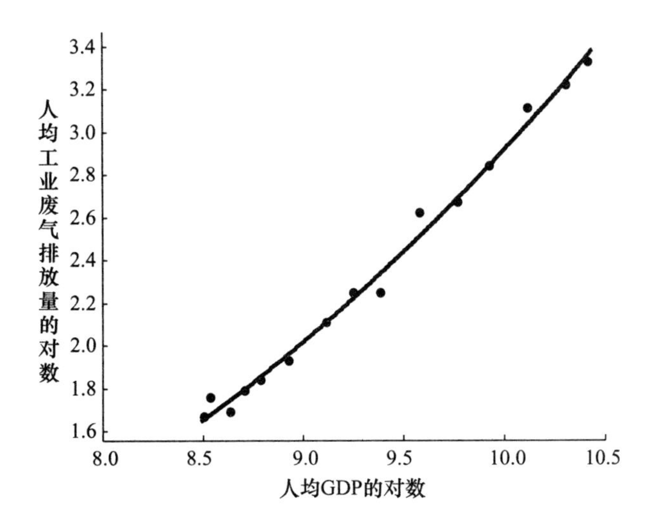

图 7－24　湖南人均工业废气排放量与人均 GDP 关系

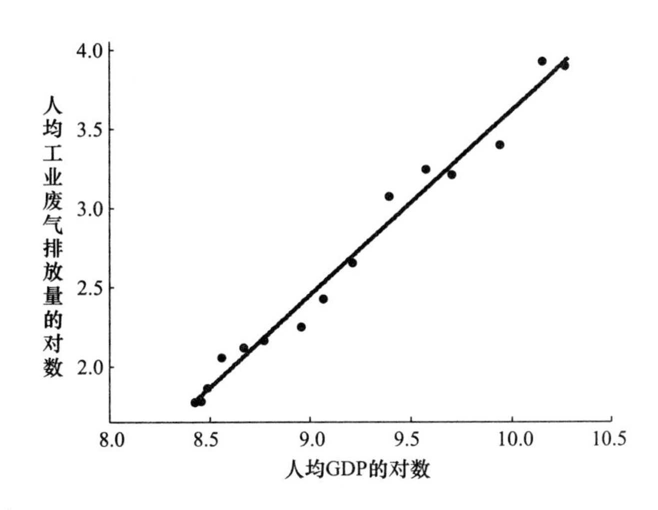

图 7－25　安徽人均工业废气排放量与人均 GDP 关系

2. 以废水为污染水平对方程的回归分析

以人均工业废水排放量的对数 lnpwater 作为因变量进行回归，得到表 7－5 结果。由表可知，6 个回归方程的 R^2 均在 0.7 以上，说明拟合优度好；F 值远远大于临界值，说明回归方程显著，建立的模型具有代表性。

表7－5 中部地区人均工业废水排放量与人均GDP关系回归分析结果

地区	α_1	β_{11}	β_{21}	β_{31}	R^2	F	曲线形状	曲线拐点 lnpgdp =	2012年 lnpgdp =
河南	-7.83 (0.02)**	2.02 (0.01)***	-0.10 (0.02)**	—	0.93	81.51	倒U形	10.4497	10.36
湖北	191.82 (0.01)***	-57.21 (0.01)**	5.76 (0.01)**	-0.19 (0.02)**	0.85	21.26	倒N形	9.5445 10.3461	10.56
湖南	4.14 (0.00)***	-0.14 (0.00)***	—	—	0.76	25.02	直线	—	10.42
江西	141.78 (0.09)*	-47.14 (0.08)*	5.27 (0.07)*	-0.19 (0.06)*	0.94	60.05	倒N形	8.1636 9.8916	10.27
安徽	99.89 (0.08)*	-32.12 (0.09)*	3.51 (0.08)*	-0.13 (0.08)*	0.79	13.80	倒N形	8.5339 9.8754	10.27
山西	417.54 (0.04)**	-130.79 (0.04)**	13.68 (0.04)**	-0.48 (0.05)**	0.71	3.88	倒N形	9.0140 10.1705	10.42

由表7－5的数据可得出以下结论：

（1）中部6省的废水的EKC并不都是经典的倒U形，呈现直线形、倒U形和倒N形。

（2）河南正处在经济增长加大工业废水污染的阶段。河南的EKC呈倒U形，其拐点处于lnpgdp = 10.4497处，但是2012年河南的人均GDP的对数lnpgdp为10.358，还未跨过拐点，正处在经济增长加大工业废水污染的阶段（见图7－26）。

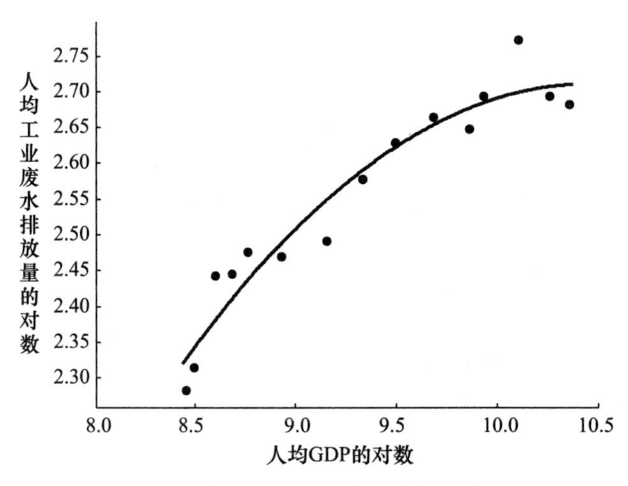

图7－26 河南人均工业废水排放量与人均GDP关系

（3）湖北、湖南、江西、安徽和山西水污染处于转折期。湖北、江西、安徽和山西的 EKC 呈现倒 N 形，这 4 省 2012 年的人均 GDP 的对数 lnpgdp 都已跨越了曲线的两个拐点。从理论上讲，湖北、江西、安徽和山西的水污染处于转折期，工业废水污染控制、治理政策取得了成效。但这并不代表工业废水污染已处于与经济协调发展的时期，工业废水的 EKC 仍然可能出现波动、上升甚至超过转折点。湖南的 EKC 呈直线形状，且直线斜率均为负，说明随着经济的增长，在较长时间内将减少工业废水的排放量，但其系数绝对值为 0. 142884，比较小，说明经济增长对废水排放减少比较有限（见图 7 - 27 ~ 图 7 - 31）。

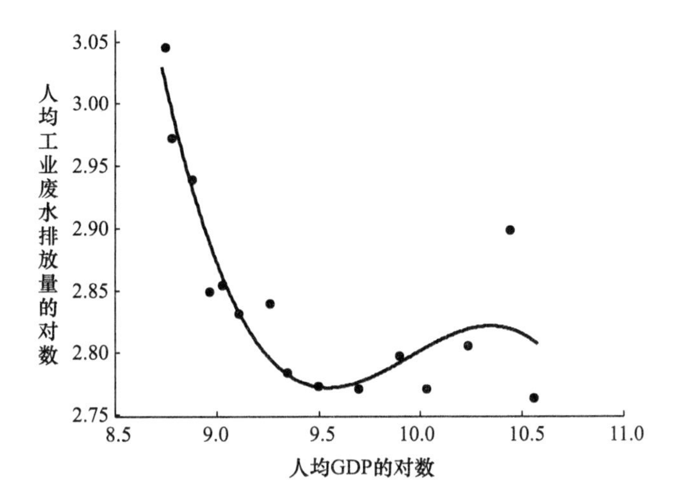

图 7 - 27　湖北人均工业废水排放量与人均 GDP 关系

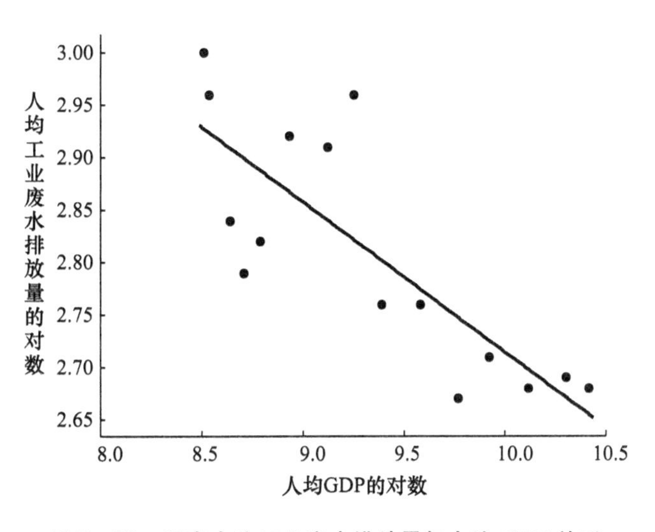

图 7 - 28　湖南人均工业废水排放量与人均 GDP 关系

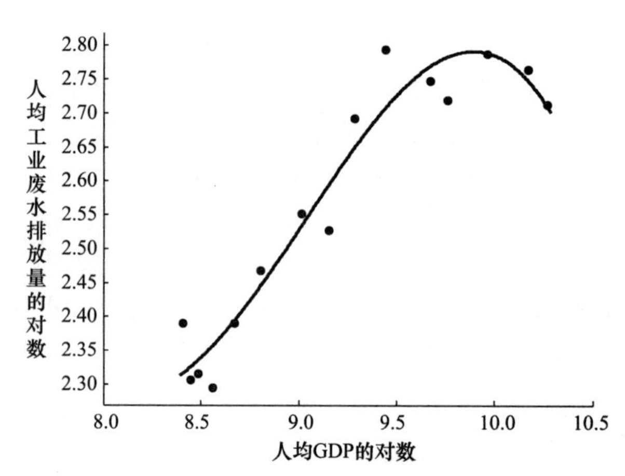

图7－29　江西人均工业废水排放量与人均GDP关系

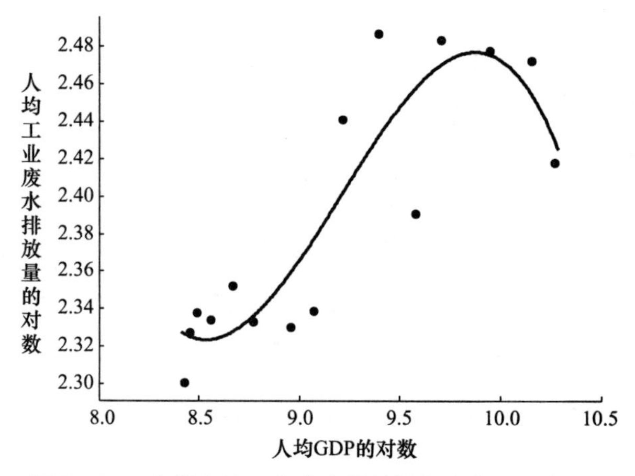

图7－30　安徽人均工业废水排放量与人均GDP关系

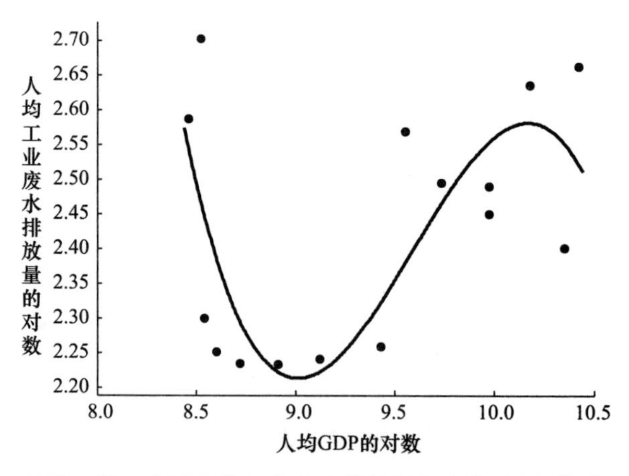

图7－31　山西人均工业废水排放量与人均GDP关系

3. 以固体废物为污染水平对方程的回归分析

以人均工业固体废物产生量的对数 lnpsolid 作为因变量进行回归，得到表7-6，6个回归方程的 R^2 均在0.93以上，说明拟合优度较好；F值远远大于临界值，说明回归方程显著，建立的模型具有代表性。

表7-6 中部地区人均工业固体废物产生量与人均GDP关系回归分析结果

地区	α_1	β_{11}	β_{21}	β_{31}	R^2	F	曲线形状	曲线拐点 lnpgdp =	2012年 lnpgdp =
河南	-7.85 (0.00)**	0.80 (0.00)***	—	—	0.99	1038.19	直线	—	10.358
湖北	-14.52 (0.01)***	2.30 (0.03)**	-0.08 (0.09)*	—	0.99	446.35	倒U形	13.5372	10.56
湖南	-6.89 (0.00)***	0.68 (0.00)***	—	—	0.95	264.07	直线	—	10.419
江西	-231.29 (0.03)**	73.06 (0.03)**	-7.70 (0.04)**	0.27 (0.04)**	0.97	106.33	N形	lnpsolid的导数>0	10.268
安徽	234.54 (0.01)***	-76.69 (0.01)***	8.25 (0.01)***	-0.29 (0.01)***	0.99	561.47	倒N形	8.3444 10.5058	10.268
山西	-327.93 (0.00)***	105.61 (0.00)***	-11.33 (0.00)***	0.41 (0.00)***	0.99	318.04	N形	lnpsolid的导数>0	10.423

由表7-6的数据可得出以下结论：

(1) 中部6省的固体废物的EKC都不是经典的倒U形，呈现直线形、倒U形、N形和倒N形。

(2) 中部六省各省区正处在经济增长加大工业固体废物污染的阶段。湖北呈倒U形，其拐点处于 lnpgdp=13.5372 处，但是2012年湖北的人均GDP的对数 lnpgdp 为10.56，还未跨过拐点，正处在经济增长加大工业固体废物污染的阶段（见图7-32）。河南和湖南的EKC呈直线形，且直线斜率均为正，说明随着经济的增长，河南和湖南的工业固体废物将呈直线形式增长，在较长时间内将加大工业固体废物的产生量（见图7-33和图7-34）。安徽的EKC呈倒N形，倒N形曲线两个拐点 lnpgdp 分别为8.3444和10.5058，而安徽2012年 lnpgdp 为10.268，位于两个拐点之间，说明安徽经济的增加会导致工业固体废物的增加（见图7-35）。江西和山西的EKC呈N形，且 lnpsolid 的导数大于零，说明随着经济的增长，江西和山西工业固体废物产生量将增加，目前看来还没有相关迹象表示曲线有转折点（见图7-36和图7-37）。

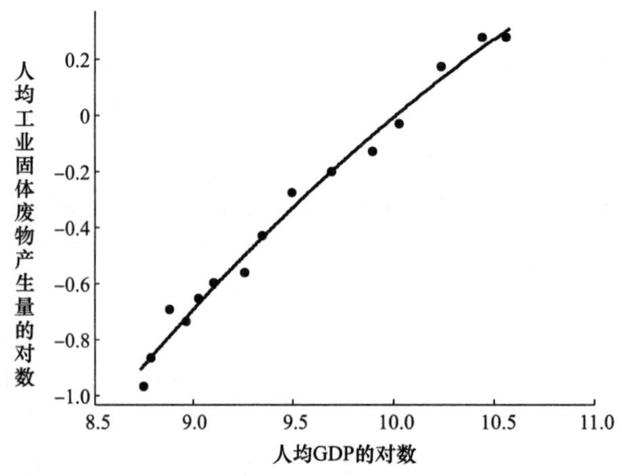

图 7－32　湖北人均工业固体废物产生量与人均 GDP 关系

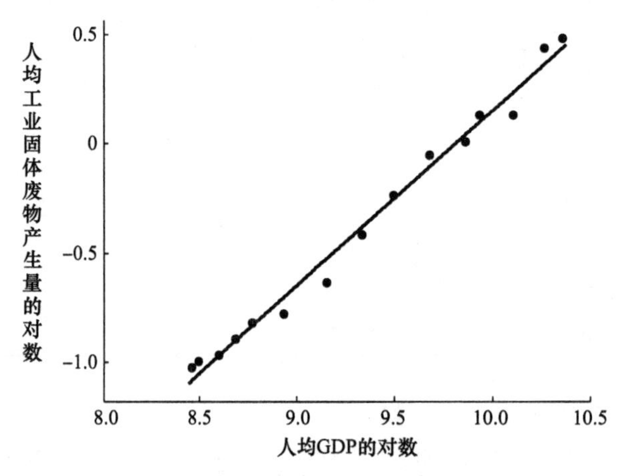

图 7－33　河南人均工业固体废物产生量与人均 GDP 关系

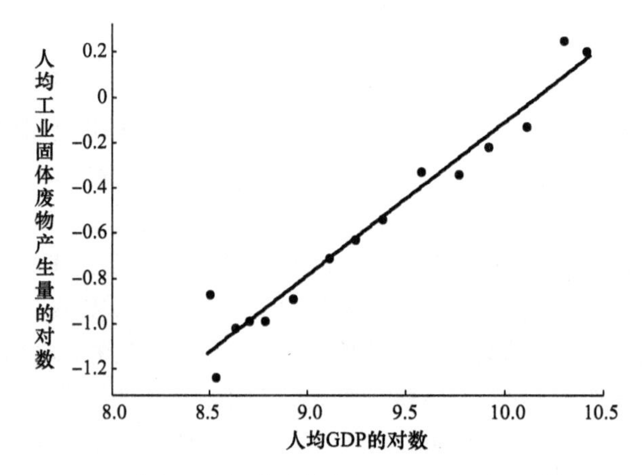

图 7－34　湖南人均工业固体废物产生量与人均 GDP 关系

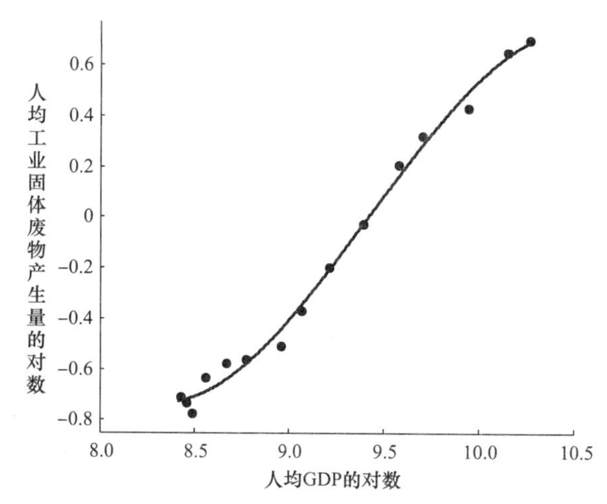

图 7-35　安徽人均工业固体废物产生量与人均 GDP 关系

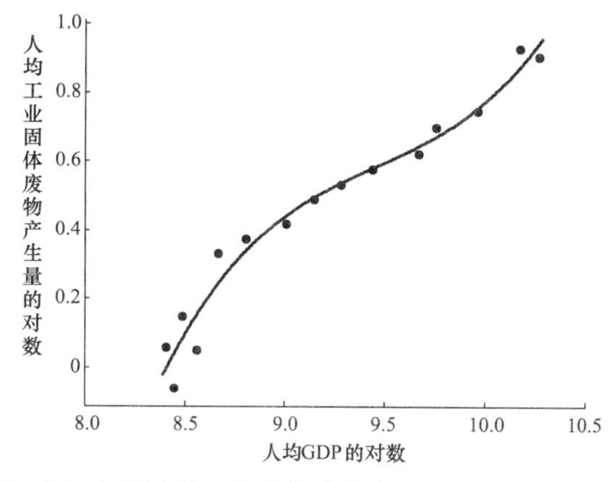

图 7-36　江西人均工业固体废物产生量与人均 GDP 关系

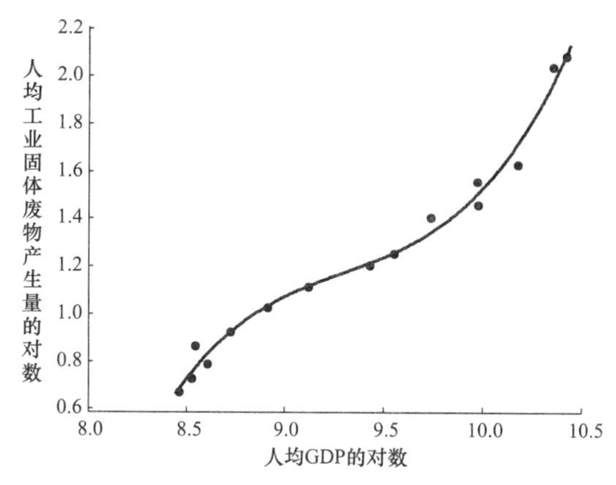

图 7-37　山西人均工业固体废物产生量与人均 GDP 关系

三、环境库兹涅茨曲线影响因素分析——以山西为例

为了进一步探究环境污染与经济发展之间关系的深层次原因，下面将基于灰色关联度分析以山西为例进行分析。1999～2011 年，山西 GDP 由 1667.10 亿元上升到 7214.03 亿元，人均 GDP 由 5204 元上升到 33546 元，位居全国第五；同时，山西快速的经济发展造成了环境质量的恶化。山西作为煤炭资源富集区和全国能源基地，长期以来形成了以煤焦、电力、冶金等产业为主的资源型经济结构。1999 年以来，山西实施了经济结构战略性调整发展战略，产业结构有所改善，但是传统的高消耗、高污染、低产出、低效益的粗放型经济增长特征依然明显，结构性污染严重，“三废”排放量特别是废气和固体废物排放量依然很大，且呈逐年加大的趋势，经济增长的环境污染特征显著。目前，山西仍然是全国环境污染最严重的省份之一；2012 年山西大气主要污染物二氧化硫排放量为 130.18 万吨、烟尘排放量为 107.09 万吨、工业固体废物排放量为 29031.50 万吨；在全国 31 个省市区中，工业固体废物产生量和烟尘排放量居第二位，二氧化硫居第四位。由此可见，山西主要环境污染物排放强度在加大，说明经济增长数量增加和质量下降并存的格局依旧没有改变。因此，本节将在上述山西库兹涅茨曲线分析的基础上，选取山西 1999～2012 年环境经济数据，环境库兹涅茨曲线的影响因素，以期为其制定环境政策和提高经济发展质量提供依据。

（一）样本数据分析

研究时段选择为 1999～2012 年（14 年）；环境指标选取城镇生活污水排放量、工业废水排放量、二氧化硫排放量、烟尘排放量、工业固废产生量（见表 7-7）；为了探讨山西省环境库兹涅茨曲线影响因素，计算影响因子与环境质量状况之间的灰色关联度，定量剖析山西环境库兹涅茨曲线形成的深层次原因。

表 7-7　1999～2012 年山西人均 GDP 与人均污染物排放量

年份＼指标	人均城镇生活污水排放量（吨）	人均工业废水排放量（吨）	人均二氧化硫排放量（千克）	人均烟尘排放量（千克）	人均工业固废产生量（千克）
1999	15.66	13.29	38.69	48.14	1948.41
2000	18.05	9.98	37.01	45.85	2369.30
2001	18.05	9.50	36.65	46.72	2204.10
2002	18.09	9.34	36.40	45.57	2518.44
2003	18.58	9.33	41.12	52.26	2791.55
2004	18.69	9.41	42.43	52.89	3048.51

续表

年份＼指标	人均城镇生活污水排放量（吨）	人均工业废水排放量（吨）	人均二氧化硫排放量（千克）	人均烟尘排放量（千克）	人均工业固废产生量（千克）
2005	18.78	9.57	45.18	54.15	3333.03
2006	17.41	13.07	43.80	50.50	3501.80
2007	18.70	12.13	40.88	45.03	4073.30
2008	19.28	12.07	38.35	35.27	4753.65
2009	19.30	11.59	37.00	31.37	4301.53
2010	19.14	13.96	34.95	27.59	5111.76
2011	21.27	11.04	38.94	31.44	7668.73
2012	23.86	13.32	36.05	29.66	8040.12

资料来源：历年《中国统计年鉴》与1999～2012年《山西省统计年鉴》。

（二）山西省环境库兹涅茨曲线成因的灰色关联度分析

1. 城镇生活污水排放量与其影响因子的灰色关联度分析

选择可能与城镇生活污水排放有关的因子（见表7－8）：第三产业比重、城镇居民可支配收入、城镇人口作为影响因子，计算其与城镇生活污水排放之间的灰色关联度。结果是，城镇人口仍然是影响城镇污水排放最主要的因素（r＝0.8869），其次是第三产业比重（r＝0.8506）和城镇居民可支配收入（r＝0.6437）。这说明，随着城镇人口的增加、居民消费水平的提高以及相对较弱的污水治理措施使城市污水的排放将在很长时间内保持继续上升的趋势；第三产业的发展尤其是餐饮、保洁等行业的发展在一定程度上增加了城市污水排放量。

表7－8　影响山西省环境状况的经济、社会因子

指标	经济水平		产业结构	能源消费		城市发展		交通运输		环境效力
年份	GDP（亿元）	工业产值（亿元）	第三产业比重（%）	能源消费（万吨标准煤）	煤炭消费量（万吨）	城镇居民人均可支配收入（元）	城镇人口（万人）	民用汽车拥有量（万辆）	私人汽车拥有量（万辆）	工业污染源治理投资额（亿元）
1999	1667.10	684.55	43.29	6501	13756	4342.61	1004.34	49.27	21.11	4.2
2000	1823.52	745.70	43.75	6728	14262	4724.11	1165.31	55.01	23.51	9.8
2001	2007.79	826.69	44.46	7606	14856	5391.05	1147.92	59.37	28.26	6.4
2002	2266.47	951.26	42.70	9340	18055	6234.36	1254.56	63.85	27.71	8.1

续表

年份 \ 指标	经济水平		产业结构	能源消费		城市发展		交通运输		环境效力
	GDP（亿元）	工业产值（亿元）	第三产业比重（%）	能源消费（万吨标准煤）	煤炭消费量（万吨）	城镇居民人均可支配收入（元）	城镇人口（万人）	民用汽车拥有量（万辆）	私人汽车拥有量（万辆）	工业污染源治理投资额（亿元）
2003	2603.49	1110.19	41.21	10386	20502	7005.03	1286.28	73.82	34.15	6.4
2004	3000.06	1308.44	38.52	11251	22433	7902.86	1321.65	89.35	48.17	17.7
2005	3405.07	1529.57	38.08	12312	25872	8913.91	1412.81	107.44	58.77	19.8
2006	3840.91	1774.30	37.84	13497	28605	10027.70	1451.39	121.55	73.58	36.8
2007	4451.62	2097.22	37.48	14620	29645	11564.95	1493.75	144.33	93.12	45.7
2008	4830.01	2241.93	37.72	14664	28373	13119.05	1538.58	174.22	119.35	52.9
2009	5090.83	2226.24	39.23	15576	27762	13996.55	1576.09	205.95	148.86	38.7
2010	5798.45	2660.35	37.09	16808	29865	15647.66	1717.43	304.86	186.60	28.0
2011	6552.25	3125.91	35.25	18315	33479	18123.87	1785.31	348.61	230.20	27.9
2012	7214.03	3494.77	38.66	19336	34551	20411.70	1851.08	371.13	269.72	32.3

资料来源：历年《山西省统计年鉴》和《山西省环境状况公报》。

2. 工业废水排放量与其影响因子的灰色关联度分析

选择可能与工业废水排放有关的因子（见表7－8）：GDP、工业产值、工业污染治理投资，运用灰色关联度分析方法，计算其与工业废水排放之间的灰色关联度。结果是，GDP与工业废水排放量的关联度最大（r＝0.8108），其次是工业产值（r＝0.7898），工业污染治理投资影响相对较小（r＝0.6149）。这表明，随着经济和工业的发展，加重了工业废水对水环境的压力，再加上工业污染治理投资力度不够，最终导致了工业污水排放量的上升。

3. 二氧化硫排放与其影响因子的灰色关联度分析

二氧化硫是大气污染的主要成分之一，山西二氧化硫污染及其影响因素的关联度分析结果：对二氧化硫污染影响最大的是煤炭消费量（r＝0.8886）；其次是GDP（r＝0.8313）；工业污染源治理投资额与二氧化硫的关联度较弱（r＝0.6279）。随着山西煤炭消费量的相对减少、二氧化硫污染治理力度的加强，山西二氧化硫排放量已越过环境库兹涅茨曲线的转折点，二氧化硫污染呈现相对减缓的趋势。但是2011年有上升趋势，主要是污染治理力度不够强，投资力度不够。

4. 烟尘排放量与其影响因子的灰色关联度分析

烟尘污染主要是由工业燃料燃烧、工业生产、交通运输等人类活动引起的，故选择GDP、工业产值、能源消费、煤炭消费量、民用汽车拥有量、私人汽车拥有量，计算它们与废气排放量之间的关联度。结果是：煤炭消费量和能源消费与烟尘污染关系最密切，关联度高达0.8794和0.8614，是造成山西烟尘污染的主要原因；GDP与烟尘排放量的关联度是0.8270，随着经济的发展，加重了山西的烟尘污染；民用汽车拥有量和私人汽车拥有量与烟尘排放之间的关联度分别为0.7801和0.7087，说明机动车尾气排放加快了烟尘污染的恶化速度。由于影响烟尘污染的因素较多，且正负影响相互作用，造成了山西人均烟尘排放量与人均GDP之间呈现比较复杂的三次曲线关系。

5. 工业固体废物生产量与其影响因子的灰色关联度分析

工业固体废物生产量主要由工业生产引起的，故选择GDP、工业产值、能源消费、工业污染源治理投资额，计算它们与废气排放量之间的关联度。首先，能源消耗与工业固废污染关系最密切，关联度高达0.9505，是造成山西固体废物污染的主要原因；其次，GDP与工业固废生产量的关联度是0.9441，随着经济的发展，加重了山西工业固废的污染；工业产值与工业固体废物生产量的关联度0.9050，随着工业的发展，严重影响了山西省工业固废的污染；工业污染源治理投资额与工业固体废物生产量的关联度较弱，关联度为0.6602。

我们以山西为例，分析了其1999~2012年环境库兹涅茨曲线影响因素，得到的结论如下："三废"的库兹涅茨曲线并不说明经济发展水平和环境质量状况之间存在必然的关系，经济发展水平是影响环境质量状况的重要因子，但却不是唯一因素，另外能源利用、产业结构、城市规模、环境意识、环境投资等都对环境库兹涅茨曲线具有解释意义。环境质量的改善并不会自动发生，它有赖全社会环保意识的提高、环境政策的实施和技术进步的支持。对处于经济体制转型时期的中国而言，政府的环境政策、环境投资和能源的合理利用是减缓环境恶化、改善环境质量最重要的手段。

四、总结与对策

（一）对中部6省经济发展和环境关系的总结

1. 中部6省的EKC呈现直线形、U形、倒U形、N形和倒N形，大多呈现N形和倒N形

之所以呈现不同形状除与各地区的经济发展阶段、环境政策和环保意识等关系较大外（如表7-9即为影响山西环境污染的主要影响因素），还受到样本空间、模型选取以及数据精度等多方面的影响。

表7－9　山西省各环境污染物的主要影响因素

污染物	主要影响因素
城镇生活污水排放量	城镇人口、第三产业比重、城镇居民可支配收入
工业废水排放量	GDP、工业规模
二氧化硫排放量	煤炭消费量、GDP
烟尘排放量	煤炭消费量、能源消费量、GDP
工业固废产生量	能源消费量、GDP、工业总产值

环境库兹涅茨曲线呈直线的地区要加大环境预防和治理力度，使曲线和转折点更明朗。呈倒U形的地区，经济水平还未跨过曲线拐点，说明随着经济的增长，将加大环境污染。这些地区应继续加大污染控制，争取跨越拐点，使得污染与经济协调发展。呈N形EKC的各省，其曲线导数大于0，说明经济增长也将加大环境污染。呈倒N形EKC的各省，多数地区的经济水平处于倒N形EKC的两个拐点的中间，说明各地区在越过其相应曲线的第二个拐点前，按照现在的发展趋势，经济发展将继续加重环境污染。

2. 中部6省正处在经济增长加大工业废气和工业固体废物污染的阶段

本书分析结果表明，就目前而言，中部6省经济的增长加大了工业废气和工业固体废物的污染，导致了环境的恶化，是环境污染的重要影响因素，这既是工业化进程的重要特征，也是中部实现经济可持续发展遇到的严峻挑战。

3. 中部6省水污染处于转折期

从理论上讲，中部6省的水污染处于转折期，工业废水污染控制、治理政策取得了成效。但这并不代表工业废水污染已处于与经济协调发展的时期，工业废水的EKC仍然可能出现波动、上升。

（二）对中部6省经济发展和环境关系的对策

中部6省要实现中部崛起，消除贫困，提高人民生活水平，缩小与东部地区的差距，就要毫不动摇地把发展经济放在首位。实现经济持续发展的同时，采取切合实际的对策，使经济增长与环境保护相协调。

1. 改善经济增长模式，减少污染与消耗，以实现经济的可持续发展

由于传统的以高投入、高消耗、高污染、低质量、高产出为特征的生产模式和消费模式仍未改变，高投入、高消耗、高污染带来的是经济损失；高增长带来的是为污染治理提供物质基础。如果高增长带来的收益大于高污染带来的损失，这种方式是可取的，反之，则不可取。但实践证明，高增长、高污染的经济增长方式是不符合可持续发展战略的。因此，应进一步大力发展优势产业，用高新技术和先进技术改造来提升传统产业，改变传统的高投入、高消耗、高污染、低质量、高产出增长模式，减少污染与消耗，实现经济的可持续发展。

2. 加快工业化进程，推进产业结构调整，促进经济增长与环境保护协调发展

中部6省是全国商品粮和优势农副产品生产加工基地，要加快工业化进程的步伐，推进产业结构调整，首先就要用工业化理念谋划农业的发展。如把农业的生产、加工、流通作为完整的产业体系，通过公司加农户、企业联基地、市场联生产，逐步形成市场化、规模化、专业化生产格局；按市场需求发展绿色农业，用先进技术改造传统农业，依通行标准壮大品牌农业，以龙头企业带动支柱产业，使农业资源优势转化为产业优势。另外，还应壮大工业经济，加速形成工业主导型产业结构；大力发展服务业，实施旅游产业开发工程。

3. 有效发挥政府的主导和监督作用，加强经济增长与环境保护方面的协调，推进经济的可持续发展

在经济社会活动中，把人口、资源生态环境、经济增长三者有机结合起来，妥善处理这三者的关系，科学、合理、有效地解决人口、经济增长与资源生态环境问题，政府的主导和监督作用将是关键性的。因此，要实现中部崛起，解决经济增长与环境污染相矛盾的问题，必须加强政府在经济增长与环境治理保护中的主导和协调作用。

第四节　中部地区环境—经济耦合协调度分析

一、指标选取和数据处理

根据研究需求和现实数据拥有情况，本节在经济、资源、环境指标中选取了表7-10中的指标作为协调系数估算的指标体系。其中，少数年份耕地数据缺失（小于3个），采取前后两年均值做法，2000~2002年煤炭储量在统计年鉴中未有统计，为不影响分析，这三年统一采用2003年数据。

表7-10　协调系数估算指标体系

一级指标	二级指标	三级指标	单位
经济指标	经济实力	人均GDP（2000基年）	元
		GDP增长率（2000基年）	%
	经济结构	二产占GDP比重	%
		三产占GDP比重	%
		财政收入占GDP比重	%

续表

一级指标	二级指标	三级指标	单位
资源指标	资源消耗	人均电耗	千瓦时/人
	资源丰度	人均煤炭储量	吨
		人均耕地面积	平方米
环境指标	环境污染控制	固体废物综合利用率	%
		废水排放达标率	%
		“三废”综合利用产品产值	%
	环境污染排放	单位 GDP 二氧化硫排放量	吨/元
		单位 GDP 烟尘排放量	吨/元
		单位 GDP 粉尘排放量	吨/元

二、系统协调度估算

（一）系统综合指数测定

利用主成分分析赋权，因子分析计算综合得分，为综合指数。经 SPSS 计算，各系统综合指数趋势如图 7－38 所示。

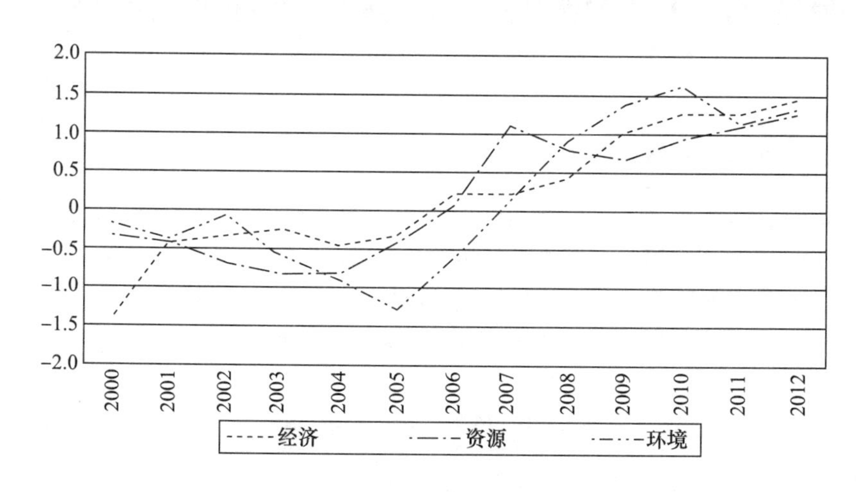

图 7－38　三系统综合指数变化趋势图

经济综合指数除 2004 年相比 2003 年略有下降外，其余均呈上升趋势，说明 2000～2012 年中部 6 省的总体经济发展水平在逐年上升。资源综合指数涨跌分为四段，总体相比 2000 年有所上涨。环境综合指数在经历了 2002～2005 年的下降

后，2006~2010 年一直保持较好的上升态势。说明 2006 年后中部 6 省环境污染的排放和控制开始持续好转。

（二）协调度测算结果

测算中部 6 省 Ec－Re－En 系统间协调度以及综合协调度（见图 7－39 和图 7－40），可以得到如下分析结果：

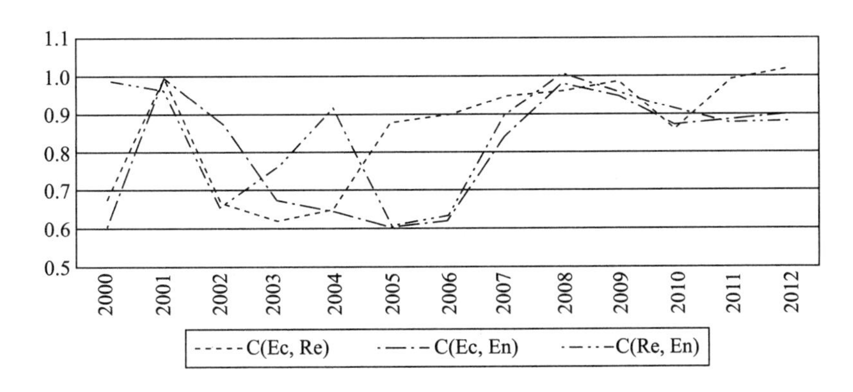

图 7－39　中部 6 省 Ec－Re－En 系统间协调度

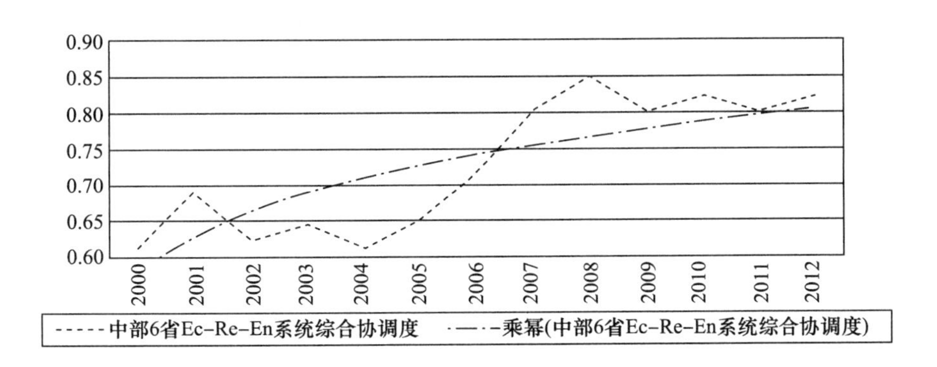

图 7－40　中部 6 省 Ec－Re－En 系统综合协调度

（1）对于两系统间的协调度，经济—资源（Ec－Re）之间的协调性总体情况最佳，因为 Ec－Re 协调性仅在 2000 年与 2002~2004 年，共 4 年内低于 0.8，说明中部地区的经济发展跟中部地区的资源系统匹配性较好。

（2）经济—环境（Ec－En）、资源—环境（Re－En）的两系统间协调性在 2000~2005 年指数不规律，说明这 6 年中的经济发展与环境、资源与环境之间的协调性波动比较大，也许是政府在制定相对资源、环境的发展政策中没有找到平衡点，或者发展政策不成熟所致。

图 7 – 40 是 Ec、Re、En 系统间的协调度变化趋势图，2000 ~ 2005 年，三个协调度指标变化波动较大且无规律。从 2005 年开始至 2010 年，可以发现 C（Ec，Re）、C（Ec，En）、C（Re，En）变化情况趋于一致，在 2005 ~ 2009 年上升（除 C（Re，En）在 2008 ~ 2012 年下降），2009 ~ 2012 年 3 年协调度均呈下降趋势，但总体上经济—资源和经济—环境系统之间的两个协调度是增长的，也即 2010 年超过了 2000 年水平。从两图可以得出如下分析结果：

（1）图 7 – 40 为 Ec – Re – En 三系统综合协调度的变化趋势图，2000 ~ 2006 年，协调度变化不明显，基本保持水平，2006 ~ 2008 年有明显增长，2010 年转而下降，但协调程度 2012 年高于 2000 年约 0.3 个单位。

（2）图 7 – 39 中的协调度分析了 2000 ~ 2005 年波动较大。2006 ~ 2012 年，三个两系统间协调度上升和下降变化趋于一致，且从 2007 年开始，三个协调度均大于 0.8，保持了较好的态势。

（3）结合图 7 – 39 和图 7 – 40 可以发现，图 7 – 40 中 2000 ~ 2006 年三系统综合协调度一直变化不明显，2006 ~ 2009 年有明显上涨，2009 ~ 2012 年下降，2005 ~ 2012 年的三系统协调度变化趋势与图 7 – 39 的两系统间协调度变化趋势基本一致。可以认为，2000 ~ 2005 年，由于经济、资源、环境中，两两系统间的协调度一直变化波动较大，互相之间有一定的影响或抵消，所以综合起来看，Ec – Re – En 综合系统的协调度在 2000 ~ 2005 年一直基本没有变化。2005 ~ 2009 年，Ec – Re、Ec – En、Re – En 三者的系统间协调度均保持明显的上升趋势，在三者的共同上升作用下，Ec – Re – En 系统综合协调度也保持了上升态势，而 2009 ~ 2012 年在 Ec、Re、En 两系统间协调度的下降作用下，Ec – Re – En 系统综合协调度也随之下降。

（4）图 7 – 39 中，2001 ~ 2002 年，Ec、Re、En 的两系统间协调度均呈下降趋势，图 7 – 40 可以发现，Ec – Re – En 的系统综合协调度也有一定下降。因此可以认为，Ec、Re、En 中的两系统间协调度的单一上升，并不能提高 Ec – Re – En 系统的整体协调度，只有 Ec、Re、En 的两系统间协调度共同上升，才能使 Ec – Re – En 系统的整体协调度上升。

第八章　中部地区城镇化与环境作用过程演变趋势动态模拟及系统优化调控

本章基于2000～2013年江西、安徽、湖南、湖北、河南、山西6省统计年鉴数据，以中部6省为整体，对其2013～2030年二氧化硫排放量、废水排放量及城市生活垃圾三个主要环境污染物排放量变化趋势进行模拟和预测。根据本研究的研究目标核心：中部6省经济社会发展与主要污染物排放量变化关系以及减排政策措施的综合反馈效应与成本，我们选择运用系统动力学方法开展研究。

第一节　二氧化硫排放量情景模拟

我们根据近年来中部6省二氧化硫排放情况，建立二氧化硫排放情景模拟系统动力学模型的积量流量图如图8－1所示。

一、基础情景参数设定

中部地区经济发展和各类污染物排放量趋势进行模拟。根据近年来中部6省经济增长、二氧化硫排放的总体趋势设定模拟参数。废弃物的排放强度，即单位增加值的废弃物排放量，体现了经济增长与废弃物排放之间的关系，间接反映废弃物处理能力和减排幅度的变化，是本模型的重要参数指标之一。初始值依据中部6省历史实际数据计算（见图8－2）。

对二氧化硫排放强度变化实际值进行趋势线回归拟合，对其2012～2030年周期范围内的演进进行趋势模拟。根据不同类型回归结果的比较，选取相关系数最高、最贴近现实发展趋势的指数回归曲线方程：$y = 0.272e^{-0.133x}$，相关系数 $R^2 = 0.9229$，以此作为二氧化硫趋势模拟的初始取值方程（见图8－3）。

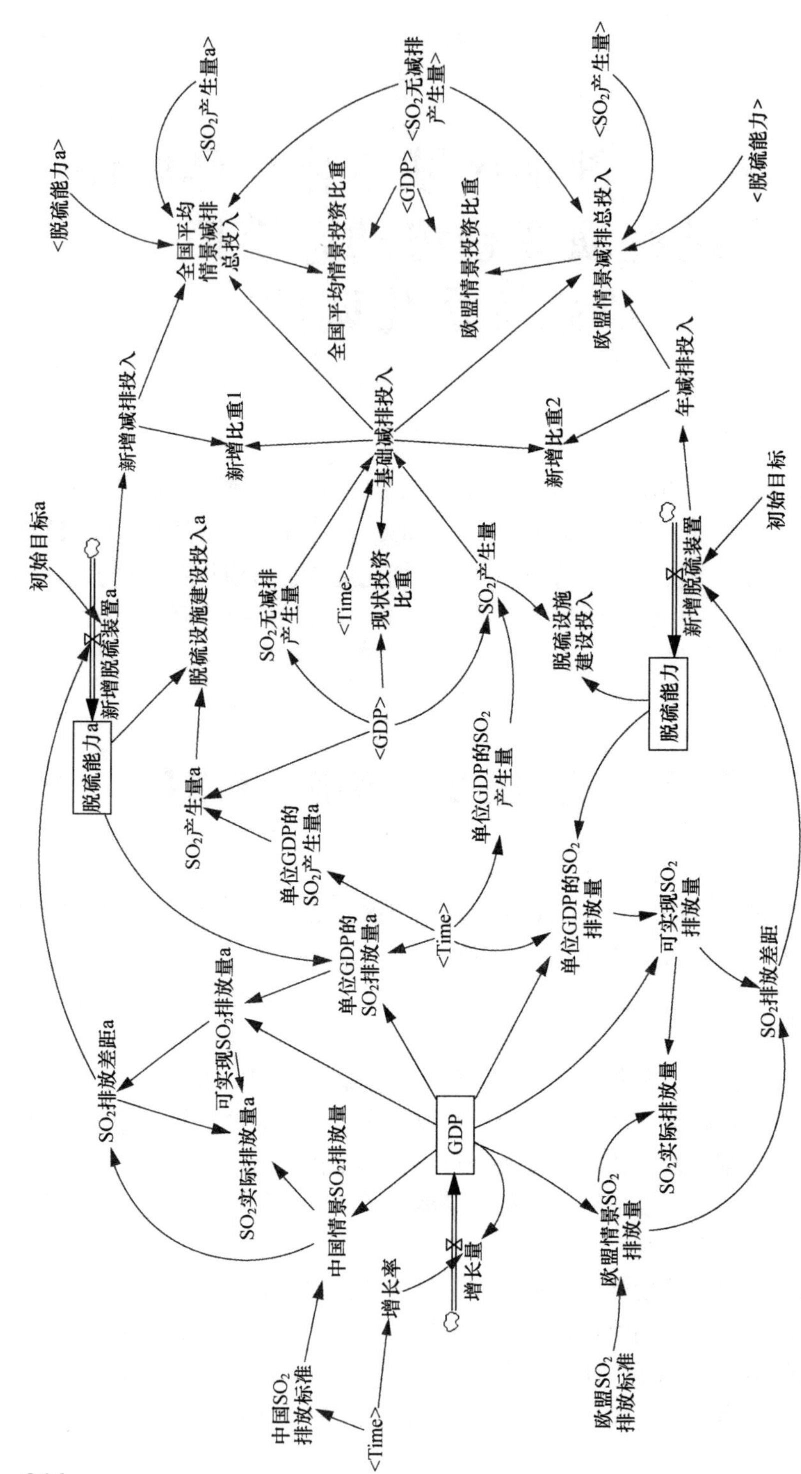

图8-1 二氧化硫排放量预测与政策反馈模型

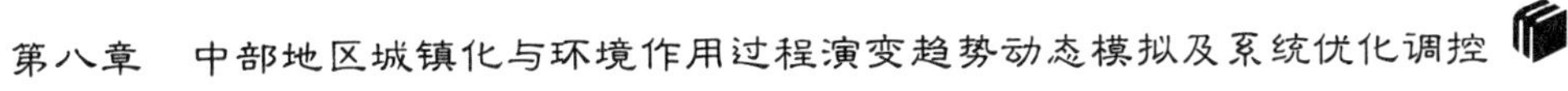

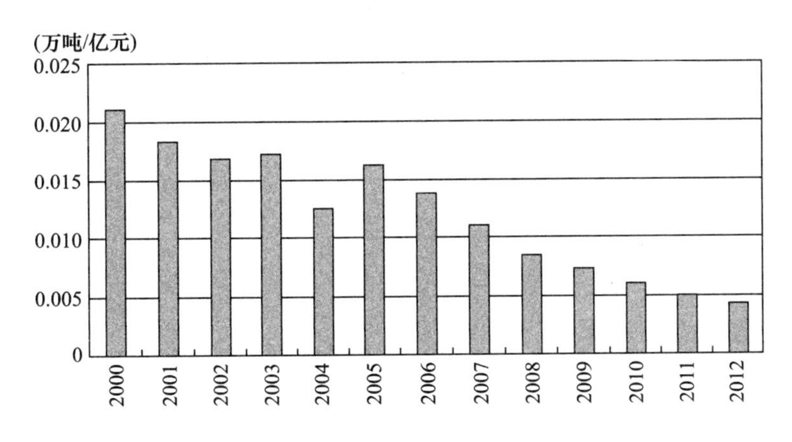

图 8－2　中部 6 省二氧化硫排放强度变化情况

经济增长采用 GDP 作为代表性指标，中部 6 省近年来经济增长速度快于全国平均水平，受国际金融危机等因素影响，增长率的变化相对较大。根据我国经济未来增长速度趋于放缓的新趋势，以 2012～2030 年为周期，GDP 增速按 2013～2020 年年平均 7.2%、2021～2030 年逐渐降低 0.5～6.7 个百分点设置，对中部地区经济发展和各类污染物排放量趋势进行模拟（见图 8－3）。

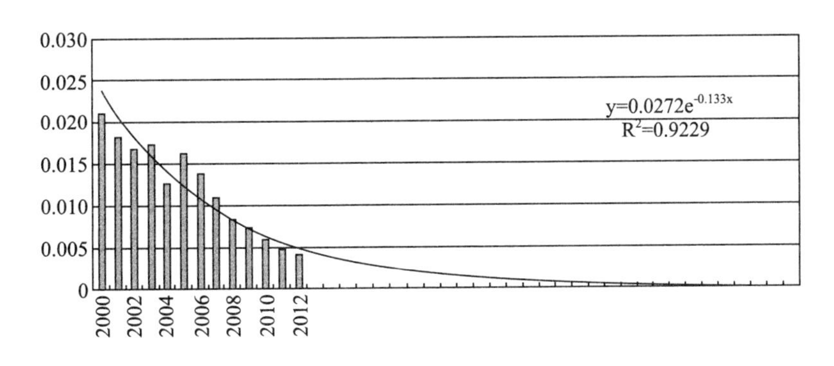

图 8－3　中部地区单位 GDP 二氧化硫排放量及趋势模拟（指数模拟）

二、目标情景与差距

根据中部地区发展现状和未来所期望达到的二氧化硫指标排放强度水平，分别设定无减排情景、新常态发展情景、全国平均水平发展情景、欧盟标准发展情景 4 种情景对未来中部地区二氧化硫的排放趋势，及其对应的减排投资需求进行动态模拟和分析。其中：

无减排情景，是指保持现有脱硫设施和技术，不增加脱硫投入的情景。计算在这种情景下的二氧化硫排放情况。用于通过对比，显示其他不同投入情景下的减排效果。新常态发展情景，是指按照经济新常态经济增速条件，保持近年来中部6省发展水平、二氧化硫排放增长速度以及减排能力和投资增长趋势，模拟未来至2030年，可能产生的二氧化硫排放和减排情景。全国平均水平发展情景，是指以近年来全国平均二氧化硫排放水平作为衡量，模拟、分析中部6省与全国平均水平的差距。估算在目标时间（2020年）内达到全国平均水平的要求下，中部6省二氧化硫减排能力的差距、需要投入的资金，为下一步中部6省制定对应性的二氧化硫减排政策提供依据。

欧盟标准发展情景，是指以《Directive 2001/81/EC of the European Parliament and of the Council》所要求的二氧化硫排放水平，即欧盟标准作为衡量目标。模拟、分析中部6省与全国平均水平的差距、估算在目标时间（2020年）内达到此标准要求的情况下，中部6省二氧化硫减排能力的差距、需要投入的资金等。

（一）无减排情景

为了对比显示不同减排目标下中部6省的二氧化硫减排效果，设立无减排情景，以2012年为基期，计算以现有减排设施和技术水平，未来不再增加投入的情况下二氧化硫的产生量。以0.0048万吨/亿元的二氧化硫排放强度计算，未来中部6省的二氧化硫排放量将呈现近似指数式的增长趋势。至2020年达到978.87万吨，是2012年水平的1.74倍，至2030年达到1881.05万吨，达到2012年的3.35倍（见图8－4）。

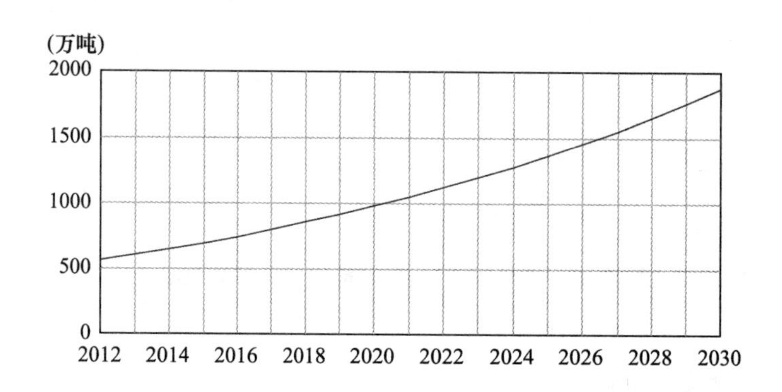

图8－4 不再增加脱硫投入情景下中部6省的二氧化硫产生量

可见，中部6省现有的脱硫能力，远远无法消除经济增长带来的二氧化硫排放，未来必须进行持续性的脱硫设施建设和技术升级投资，才能消除不断增长的二氧化硫产生量。

（二）新常态发展情景模拟与分析

按照2013～2020年年平均7.2%、2021～2030年年平均6.7%的经济增速，未来短期内中部6省GDP增长可保持持续增长形态，至2030年，约可达到389700亿元。而以当前中部6省二氧化硫排放强度和减排能力增长水平，未来二氧化硫排放量将呈现逐步下降的变化趋势。从2012年的561.27万吨逐渐下降，至2020年约为337.785万吨，至2030年约为171.67万吨。实现在经济增长至2012年3.35倍的情况下，减排二氧化硫约39.82%（见图8－5和图8－6）。

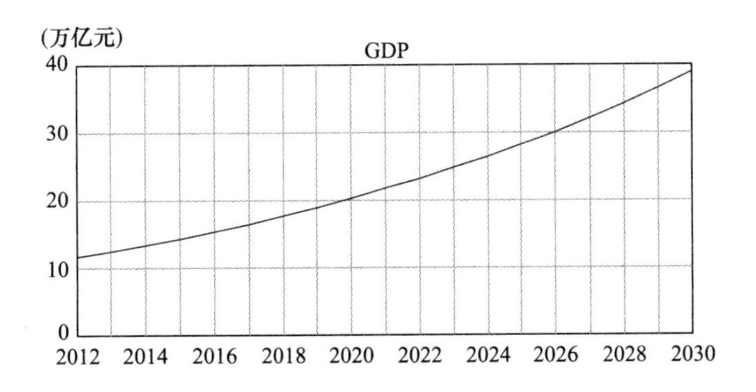

图8－5　新常态情景下中部6省GDP增长情况

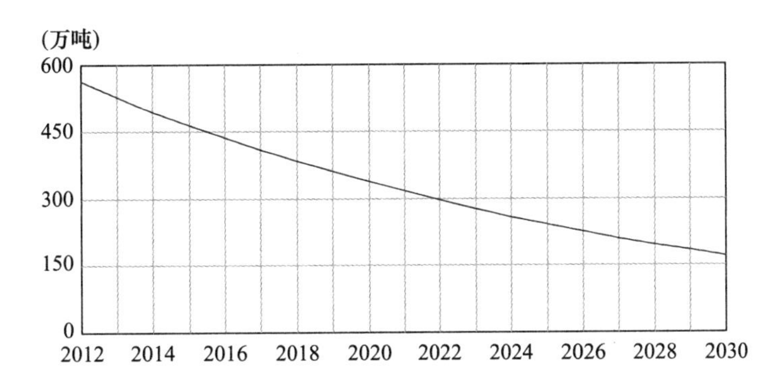

图8－6　2012～2030年中部6省二氧化硫排放量变化情况模拟

按照中部6省近年在脱硫工程和技术改造上的投入增长趋势计算，未来由于每年持续的脱硫投入，中部6省二氧化硫排放强度在GDP持续上涨的同时将呈现逐渐降低的态势。以2012年二氧化硫排放量为基点，以假设不再新增脱硫投入情况下的二氧化硫产生量变化趋势作为参照曲线，可以估算得到未来中部6省持续增加的脱硫投入及其脱硫效果。图8－7中两条曲线间的部分为减排的二氧化硫量。至2020年，中部6省减排二氧化硫641.087万吨，约减少排放

69.49%。至2030年，可减排二氧化硫1709.377万吨，约减少排放90.87%。

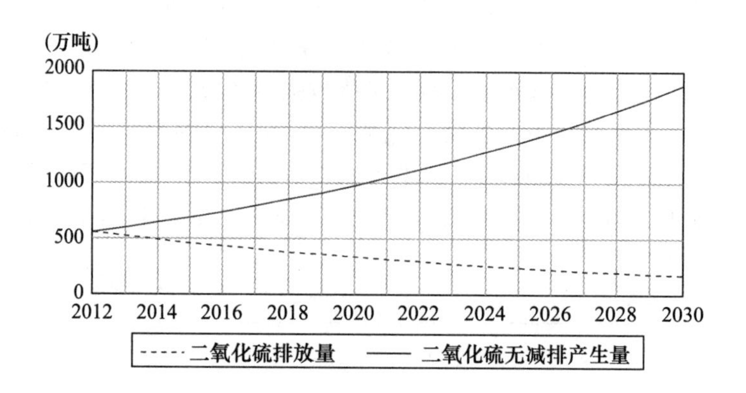

图8－7　常态减排情景下的二氧化硫减排效果

以较普遍的湿法脱硫技术成本计算（平均减排每万吨二氧化硫约需要投入2990万元），未来中部6省的年脱硫投入将在2012年基础上不断增加，至2020年，中部6省脱硫投入将达到26.28亿元，至2030年达到38.94亿元（见图8－8）。

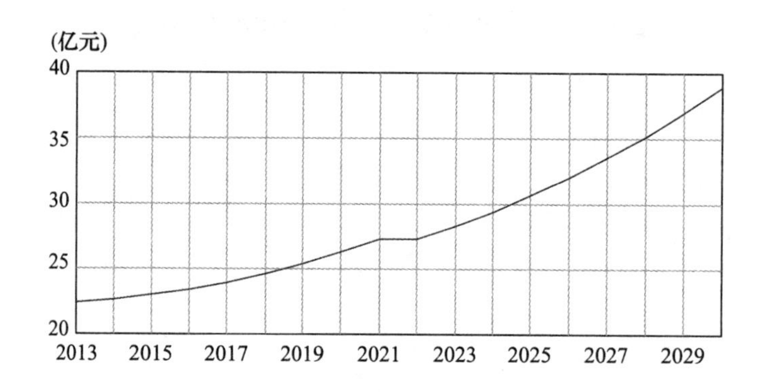

图8－8　新常态情景脱硫投入趋势模拟

（三）全国平均二氧化硫排放强度情景模拟

目前，中部地区二氧化硫排放强度高于全国整体排放强度，以我国整体二氧化硫排放强度作为目标，模拟当二氧化硫排放强度达到全国整体排放强度的情景下，中部地区所应达到的排放量水平（见图8－9）。

根据模拟结果，在全国整体排放强度情景下，以中部6省GDP增长水平，至2020年二氧化硫排放量应约为297.49万吨，至2030年二氧化硫排放量应下降

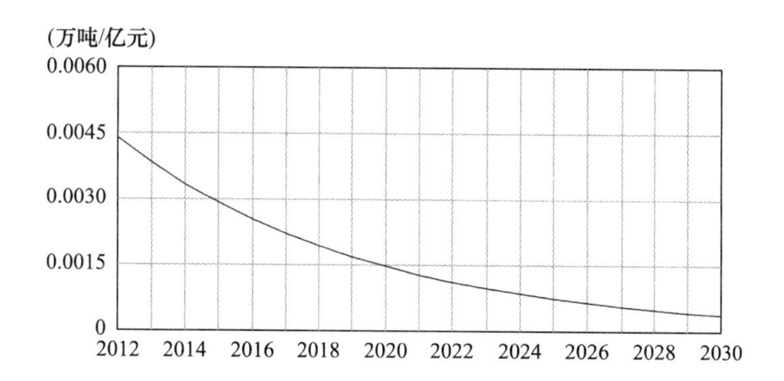

图8－9　全国二氧化硫平均排放强度变化趋势模拟

为145.41万吨，虽然差距在缩小，但到2030年为止仍然低于新常态发展水平情景（见图8－10）。即按照中部6省现有二氧化硫减排量发展趋势，至2030年，依然将高于全国整体二氧化硫排放强度水平要求约26.2万吨。

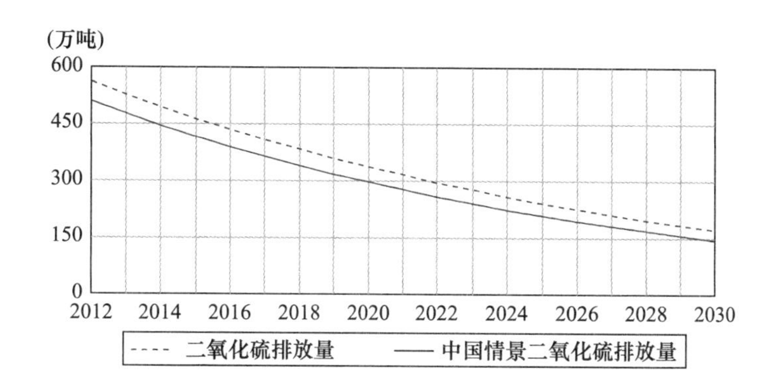

图8－10　中部6省二氧化硫排放量与达到全国排放强度情景排放量的差距

（四）欧盟（2001/81/EC）水平情景模拟

欧盟针对固定污染排放源的立法主要有：《欧盟关于限制大型火力发电厂排放特定空气污染物质的指令》（1994，2001）、《关于从汽油仓库和从终端到汽油站运送过程中导致的挥发性有机化合物控制指令》（1994）、《关于限制在特定活动和设施中使用有机溶剂导致的挥发性有机化合物排放的指令》（1999）、《关于降低在特定液体燃料中硫含量的指令》（1999）、《废物焚化指令》（2000）、《关于国家特定空气污染物质排放最高值的指令》（2001）、《综合污染预防和控制指令》（2008）等。

欧盟各成员国之间已经基本达成共识，即希望通过区域性合作共同降低欧洲大陆的空气污染。为达成这一目标，欧盟建立了《成员国内环境监测网络和站点之间空气污染测量信息和数据交换指令》。通过这一系统，各成员国能够及时获得欧盟地区空气质量和污染物的相关信息，并以此作为制定大气污染防治政策的基础。根据欧盟 *Directive* 2001/81/*EC of the European Parliament and of the Council* 规定，2010 年欧盟 15 个参与缔约环境指令的成员国所应达到的排放总量标准。其排放强度约为 0.000441 万吨/亿元（见表 8－1）。

表 8－1　欧盟关于国家特定空气污染物质排放最高值的指令（2001/81/EC）

单位：千吨

国家	SO_2	NO_x	VOC	NH_3
奥地利	39	103	159	66
比利时	99	176	139	74
丹麦	55	127	85	69
芬兰	110	170	130	31
法国	375	810	1050	780
德国	520	1051	995	550
希腊	523	344	261	73
爱尔兰	42	65	55	116
意大利	475	990	1159	419
卢森堡	4	11	9	7
挪威	50	260	185	128
葡萄牙	160	250	180	90
西班牙	746	847	662	353
瑞士	67	148	241	57
英国	585	1167	1200	297
EC 15	3850	6519	6510	3110

以欧盟 2001/81/EC 指令标准的二氧化硫排放强度作为衡量标准。由于这一排放强度低于中部 6 省的排放强度，且差距较大。故假设在此排放强度要求不变的情景下，估算中部 6 省按照欧盟排放强度，二氧化硫排放量所应达到的水平。

根据模拟结果，以欧盟 2001/81/EC 指令标准为固定值，在模拟中，欧盟排放强度情景下，随着中部 6 省 GDP 增长水平，二氧化硫排放量呈现逐渐上升趋势，至 2020 年二氧化硫排放量应为约 89.45 万吨，至 2030 年二氧化硫排放量最多达到 171.9 万吨。而按照中部 6 省现有二氧化硫减排量发展趋势，二氧化硫排放量呈现不断下降趋势，至 2030 年，排放量降低到 171.67 万吨，低于欧盟 2001/

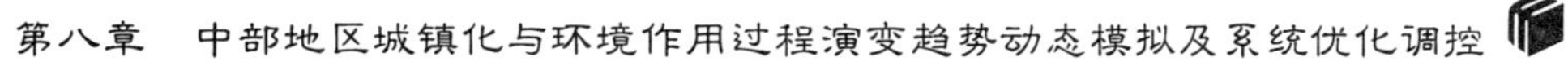

81/EC 标准，可以达到低于欧盟情景二氧化硫排放强度水平（见图 8 - 11）。

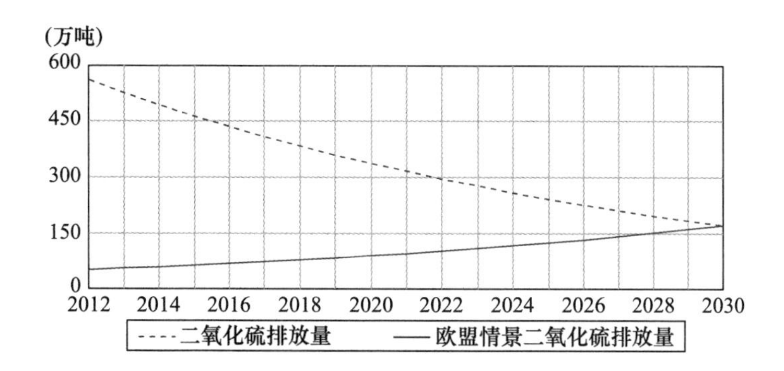

图 8 - 11　中部 6 省二氧化硫实际排放量与达到欧盟 2001/81/EC 排放强度的排放量差距

但需要强调的是，欧盟的排放标准严格程度远远高于中部 6 省现有水平，正常状态下，中部地区要到 2030 年才能勉强达到欧盟 2010 年的排放标准，这里尚且不考虑未来欧盟标准严格程度进一步提高的可能。可见中部 6 省二氧化硫排放强度水平距离欧盟等发达国家具有很大差距。

三、减排投入分析

（一）全国平均

以全国平均二氧化硫排放强度为标准，逐渐降低中部 6 省与全国二氧化硫排放量差距，设定减排目标为：至 2020 年，实现中部 6 省排放强度降低到全国平均水平。而要实现这一标准，要求中部地区二氧化硫排放量需要降低到 297.49 万吨以下，按照湿法脱硫成本计算目标实现的难度和投资缺口（见图 8 - 12）。

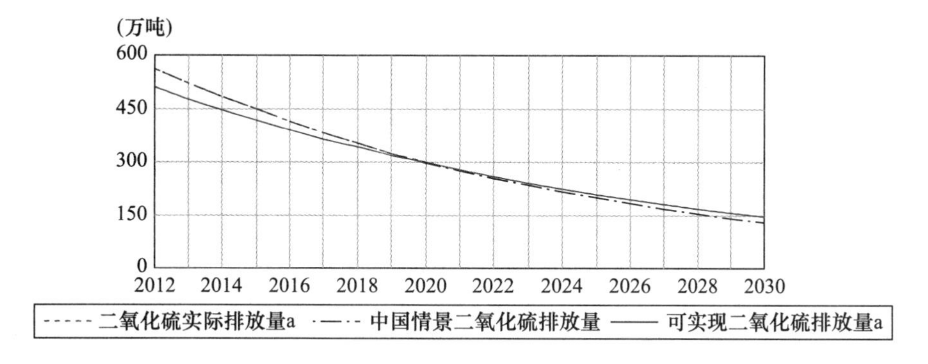

图 8 - 12　2020 年达到全国平均排放强度的模拟情景

根据模拟结果，中部6省要实现2020年二氧化硫排放强度达到全国平均水平，需要在现有减排能力增长幅度基础上，平均每年增加减排能力5.345万吨，相当于在现有脱硫能力增长趋势基础上，年平均再新增脱硫投入1.598亿元，也相当于平均每年多增加投入6.3%左右（见图8－13和图8－14）。

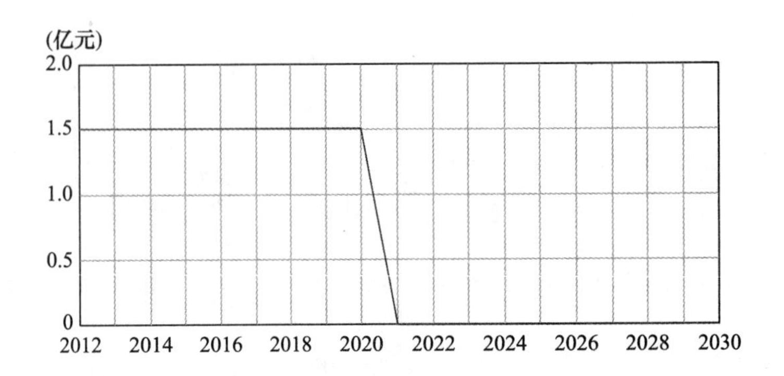

图8－13　2020年达到全国平均水平的年新增脱硫投入

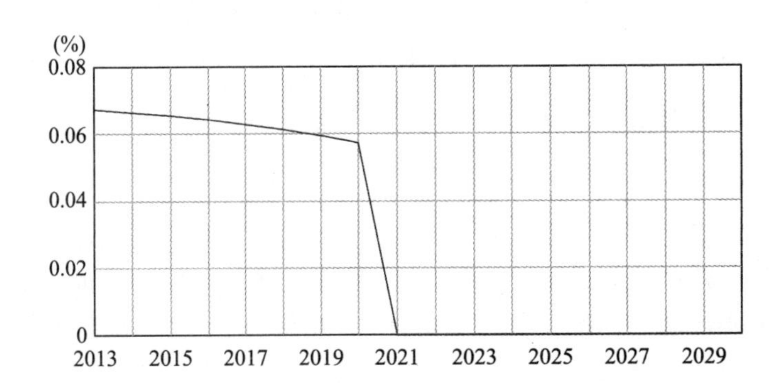

图8－14　2020年达到全国平均水平需增加的投入比重

减排总投资将会在2020年达到27.78亿元左右，占中部地区GDP总量的0.0137%（见图8－15和图8－16）。

（二）欧盟情景

以欧盟二氧化硫排放强度为目标，设定减排目标为：至2020年，实现中部6省排放强度降低到欧盟2001/81/EC水平，排放量需要降低到94.93万吨（见图8－17），计算目标实现的难度和投资缺口。

根据模拟结果，中部6省要实现2020年二氧化硫排放强度达到欧盟2001/81/EC水平，需要在现有减排能力增长幅度基础上，平均每年增加减排能力31.04

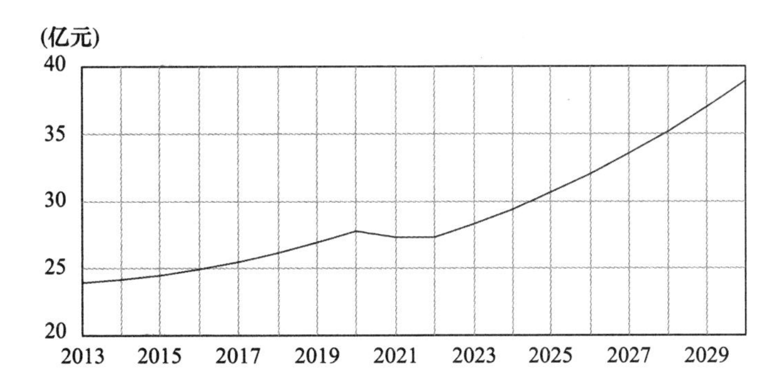

图 8-15　2020 年达到全国排放强度标准的年新增脱硫投入

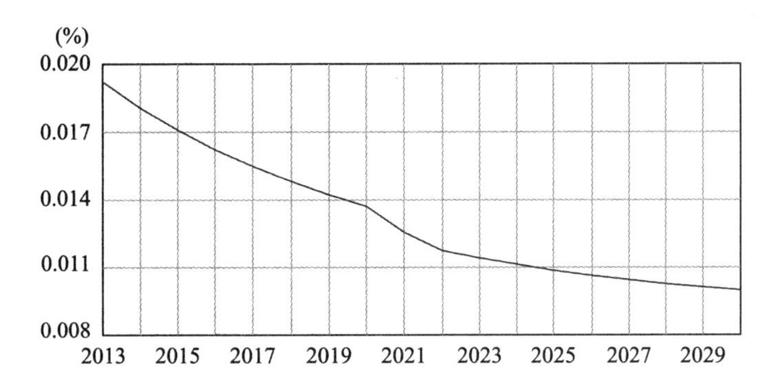

图 8-16　脱硫总投资占中部 6 省 GDP 比重

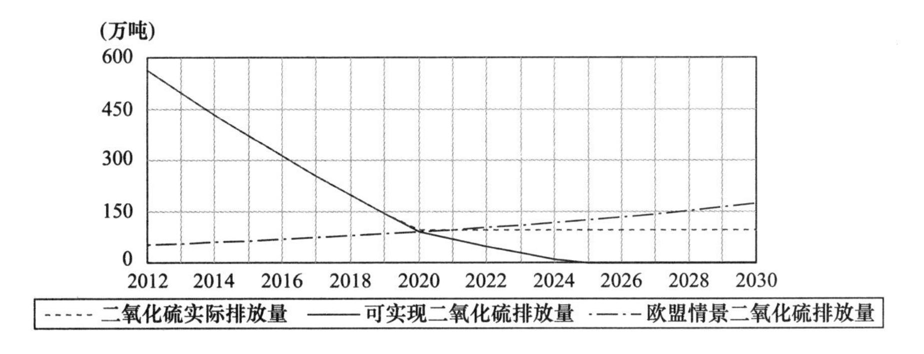

图 8-17　2020 年达到欧盟排放强度标准的模拟情景

万吨；需在现有脱硫能力增长趋势基础上，年平均新增脱硫投入 9.28 亿元，相当于平均每年多增加投入 39.34%（见图 8-18 和图 8-19）。

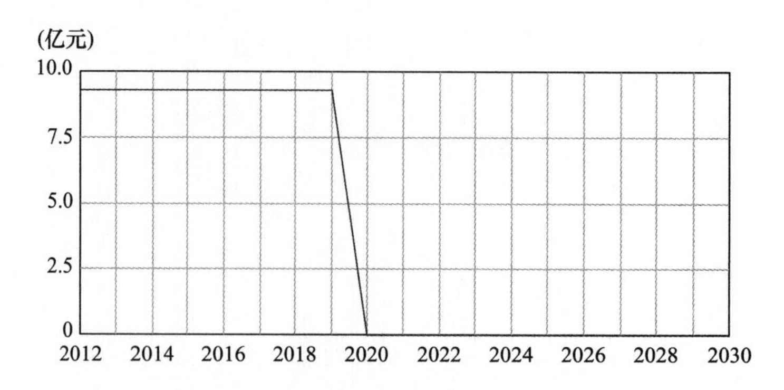

图 8-18　2020 年达到欧盟标准的年新增脱硫投入

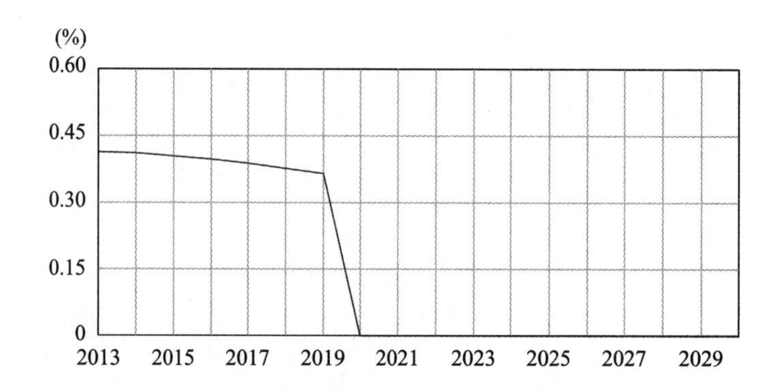

图 8-19　2020 年达到欧盟标准需增加的投入比重

减排总投资将会在 2020 年达到 26.28 亿元左右，占中部地区 GDP 总量的 0.017%（见图 8-20 和图 8-21）。

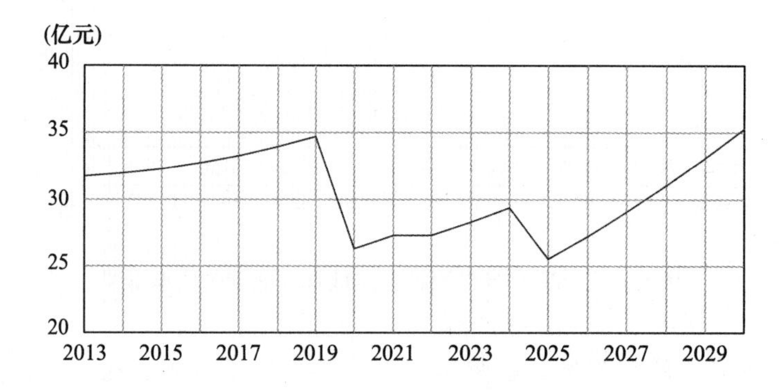

图 8-20　欧盟情景目标下的二氧化硫减排投入情况

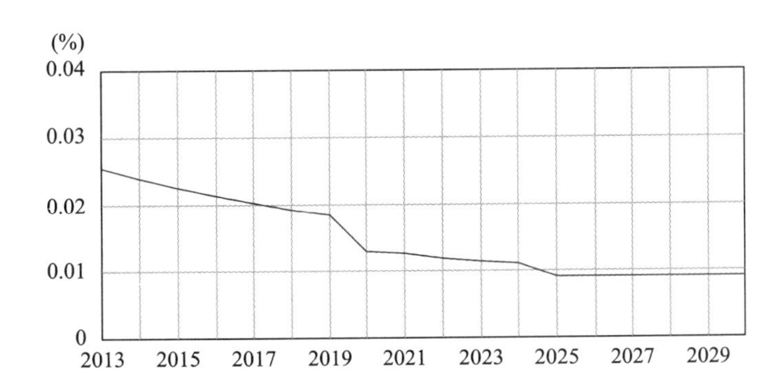

图 8－21　2020 年达到欧盟排放强度标准的年新增脱硫投入占 GDP 比重

四、建立生态税收体系

中国现行税制在某些税种中直接或间接地含有环保性质的税收优惠，但较之其他国家，以直接优惠为主，优惠形式单一，缺乏系统性与前瞻性，有些优惠措施在扶持或保护一些产业或部门利益的同时，对生态环境起了破坏作用。据此，有必要优化现行生态税收体系。生态税改革的重点在于开征污染排放税种和完善现行的消费税、增值税、资源税和所得税等税种，使税收制度更加具有生态功能。污染排放税是最能体现生态税收本质的税种，其计税依据是污染量或造成污染的产品数量，其课税对象是直接污染环境的行为和在消费过程中造成环境污染的产品。考虑到我国实际情况，开征初期课税范围不宜过宽，在税基选择上，可采取污染物的排放浓度和数量双重标准。扩大消费税征税范围，采取差别税率。降低环保产品在生产、消费过程中的增值税，对节能设备、环保设施等环保项目实行消费型增值税。扩大资源税的征收范围，提高资源税税额，拉大各档税额之间差额，调整计税依据为开采量。建议将城镇土地使用税和土地增值税等有关税种合并到资源税中，统一管理，提高城镇土地使用税税额。合并内外企业所得税，统一内外资企业在生态环保方面的优惠政策，对企业从事环保产业的所得采取低税率征收所得税。

第二节　废水排放量情景模拟

根据近年来中部 6 省废水排放情况，建立废水排放情景模拟子模块积量流量图（如图 8－22 所示）。

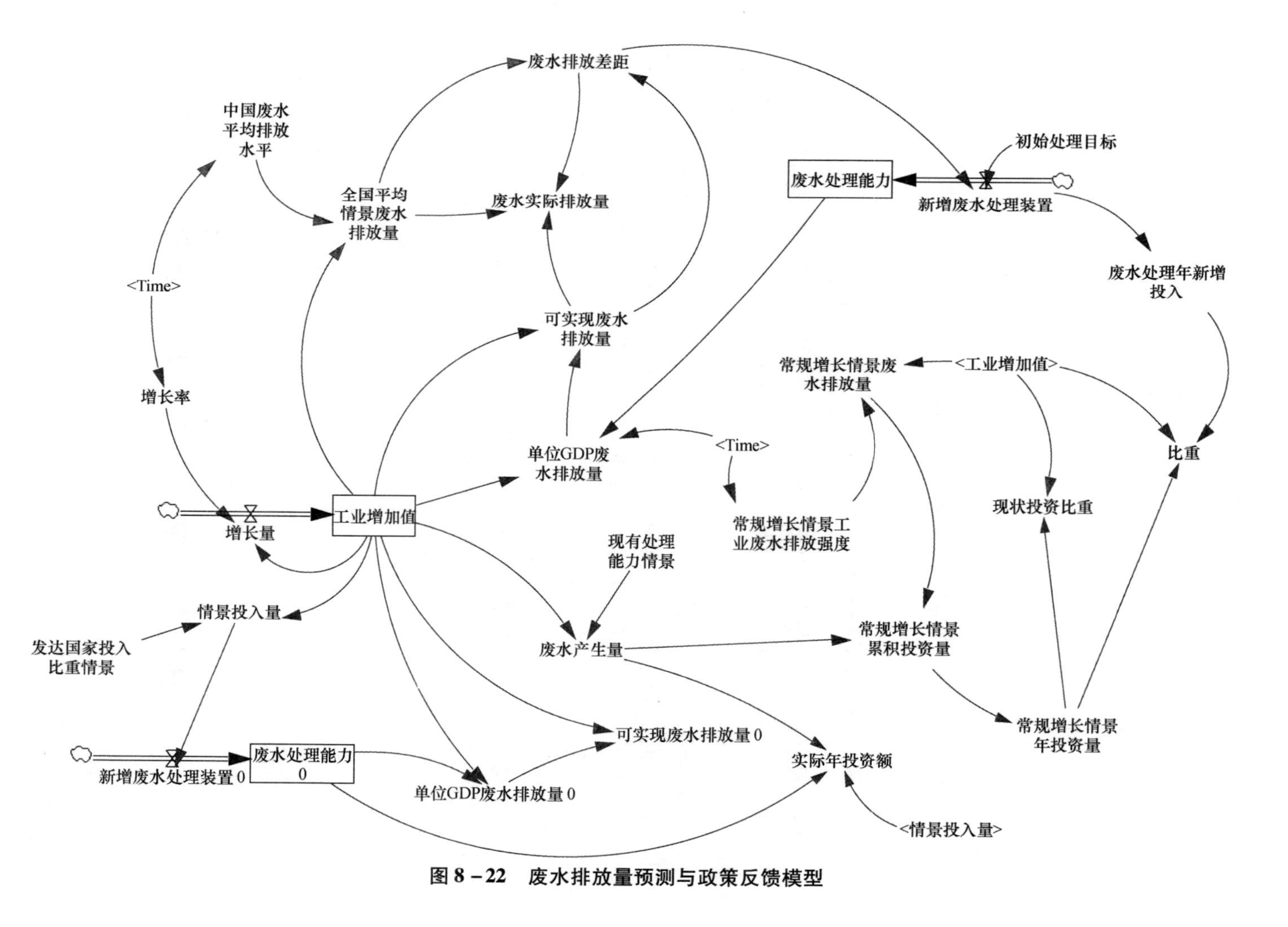

图 8－22 废水排放量预测与政策反馈模型

一、基础情景参数设定

根据近年中部6省经济增长、废水排放的总体趋势设定模拟参数。工业废水的排放强度，即单位工业增加值的废水排放量，体现了工业化发展过程与废水排放之间的关系，间接反映中部6省废水处理能力和减排幅度的变化，是本模型的重要参数指标之一。初始值依据中部6省历史实际数据计算（见图8-23）。

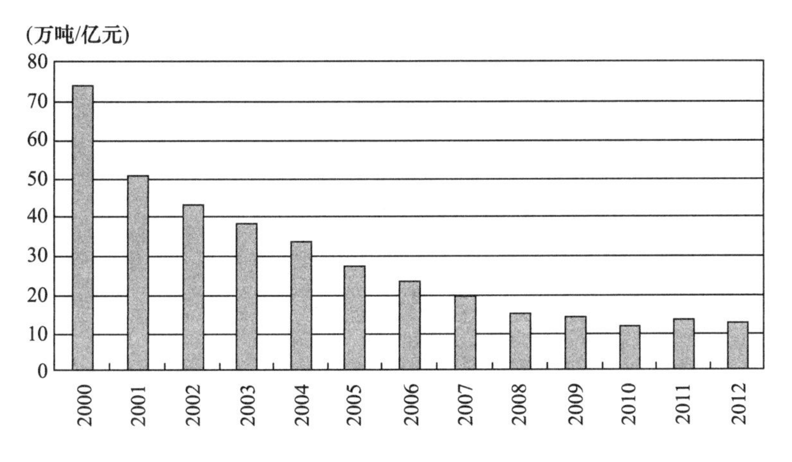

图8-23　中部6省工业废水排放强度变化情况

对废水排放强度变化实际值进行趋势线回归拟合，对其2012~2030年周期范围内的演进进行趋势模拟。根据不同类型回归结果的比较，选取相关系数最高、最贴近现实发展趋势的指数回归曲线方程 $y=70.73e^{-0.15x}$，相关系数 $R^2=0.9563$，以此作为废水趋势模拟的初始取值方程（见图8-24）。

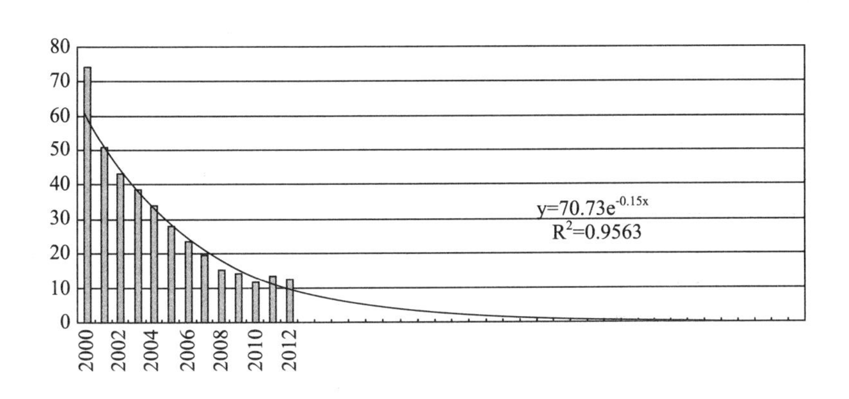

图8-24　中部地区单位工业增加值废水排放量及趋势模拟（指数模拟）

经济增长采用工业增加值作为代表性指标，中部6省近年来工业发展速度较快，但考虑未来经济进入新常态、经济增速趋缓的情景，按照工业增加值2015年前年平均增长8%，2016~2020年前年平均增长7.5%，2021~2030年前年平均增长6.5%进行模拟，从而确定增长率曲线作为未来20年中部地区工业增长速度，对各类工业废弃物排放量进行模拟。

二、目标情景与差距

（一）无减排情景

按照2012年中部6省现有工业废水处理能力，如果未来不再增加工业废水处理投入，模拟中部6省可能产生的工业废水排放量，即废水排放强度保持2012年水平10.061亿吨/亿元不变，未来中部6省可能的工业废水排放情况。

根据模拟结果，如果未来不增加废水投入，则中部6省工业废水排放量会出现指数增长的趋势。至2020年，排放总量将达到112.35亿吨；至2030年，排放总量将达到212.88亿吨，约为2012年的3.44倍（见图8－25）。

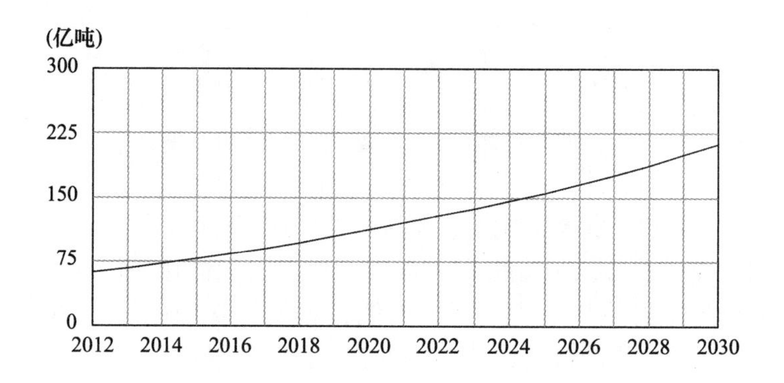

图8－25　无减排情景下废水产生量趋势

（二）现状增速发展情景

按照中部6省工业增速，未来短期内中部6省工业增加值将呈现持续增长形态，至2030年，约可达到211549亿元。如果未来仍然不断增加工业废水处理投入，并保持近年中部6省废水处理能力增长速度继续增长，未来废水排放量将呈现逐步下降的变化趋势。

工业废水排放总量将从2012年的61.83亿吨逐渐下降，至2020年约33.84亿吨，排放强度降低至3.03万吨/亿元；至2030年约为14.31亿吨，排放强度降低至0.677万吨/亿元（见图8－26和图8－27）。

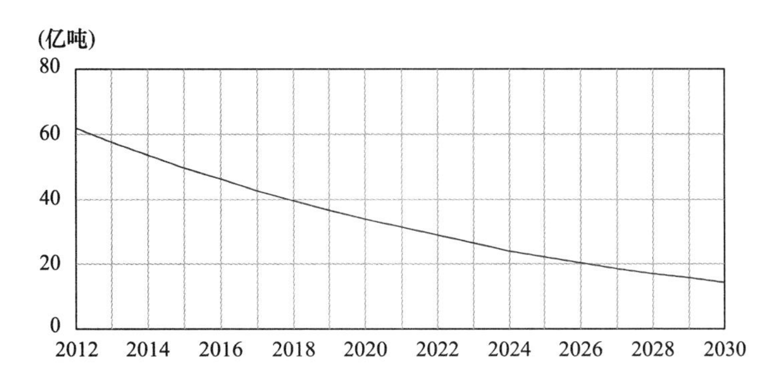

图 8－26　常规增长情景下的废水排放量

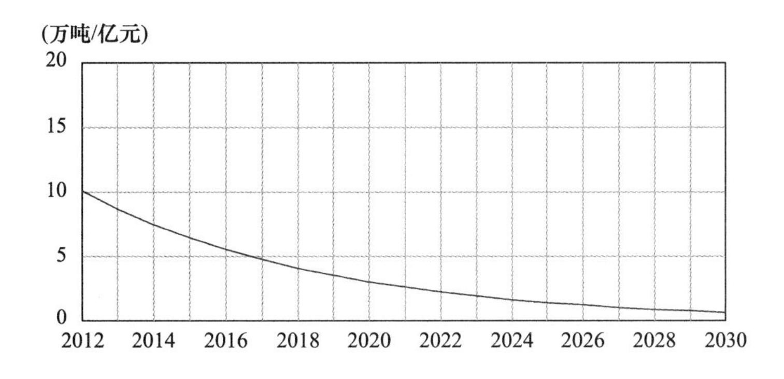

图 8－27　常规情景下废水排放强度变化趋势模拟

为了实现以上目标，每年都要在现有工业废水处理水平基础上，增加一定的废水处理投入。根据现在污水处理设施建设及运营的平均成本价格，处理每吨废水需投入约 2. 06 元计算。如果实现以上目标，年新增资金投入量将从 2013 年的 19. 17 亿元增加到 2020 年的 21. 79 亿元，至 2030 年将会达到 29. 46 亿元。其增长速度低于工业增加值增速，占工业增加值比重将由 2013 年的 0. 029%，逐步降低至 2020 年的 0. 02%，至 2030 年达到 0. 014%（见图 8－28 和图 8－29）。

（三）全国平均情景

中部地区废水排放强度目前略高于全国整体排放强度，以我国整体废水排放强度作为衡量标准，估算模拟当废水排放强度达到全国整体排放强度水平的情景下，中部地区所应达到的排放量水平及其减排投入。根据模拟结果，在全国整体排放强度情景下，以中部 6 省工业增加值规模，至 2020 年废水排放量应约为 37. 37 亿吨，至 2030 年废水排放量应下降为 18. 54 亿吨，均远低于实际污水产生量。即按照中部 6 省现有废水减排量发展趋势，至 2030 年，依然将高于全国整

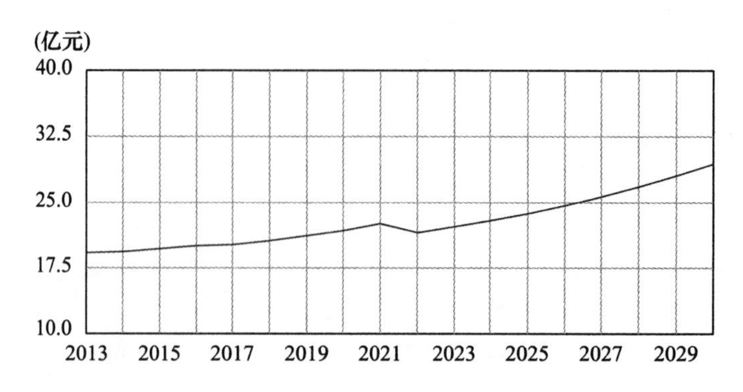

图 8－28　常规情景下工业污水处理率

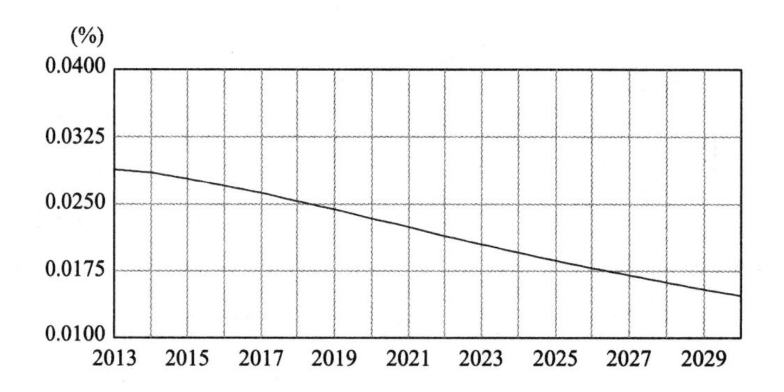

图 8－29　常规情景下工业污水处理投资投入比重

体废水排放强度水平要求约 194.3 万吨（见图 8－30 和图 8－31）。

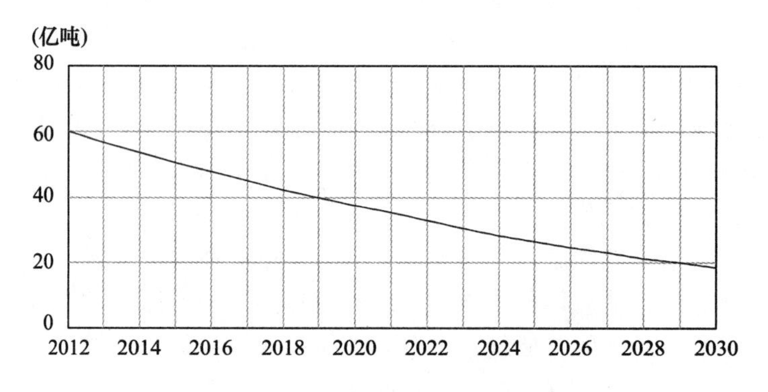

图 8－30　全国平均情景废水排放量

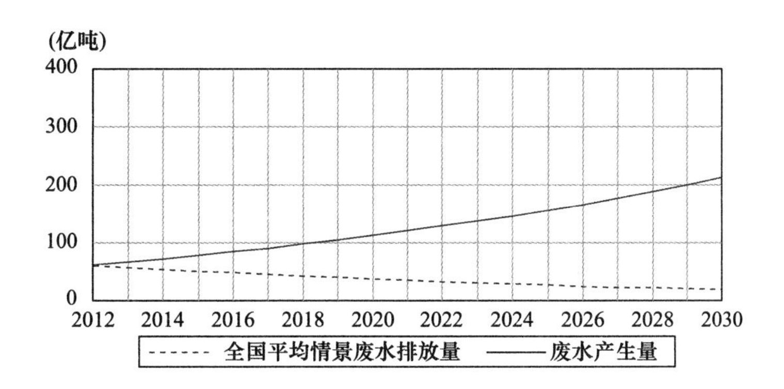

图 8 – 31　中部 6 省废水实际产生量与达到全国排放强度情景排放量的差距

而如果按照现状增速，继续不断提高工业废水处理投入，在 2014 年就已经可以达到甚至低于全国整体排放强度水平（见图 8 – 32）。

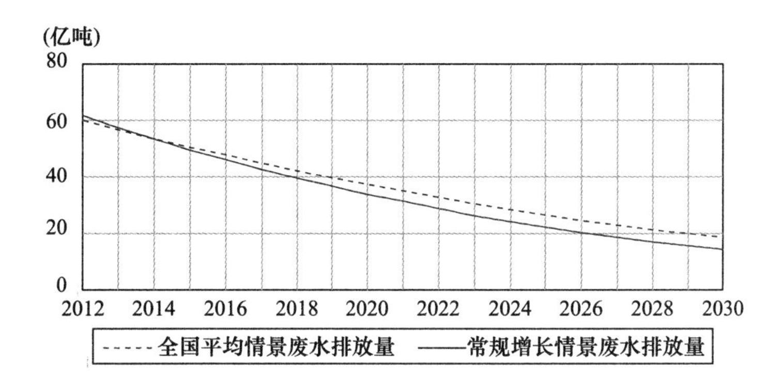

图 8 – 32　全国平均水平与现状趋势模拟比较

（四）发达国家投入情景

按照 2013 年美国、日本、欧盟等主要发达国家对工业污水处理投入力度标准（约占工业增加值的 0.05% ~0.08%，取平均 0.06%）衡量，中部地区的污水处理投入远远落后。本情景用于计算：如果提高中部地区的废水处理投资水平至发达国家水准，中部地区的废水排放量变化趋势。根据模拟和计算结果：如果按照发达国家水平进行减排投入，则中部 6 省工业废水排放量将得到大幅度的削减。至 2016 年，可处理废水的能力将达到 84.13 亿吨，从而超过中部 6 省产生的全部工业废水量 3.52 亿吨，而此时的投资总量将达到 50.18 亿元（见图 8 – 33 和图 8 – 34）。

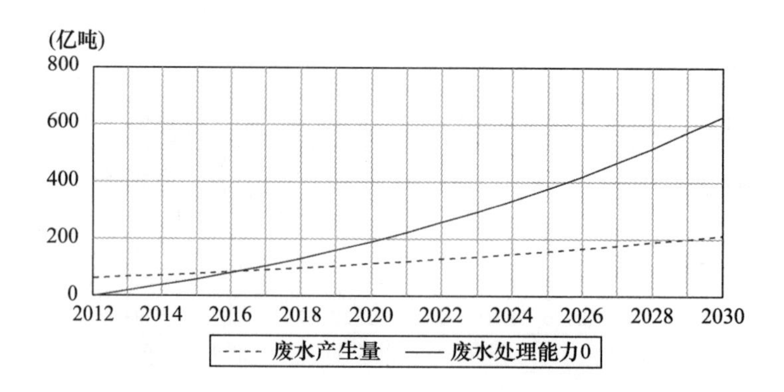

图 8-33　中部 6 省废水产生量与减排量

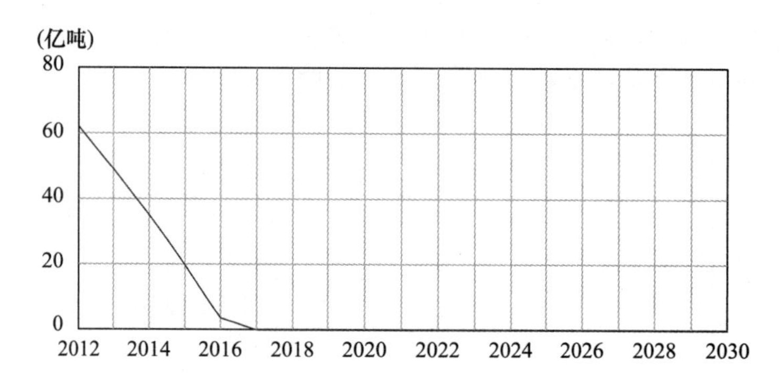

图 8-34　实现废水排放量

到 2017 年后，废水处理能力已经达到废水产生总量。所以，在 2017 年后，可以降低投入，至刚好可以完全消耗废水产生量的投资规模就可以达到要求。即以废水产生量规模按年度微分，获得每年的新增投入额。根据测算结果，2017 年新增污水处理投入约为 13 亿元，此后逐年略有增加，至 2020 年达到 16.16 亿元，至 2030 年达到 26.78 亿元（见图 8-35）。

三、基本结论与投资建议

根据以上分析，“十三五”时期，中部地区废水处理能力优于全国平均水平，可以向更高处理水平提升。但如果按照欧美等环保投入比重较高国家的投入标准进行投资，短时间内需要提高的投资增幅较大，且处理能力提高量超过实际需求，并不经济。因此，综合考虑不同情景，建议取 2020 年作为时间节点，按照至 2020 年达到污水处理率 100% 的目标设计优化情景。则需要从现在起逐步增加投入量，每年处理污水能力提高 14.0442 亿吨。即每年新增投入 28.945 亿元。

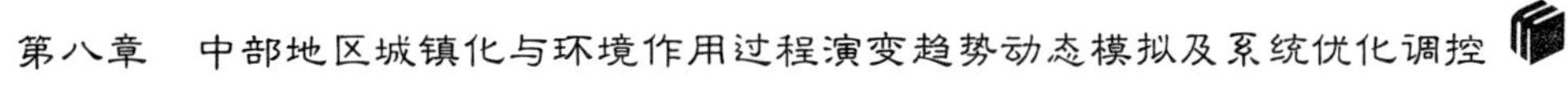

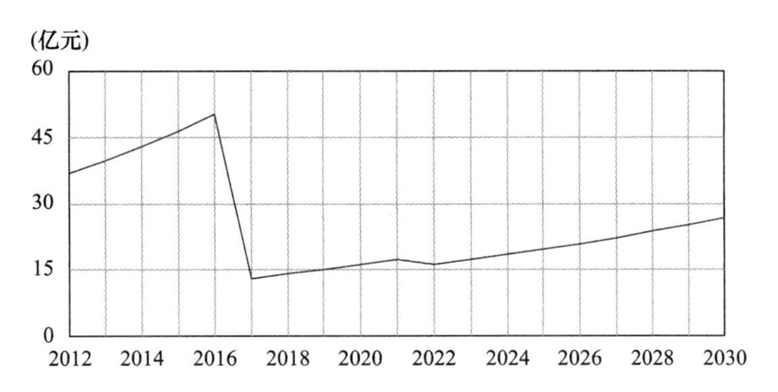

图 8－35　各种废水处理投资趋势模拟效果图

至 2020 年，污水处理能力可达到 112.354 亿吨，实现 100% 处理。自 2021 年至 2030 年，可减少投资量，根据污水产生量的增量进行投资，年投入从 17.37 亿元逐步增加值 26.78 亿元（见图 8－36 和图 8－37）。

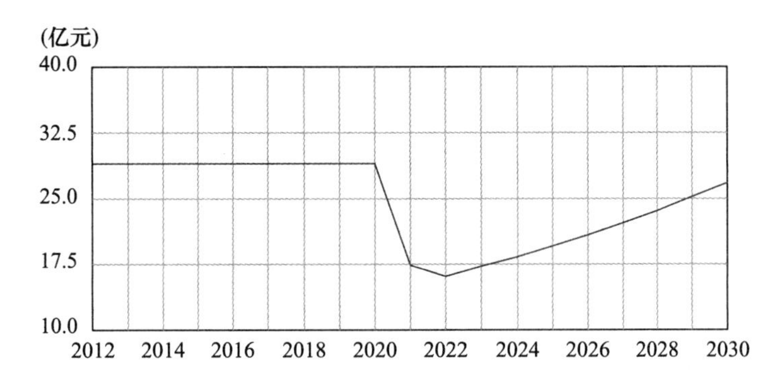

图 8－36　优化情景下的污水处理投资量

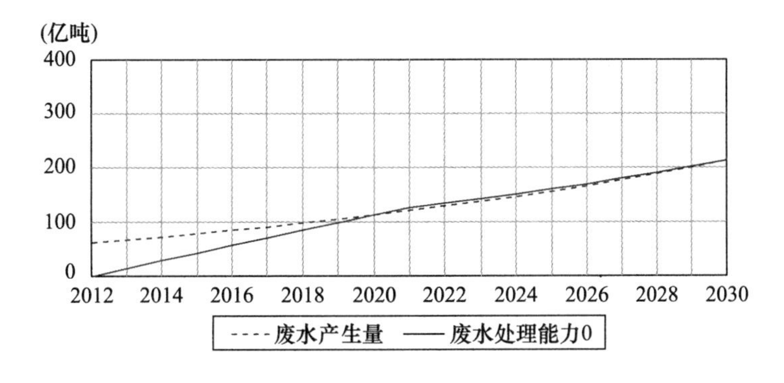

图 8－37　优化情景下废水处理能力与产生量对比

第三节 城市生活垃圾处理量情景模拟

根据近年中部6省城市生活垃圾处理情况，建立城市生活垃圾处理情景模拟子模块积量流量图（见图8－38）。

一、基础情景参数设定

根据近年中部6省城镇人口增长、城市生活垃圾处理总体趋势，设定模拟参数，即人均城市生活垃圾产生量。该指标体现了城镇化发展过程与城市生活垃圾产生量之间的关系，间接反映中部6省城市生活垃圾处理能力的变化，是本模型的重要参数指标之一。初始值依据中部6省历史实际数据计算。

二、目标情景模拟

按照中部地区城镇化水平增长趋势预测，未来中部地区城镇化率将逐年递增，至2020年达到58%，至2030年达到68%左右。按照此增长趋势，模拟未来中部地区城市生活垃圾产生量、需处理量及年投资情况。

（一）无减排情景

按照中部地区2013年人均年城市生活垃圾产生量0.192吨计算，未来中部6省的城市生活垃圾产生量将呈现持续上涨的增长趋势。至2020年可达到4016.39万吨，是2013年的1.22倍，至2030年达到4965.71万吨，达到2013年的1.48倍（见图8－39）。

（二）维持当前垃圾处理比例情景

如果未来不增加减排投入，保持现有垃圾处理能力，达到年均91.38%的处理标准计算。至2020年将有约353.9万吨垃圾得不到处理，到2030年将有428.04万吨垃圾得不到处理（见图8－40）。

而维持91.38%的处理率，仍然需要每年投入大量的垃圾处理成本。根据中部地区城市生活垃圾处理能力增长量和投资量计算，每年每增加万吨垃圾处理能力，需投资约0.135亿元。至2020年，保持现有处理能力需要投入13.39亿元，至2021年后有所降低，至2030年需要投入7.21亿元（见图8－41）。

（三）2020年完全处理情景

“十三五”时期是我国全面建设小康社会的关键时期，李克强总理在《2015年政府工作报告》也强调要打好节能减排和环境治理攻坚战。因此，考虑中部地

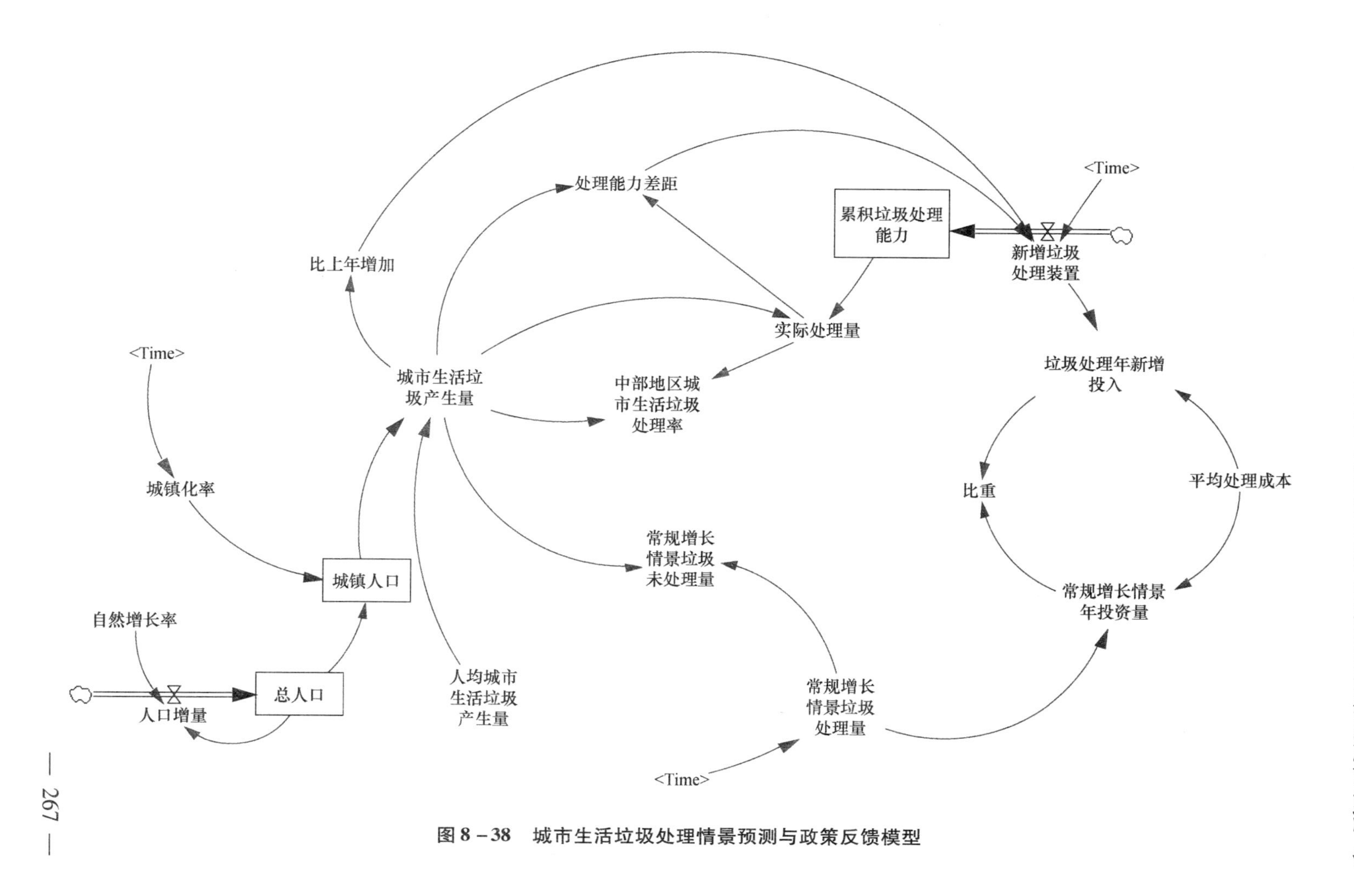

图8－38　城市生活垃圾处理情景预测与政策反馈模型

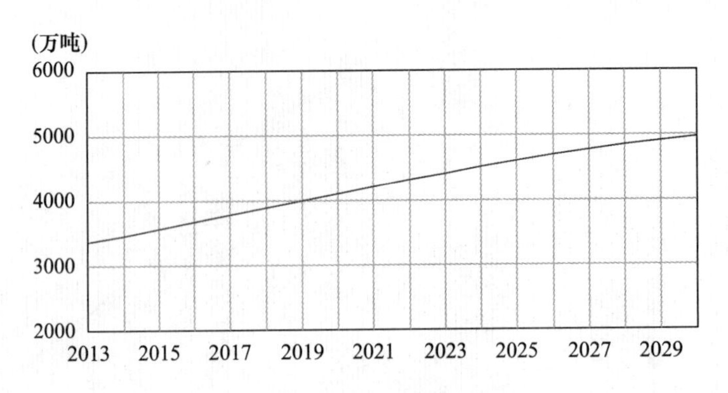

图 8-39　城市生活垃圾产生量

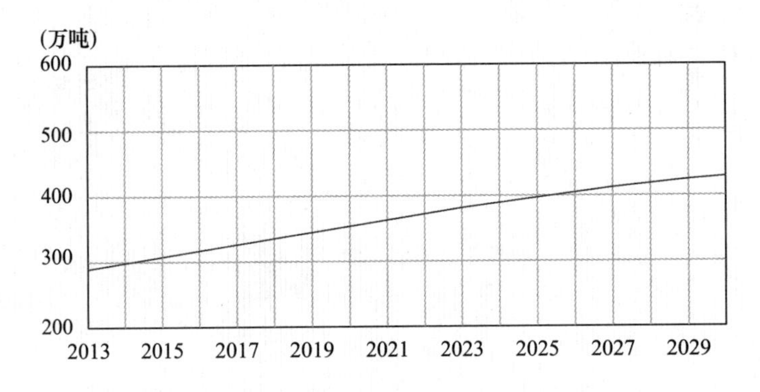

图 8-40　常规情景城市生活垃圾未处理量预测

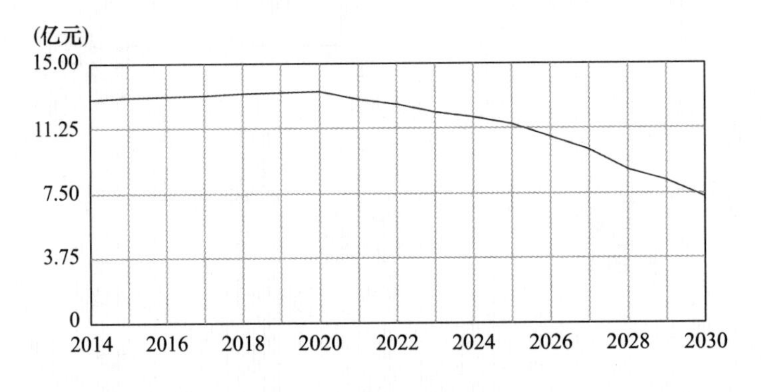

图 8-41　常规情景年投资量

区城市垃圾处理能力现有水平和提升潜力，模拟 2020 年实现城市生活垃圾 100%处理目标的情景，计算垃圾处理投入增量。根据模拟结果，要实现 2020 年城市

生活垃圾完全处理，并保证2020年以后均能实现完全处理，需要在现有基础上继续增加减排投入。“十三五”时期年平均需增加减排处理能力约148.32万吨。此后按照垃圾产生量逐年减少投入量至2030年降至58.5万吨左右（见图8－42和图8－43）。

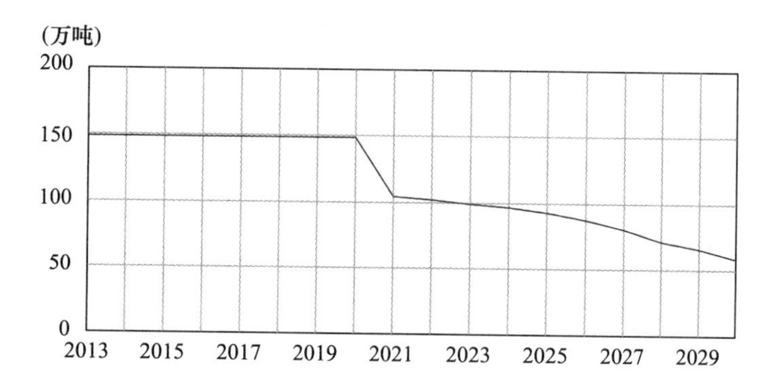

图8－42　新增垃圾处理能力

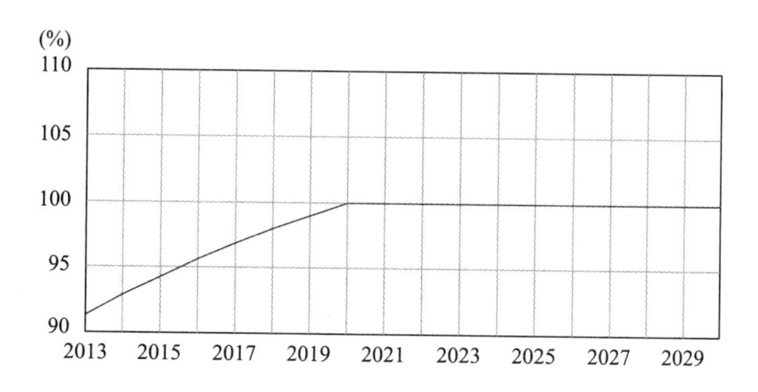

图8－43　垃圾处理率变化趋势

按照这一投入需求，根据城市生活垃圾处理成本计算，需要在2020年之前，每年新增资金投入约20.02亿元，高于保持现有处理能力投资规模50%左右，约占GDP总量的0.01%；2020年达标之后，可降低投入量，保持与新增垃圾产生量相适应的投资规模，从14.1亿元逐渐降低至2030年的7.9亿元，约高于保持现有处理能力投资规模的7.9%左右（见图8－44）。

三、基本结论与投资建议

中部地区城市生活垃圾处理总体水平高于全国平均水平。在无减排情境下至

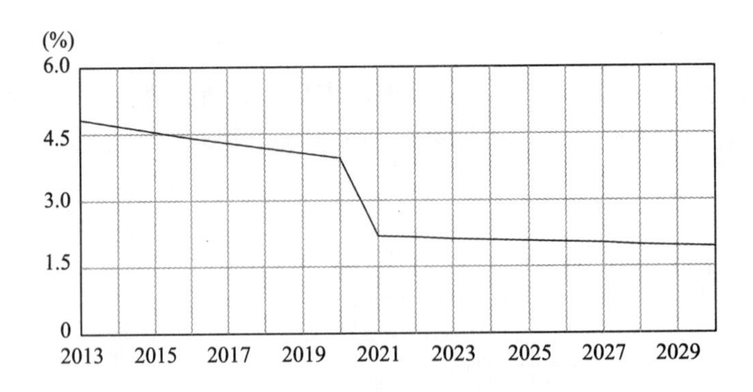

图 8－44 垃圾处理投资额增幅比重

2020 年可达到 4016.39 万吨，是 2013 年水平的 1.22 倍，至 2030 年达到 4965.71 万吨，达到 2013 年的 1.48 倍。因此，必须进一步增加处理投入。考虑“十三五”时期环境保护的重要性和中部地区城市生活垃圾处理能力的增长潜力。适度增加投资规模至 GDP 的 0.01%，约 20 亿元，既在环保投入可承受的范围内，又能够在 2020 年实现城市生活垃圾 100% 完全处理的目标。因此，建议“十三五”时期，中部地区在城市生活垃圾处理方面每年投资约 20 亿元，至 2020 年，实现城市生活垃圾完全处理。

第四节 总体结论

综合对中部地区工业废水、二氧化硫排放、城市生活垃圾等具体环保指标的投资规模的预测，未来较合理的投资增长趋势为：在现有基础上，年平均增长 30%～50%。

中部地区是我国在新常态下保持适度经济增长速度的重要区域，在“十三五”时期肩负着承接东部沿海地区产业转移，实现中部崛起，助推全国经济社会持续发展和承载大量农业转移人口，稳步有序推进新型城镇化的重要使命。同时，中部地区也面临着节能减排、消除污染、保护环境友好和生态安全的重要战略任务。2013 年，中部地区公共财政支出中用于节能环保的比重为 2.475%，共计 631.06 亿元。环保投入不但能够治理环境、获得生态效益，同时还能够促进环保产业的发展，优化产业结构，获得良好的经济和社会效益。

因此，未来中部地区必须重视在经济社会发展中着力落实生态文明理念，进一步增加节能环保投入，促进产业生态化转型发展，走出一条符合中部地区发展需求的绿色、低碳的新型工业化、城镇化道路，实现经济社会发展与生态环境的双赢。

基于对工业废水、二氧化硫排放、城市生活垃圾等具体环保指标的投资规模预测结果，结合考虑中部地区未来经济增长、社会发展、环境保护和环保产业发展的实际需求以及新常态下经济增长和融资压力。建议“十三五”时期，进一步增加中部地区的环保投资总额，年平均增幅将达到现有投入水平的35%～40%，即每年在环保领域的直接公共财政投资达到852亿～884亿元。

第九章　中部地区生态文明建设的政策建议

一、健全完善生态补偿机制，建议国家给予中部重要环境功能区政策支持

重点加强对农林产区、自然保护区、一江（长江）、两河（淮河、黄河）、三湖（巢湖、洞庭湖、鄱阳湖）等重要生态功能区的保护治理、生态修复以及生态补偿和财政转移支付，扩大重点功能区的实施范围，对其退耕还林、退耕还草以及粮食主产区水土保持和综合治理等生态修复、恢复性工程的补助期限延长20～30年；完善“项目支持”形式，重点针对一江、两河、三湖保护治理与合理开发、禁止开发区生态移民、产业生态化、淘汰落后产能、接续替代产业等领域给予定向生态补偿和项目支持。

（一）突出补偿重点，健全和完善重点功能区的补偿机制

进一步完善农产品主产区补偿政策。在加大财政转移支付、粮食直补等基础上，继续提高补贴标准给予粮食主产区享受重点生态功能区同等生态补偿政策。与农业部门共同推广低毒高效的环保型农药、有机肥等，出台农民购买有机肥的配套资助办法，鼓励农民施用有机肥，引导农民科学用药、用肥。在农产品主产区，大力推广秸秆造纸、发电等产业，减少秸秆焚烧污染。出台阶段性的奖助办法，鼓励农民进行耕地休耕、轮种，用季节性的耕种调整控制农村面源污染扩大。

健全重点生态功能区生态补偿长效机制，探索长江中游和黄河中游上下游流域生态补偿协作机制，借鉴国际先进经验和国内成熟做法，建立排污权和水权交易市场，探索工农业用水指标交易，用交易收益筹建生态补偿基金，以项目、财政转移支付等形式补偿重点生态功能区城乡居民，切实提高重点生态功能区经济发展水平。进一步跟踪研究三峡工程、南水北调工程等重大水利工程投入使用后带来的生态环境影响，完善相关补偿方案，加大中央财政对三峡库区、丹江口库区等重点生态功能区的均衡性转移支付力度。支持在丹江口库区及上游地区、淮

河源头、东江源头、鄱阳湖湿地等开展生态补偿试点。鼓励新安江、东江流域上下游生态保护与受益区之间开展横向生态环境补偿。逐步提高国家级公益林森林生态效益补偿标准。借鉴三峡基金的运作经验，设立南水北调基金，向饮用南水北调水的城乡居民征收这类基金，主要用于支持水源地发展和生态移民补助；同时，启动沿线相关利害地区的综合性规划，用南水北调基金设计若干发展项目，支持这些地区经济社会平稳有序发展。

（二）加大财政转移支付力度，扩宽生态补偿渠道，建立生态补偿长效机制

建议中央财政增加对中部地区生态补偿的专项转移支付力度，成立专项扶持基金，对重要的生态区域（如自然保护区）或生态要素（国家生态公益林）实施国家购买等，建立生态建设重点地区经济发展、农牧民生活水平提高和区域社会经济可持续发展的长期投入机制。建立对口支援机制，促进共享生态资源、共同利用生态功能的河流下游、森林周边等省区之间建立对口支援、共同开发合作机制，促进区域间在生态环境修复、污染治理的责任共担和互帮互助。鼓励经济发达省区对生态牺牲省区的对口资金、项目支持。对重点区域给予财政政策优惠和税收减免支持。提高国家级限制开发区、禁止开发区和重点生态治理项目落实区的税收留成，给予环保产业发展税收减免支持。

二、严控污染转移风险，全方位推动产业结构调整升级

按照《国家主体功能区规划》和省级规划要求，贯彻落实《政府核准投资项目目录（2014 年版）》等有关项目投资审批政策，从项目审批或备案环节严把产业环保准入门槛。针对高排放产业，继续制定一批行业污染物排放标准，对于不达标、不及时整改的企业，采取部门联合执法，促使企业停产整顿或淘汰产能。在承接产业转移过程中，严格执行国家产业政策，严禁承接国家明令淘汰的落后生产能力，防止东部地区落后产能转移到东部地区死灰复燃。建立工业产能过剩预防监测，避免工业产能平推式低水平扩张。尽快实施长江中游和黄河中游化工产业布局战略性调整，合理安排排污口与城市取水口布点，重新评估区域性的流域生态环境风险。建立部门联动机制，对工业项目实行环保、能耗、物耗、水耗、环保、土地等指标全程论证、跟踪和评估，加强环境监测全程化、科学化和透明化。完善工业项目的环评程序，改变企业直接委托环评机构开展项目环评的形式，由企业将环评经费直接转到政府指定的资金池（如基金会），由其代表政府管理这笔经费，然后由基金会对外公开招标寻找合适的环评单位，由环评单位更自主、客观地开展环评活动，确保结果的社会贡献力和公众的高参与度。

结合本地区特点，以中国制造 2025 为蓝本，制定适合本地区发展的产业发展目录、实施路线图和时间表。发挥现有工业基础，加快实施“互联网 +”战

略，促进传统产业与互联网的融合发展，大力发展工业互联网，改造传统产业，培育化工、钢铁、有色等传统产业的新型业态，最大限度地减少污染排放。大力推进传统工业园区升级改造，使更多园区循环化、生态化，推行标准化生态工业园建设，引导更多地市级及以下的各类工业园区进行优化调整，适当引导一批重化工业为主导的园区发展循环经济园区。大力推广节能减排工艺或技术，鼓励高耗能企业引入合同能源管理，争取 2015 ~ 2020 年中部地区工业废气排放实现负增长。依托重点产业基地，大力发展再制造产业、再生有色金属产业等新型环保产业，推动战略新兴产业的发展。依法依规，加大对湖南、江西等地区的重金属污染整治，淘汰一批设备落后、排放不达标的企业，引导符合条件的企业进入园区发展，采取配套污染物集中处理、达标排放。依托“一带一路”战略，支持企业到国外设立经济合作产业园区，鼓励建材、钢铁等优质过剩产能对外输出，消化过剩产能压力。大力推进资源性产业转型，出台产业退出奖励政策，压减高载能或高排放产业规模。

三、试点征收环境保护税，推进排放权交易机制，创新环保投融资模式

（一）试点环境保护税征收制度，探索完善税收使用机制

根据中部地区环境治理和生态保护战略需求，借鉴国外先进经验，“十三五”时期在中部地区率先试点征收环境保护税，将排污收费改为环境保护税。近期以“谁污染，谁治理”为原则，明确征税对象，重点针对主要环境污染物来源，对主要污染排放企业和个人征收包括二氧化硫税、水污染税、噪声税、固体废物税等多项污染物排放税。中远期逐步扩大征税范围，以量化核算责任、科学适度征收为原则，对自然保护区的旅游开发利用活动、矿产资源开采造成的环境破坏行为、碳排放等征收环境保护税。

针对环境保护税，确立专款专用机制。将针对二氧化硫、水污染、噪声、固体废物征收的环境税，由环保部门统一调配、应用于工业三废治理设施、垃圾处理设施的建设和运营补贴。对自然保护区的旅游开发利用活动、矿产资源开采造成的环境破坏行为征收的环境税，由环保、林业、国土部门统一回用于自然保护区环境治理、矿区生态修复等项目实施中。将环境税收全部用于生态环境保护与治理。针对碳排放征收的碳税，主要用于补贴节能环保技术引进、应用，淘汰落后产能补贴等领域。

（二）建立健全碳排放监测体系，探索推行碳排放交易制度

针对中部地区节能减排和大气环境治理实际需求，近期试点建立碳排放监测、计量和评价体系。对中部地区生产企业、交通等碳排放主要来源主体实施碳排放量调查和监测行动，布局碳排放实时监测装置，建立全区碳排放实时信息数

据库和云计算中心。至“十三五”末，实现对中部试点地区主要企业、交通设施运营单位碳排放的实时监测和来源追踪。借鉴国际经验，根据中部地区碳排放实测数据和节能减排要求，设定碳排放标准，对超量排放企业征收碳税。

中远期依据碳排放标准，针对区内碳排放主体，颁发碳排放权交易许可证。建立碳排放交易平台，公开碳排放信息，允许企业按照相关要求，在平台上进行碳排放权交易，逐步推行碳排放权交易制度，完善碳排放权交易规则。通过碳排放权交易手段，鼓励企业节能减排，提高全域节能减排效率。

（三）创新城市环保融资模式，加大环保基础设施建设力度

在清理地方融资平台的过程中，积极向社会推介一批优质的环保基础设施项目，加快推进城市污水处理、城市大气治理等项目建设，引入社会资本参与，采取 PPP 等融资形式，解决地方财政资金投入不足问题，也可较大规模推进城市环保基础设施建设。针对中部地区实际情况，设立生态环境治理项目，面向企业、社团法人等主体开放投资，采取 BOT、PPP、BT 等形式，引入社会主体参与生态环境项目治理和运营。建议中央和地方设立环保基础设施建设专项引导基金，确定项目合理的盈利预期，鼓励社会资本介入、参与投资，提高重点生态功能区环保基础设施投资吸引力。

四、实施城乡污染共同治理，实现城乡生态文明一体化发展

（一）完善生态市、生态乡（镇）、生态村（社区）示范创建体系，建设城乡一体的生态家园

在环保部已经开展的生态市、生态乡（镇）、生态村（社区）试点基础上，建立中心城市—乡镇—村（社区）三级生态示范联动机制。打破原有三级分离的示范创建格局，实施三级示范共同创建与考核评估办法，把生态村（社区）建设成效作为生态乡（镇）评估的重要内容，把生态乡（镇）建设成效作为生态市评估的重要内容。以重要城市区域为中心，以下属各乡镇为支撑，以各村（社区）为节点，构建区域整体、城乡联动的绿色环境、低碳社区、生态村落、生态基础设施和生态城镇体系，打造中部地区和谐、静谧、舒适的生态家园。

（二）同步实施城镇工业污染、城乡生活污染与农业面源污染治理工程，齐抓共管，建立城乡一体的环境污染治理体系

实施一批重大污染治理工程。完善工业污染治理体系，进一步加强城市工业污染治理的同时，更加重视乡镇和农村工业污染，防止城市工业向乡镇和农村转移过程中的污染转移。认清城乡生活污染加剧的严峻形势，加大城乡生活污水、生活垃圾的治理投入力度，实施乡镇和农村污水治理工程和生活垃圾治理无害化处理工程。加大中部粮食主产区农业面源污染治理，加快土壤污染加密调查，在

中部地区开展土壤污染治理示范工程，尽快出台土壤污染治理条例。

（三）保护城乡生态空间，防止城市污染向农村转移，建设城乡一体的生态文明制度体系

协调城市发展与土地利用和空间管制的关系，防止城市化占用重要生态空间，重点保护河流、湖泊等湿地生态系统和森林、草地生态系统，构建中部可持续发展的生态安全屏障。

在维护自然生态系统结构和功能的基础上，按照降低能耗、物耗、污染物排放量和提高效率的原则，加快产业结构调整，构建循环经济体系，助推产业升级；大力推广无公害、绿色和有机农业种植面积；大力倡导生态旅游，传承优秀的传统文化，繁荣文化产业；逐步形成产业结构、生产生活方式与资源环境相互协调的循环、绿色和低碳发展模式，培育生态文明建设的基本动力。

严守生态环境风险底线，实施长江中游、黄河中游、洞庭湖、鄱阳湖等重点生态功能区的生态修复工程，扩大森林、湖泊、湿地面积，保护生物多样性。共建城乡一体的环境监测预警体系，防范城市生态环境风险向农村转移；建立跨流域和跨地区的防灾减灾应急机制，坚持预防为主、综合治理，以解决损害群众健康突出的环境问题为重点，强化水、大气、土壤等污染防治，以稳定生态安全格局，确保优质环境质量，扩大环境容量。

倡导生态文明，营造全社会关心、支持、参与生态建设与环境保护的文化氛围，要以多形式、多方位、多层面宣传生态文明知识、政策和法律法规，弘扬生态文化。建立生态文化传播机制，从思想观念上影响人类价值观，逐渐消除人类的“主人”意识，从根本上实现人与自然的和谐共处。

（四）重点推进生态型循环农业工程试点工作

农业污染防治与农业生态化发展是一项系统工程，需要方方面面付出切实的努力。农业污染的主要压力来源于农用化肥、农药及畜禽养殖等，今后应将畜禽养殖、粪尿处理、能源与环境工程、养分管理等统一考虑和规划，多方面配合协调，以期把农业污染减少或控制到最低限度。大力实施生态农业工程技术，发展生态型循环农业无疑是解决该问题的最佳手段，而沼气工程的综合应用与系统化推广，则是目前农业绿色生态化和可持续发展的关键环节。可进行区域性农业环境管理立法，从不同区域农村发展和环境保护工作实际出发，制订区域性或是地方性的农业环境保护法规，建立农业面源污染控制的平台，实施区域化农业面源污染综合管理，将面源污染纳入统一的减排管理体系。积极探索推进补贴型农业环境经济政策，并谨慎地、合理地、阶段性地、有步骤地进行税费手段的选取与试点实施。

中部地区是我国重要的粮食主产区和农业区，可以选取重点农区部分县试点

建设循环型农业生态试验园。探索以畜禽养殖及种植业废弃物为原料，综合集成沼气发电（配送）、沼渣（液）有机肥（商品化）生产为支撑的有机种植、沼渣（液）发展畜禽保健饲料（规模化）为一体的生态农业系统工程，有助于全面提升农业生产的绿色化、现代化水平，有效控制面源污染，具有广阔的应用前景。应以农业废弃物处理为基点，以规模化养殖厂以及大面积农用地为试点，然后逐渐发展到各个农户家庭和零星农地，由点及面、点线面相结合，分区域、有步骤发展绿色生态化的现代农业系统工程，基于沼气工程串联整个农业生产产业链，发展绿色种植业和畜禽养殖业，生产有机食品，使化石型、粗放型农业转型为绿色生态型农业。

五、建立健全区域联防联控机制，推进区域性生态环境整治重点工程

根据中部地区生态环境格局基本特征，重点针对跨界重要自然保护区、农产区、林区、库区、风景名胜区、森林公园及重点流域和重点污染区等，从区域环境发展规划、环境政策制定到日常执法监管、污染联防联治，从区域环境标准执行、环境应急监测预警体系建设到环境基础设施配置、环境信息共享，都应建立各省份相互合作、互利共赢的联防联控体制机制。

建设统一的环境预警体系，开展污染联防联治。加强饮用水源地保护，建立行政交界断面水质、水量监测和信息通报机制，实现信息共享，推进跨境水综合治理。加强区域环境监管合作与交流，对可能造成跨行政区域不良环境影响的重大规划、区域性开发和重大项目，建立环境影响评价区域（流域）联合审查审批制度和信息通报制度。建立跨区域的联合执法机制，针对突出环境问题定期开展联合执法活动，提高区域环境污染事故防范和处理能力。逐步建立区域环境信息标准化体系，提高信息共享水平。逐步建立重点区域污染源信息、水环境信息、重大项目环评信息的披露机制，搭建环境信息发布的网络和平台。统筹环境功能区布局和环境资源开发利用，共同构建一体化绿色生态架构，实现生态环境资源的协同保护和合理利用，保护环境资源。

以重点工程加大环境保护和生态建设力度。加快推进城市和重点建制镇污水、垃圾处理，推进重金属污染防治、农村环境综合整治、土壤污染治理与修复试点示范，加强重点领域环境风险防控。推动湘江流域污染综合整治，深入开展重金属污染治理。实施大气污染物综合控制，改善重点城市空气环境质量。继续实施水土保持重点工程和重大生态修复工程，加强鄱阳湖、洞庭湖、洪湖、梁子湖、巢湖等重点湖泊和湿地保护与修复，加快三峡库区及上游、丹江口库区及上游、鄱阳湖和洞庭湖湖区防护林建设，加强汉江中下游生态建设，推进武汉大东湖生态水网构建。加大京津风沙源治理力度，继续推进石漠化综合治理和崩岗治

理试点。积极推进矿山地质环境治理和生态修复，加大矿区塌陷治理力度。强化重点生态功能区保护和管理。加大对外来入侵物种的防控力度，加强区域性生物多样性保护。

六、实施绿色经济和绿色城镇化行动，探索重点区域经济社会与资源环境协调发展机制

针对各地特点，稳妥消纳两个“500 万”人口，即每年新增城镇人口 500 万和每年城镇新增落户人口 500 万。做好绿色经济和新型城镇化的试点工作，优先将生态环境治理方面的体制创新推广到中部地区城市。

根据重点区域发展阶段和产业发展特征，提出区域经济社会与资源环境的发展模式和方案，提出城乡统筹的生态环境保障方案，提出环境基础设施和环境管理能力建设方案，制定节能减排、环境准入、跟踪监测与评价、生态恢复与补偿的中长期环境管理对策，尝试构建跨流域、跨行政单元的环境综合管理模式，探索建立以环境保护优化经济发展的长效机制。加大工业、建筑、交通等领域节能工作力度，推进重点节能工程建设。坚决淘汰落后产能，限制高耗能、高排放行业低水平重复建设，严禁污染产业和落后生产能力转入。加大惩罚性电价、差别电价实施力度和范围。加快推行合同能源管理，大力发展节能环保产业。深入推进粉煤灰、煤矸石等大宗固体废物综合利用。落实最严格的水资源管理制度，全力推进节水型社会建设。加大对重点用水行业节水技术改造的支持力度。对城镇污水再生利用设施建设投资，中央给予补助。

根据中原经济区和长江中游地区经济社会发展的资源环境承载力水平，提出产业发展与布局优化调整方案，明确优先支持的重点产业发展方向和生产力优化布局建议，建立保障区域生态安全、促进资源高效利用、构建循环经济体系的环境保护管理规则。深入实施武汉城市圈、长株潭城市群资源节约型和环境友好型社会建设综合配套改革试验总体方案。大力支持山西资源型经济转型综合配套改革试验区建设。扎实推进湖北省国家低碳省试点和江西南昌国家低碳城市试点，适当扩大中部地区低碳省份和低碳城市试点范围。支持湖北省开展碳排放权交易试点，合理确定碳排放初始交易价格。推动绿色低碳小城镇建设。推动洞庭湖生态经济区建设。支持丹江口库区开展生态保护综合改革试验，建设渠首水源地高效生态经济示范区，探索经济与生态环境协调发展的新模式。加快山西、河南循环经济试点省建设，大力推进清洁生产，支持建设一批循环经济重点工程和示范城市、园区、企业。加快“城市矿产”示范基地、矿产资源综合利用示范基地和再制造示范基地（集聚区）建设。

第十章　中国当前有关生态文明建设财税政策效果分析

生态环境的治理是生态文明建设的体现，我国曾实施了有关生态环境治理等财税政策，本章对其产生的效果进行分析，并总结出现行财税政策存在的问题。

第一节　水资源开发利用与流域环境治理的财税政策效果分析

水资源开发利用与流域环境治理，是一个政策—经济—技术—生态四位一体的系统工程。水资源开发利用与流域环境治理至少应当实现以下三个基本目标：一是实现水资源的有序开发及合理利用；二是建立流域环境保护和经济社会协调发展的良性机制；三是促进先进控污与治污技术的普遍应用，逐步实现生态文明建设总目标。因此，从政策入手，兼顾经济发展、技术进步及生态建设的治水方略，是实施《“十二五”规划战略》，贯彻十八大及十八届三中全会总要求的必由之路。从我国发展建设经历和各国治水经验来看，财税政策的配套与保障对实现水资源有序开发及合理利用，促进流域环境改善起到了积极作用。

一、财税政策涉及的主要领域

（一）公共财政建设与水功能区治理

2003 年 7 月 1 日起施行的《水功能区管理办法》（水资源〔2003〕233 号）是国务院水行政主管部门针对我国水资源管理的主要法规。作为一项行政性法规，该法以《中华人民共和国水法》（以下简称《水法》）为依据，建立了水功能区的概念。并明确指出，水功能区是指为满足人类对水资源合理开发、利用、节约和保护的需求，根据水资源的自然条件和开发利用现状，按照流域综合规划、水资源保护和经济社会发展要求，依其主导功能划定范围并执行相应水环境质量标准的水域。为此，我国的地表水功能区被划分为五类①。

自水功能区颁布之后，公共财政支持迅速跟进。中央和地方各级财政的配套制度建设和资金投入陆续到位。主要政策表现归纳为：确定了长江、黄河、淮河、海河、珠江、松辽、太湖七大流域管理机构（以下简称流域管理机构）会同有关省、自治区、直辖市水行政主管部门负责国家确定的重要江河、湖泊以及跨省、自治区、直辖市的其他江河、湖泊的水功能一级区的划分，并按照有关权限负责直管河段水功能二级区的划分。一级、二级由中央财政与水利主管部门负主要支出责任。规定以外的水功能二级区和其他江河、湖泊等地表水体的水功能区，由县级以上地方人民政府水行政主管部门组织划分。由地方财政部门与地方水利主管部门负主要支出责任，中央财政主要以专项支付形式支持地方水利事业。

2003 年以后，为了实施《水功能区管理办法》，各地依据水功能区管理办法及实施细则，制定了相应的配套措施。2004 年，水利部办公厅颁布了《关于开展水功能区确界立碑工作的通知》（水利部办公厅〔2004〕117 号），指出确界立碑工作的重要性和紧迫性。但事实上，由于这项工作的长期性和复杂性，不少地区如广西（2005），浙江（2009）才基本划定相关区域。与之并行的 2012 年国务院批复的《全国重要江河湖泊水功能区规划》，目标直指 2020 年水功能区水质达标率达到 80%，到 2030 年水质基本达标。客观上，水功能区规划是水资源利用及流域治理的基础，也是公共财政覆盖配套的前提。这当中水利部门与财政部门，流域管理部门与行政区域等之间的财税关系，也在一定程度上决定了公共财政对水功能区的支持力度及保障强度。

（二）水资源费改革

水资源费主要指对城市中取水的单位征收的费用。这项费用，按照取之于水和用之于水的原则，纳入地方财政，作为开发利用水资源和水管理的专项资金。征收水资源费的行为，是水行政主管部门授予申请取水人水资源的使用权，依据水资源有偿使用的相关法律规定向取水人收取相应对价费用的具体行政行为。其实际性质主要体现在以下四方面：其一，调节水资源供给与需求的经济措施；其二，调节水资源稀缺性的手段；其三，水资源产权的经济体现；其四，劳动价值

① 我国地表水功能区划分：Ⅰ类：主要适用于源头水、国家自然保护区。Ⅱ类：主要适用于集中式生活饮用水地表水源地一级保护区、珍稀水生生物栖息地、鱼虾类产卵场、仔稚幼鱼的索饵场等。Ⅲ类：主要适用于集中式生活饮用水地表水源地二级保护区、鱼虾类越冬场、洄游通道、水产养殖区等渔业水域及游泳区。Ⅳ类：主要适用于一般工业用水区及人体非直接接触的娱乐用水区。Ⅴ类：主要适用于农业用水区及一般景观要求水域。

的补偿。

回顾水资源费的政策沿革历程，我国水资源费的征收经历了从不征到征收，从地区性征收到全国性普遍征收的转变，可以分为如下四个阶段：

第一阶段：1979～1988 年《中华人民共和国水法》颁布前。这一阶段国家层面没有颁布统一的征收水资源费的法律法规、政策规定，一些缺水省份的政府根据本地区水资源情况，制定水资源费征收办法，并有涉及水资源费使用的规定。1979 年 12 月，上海市颁发《上海市深井管理办法》，成为国内最早征收水资源费的地区。1981 年 1 月，北京出台《北京市地下水资源管理暂行办法》。1982 年 10 月，山西颁布《山西省水资源管理条例》，在全国率先实施取水许可制度，征收水资源费。1983 年 12 月，昆明市出台《地下水资源保护管理暂行办法》。此外，山东、河北等部分缺水省份以及杭州等地下水开采量较大的城市也制定了水资源管理办法。

第二阶段：1988 年《水法》颁布后至 2002 年《水法》修订前。这一阶段各地纷纷出台了水资源费管理条例，水资源费征收和使用管理制度在全国范围内逐步趋于规范。1988 年 1 月，第六届全国人大常委会第二十四次会议通过了《中华人民共和国水法》。此后，陕西（1991）、内蒙古（1992）、安徽（1992）、浙江（1992）、河南（1992）、四川（1993）、广西（1992）、江苏（1993）、广东（1995）、湖北（1995 年开始试点，1997 年全面征收）和湖南（1997 年开始试点）等省区先后出台《水资源管理条例》、《水资源费征收管理暂行办法》等，对其行政辖区内水资源开征水资源费，并实行分级分成管理。

第三阶段：2002 年《水法》修订后至 2006 年国务院第 460 号令颁布。在这一阶段，《取水许可和水资源费征收管理条例》（国务院 460 号令）的出台，最终使水资源费使用方向在全国范围实现了统一和明确。2002 年 8 月第九届全国人民代表大会常务委员会对《水法》予以修订。2004 年国务院办公厅发布了《关于推进水价改革促进节约用水保护水资源的通知》（国办发〔2004〕36 号）。2006 年 1 月国务院发布《取水许可和水资源费征收管理条例》。

第四阶段：2008 年国务院 460 号令出台至今。这一阶段，水资源费的管理使用范围在全国层面上有了明确细化的规定。根据《水法》（2002）和国务院 460 号令的规定，2008 年 11 月，财政部会同国家发改委、水利部联合印发了《水资源费征收使用管理办法》（财综〔2008〕79 号），对水资源费的征收、管理和使用作了具体规定。在水资源费的收入分成方面，地方政府征收的水资源费，按照 1∶9的比例实行中央和地方分成；在水资源费的预算管理方面，水资源费全额纳入财政预算管理。2012 年 1 月，国务院发布的《关于实行最严格水资源管理制度意见》，明确提出以“三条红线”为主要内涵的最严格水资源管理制度，进一步强调水资源费主要用于水资源的节约、保护和管理，严格依法查处挤占挪用水资源的行为。

（三）支持流域生态功能区的财税政策

生态补偿作为保护生态环境的经济手段，是20世纪50年代以来开始出现并逐步成为环境政策的重要领域，其核心内容是生态保护外部成本内部化，建立生态补偿机制，改善、维护和恢复生态系统服务功能，调整相关利益者因保护或破坏生态环境活动产生的环境利益及其经济利益分配关系，以内化相关活动产生的外部成本为原则的一种具有经济激励特征的制度。财税政策对生态补偿含义更加广泛，其政策含义是以保护生态服务功能、促进人与自然和谐相处为目的，运用财政税收手段，调节生态保护者、受益者和破坏者经济利益关系的制度安排。

2011年财政部发布了《国家重点生态功能区转移支付办法》，作为距今最近影响也最大的财税政策安排，不仅对转移支付模式进行了详细说明，而且对重点生态功能区水环境治理提供了重要的资金保障。该《办法》提出“公平公正，公开透明；重点突出，分类处理；注重激励，强化约束”的基本原则，划定了青海三江源自然保护区、南水北调中线水源地保护区、海南国际旅游岛中部山区生态保护核心区等国家重点生态功能区。《全国主体功能区规划》中限制开发区域（重点生态功能区）和禁止开发区域。生态环境保护较好的省区。

财税政策引导，推动了各地方对生态功能区建设及评估的重视。2011年湖南迅速制定了《湖南省重点生态功能区转移支付办法》的地方性法规，对分配范围、分配办法、监督考评及激励约束制定了相应政策。作为西部生态脆弱地区，甘肃也在2013年5月制定了《甘肃省国家重点生态功能区转移支付绩效评估考核管理（试行）办法》。该办法在落实国家总体要求的同时，考虑到甘肃实际情况，将生态环境质量和基本公共服务保障能力考核落实到了县一级政府；明确了市（州）财政、环保部门负责对县级人民政府上报材料及指标数据进行审核的责任；规定了省财政厅、环保厅组织对各县（市、区）考评结果进行抽查式；公布了省财政厅、环保厅于每年5月底前，组织编制完成上一年度国家重点生态功能区转移支付绩效评估考核报告，并报送省政府和财政部、环保部备案。这一整套制度安排具有相当系统性，也从一定层面解决了各级地方政府生态补偿责任不明确，横向管理部门协调不及时等长期困扰地方环境保护的问题。

（四）治理水污染的公共财政资金配套

治理水污染的公共财政配套资金具有很强的地域特征和流域属性①。2012年

---

① 2008年财政部颁发了《三河三湖及松花江流域水污染防治财政专项补助资金管理暂行办法》。此办法成为近年，我国税务防治财政专项补助资金的范本，诸多流于形式财政至今配套，参照了此办法执行。

5 月 17 日，环境保护部、国家发改委、财政部和水利部联合发布了《重点流域水污染防治规划（2011 ~2015 年）》。基于“十一五”期间，重点流域水污染防治工作取得积极进展。与 2006 年相比，2010 年国控断面水质达到或优于Ⅲ类的比例增加了 113.4 个百分点。劣Ⅴ类断面比例下降了 16.9 个百分点。该《规划》提出到 2015 年，重点流域总体水质由中度污染改善到轻度污染，Ⅰ ~ Ⅲ类水质断面比例提高 5 个百分点，劣Ⅴ类水质断面比例降低 8 个百分点。具体表现为，松花江流域总体水质由轻度污染改善到良好；淮河在轻度污染基础上有所改善；海河重度污染程度有所缓解；辽河流域、黄河中上游由中度污染改善到轻度污染；太湖湖体维持轻度富营养化水平并有所减轻；巢湖湖体维持轻度富营养水平并有所减轻；滇池重度富营养化水平改善到中度富营养化水平，力争达到轻度；三峡库区及其上游流域总体水质保持良好；丹江口库区及上游流域总体水质保持为优。

公共财政资金的配套投入对流域环境治理的直接影响，主要体现在控污和治污的资金供给上。以松花江和辽河为例：

松花江：2005 年 11 月松花江重大水污染事件发生后，松花江流域水环境安全受到国内外高度关注。内蒙古、吉林、黑龙江三省区实施让松花江休养生息的政策措施，让松花江成为江河湖泊休养生息示范区的战略试点。流域制定并实施了《松花江流域水污染防治“十一五”规划（2006 ~2010 年）》。“十一五”期间，国家累计投入松花江流域治污资金 78.4 亿元。分省统计来看，吉林省政府连续两年从省财政及地方债券中拿出 3.2 亿元，在流域治理上进行先行垫付，并优先安排 5000 万元地方债券，用于规划项目建设。黑龙江省财政累计投入 12 亿元用于工业污染防治、环境基础设施建设和环境监察、监测等能力建设。截至 2010 年底，规划项目完成 99.6%，在建 0.4%，完成投资 104.7%，新建 70 座城市污水处理厂，新增污水处理能力 295 万吨/日，相当于“十五”以前总污水处理能力的 2.2 倍。

辽河：20 世纪 90 年代，辽河是全国江河污染最严重的河流之一。1996 年，国务院把辽河流域列为国家重点治理的“三河三湖”之一。到 2007 年底，辽河流域 26 个干流监测断面，劣Ⅴ类水质断面还有 8 个，全流域监测的 43 条支流有 27 条为劣Ⅴ类水质。2008 年，辽宁启动了公共财政配套下流域治理工程建设，省人大通过了《关于进一步加强辽河流域水污染防治工作的决议》。而后，2008 年，全省投资约 100 亿元，计划两年内新建 99 座污水处理厂，实际建成 135 座，新增日处理能力 315 万吨，实际日处理能力到达 640 万吨。

（五）公共财政投入与水资源开发利用

水资源开发利用的衡量指标是水资源开发利用率，是指流域或区域用水量占水资源总量的比率，体现的是水资源开发利用的程度。国际上一般认为，对一条河流的开发利用不能超过其水资源量的40%，目前，我国各大水系如黄河、海河、淮河水资源开发利用率都超过50%，其中海河更是高达95%，超过国际公认的合理限度，因此，水资源可持续利用已成为我国经济社会发展的战略问题，其核心是提高用水效率，建设节水型社会。

公共财政与水资源的开放利用直接相关。一方面，公共财政资金为水资源开发利用提供投资保障，包括对水利工程建设、运营维护管理的资金支持；另一方面，公共财政支出填补了社会资金对公益性水资源利用开发的缺失，改善了水资源开发利用中的环境问题。可以讲，公共财政既存在福利外溢的积极效应，也有带动社会投资、促进水利事业发展的牵引作用。

我国特殊的自然地理条件，决定了除水害、兴水利历来是我国治国安邦的大事。为加快水利建设步伐，提高大江大河防洪抗旱能力，改变重点水利工程设施和江河防洪体系建设滞后的状况，1997年国务院决定建立水利建设基金，财政部于当年1月23日发布了《水利建设基金筹集和使用管理暂行办法》，对水利建设基金的构成、征收及其用途做出了明确的规定。

水利建设基金由中央水利建设基金和地方水利建设基金组成，中央水利建设基金主要用于关系国民经济和社会发展全局的大江大河重点工程的维护和建设，地方水利建设基金主要用于城市防洪及中小河流、湖泊的治理、维护和建设。跨流域、跨省（自治区、直辖市）的重大水利建设工程和跨国河流、国界河流我方重点防护工程的治理费用由中央和地方共同负担。随着水利工程管理体制改革的实施，中央水利建设基金的使用范围扩大到了水利工程维护方面，按照国办发〔2002〕45号《水利工程管理体制改革实施意见》的规定，中央水利建设基金55%用于水利工程建设，30%用于水利工程维护，15%用于应急度汛。1997～2007年，中央水利建设基金累计投入222.48亿元。而从2011年开始，中央财政安排一部分中央水利建设基金，对中西部地区、贫困地区公益性水利工程维修养护经费给予补助。截至目前，已累计安排下拨32.29亿元。2013年，中央财政下拨中央水利建设基金12.45亿元，用于支持中西部地区、贫困地区县级国有公益性水利工程的维修养护。这些有力地支持了大江大河治理工程、应急度汛和防洪工程、水利工程维护等建设。在建立水利建设基金制度的同时，国家预算内基建投资、中央财政专项转移支付支持地方水利建设的资金逐年增加，对防洪、水资源利用、生态修复、人畜饮水、农田水利等重点水利建设也加大了投入力度。

二、政策实施效果评估及不足

（一）配套性财税政策促进了水功能区建设，但政策的系统性依然不足

水功能区建设是落实最严格水资源管理制度的重要环节。目前来看，各行政

区域和流域的水功能区基本划定，财政支出和税收优惠政策都在陆续到位。但政策的系统性依然不足。主要体现在三个方面：首先，水功能区之间的差异性决定了政策应有针对性。但按目前的配套进度，要给所有功能区制定系统化的配套财税政策，还需要相当长的时间。其次，水功能区的流域属性决定了流域范围内的财政投入应有重点。但眼下“撒胡椒面”式的什么都做一点，且短期部署居多。如黄河、长江等主要河流源头及丹江口水库等重点饮用水源地，应考虑以保护性政策为主，而淮河、海河与辽河等工业、城市聚居区应考虑以治理性政策为主。最后，中央与地方的财税政策如何协调。现实是，经济条件较好和地方财政充裕地区对水功能区的自主配套能力强，“等、靠、要”的思想较轻。但对于中西部等经济社会相对落后省区，中央财政转移支付作用显得非常重要。因此，除了针对项目的专项转移支付，还应在财力性一般转移支付上有所考虑。

（二）水资源税费改革缺乏统一认识，环境保护功能不够突出

水资源税费改革的讨论，已经维持了相当长的一段时间。然而，水资源费要不要改成水资源税的问题，各方争议依然较大。从目前政策运行情况看，对保留水资源费制度继续运行不太有利。从调研情况看，各地水利部门对资源费征收及运行使用的管理还不规范，大量的水资源费以“人吃马喂”的方式消耗掉，没有完全成为水利发展和环境保护的专项资金。这与国家政策初衷不相符。一个不得不面对的事实是，如果水资源费改成水资源税，那么水利部门的部门资金收入将不复存在。水资源税必定会纳入公共财政预算进行统一管理，还很可能成为地方财政收入的来源。这将对政府资金供给水利事业产生全面影响。此外，从环境保护角度来看，无论水资源税费改革是否进行，都需要弄清楚这一部分收入形式与未来环境税制度到底是什么关系。如果将水资源收入划入广义资源税范畴，那么水环境治理资金就无法追溯到收入来源；而如果将水资源收入划入环境税范畴，那么环境保护部门与水利建设部门之间的权责关系该如何确定，也会非常棘手。因此，水资源税费改革还有待深入研究并稳妥推进。

（三）流域生态功能区的资金配给机制不完善，很可能影响建设质量

保证流域生态功能区建设资金需求，是真正建成流域生态功能区的重要保证。既有的流域生态功能区规划及资金来源，基本满足了前期建设的需要。虽然也出现了地方财政配套相对困难，流域建设进度不完全同步的情况，但总的建设情况与预期并没有太大出入。好的开始，还需要有好政策来维系。如前面提到的甘肃和湖南的执行情况，并不是都能复制到所有流域生态功能区。因为流域生态功能区的基本条件不同，环境保护和污染治理的责任也有较大的区别，跨流域生态功能区的配套资金来源，中央财政与地方财政，行政部门与流域主管部门的支出责任划分，都处于尝试和磨合的阶段。各部门配套比例、支出年限设定、支出

总金额测算及资金到位进度等具体问题，已经开始影响具体建设的各个环节。如果不在这些方面做先期的制度设计及方案准备，流域生态功能区建设的资金配给机制将不可避免地出现卡壳情况。

（四）水污染治理责任有待进一步明确，中央与地方财税政策需要衔接

水污染治理从来不是一个轻松的话题，在中国这样江河湖海众多，人口资源环境压力巨大，经济社会发展任务繁重的国家尤其如此。我国的水污染治理已经在制度建设、技术引入和资金管理等多方面有了基本的框架。2012 年的考核情况下，水污染治理工作的进步也相当显著，但也应看到水污染治理实在是一项千头万绪的复杂课题。从财税制度建设的角度看，水污染治理依然有四个主要问题亟待解决：第一，如何发挥市场与政府的双重积极性，形成多方资金支持的水污染治理机制；第二，如何配套使用税收政策和支出政策，在水污染治理领域构筑约束和激励相结合的政策框架；第三，如何协调流域治理中水利部门、环保部门与地方行政部门的支出责任关系，确保实现水污染治理的主要目标；第四，如何构筑关于水污染治理的中央与地方财税政策体系，在分级治理责任框架下，协调税收优惠、支出重点和补贴范围等具体事宜。

（五）水资源利用开发与保护的基本目标需要协调，财税政策的支持力度还应加强

水资源开发利用与保护是一个非常广泛的领域，防洪灌溉、水利发电、生态治理、生产生活等都不仅牵涉一个主管部门，环保、水利、工业、财税和农林等都涉及其中。客观讲，近年我国水资源利用开发与保护的工作进步很大，成效突出。一些具有战略性的规划部署相继出台，政策效果也在逐步显现。然而，相对于工作中的已有成绩，不少问题仍有待改进。归纳起来有三个方面的内容：其一，水资源利用开发与保护牵涉多部门和多地区，许多规划的初衷很好，但战略目标不一致问题始终存在。换言之，我国的税源利用开发与保护的顶层设计还比较缺乏，导致各地制定政策缺乏统一的指导。其二，水资源开发利用与保护的财税政策分类不明确，有的属于公共投资领域，有的属于公共支出领域，还有的属于产业扶持政策或者流域保护政策。理论上，这些属于公共产品属性与政策分类设计的问题。如果不能清晰地划定各项政策范围，财政资金的往来使用将比较混乱。其三，对水资源利用开发与保护的效应理解不清晰。水资源利用开发与保护具有很强外部性，因此财政转移支付制度是弥补福利输出地区损失的重要办法。如水利发电、南水北调和中上游水源地保护等工程的输出地补偿问题，有赖于我国财税改革的进一步推进。对转移制度和国有资本经营收入制度调整，很可能将在未来进入讨论的范畴。

第二节　大气环境治理的财税政策效果分析

我国先后制定了废气排污费、脱硝补助、脱硫补助、交通运输节能减排补助等财税政策，对减少大气环境污染起到了一定作用，但随着雾霾天气等现象出现，现有财税政策解决大气环境污染的问题逐渐凸显。

一、大气环境治理的财税政策现状

目前，大气污染主要是工业废气排放、汽车尾气排放、生活气体排放（如燃煤）等。近年来，国家在大气环境治理方面采取了一系列的财税政策措施。

（一）废气排污费制度

1982 年 7 月，国务院颁布《征收排污费暂行办法》，标志着我国排污收费制度正式建立。2003 年 1 月，国务院颁布了《排污费征收使用管理条例》，确定了二氧化硫、氮氧化物、一氧化碳等废气的排污费征收标准（见图 10－1）。废气排污费按排污者排放污染物的种类、数量以及污染当量计算征收，每一污染当量征收标准为 0.6 元。2003 年对二氧化硫按每一污染当量 0.2 元征收排污费，2004 年 7 月 1 日至 2005 年 7 月 1 日按每一污染当量 0.4 元征收，2005 年 7 月 1 日后按每一污染当量 0.6 元征收。

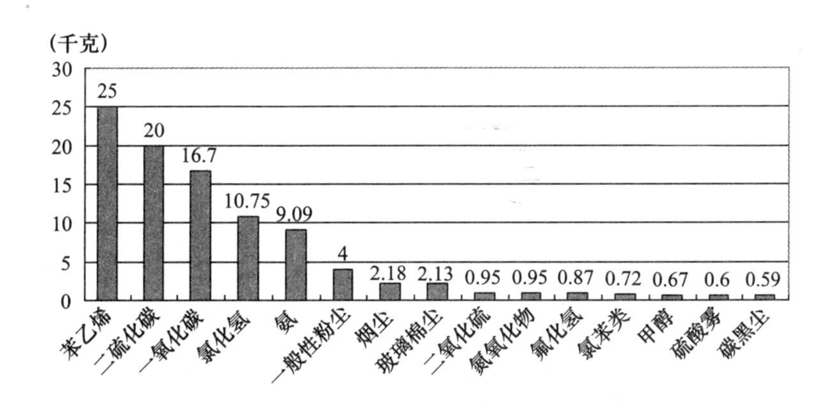

图 10－1　部分污染物的污染当量值

（二）脱硫电价补贴政策

为加快燃煤机组烟气脱硫设施建设，提高脱硫效率，减少二氧化硫排放，促进环境保护，2007年国家出台了《燃煤发电机组脱硫电价及脱硫设施运行管理办法（试行）》。对燃煤机组安装脱硫设施后，其上网电量实行原有上网电价基础上每千瓦时加价0.015元的脱硫加价政策，即按照每千瓦时0.015元的标准进行补贴。对燃煤机组脱硫设施投运率低的，从上网电价中扣减脱硫电价。2012年新投运脱硫机组装机容量4725万千瓦，脱硫机组总装机容量达到7.18亿千瓦，占火电装机容量的比例为92%；289台、1.27亿千瓦现役机组拆除烟气旁路，综合脱硫效率从85%提高到90%以上；新增钢铁烧结机烟气脱硫设施97台、烧结面积1.8万平方米（见表10－1）。

表10－1 脱硫电价补贴政策

脱硫设施投运率	从上网电价中扣减脱硫电价
脱硫设施投运率在90%以上的	扣减停运时间所发电量的脱硫电价款
投运率在80%～90%的	扣减停运时间所发电量的脱硫电价款并处1倍罚款
投运率低于80%的	扣减停运时间所发电量的脱硫电价款并处5倍罚款

（三）脱硝电价补贴政策

2011年11月，国家发改委出台燃煤发电机组试行脱硝电价政策，对北京、天津、河北、山西、山东、上海、浙江、江苏、福建、广东、海南、四川、甘肃、宁夏14个省市区符合国家政策要求的燃煤发电机组，上网电价在原有基础上每千瓦时加价0.008元，即对燃煤机组发电进行脱硝电价补贴，按照每千瓦时0.008元的标准补贴，用于补偿企业脱硝成本。2012年上半年，全国氮氧化物排放量首次出现同比下降0.24%；全国脱硝机组平均脱硝效率40.3%，较2011年同比提高16.1个百分点。截至2012年底，全国已建成脱硝设施的燃煤机组装机容量达到2.25亿千瓦，按照脱硝电量每千瓦时补贴0.008元标准，2012年脱硝电价补贴近100亿元。2012年250台、9670万千瓦火电机组建设脱硝设施，脱硝机组总装机容量达到2.26亿千瓦，占火电装机容量的比例从2011年的16.9%提高到27.6%；148条熟料产能52.3万吨/日的新型干法水泥生产线安装脱硝设施；淘汰黄标车132万辆；截至2012年底，全国脱硝机组平均脱硝效率48%，同比提高18个百分点；14个脱硝电价试点省份脱硝机组装机容量占全国的2/3，平均脱硝效率51.6%，较非试点省份高11个百分点；脱硝电价政策充分调动火电企业建设和运行脱硝设施的积极性，电力行业氮氧化物减排7.1%。

为加快燃煤机组脱硝设施建设，提高发电企业脱硝积极性，减少氮氧化物排放，促进环境保护，2012年决定进一步加大脱硝电价政策试行力度。自2013年

1月1日起，将脱硝电价试点范围由现行14个省市区的部分燃煤发电机组，扩大为全国所有燃煤发电机组。燃煤发电机组安装脱硝设施、具备在线监测功能且运行正常的，持国家或省级环保部门出具的脱硝设施验收合格文件，报省级价格主管部门审核后，执行脱硝电价。脱硝电价标准为每千瓦时0.008元（见表10－2）。

表10－2　脱硝电价政策实施范围及政策标准

年份	实行燃煤发电机组脱硝电价政策的省市区	脱硝电价补贴政策
2012	北京、天津、河北、山西、山东、上海、浙江、江苏、福建、广东、海南、四川、甘肃、宁夏	每千瓦时补贴0.008元
2013	全国范围内	每千瓦时补贴0.008元

（四）燃煤锅炉改造财政补贴

2012年实施燃煤锅炉改造工程，并实施中央财政补贴政策。2012年中央财政补助10.9亿元，支持《重点区域大气污染防治"十二五"规划》中15个重点城市实施燃煤锅炉综合整治工程。共改造燃煤锅炉28997蒸吨，其中除尘设施改造15406蒸吨，清洁能源替代13591蒸吨（见图10－2）。

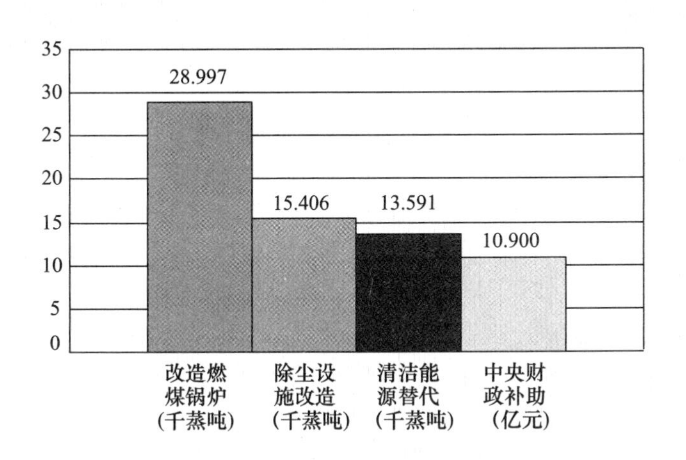

图10－2　2012年燃煤锅炉改造及财政补助

（五）工业节能减排财税政策

近年来，我国控制固定点源大气污染排放的主要政策表现为工业领域的节能减排。中央财政为支持节能减排工作出台的措施包括：一是支持十大重点节能工程。推动燃煤工业锅炉改造、余热余压利用、节约和替代石油、电机系统节能和能量系统优化等节能技术改造。仅2009~2010年，中央国有资本经营预算支出32.96亿元，支持电力、钢铁、石油石化、煤炭、有色、建材等重点行业37户中央企业脱硫和循环治污项目183个。二是支持淘汰落后产能。对经济欠发达地区电力、钢铁、造纸等13个高耗能、高污染行业淘汰落后产能给予奖励。淘汰落后产能实行地方政府负责制，财政部会同有关部门根据淘汰落后产能规模确定奖励金额，由地方根据实际情况安排使用，重点解决职工安置等突出矛盾。三是安排主要污染物减排资金，通过主要污染物减排专项资金，支持全国环境监测站标准化建设、国控重点污染源监督性监测运行等。

（六）扶持可再生能源发展的财税政策

为减少火力发电带来的环境污染，我国近年来大力扶持可再生能源发展，实施可再生能源补助政策。一是可再生能源财政补贴。为扶持可再生能源发展，对于可再生能源电网工程有关费用、上网电价、投资等给予财政补贴。可再生能源发电项目接入电网系统而发生的工程投资和运行维护费用，按上网电量给予适当补助，补助标准为：50公里以内每千瓦时0.01元，50~100公里每千瓦时0.02元，100公里及以上每千瓦时0.03元。就可再生能源上网电价补贴，不同可再生能源补助标准不同，太阳能与风力发电上网电价补贴按不同资源区上网标杆价补贴，生物质发电按0.25元/千瓦时补贴。实施金太阳示范工程，按装机容量给予投资性补贴。二是可再生能源税收政策。对风力发电实施增值税优惠政策，其增值税减半征收。

（七）交通运输节能减排补助

为促进交通运输节能减排，对交通运输节能减排企事业单位给予财政补助。为保障补助资金使用效益，2011年制定了《交通运输节能减排专项资金管理暂行办法》。交通运输节能减排专项资金，是中央财政从一般预算资金（含车辆购置税交通专项资金）中安排用于支持公路、水路交通运输节能减排项目实施的资金。专项资金的使用原则上采取以奖代补方式，由财政部、交通运输部根据项目性质、投资总额、实际节能减排量以及产生的社会效益等综合测算确定补助额度。对节能减排量可以量化的项目，奖励资金原则上与节能减排量挂钩，对完成节能减排量目标的项目承担单位给予一次性奖励。根据年节能量按每吨标准煤不超过600元或采用替代燃料的按被替代燃料每吨标准油不超过2000元给予奖励，对单个项目的补助原则上不超过1000万元。对于节能减排量难以量化的项目，可按投资额的一定比例核定补助额度，补助比例原则上不超过设备购置费或项目建筑安装费的20%；对单个项目的补助额度原则上不超过1000万元（见表10-3）。

表 10-3　交通运输节能减排补助

补助标准	节能量可量化	节能量不能量化
根据年节能量	小于 600 元/吨标准煤	
根据被替代燃料	小于 2000 元/吨标准油	
按投资额		按投资额的 20% 补助，单个项目的补助额度原则上不超过 1000 万元

（八）汽车“油改电”与新能源汽车财政补贴

为鼓励汽车使用清洁能源，我国实施了汽车油改电补贴，对居民购买新能源汽车给予一次性补贴。2010 年率先在上海、长春、深圳、杭州、合肥 5 个城市试点新能源汽车补贴。对发动机排量在 1.6 升及以下、综合工况油耗比现行标准低 20% 左右的汽油、柴油乘用车（含混合动力和双燃料汽车）纳入“节能产品惠民工程”。消费者购买这类汽车，将获得中央财政按每辆 3000 元标准给予的一次性定额补贴，由生产企业在销售时直接兑付给消费者。

（九）成品油消费税

能源消耗是大气环境污染主要因素之一，我国对成品油征收消费税，以便减少成品油消费，并于 2009 年大幅度提高了成品油消费税税率。2009 年我国提高了成品油消费税税率，对环境危害较大的含铅汽油消费税税率调整幅度最大。将无铅汽油的消费税单位税额由每升 0.2 元提高到每升 1.0 元，含铅汽油的消费税单位税额由每升 0.28 元提高到每升 1.4 元；将柴油的消费税单位税额由每升 0.1 元提高到每升 0.8 元；将石脑油、溶剂油和润滑油的消费税单位税额由每升 0.2 元提高到每升 1.0 元；将航空煤油和燃料油的消费税单位税额由每升 0.1 元提高到每升 0.8 元（见图 10-3）。

（十）汽车消费税

近年来，我国汽车保有量大幅攀升，对汽柴油的需求急剧增加，造成的空气污染也日益严重。为鼓励购买低排放乘用汽车，减少大气污染，2008 年 9 月 1 日起调整汽车消费税，大幅提高 3.0 升以上大排量乘用车的消费税税率，同时降低 1.0 升以下小排量乘用车消费税税率。排气量在 3.0 升以上至 4.0 升（含 4.0 升）的乘用车，税率由 15% 上调至 25%，排气量在 4.0 升以上的乘用车，税率由 20% 上调至 40%，分别调高 67% 和 100%；排气量在 1.0 升（含 1.0 升）以下的乘用车，税率由 3% 下调至 1%，降低两个百分点（见表 10-4）。

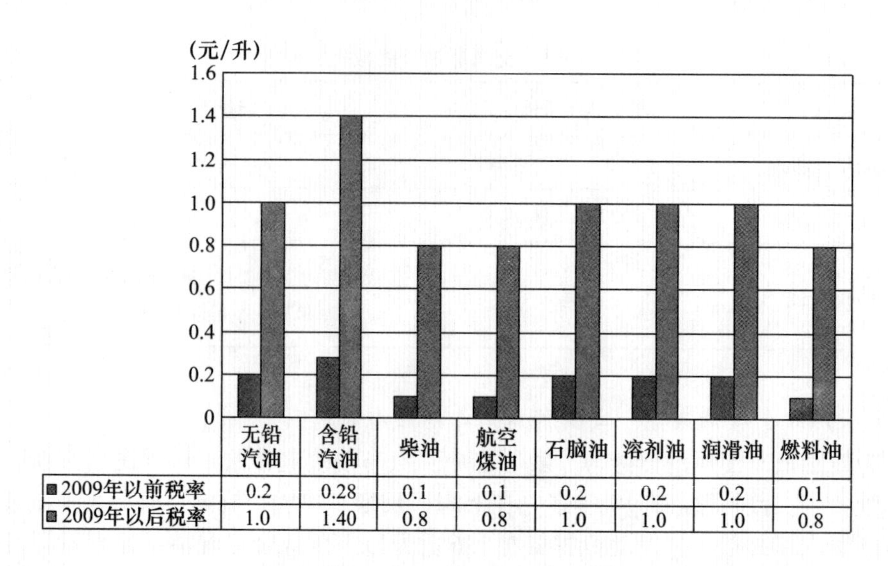

图 10－3　成品油消费税税率调整

表 10－4　消费税税率变化表

单位：%

气缸容量（排气量）	2006 年4 月 1 日之前	2006 年 4 月 1 日至2008 年 8 月 31 日税率	2008 年 9 月 1 日之后税率
1.0 升（含 1.0 升）以下	3	3	1
1.0 升以上至 1.5 升（含 1.5 升）	5	3	3
1.5 升以上至 2.0 升（含 2.0 升）	5	5	5
2.0 升以上至 2.5 升（含 2.5 升）	8	9	9
2.5 升以上至 3.0 升（含 3.0 升）	8	12	12
3.0 升以上至 4.0 升（含 4.0 升）	8	15	25
4.0 升以上	8	20	40

二、大气环境治理的财税政策效果

近年来，我国采取了多项财税政策措施治理大气环境，取得了一定成效。二氧化硫、二氧化氮、可吸入颗粒物是中国城市（现行的）常规监测项目，相关数据显示，2005 年以来，我国城市环境空气中二氧化硫、氮氧化物等主要大气污染物的年均浓度水平呈现持续下降趋势，城市空气质量达标比例不断上升，煤烟型大气污染趋势已初步得到遏制。

（一）城市空气质量达标的地区增多

《中国环境公报》显示，自 2008 年以来，地级及以上城市中空气质量达标的

城市比例逐年上升。2008 年空气质量达到国家一级标准的城市占 2.2%，二级标准的占 69.4%，三级标准的占 26.9%，劣于三级标准的占 1.5%；而 2012 年，地级以上城市环境空气质量达标（达到或优于二级标准）城市比例为 91.4%，与 2011 年相比上升了 2.4 个百分点，比 2008 年高出 19.8 个百分点（见图 10－4）。

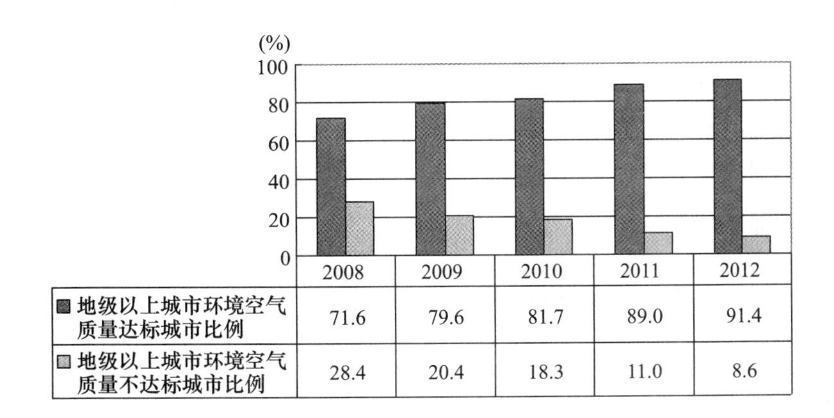

	2008	2009	2010	2011	2012
■ 地级以上城市环境空气质量达标城市比例	71.6	79.6	81.7	89.0	91.4
■ 地级以上城市环境空气质量不达标城市比例	28.4	20.4	18.3	11.0	8.6

图 10－4　地级以上城市环境空气质量达标情况

城市中的二氧化硫、二氧化氮等污染物浓度有所改善。从二氧化硫、二氧化氮以及可吸入颗粒物浓度来看，空气中二氧化硫、可吸入颗粒物浓度达到二级或优于二级标准的比例呈上升趋势，二氧化氮浓度均达到达到二级，但达到一级标准的比例呈下降趋势。2008 年地级以上城市环境空气中二氧化硫年均浓度达到二级标准及以上的城市占 85.2%，劣于三级标准的占 0.6%；而 2012 年二氧化硫年均浓度达到或优于二级标准的城市上升为 98.8%，比 2008 年高出 13.6 个百分点。2008 年地级及以上城市达到一级标准的占 87.7%；而 2012 年，地级以上城市环境空气中二氧化氮年均浓度均达到一级标准的城市下降为 86.8%。2008 年可吸入颗粒物（PM10）年均浓度达到二级标准及以上的城市占 81.5%，劣于三级标准的占 0.6%；而 2012 年，地级以上城市环境空气中可吸入颗粒物年均浓度达到或优于二级标准的城市占 92.0%，高于 2008 年 10.5 个百分点（见图 10－5）。

（二）主要气体污染物排放量增加的态势基本得到遏制

二氧化硫排放增加的态势基本得到遏制。近年实施的脱硫政策，使得二氧化硫排放量呈现下降趋势。2001～2012 年，全国废气中二氧化硫排放总量呈先增后降的态势。其中“十五”期间，二氧化硫排放总量呈稳步上升态势，从 2001 年的 1947.8 万吨增加到 2005 年的 2588.8 万吨。“十一五”期间，国家开始对二氧化硫排放实施总量控制，并全面推进火电脱硫工作。全国废气中二氧化硫排放

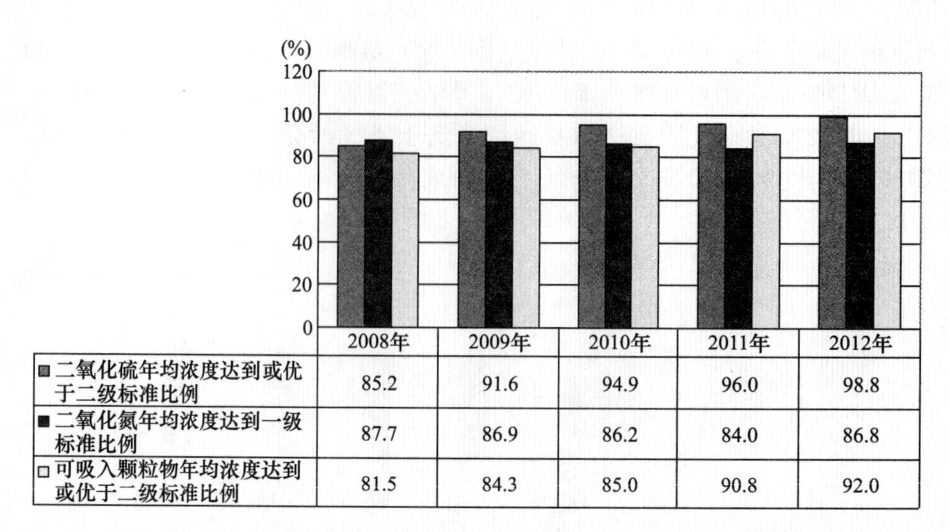

	2008年	2009年	2010年	2011年	2012年
二氧化硫年均浓度达到或优于二级标准比例	85.2	91.6	94.9	96.0	98.8
二氧化氮年均浓度达到一级标准比例	87.7	86.9	86.2	84.0	86.8
可吸入颗粒物年均浓度达到或优于二级标准比例	81.5	84.3	85.0	90.8	92.0

图 10－5　地级以上城市的二氧化硫、二氧化氮、可吸入颗粒物年均浓度

总量、工业废气中二氧化硫排放量和生活废气中二氧化硫排放量均呈逐年下降趋势。2010 年全国二氧化硫排放量较 2005 年下降了 14.3%。2012 年，二氧化硫排放总量为 2117.6 万吨，与 2011 年相比下降 4.52%（见图 10－6）。

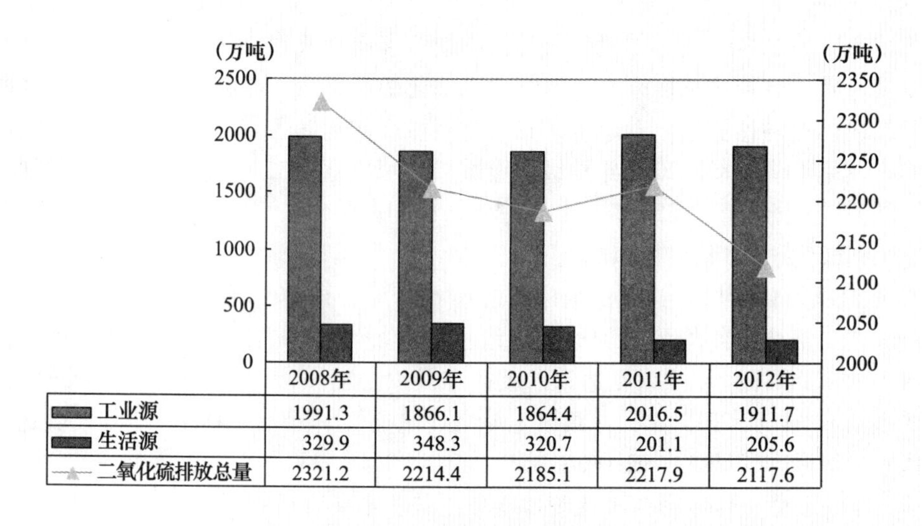

	2008年	2009年	2010年	2011年	2012年
工业源	1991.3	1866.1	1864.4	2016.5	1911.7
生活源	329.9	348.3	320.7	201.1	205.6
二氧化硫排放总量	2321.2	2214.4	2185.1	2217.9	2117.6

图 10－6　二氧化硫排放情况

氮氧化物排放总量在一定程度上得到控制，工业氮氧化物排放量有效控制最明显，机动车氮氧化物排放的政策效果不明显。总的来看，氮氧化物排放总量得到一定程度的遏制，2012 年氮氧化物排放量 2337.8 万吨，比 2011 年下降

2.77%。对工业实施的废气排污费、节能减排政策等产生了一定的作用，工业氮氧化物排放量下降较明显。2012年工业氮氧化物排放量1658.1万吨，比2011年减少了71.4万吨。就氮氧化物排放量而言，对机动车实施财税政策效果不明显。2012年机动车氮氧化物排放量640万吨，比2011年增加了2.5万吨（见图10-7）。

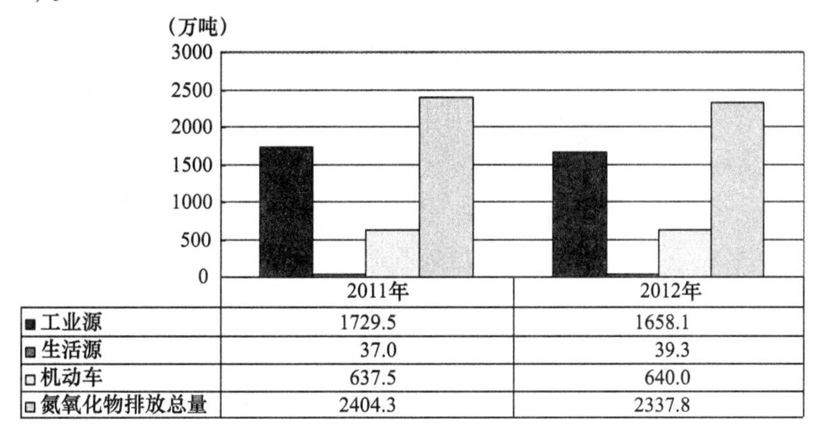

	2011年	2012年
■工业源	1729.5	1658.1
■生活源	37.0	39.3
□机动车	637.5	640.0
□氮氧化物排放总量	2404.3	2337.8

图10-7　氮氧化物排放情况

烟尘、粉尘排放量也得到有效控制。2001～2010年，工业粉尘稳步下降，从2001年的990.6万吨下降到2010年的448.7万吨。2001～2010年，烟尘排放量经历了先逐步上升，然后稳步下降的态势。其中，2001～2005年，烟尘排放量从2001年的1069.8万吨增加到2005年的1182.5万吨。随后逐年下降，从2006年的1088.8万吨降低到2010年的829.1万吨。可吸入颗粒物的浓度也有所下降。数据显示，2000年以来，我国可吸入颗粒物浓度呈总体下降态势。2011年全国地级以上城市可吸入颗粒物（PM10）年均浓度达标的已占90.8%（见图10-8）。

三、中国现行财税政策存在问题

脱硫补助、排污费制度等大气环境治理的财税政策在一定程度上改善了大气环境质量，尤其对工业源大气污染控制起到了一定效果，但现行的财税政策还存在一些问题，尤其随着雾霾天气出现，凸显现行财税政策存在的不足。

（一）财政投入不足，财政补助资金缺乏保障

尽管我国实施排污费制度，排污费收入按比例上缴中央与地方，但其收入难以满足治理环境的资金需求。排污费的10%作为中央预算收入缴入中央国库，作为中央环境保护专项资金管理；90%作为地方预算收入缴入地方国库，作为地

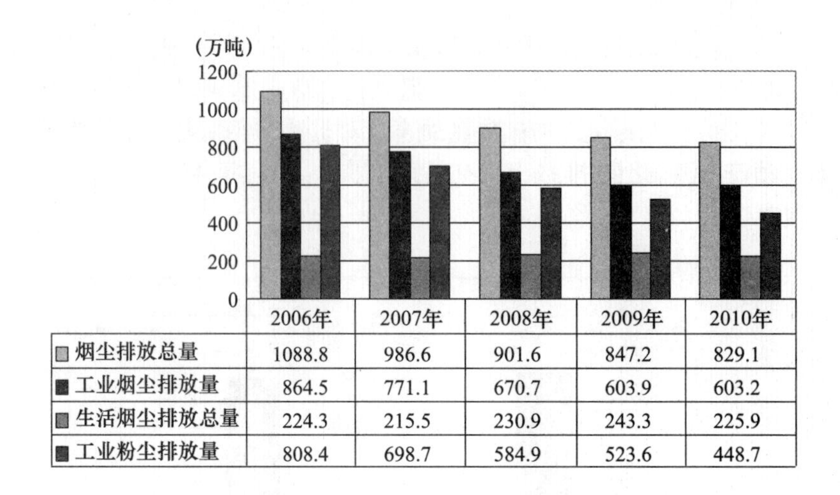

	2006年	2007年	2008年	2009年	2010年
烟尘排放总量	1088.8	986.6	901.6	847.2	829.1
工业烟尘排放量	864.5	771.1	670.7	603.9	603.2
生活烟尘排放总量	224.3	215.5	230.9	243.3	225.9
工业粉尘排放量	808.4	698.7	584.9	523.6	448.7

图 10－8　烟尘与粉尘排放情况

方环境保护专项资金管理。随着城市间大气污染相互影响凸显，区域性污染治理急需解决，需要中央给予一定资金扶持。如在京津冀、长三角和珠三角等区域，部分城市二氧化硫浓度受外来源的贡献率达 30% ~40%，氮氧化物为 12% ~20%，可吸入颗粒物为 16% ~26%。区域性污染的外溢性靠地方政府难以解决，在交易制度缺失背景下，需中央政府加以调控。由于缺乏专门大气环境治理的专项基金制度，导致大气环境治理资金缺乏保障。为保障森林、草原等资源环境的治理，设立了森林补偿基金、草原补偿基金，而对于大气环境的治理缺乏相应的专门资金支持。

（二）立足于控制污染物质量的财税政策缺失

现行的财税政策主要针对控制一次性污染物排放总量，缺乏有效控制污染物质量的财税政策。目前的大气污染控制政策基本上是围绕污染物总量控制的，其政策目标设定为控制污染物减排量，而非基于大气环境质量的控制。如脱硫补助和脱硝补助基本以污染排放量达标为标准，而没有按污染物排放达到不同标准补助标准不同。污染物排放量未依据大气环境中污染物浓度的标准来推算和管理。目前财税政策控制大气污染的重点主要是二氧化硫、氮氧化物等一次污染物。以燃煤电力行业为例，主要环境政策的作用对象主要是二氧化硫，而燃煤电厂同时也是氮氧化物、细颗粒物、汞和温室气体的主要排放来源。

（三）排污费征收方式不利于抑制废气排放

现行的排污费按同一排污口的排污数量征税，存在征收标准低、缺乏应收尽收等问题。首先，排污费实际征收范围有限，未做到应收尽收。废气排污费按排污者排放污染物的种类、数量以污染当量计算征收，每一污染当量征收标准为

0.6元。对每一排放口征收废气排污费的污染物种类数，以污染当量数从多到少的顺序，最多不超过3项。这意味着，目前对废气征收排污费按污染物种类数以污染当量数前三位计算征收，并未对每一排放口排放全部污染物收费，不利于抑制污染者全面控制污染物的排放。其次，排污费收费标准不合理，无法反映不同污染物对环境的影响程度。现行排污收费标准只以污染物排放量为准，而且其征收标准低，无法反映其与环境质量的直接关系。

（四）移动污染源的大气治理财税政策不足

城市群大气污染正从煤烟型污染向机动车尾气型过渡，出现了煤烟型和机动车尾气型污染共存的大气复合污染。1990～2012年，中国机动车保有量从500万辆增加到1.9亿辆。数据显示，2011年，全国机动车排放污染物4607.9万吨，其中氮氧化物637.5万吨，颗粒物62.1万吨，碳氢化合物441.2万吨，一氧化碳3467.1万吨。机动车尾气已成为城市氮氧化物（NO_x）、挥发性有机物（VOCs）的主要排放源。然而，目前缺乏针对机动车污染物排放的激励约束政策。虽然我国出台了交通运输节能减排补贴政策、乘用车消费税政策，但由于缺乏充电站等基础设施其效果不明显。如我国对每辆电动车最高补助人民币6万元，对每辆混合动力车最高补助人民币5万元，但即使在补贴措施的扶持下，2012年电动车销量也仅有11375辆，在中国这个全世界最大的汽车市场中显得微不足道。

（五）强调财政补助，缺乏相应税收价格杠杆约束机制

对工业废气排放治理主要采取补助政策，如脱硫、脱硝补助政策以及可再生能源补贴政策等，而对于燃煤机组发电以及高耗能产业的废气排放治理，应发挥税收价格杠杆作用，发挥其约束机制。现行补助政策导致企业过度依赖补助，使其自身治理污染气体的积极性不高。而通过设置大气污染不同标准，根据气体排放的等级，对废气排放等级高的设置较高的税率，从而发挥了税收价格约束机制。虽然我国对乘用车征收了消费税，并于2008年调高了大排量的乘用车消费税税率，但由于国内大排量乘用车产销量很小（有数据显示，其占有的比例不到1%），消费税税率调整对国产乘用车影响有限。由于我国成品油实行价格管制，成品油消费税难以发挥其价格杠杆作用，从而成品油消费税难以发挥成品油消费抑制作用。正是这样，我国机动车辆不断上升，废气排放不减反增。

第三节　资源节约与环境治理的财税政策效果分析

资源包括矿产资源、森林资源、草原资源、水资源、土地资源等，本节主要分

析矿产资源、森林资源和草原资源相关的财税政策现状、效果以及存在的问题。

一、资源节约与环境治理的财税政策现状

目前，我国对矿产资源征收资源税以及矿产资源费等，建立森林、草原生态补偿制度，对资源综合利用给予增值税优惠政策等。

（一）矿产资源开采的财税政策

1. 资源税

1984 年，我国对石油、天然气以及煤炭等开征矿产资源税，目的是为了调节资源禀赋不同而带来资源开采的级差收入问题，但仅仅对于销售利润超过 12% 的企业或个人征收。1986 年的新《矿产资源法》明确了矿产资源有偿开采制度，按照新的规定矿业开采企业需缴纳资源税和资源补偿费。2011 年我国对资源税进行了调整，调整原油、天然气计税办法以及焦煤、稀土矿的资源税税额标准。对原油、天然气实行从价征收，由从量征收改为从价征收，使资源税随着石油、天然气等产品价格和资源企业收益的增长而增加，有利于发挥该项税收调节生产、促进资源合理开发利用的功能。

表 10－5　现行资源税税目与税率

<table>
<tr><th colspan="2">税　目</th><th>税　率</th></tr>
<tr><td colspan="2">一、原油</td><td>销售额的 5%</td></tr>
<tr><td colspan="2">二、天然气</td><td>销售额的 5%</td></tr>
<tr><td rowspan="2">三、煤炭</td><td>焦煤</td><td>每吨 8 元</td></tr>
<tr><td>其他煤炭</td><td>各省不同，每吨 2～4 元不等。最高河南每吨 4 元，最低安徽每吨 2 元</td></tr>
<tr><td rowspan="2">四、其他非金属矿原矿</td><td>普通非金属矿原矿</td><td>每吨或者每立方米 0.5～20 元</td></tr>
<tr><td>贵重非金属矿原矿</td><td>每千克或者每克拉 0.5～20 元</td></tr>
<tr><td rowspan="3">五、黑色金属矿原矿</td><td>铁矿石</td><td>每吨 10～25 元</td></tr>
<tr><td>锰矿石</td><td>每吨 6 元</td></tr>
<tr><td>铬矿石</td><td>每吨 3 元</td></tr>
<tr><td rowspan="2">六、有色金属矿原矿</td><td>稀土矿</td><td>轻稀土矿每吨 60 元、中重稀土矿每吨 30 元</td></tr>
<tr><td>其他有色金属矿原矿</td><td>每吨 0.4～20 元（最高的为一等铅锌矿石每吨 20 元）</td></tr>
<tr><td rowspan="2">七、盐</td><td>固体盐</td><td>北方海盐每吨 25 元；南方海盐、井矿盐、湖盐每吨 12 元</td></tr>
<tr><td>液体盐</td><td>每吨 3 元</td></tr>
</table>

2. 矿产资源补偿费

为了保障和促进矿产资源的勘查、保护与合理开发，维护国家对矿产资源的

财产权益，我国对矿产资源征收补偿费，规定矿产资源补偿费按照矿产品销售收入的一定比例计征，其收费率在0.5%～4%。矿产资源费实行中央与地方共享，中央与省、直辖市矿产资源补偿费的分成比例为5∶5；中央与自治区矿产资源补偿费的分成比例为4∶6。矿产资源补偿费纳入国家预算，实行专项管理，主要用于矿产资源勘查。地方所得的矿产资源补偿费的使用由省级人民政府规定。中央所得的矿产资源补偿费主要用于矿产资源勘查支出（不低于年度矿产资源补偿费支出预算的70%），并适当用于矿产资源保护支出和矿产资源补偿费征收部门经费补助。矿产资源勘查支出主要用于国家经济建设急需矿种和战略储备需要的重大地质普查找矿工作。不得用于基本建设、一般性勘查、勘探项目以及其他非地质项目费用。矿产资源保护支出主要用于国有矿山企业为提高矿产资源开采及回收利用水平而进行的技术改造，实行专款专用。矿产资源补偿费征收部门经费补助，主要用于补助征收部门管理及人员经费（见表10－6）。

表10－6　矿产资源费征收率以及使用与支出比例

收费率	收入分成		中央支出用途比例（注：归地方的收入由省级人民政府规定）	
	中央与省或直辖市	中央与自治区	矿产资源勘查支出	矿产资源保护支出和矿产资源补偿费征收部门经费
0.5%～4%	各50%	中央40%，自治区60%	≥70%	≤30%

3. 石油特别收益金

2006年，为推动石油价格机制改革，我国对石油开采企业销售国产原油因价格超过一定水平所获得的超额收入按比例征收收益金。石油特别收益金实行五级超额累进从价定率计征，按月计算、按季缴纳。征收比率按石油开采企业销售原油的月加权平均价格确定。为便于参照国际市场油价水平，原油价格按美元/桶计价，起征点为40美元。为配合资源税改革，减轻石油和天然气开采企业税费负担，自2011年11月1日起，将石油特别收益金起征点由原来的40美元提高至55美元。石油特别收益金全部为中央财政收入（见表10－7）。

4. 探矿权、采矿权使用费

为维护矿产资源的国家所有权，我国实行探矿权有偿取得制度，探矿权使用费以勘查年度计算，按区块面积逐年缴纳，第一个勘查年度至第三个勘查年度，每平方公里每年缴纳100元；从第四个勘查年度起每平方公里每年增加100元，最高不超过每平方公里每年500元。按照《矿产资源开采登记管理办法》，我国

表 10－7　石油特别收益金征收比率及速算扣除数

原油价格（美元/桶）	征收比率（%）	速算扣除数（美元/桶）
55～60	20	0
60～65	25	0.25
65～70	30	0.75
70～75	35	1.50
75 以上	40	2.50

实行采矿权有偿取得制度，采矿权使用费按矿区范围面积逐年缴纳，每平方公里每年 1000 元（见表 10－8）。

表 10－8　探矿权、采矿权使用费

	前三个勘查年度	三个勘查年度后
探矿权使用费	100 元/平方公里	在 100 元/平方公里的基础上每年增加 100 元/平方公里，最高不超过 500 元/平方公里
采矿权使用费	1000 元/平方公里	

5. 矿山环境恢复治理保证金制度

目前已有 30 个省市区建立了矿山环境恢复治理保证金制度。截至 2012 年底，已有 80% 的矿山缴纳了保证金，累计 612 亿元，占应缴总额的 62%。山西从 2006 年开始进行生态环境恢复补偿试点，对所有煤炭企业征收煤炭可持续发展基金、矿山环境治理恢复保证金和转产发展资金。截至 2012 年底，山西累计征收煤炭可持续发展基金 970 亿元、煤炭企业提取矿山环境恢复治理保证金 311 亿元，提取转产发展资金 140 亿元。

6. 建立矿产资源节约与综合利用专项以及矿山地质环境恢复治理机制

自 2010 年起，国土资源部、财政部共同组织实施了矿产资源节约与综合利用专项，推进综合利用示范基地建设。2010～2012 年，中央财政累计投入专项资金 85 亿元，示范带动企业配套资金 1500 多亿元。中央财政资金在继续支持资源枯竭型城市矿山地质环境治理工程的同时，2012 年，新启动实施矿山地质环境治理示范工程，充分挖掘低效、废弃工矿用地的潜力，探索保护耕地、保障发展的新机制，推进资源产地的“资源节约型、环境友好型社会”建设。2012 年，国土资源部会同财政部下达环境治理项目预算 46.8 亿元，其中资源枯竭型城市

地质环境治理项目预算 20 亿元，示范项目预算 26.8 亿元。

（二）森林生态补偿政策

1. 建立了中央森林生态效益补偿基金制度

根据中央财政森林生态效益补偿基金管理办法，在森林领域开展生态补偿。其中，国有国家级公益林每亩每年补助 5 元，集体和个人所有的国家级公益林补偿标准从最初的每亩每年 5 元提高到 2010 年的 10 元和 2012 年的 15 元，补偿范围已达 18.7 亿亩。中央森林生态效益补偿资金从 2001 年的 10 亿元增加到 2012 年的 133 亿元，累计安排 549 亿元（见图 10－9）。

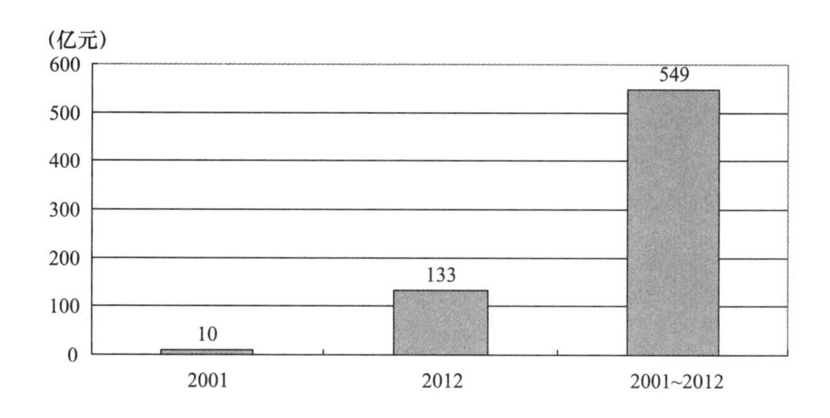

图 10－9　中央森林生态效益补偿资金

2. 地方积极建立省级财政森林生态效益补偿基金制度

2012 年，已有 27 个省市区建立了省级财政森林生态效益补偿基金，用于支持国家级公益林和地方公益林保护，资金规模达 51 亿元。山东省级财政安排专项资金，同时组织市、县财政分别对省、市、县级生态公益林进行补偿，形成了中央、省、市、县四级联动的补偿机制。广东由省、市、县按比例筹集公益林补偿资金。福建从江河下游地区筹集资金，用于对上游地区森林生态效益补偿。各地对地方公益林的补偿标准，东部地区明显高于中央对国家级公益林补偿标准，西部地区则大多低于中央补偿标准。北京对生态公益林每亩每年补助 40 元，并建立了护林员补助制度，每人每月补助 480 元。

（三）天然林保护工程

2000 年，国家全面启动实施天然林资源保护工程，实行木材生产停伐减产，加大森林管护力度。禁伐政策实施以后，对于原本还款能力不足、主要依靠伐林收入作为还款来源的林业项目影响巨大，债务偿还更加困难，累计欠款金额急剧上升。2004 年，为缓解林业项目的还款困难，财政部决定免除位于“天保工程”

区的世行贷款林业项目，截至2004年6月底的2.47亿元欠款，对受“天保工程”影响的林业项目未到期债务13.32亿元实行“停息挂账”，由中央财政对外垫付，在很大程度上缓解了林业项目的还款负担。2008年，天然林保护预算数为9.01亿元，决算数为9.01亿元，完成预算的100%。2010年，天然林保护预算数为6.75亿元，决算数为6.76亿元，完成预算的100.1%。2011年落实天然林资源保护工程二期财政政策，及时拨付天保工程森林管护费、政策性社会性支出补助和社会保险补助费121亿元，重点增加新疆生产建设兵团天然林保护支出。

（四）草原生态补偿政策

1. 中央建立了草原生态保护奖励补助政策

2011年，财政部会同农业部出台了草原生态保护奖励补助政策，对禁牧草原按每亩每年6元的标准给予补助，对落实草畜平衡制度的草场按每亩每年1.5元的标准给予奖励，同时对人工种草良种和牧民生产资料给予补贴，对草原生态改善效果明显的地方给予绩效奖励。截至2012年底，草原禁牧补助实施面积达12.3亿亩，享受草畜平衡奖励的草原面积达26亿亩。草原生态奖励补助资金从2011年的136亿元增加到2012年的150亿元，累计安排286亿元（见图10－10）。

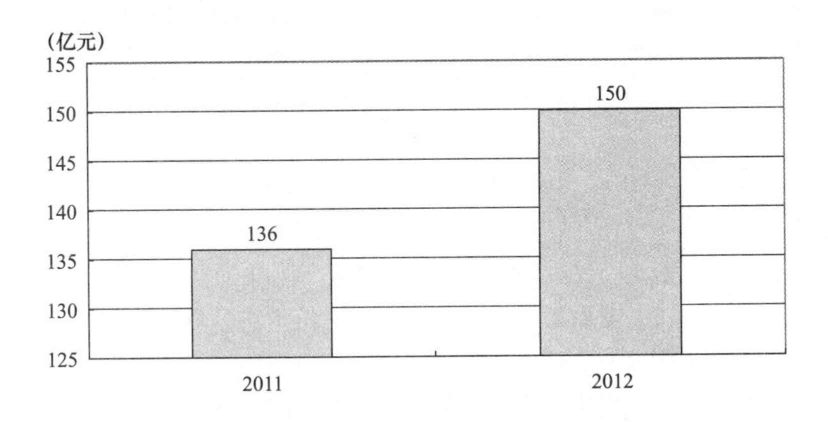

图10－10　中央草原生态保护奖励补助

2. 地方建立草原保护奖励政策

内蒙古多渠道筹集国家草原生态保护奖补配套资金，2011年，自治区、盟（市）和旗（县）三级财政落实配套资金10.3亿元，并根据草原承载能力，核定了2689万个羊单位的减畜任务，分三年完成。甘肃将该省草原分为青藏高原区、黄土高原区和荒漠草原区，实行差别化的禁牧补助和草畜平衡奖励政策，将减畜任务分解到县、乡、村和牧户，层层签订草畜平衡及减畜责任书。2010年，青海在三江源试验区率先开展草原生态管护公益岗位试点，从业人员3万多人，每人每年补助1.2万元；省财政支持建立了三江源保护发展基金。

（五）资源综合利用财税政策

为促进资源的综合利用，我国对资源的综合利用实施增值税优惠政策。第一，对自产销售符合相关标准、指标的再生水，以废旧轮胎为全部生产原料生产的胶粉、翻新轮胎，生产原料中掺兑废渣的特定建材等产品，以及污水处理劳务从2009年1月1日起实行免征增值税政策。第二，对自产销售符合相关标准、指标的，以工业废气为原料生产的高纯度二氧化碳；以垃圾为燃料生产的电力或者热力；以煤炭开采过程中伴生的舍弃物油母页岩为原料生产的页岩油；以废旧沥青混凝土为原料生产的再生沥青混凝土；采用旋窑法工艺生产并且生产原料中掺兑废渣的水泥等产品，实行增值税即征即退的政策。第三，对自产销售符合相关标准、指标的，以退役军用发射药为原料生产的涂料硝化棉粉；对燃煤发电厂及各类工业企业产生的烟气、高硫天然气进行脱硫生产的副产品；以废弃酒糟和酿酒底锅水为原料生产的蒸汽、活性炭、白碳黑、乳酸、乳酸钙、沼气；以煤矸石、煤泥、石煤、油母页岩为燃料生产的电力和热力；利用风力生产的电力以及部分新型墙体材料等产品实行增值税即征即退50%的政策。第四，对销售自产的综合利用生物柴油实行增值税先征后退政策。

二、资源节约与环境治理的财税政策效果

（一）矿产资源的财税政策效果

1. 矿山地质环境恢复治理明显，地貌恢复率成效显著

积极推进绿色矿山试点工作，已遴选国家级绿色矿山试点单位459家，其中2012年239家。在油气、煤炭、有色、冶金、黄金、化工、建材及非金属等行业，梳理了一批绿色矿山建设的典型。中国石油新疆风城油田对临时开挖和占压的土地进行及时复垦，原始地貌恢复率100%；冀中能源梧桐庄煤矿大力实施绿化，矿区绿化覆盖率为62%；中国黄金二道沟金矿对尾矿库进行治理，矿区绿化覆盖率达82.5%以上；湖北蓝天盐化有限公司对盐泥浆全部回收，采取一年赔偿，二年复垦的方法综合治理，土地复垦率83%（见图10－11）。

2. 矿产资源节约与综合利用专项提高了矿山开采技术，提升了矿山开发利用效率和效益

国家部署开展重大项目288项，取得百余项技术突破。其中，获得国家级、行业级科技进步奖50余项，开展科技创新性项目90项，申报专利100余项，国内授权专利33项（其中发明专利18项），形成20余项国家或行业标准、60余项企业标准。矿山企业利用专项资金研发或引进先进技术、装备，进行生产工艺

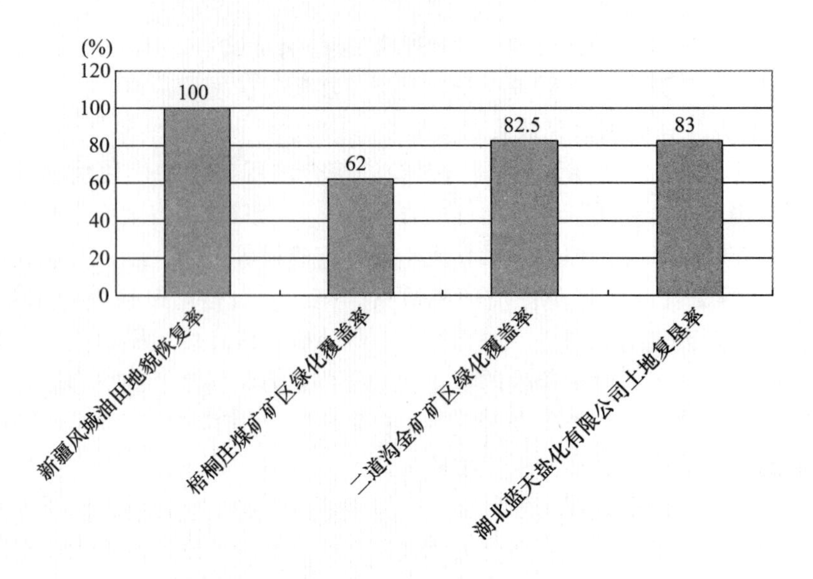

图 10－11　矿区地貌恢复率与绿化率

改造，提高了开采回采率、选矿回收率、综合利用率水平，盘活了一批石油、煤炭、铁矿、铜矿、磷矿等重要矿产资源，提高了开发利用效率和效益，而且取得了良好的环境和社会效益（见图 10－12）。

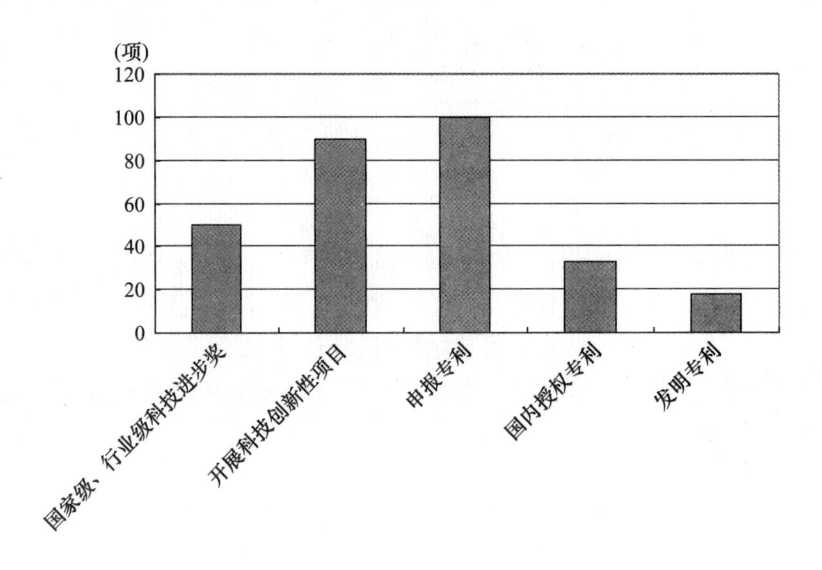

图 10－12　2010～2012 年矿产资源技术专利

3. 煤炭开采业和黑色金属矿采选业的固体废物排放量逐渐下降

2005 年我国煤炭开采和洗选业的固体废物排放量为 444 万吨，而 2010 年该行业固体废物排放量下降至 187.73 万吨。黑色金属矿采选业固体废物排放量下降幅度更大，2005 年黑色金属矿采选业固体废物排放量为 227 万吨，到 2010 年仅为 21.62 万吨，比 2005 年减少固体废物排放量 205.38 万吨（见图 10-13）。

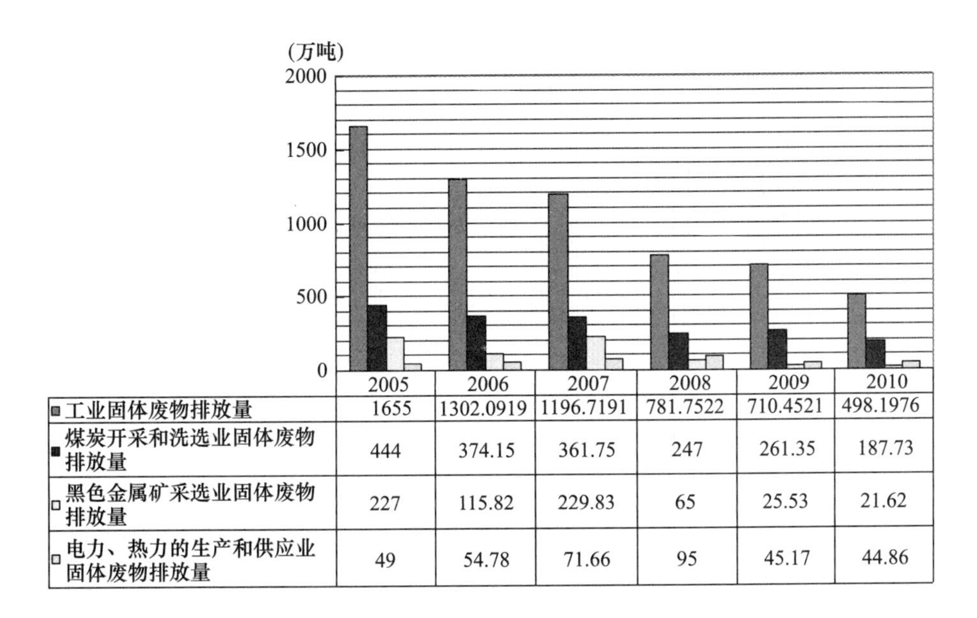

	2005	2006	2007	2008	2009	2010
工业固体废物排放量	1655	1302.0919	1196.7191	781.7522	710.4521	498.1976
煤炭开采和洗选业固体废物排放量	444	374.15	361.75	247	261.35	187.73
黑色金属矿采选业固体废物排放量	227	115.82	229.83	65	25.53	21.62
电力、热力的生产和供应业固体废物排放量	49	54.78	71.66	95	45.17	44.86

图 10-13　2005～2010 年重点工业固体废物排放量

4. 资源税收入以较快的速度增长

2011 年我国对资源税作出了调整，如调整了原油、天然气计征方法等。资源税收入大幅度增加，为筹集生态补偿资金提供一定的保障。2012 年资源税收入 904 亿元，同比增长 59.7%，占全国税收的 0.90%（见表 10-9）。2012 年矿产资源补偿费 194.8 亿元，增长 22.5%；矿业权价款 735.2 亿元，增长 45.3%；矿业权使用费 23.1 亿元，增长 14.3%。

5. 能源生产结构逐步优化，天然气的比重逐步上升，原油比重呈下降态势

2012 年，一次能源生产总量为 33.2 亿吨标准煤，同比增长 4.4%。其中，原煤占 76.5%，原油占 8.9%，天然气占 4.3%，水电、核电、风电等占 10.35%。从能源生产结构上看，虽然能源生产还是以煤炭为主，由 2000 年的 73.2% 升至 2012 年的 76.5%；但天然气等清洁能源比重逐渐提升，由 2005 年的 3% 上升至 2012 年的 4.3%；石油占比由 2000 年的 17.2% 降至 2012 年的 8.9%（见图 10-14）。

表 10-9　资源税收入

指标＼年份	2008	2009	2010	2011	2012
资源税收入（亿元）	301.8	338.2	417.6	595.9	904
资源税收入同比增长率（%）	15.6	12.1	23.5	42.7	59.7
税收总收入（亿元）	54223.8	59521.6	73210.8	89738.4	100601
税收收入同比增长率（%）	18.9	9.8	23	22.6	12.1
资源税占税收总收入比重（%）	0.56	0.57	0.57	0.66	0.90

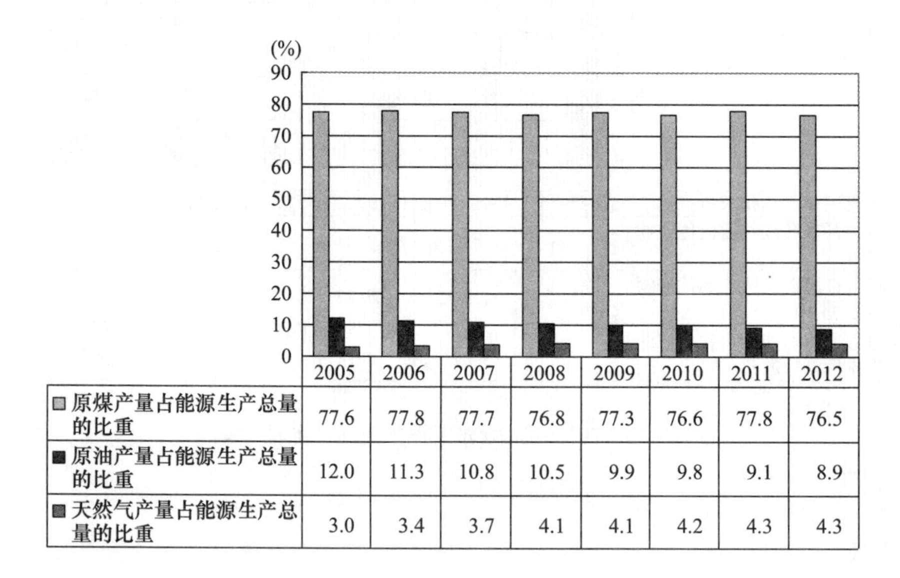

图 10-14　2005～2012 年能源生产结构

（二）森林、草原等生态补偿财政政策效果

我国建立了森林补偿政策、草原补偿政策制度等，其政策效果显著，造林业总面积以及退耕还林面积都不断扩大。我国公益林有效保护面积达到 23.6 亿亩，退耕还林工程累计造林 4.4 亿亩，生物多样性保护日益加强，退牧还草工程的植被覆盖度和产草量大幅提高。这些都与生态补偿机制的建立有着直接的关系。生态补偿作为一种制度安排，不仅有利于带动生态保护投入的增加，更重要的是有利于建立生态保护者恪尽职守、生态受益者积极参与的激励机制。

造林面积不断扩大。2008～2012 年，我国造林总面积均在 500 万公顷以上，建成的林业面积逐步扩大。2007 年造林总面积 390.77 万公顷，2012 年造林总面

积达到 559. 58 万公顷。林业重点工程造林面积稳定有序，2005 年林业重点工程造林面积 310. 91 万公顷，2011 年为 309. 39 万公顷，基本与 2005 年持平（见图 10 – 15）。

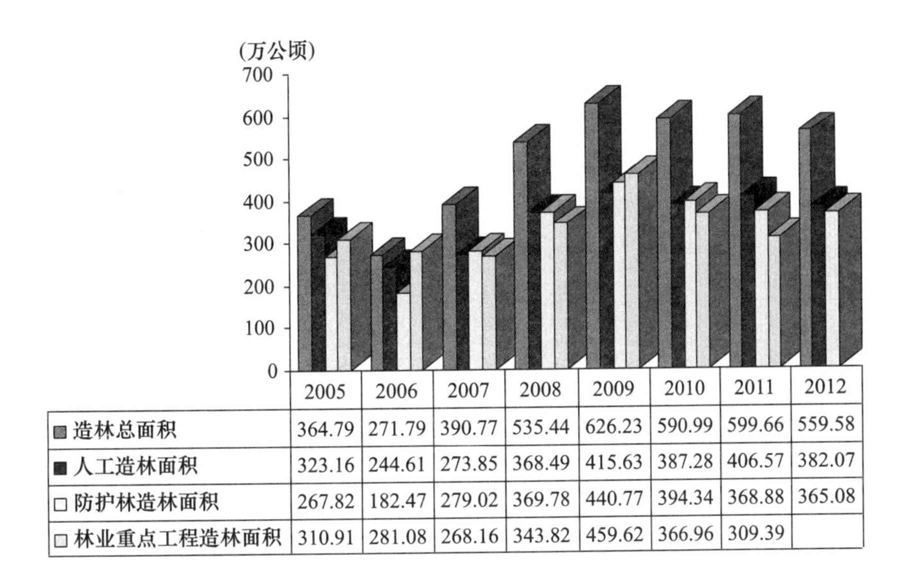

	2005	2006	2007	2008	2009	2010	2011	2012
造林总面积	364.79	271.79	390.77	535.44	626.23	590.99	599.66	559.58
人工造林面积	323.16	244.61	273.85	368.49	415.63	387.28	406.57	382.07
防护林造林面积	267.82	182.47	279.02	369.78	440.77	394.34	368.88	365.08
林业重点工程造林面积	310.91	281.08	268.16	343.82	459.62	366.96	309.39	

图 10 – 15　2005 ~ 2012 年造林面积

从重点工程造林各项目来看，退耕还林造林效果最显著。2005 年退耕还林面积达到了 189. 836 万公顷，2010 ~ 2011 年，退耕还林面积有所缩小。自 2005 年以来，天然林保护工程造林面积先是呈现上升趋势，随后有所下降。2005 年天然林保护工程造林面积为 42. 48 万公顷，2009 年达到了 136. 09 万公顷（见图 10 – 16）。

（三）工业固体废物综合利用量逐步提高

为促进资源综合利用，对资源综合利用实施了增值税优惠政策，提高了资源综合利用量。从工业固体综合利用量来看，呈现不断上升态势，其政策起到了一定作用。2005 年我国工业固体废物综合利用量 76993 万吨，而到 2012 年固体废物综合利用量达到了 202461. 92 万吨，是 2005 年的 2. 63 倍（见图 10 – 17）。

（四）无害化处理能力不断提升

垃圾无害化处理能力逐渐提升。2005 年每天垃圾无害化处理 256312 吨/日，到 2012 年每天达 446268 吨。2005 年每天垃圾卫生填埋处理 211085 吨、垃圾焚烧处理 33010 吨，而 2012 年二者分别达到了 310927 吨和 122649 吨。尤其，垃圾焚烧处理能力提升较快，2012 年每天垃圾焚烧处理量是 2005 年的 3. 72 倍（见

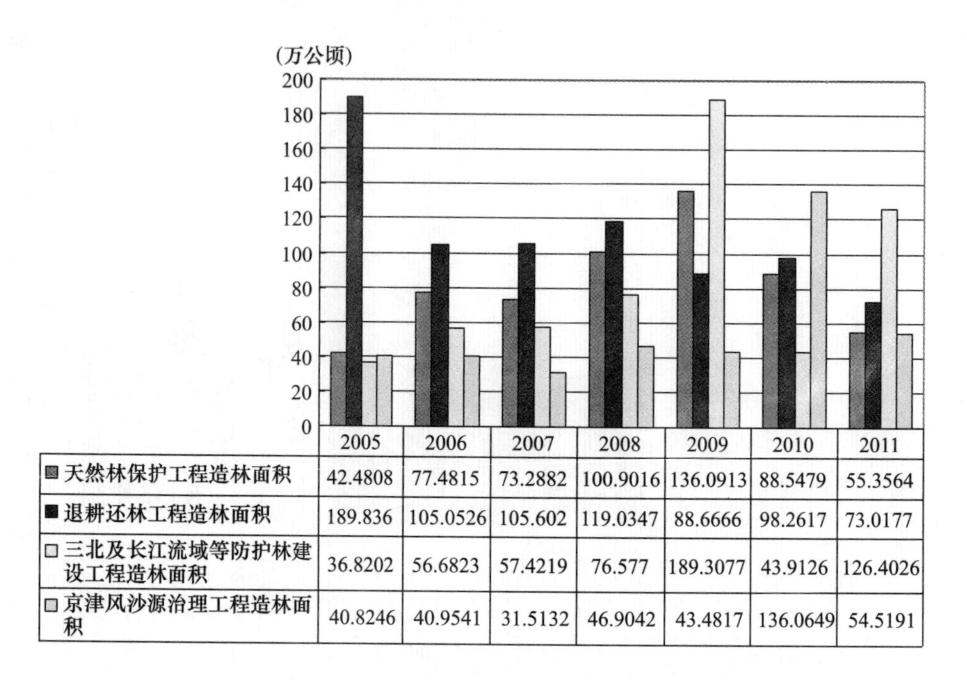

	2005	2006	2007	2008	2009	2010	2011
■天然林保护工程造林面积	42.4808	77.4815	73.2882	100.9016	136.0913	88.5479	55.3564
■退耕还林工程造林面积	189.836	105.0526	105.602	119.0347	88.6666	98.2617	73.0177
□三北及长江流域等防护林建设工程造林面积	36.8202	56.6823	57.4219	76.577	189.3077	43.9126	126.4026
□京津风沙源治理工程造林面积	40.8246	40.9541	31.5132	46.9042	43.4817	136.0649	54.5191

图 10－16　2005～2012 年林业重点工程造林中各造林面积

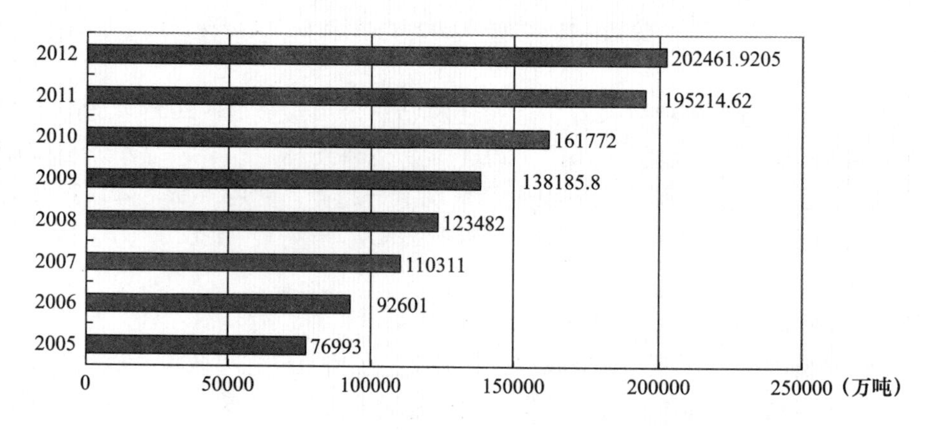

图 10－17　2005～2012 年工业固体废物利用量

图 10－18）。

生活垃圾无害化处理率不断提高。2005～2012 年，生活垃圾无害化处理率逐年提高。2005 年生活垃圾无害化处理率为 51.7%，而 2012 年生活垃圾无害化处理率达到了 84.83%，比 2005 年提高了 33.13 个百分点（见图 10－19）。

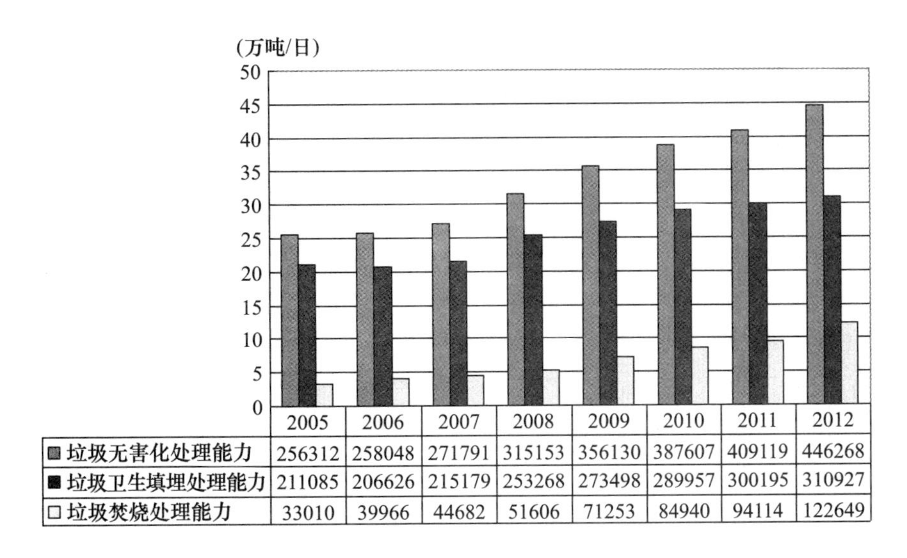

	2005	2006	2007	2008	2009	2010	2011	2012
■垃圾无害化处理能力	256312	258048	271791	315153	356130	387607	409119	446268
■垃圾卫生填埋处理能力	211085	206626	215179	253268	273498	289957	300195	310927
□垃圾焚烧处理能力	33010	39966	44682	51606	71253	84940	94114	122649

图 10－18　2005～2012 年垃圾无害化处理能力

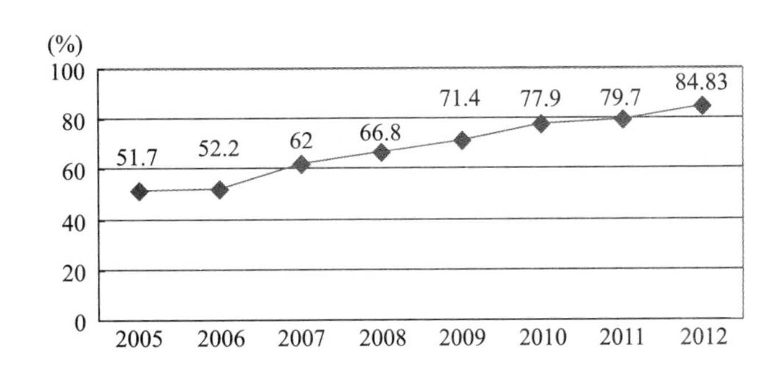

图 10－19　2005～2012 年生活垃圾无害化处理率

三、资源节约与环境治理的财税政策存在问题

（一）缺少生态环境、资源耗竭补偿税费

我国的矿产资源开发补偿税费政策主要有矿产资源补偿费、资源税、石油特别收益金、探矿权、采矿权使用费与价款等。从性质上看，矿产资源补偿费和资源税是对国家作为矿产资源所有者的权益补偿；石油特别收益金又被称为“暴利税”，针对因价格超过一定水平所获得的超额收入而征收，体现的是石油资源的垄断地租，也是国家为保证其作为矿产资源所有者权益而征收的。我国实行了探矿权和采矿权有偿取得制度，而探矿权、采矿权使用费正是探矿权和采矿权有偿取得的形式之一，是为防止“囤积居奇”、“跑马圈地”等行为的发生，保证国家作为

矿产资源所有者权益而征收的。探矿权、采矿权价款性质是国家出资地质勘查形成探矿权、采矿权的产权交易中的收益，它是一种投资形成的产权转让收益。因此，从性质上看，我国的矿产资源开发补偿税费主要是针对所有者权益的补偿。

（二）现行资源税费制度缺乏生态补偿功能

我国与矿产资源开发相关的专门税费主要有资源税、矿产资源补偿费、矿区使用费、探矿权使用费和采矿权使用费、探矿权价款和采矿权价款等，但这些税费都只是对矿产资源开采所造成的资源经济价值损失的补偿，并未计入生态损害成本，而且在征收数额上也远不能起到保护矿山环境的作用。现行资源税属于基于资源有偿使用的征收。从设立用途看，矿产资源补偿费主要是为了补充国家对资源勘探投入的不足，具有资源耗竭性补偿的性质。

（三）矿产资源价值补偿缺乏地区间的横向补偿机制

我国由于缺乏必要的跨区域横向资源补偿机制造成资源富集区的资源耗竭速度不断加快、生态环境日趋恶劣，当地财政能力逐渐下降，“富饶的贫困”局面非常突出。西部资源地区开采出的矿产资源主要输送到经济较发达的东部地区，缓解东部地区资源与能源的紧张状况但是留给本地的却是资源超采负荷、外输资源超量、地质灾害频发的后果。因此，构建资源消费区政府对资源富集区政府的横向转移补偿机制显得尤为重要。

（四）资源税制度缺陷导致其难以发挥资源价格杠杆效应

资源税从量计征、税率低等问题制约着其调节资源产品价格，其调节价格杠杆机制难以发挥，不利于矿产资源的合理开发与利用。我国资源税主要存在以下问题：一是从量计征。除原油、天然气外其他五类资源税仍采用从量征收，不利于价格调节机制的发挥，从而不利于引导资源生产、消费以及调整资源配置；同时也助推“煤老板”、“油老板”暴富现象，导致收入分配不公。如在物价上涨下，资源品价格也随之上升，但在从量征收下的同量资源的税收却未变，等同于政府税收收入让位于资源的生产者。资源税从量征收下，税收调节价格的杠杆机制难以发挥，不利于生态文明建设，也不利于引导节能减排。二是征收范围窄。资源浪费严重，而资源税范围小，税收政策调节不到位，尤其在生态文明建设、低碳发展的背景下，应扩大资源税的征收范围，减少资源浪费以及环境的破坏。三是资源税税率较低，导致其调节资源配置的力度小。应通过提高资源税税率，提高资源利用价格，引导资源的合理利用。

（五）生态补偿资金来源单一，政府治理生态环境资金所占比例不高

尽管我国开征了资源税以及矿产资源有关的费，但用于环境污染治理的资金较少。政府治理污染的投资额占总投资比例较小。如 2008 年用于治理工业污染的排污费占投资额的 1.63%，2010 年仅为 1.24%。工业污染治理资金主要靠自

筹。如2010年治理工业污染资金将近95%来自自筹资金（见图10－20）。

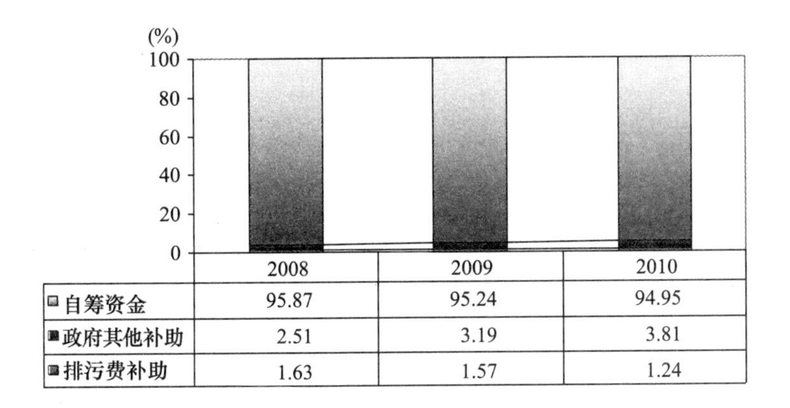

	2008	2009	2010
自筹资金	95.87	95.24	94.95
政府其他补助	2.51	3.19	3.81
排污费补助	1.63	1.57	1.24

图10－20　2008～2010年治理工业污染资金来源构成

第四节　生态环境治理的补偿政策效果分析①

一、生态补偿财政政策定位

在主体功能区制度框架下，我国国土空间按开发内容，分为城市化地区、农产品主产区和重点生态功能区。一个区域的经济活动会对其他区域产生环境生态影响，需要由中央政府、两地（或两地以上）共同的上级政府或者是区域间政府通过财政方式，对两个或两个以上区域间生态补偿关系进行协调。补偿目标主要有三项：一是保护和扩大森林、湿地等的面积，尽可能多地提供有益的生态产品（Public Goods），促进生态净化；二是节约资源能源、减少污染物排放，尽可能少地增加有害生态产品（Public Goods），抑制生态恶化；三是石漠化、荒漠化、水体污染、大气污染、土壤污染治理等，尽可能多地消除已经产生的有害生态产品（Public Goods），促进生态修复。实现这三项目标，财政要承担五种功能：一是激励有益生态产品生产；二是抑制生产和有效消除有害生态产品；三是发挥农业多功能作用；四是促进产业和人口合理布局；五是促进区域基本公共服

① 本章部分内容曾发表于《地方财政研究》2015年第3期，文章名称为《支持生态文明建设中央财政转移支付问题研究》，作者：史丹、吴仲斌。

务均等化。从主体功能区角度，中央对地方生态文明建设补偿财政转移性支出问题主要考虑三个方面：一是投入，即对被破坏的生态环境系统进行修复和改善的投入；二是产出，即生态环境改善后带来的经济社会效益；三是机会成本，放弃工业化城镇化发展的机会成本。生态补偿机制则是指为恢复、维护和改善生态系统服务功能，以外部性内部化为原则，调整相关利益者因保护或破坏生态环境活动而产生的利益分配关系的一种具有经济激励特征的制度。当补偿主体或对象分属两个或两个以上区域时，补偿具有跨区域性质，就需要探讨区域生态补偿问题。在主体功能区制度框架下，生态补偿是指一个区域的经济活动对其他区域产生了环境生态影响，即区域间生态补偿问题。区域间生态补偿可以由中央政府或是两地（或两地以上）共同的上级政府通过财政转移支付方式进行协调，即上级对下级的纵向转移支付；也可以是区域间通过直接协商、谈判解决，即地区间的横向转移支付。

二、近年来中央生态补偿财政政策实践

依据近年的《政府收支分类科目表》，对照生态环境补偿财政功能定位，中央财政与生态文明相关程度较高的支出大致可分为三类：一是对地方一般转移支付，包括生态功能区转移支出、产粮产油大县奖励、县级基本财力保障等；二是农林水事务专项转移支付，包括农业、林业、水利、南水北调、扶贫、农业综合开发和农村综合改革支出等；三是节能环保专项转移支付，包括生态保护修复、资源能源节约、减少排放污染治理等。

（一）中央财政一般性转移支付总量和结构

2008～2013 年中央对地方一般财政转移支付主要情况如表 10－10 所示。

表 10－10　2008～2013 年一般转移支付支出

年份＼指标	全国财政总支出（亿元）	重点生态功能区转移支出（亿元）	产粮产油大县奖励（亿元）	县级基本财力保障（亿元）	三项支出之和（亿元）	三项支出之和占全国财政总支出比例（%）
2008	62592.66	60	—	475.00	498.14	0.80
2009	76299.93	120	—	547.79	667.79	0.88
2010	89874.16	249	182.50	682.53	1114.03	1.24
2011	109247.79	300	232.81	775.00	1307.81	1.20
2012	125952.97	371	276.62	1075.00	1722.62	1.37
2013	140212.10	423	318.01	1525.00	2266.01	1.62

资料来源：历年《中国财政年鉴》和财政部网站。

从支出总量看，近年重点生态功能区转移支出、对产粮产油大县奖励和县级基本财力保障支出总量逐年大幅度增长，2013 年三项支出总量达到 2266.01 亿元，占全国财政总支出比例也逐年大幅度增长，2013 年达到 1.62%，资金则由县级政府统筹安排使用。

从支出功能结构看，主要用于三个方面：一是对重点生态功能区转移支出。截至 2013 年，中央财政将生态类限制开发区、天然林保护、青海三江源和南水北调中线等国家重点生态工程以及“水土保持”和“防风固沙”两大类型生态功能区等共涉及 450 多个县全部纳入补助范围，通过提高均衡性转移支付系数和适当考虑地方用于生态环境保护方面的特殊因素等方式，加大对上述地区的转移支付力度。二是产粮产油大县奖励。作为缓解县乡财政困难的重要措施之一，调动县乡政府支持粮食和油料生产的积极性。三是县级基本财力保障机制。保障基层政府实施公共管理、提供公共服务的能力，中央财政按照“保工资、保运转、保民生”目标构建县级基本财力保障机制。从实际执行情况看，县级财力缺口较大的县与限制开发区的国家重点生态功能区重合度非常高。

（二）中央财政农林水专项转移支付总量和结构

1. 中央财政农林水事务支出总量和结构

2008～2013 年农林水事务支出主要情况如表 10－11 所示。

表 10－11　2008～2013 年农林水事务财政支出

<table>
<tr><td rowspan="4">指标
年份</td><td rowspan="4">全国财政总支出（亿元）</td><td colspan="6">全国农林水财政支出（亿元）</td></tr>
<tr><td rowspan="3"></td><td rowspan="3">占全国财政总支出比重（%）</td><td rowspan="3">中央本级支出（亿元）</td><td colspan="3">地方财政支出（亿元）</td></tr>
<tr><td rowspan="2"></td><td colspan="2">中央对地方专项转移支付（亿元）</td></tr>
<tr><td></td><td>占全国农林水支出比重（%）</td></tr>
<tr><td>2008</td><td>62592.7</td><td>4544.01</td><td>7.26</td><td>308.38</td><td>4235.63</td><td>1513.13</td><td>33.3</td></tr>
<tr><td>2009</td><td>76299.9</td><td>6720.41</td><td>8.81</td><td>318.70</td><td>6401.71</td><td>3182.54</td><td>47.4</td></tr>
<tr><td>2010</td><td>89874.2</td><td>8129.58</td><td>9.05</td><td>387.89</td><td>7741.69</td><td>3384.39</td><td>41.6</td></tr>
<tr><td>2011</td><td>109248.0</td><td>9937.55</td><td>9.10</td><td>416.56</td><td>9520.99</td><td>4183.99</td><td>42.1</td></tr>
<tr><td>2012</td><td>125953.0</td><td>11973.88</td><td>9.51</td><td>502.49</td><td>11471.39</td><td>5493.57</td><td>45.9</td></tr>
<tr><td>2013</td><td>140212.0</td><td>13349.55</td><td>9.52</td><td>526.91</td><td>12822.64</td><td>5208.25</td><td>39.1</td></tr>
</table>

资料来源：历年《中国财政年鉴》和财政部网站。

从支出总量看，全国农林水支出总量逐年大幅度增长，2013 年达到 13349.55 亿元。相对份额也大幅增长，2013 年占全国总支出比例达到 9.52%。

从支出主体结构看，中央和地方财政支出都大幅度增长，与 2008 年相比，2013 年中央本级财政支出达 526.91 亿元，增长 71%。地方财政支出达 12822.64 亿元，增长 203%，其中，中央对地方财政转移支出达 5208.25 亿元，增长 244%，占全国农林水财政总支出的比重达 39.1%，地方财政支出中约 43% 来自中央的转移支付。

2. 中央财政对地方农林水专项转移支付

从支出功能结构看，主要用于五个方面，一是农业补贴。由农业部门和财政部门组织实施，用于水稻、小麦、玉米良种补贴，农机具购置补贴，农资综合补贴等，种植业保险保费补贴等。二是农业技术推广。由农业部门和财政部门组织实施，用于测土配方施肥，土壤有机质提升，农业科技成果转化和先进适用农业技术推广应用，优势特色和安全高效农业发展，推动现代农业和农民专业合作组织发展。三是农业农村基础设施建设。由水利部和财政部门组织实施，重点用于大中型水库建设、大江大河治理，大中型和重点小型病险水库除险加固，南水北调等重大水利工程建设，小型农田水利重点县建设，大中型灌区续建配套节水改造等重点工程以及农村电网改造，中小河流流域治理等。四是农村扶贫开发。由扶贫部门和财政部门组织实施，重点用于农村贫困地区基础设施建设，产业发展和农村贫困劳动力培训，支持贫困地区发展特色优势产业，支持集中连片特殊困难地区扶贫攻坚等。五是农业综合开发和农村综合改革。由国家农业综合开发和国务院农村综合改革部门组织实施，用于支持改造中低产田、建设高标准农田，村级公益事业建设一事一议财政奖补。

（三）中央财政节能环保专项转移支付总量和结构

1. 中央财政节能环保支出总量和结构

节能环保支出大致可分为生态恢复保护、资源能源节约、减排治污三大方面。2008～2013 年中央和地方财政节能环保总体支出情况如表 10－12 所示。

从支出总量看，全国节能环保支出绝对额逐年大幅度增长，2013 年达到 3435.15 亿元，比 2008 年增长 137%；相对份额变化不大，大致稳定在 2.46% 左右。

从支出主体结构看，与 2009 年相比，地方财政支出大幅度增长，2013 年达 3334.89 亿元，增长 76%；中央对地方财政转移支出大幅度增长，2013 年中央本级财政支出达 1703.67 亿元，增长 75%。

2. 中央财政节能环保专项转移支付

从支出功能结构看，主要用于三个方面：

表 10－12　2008～2013 年节能环保财政支出

指标 年份	全国财政总支出（亿元）	全国节能环保财政支出（亿元）								
			占全国财政总支出比重（%）	中央本级节能环保支出（亿元）	地方财政节能环保支出（亿元）			全国生态修复保护支出（亿元）	全国资源能源节约支出（亿元）	全国减排治污支出（亿元）
						中央对地方节能环保专项转移支付（亿元）				
							占全国节能环保支出比重（%）			
2008	62592.7	1451.36	2.32			974.09	67	441.67	200.36	
2009	76299.9	1934.04	2.53	37.91	1896.13	1113.90	58	609.18	255.99	
2010	89874.2	2441.98	2.72	69.48	2372.50	1373.62	56	620.39	575.44	1024.05
2011	109248.0	2640.98	2.42	74.19	2566.79	1548.84	59	649.62	660.96	1021.43
2012	125953.0	2963.46	2.35	63.65	2899.81	1934.77	65	681.70	803.85	1177.15
2013	140212.0	3435.15	2.45	100.26	3334.89	1703.67	50	747.32	966.92	1232.20

资料来源：历年《中国财政年鉴》和财政部网站。

一是生态恢复保护。用于自然生态保护、天然林保护、退耕还林、风沙荒漠治理、退牧还草、已垦草原退耕还草等。2008～2013 年生态恢复总体支出情况如表 10－13 所示，中央本级财政支付不超过 20 亿元。中央生态恢复保护支出主要是中央对地方转移支付，占全国生态恢复保护支出比重大体稳定在 79% 左右。从支出功能结构看，主要用在：①森林生态效益补偿和天然林保护工程方面。由林业部、财政部等部门组织实施，用于森林防火工作，林业有害生物防治工作，林业科技推广工作，天然林保护，退耕还林湿地生态系统和生物多样性保护。②草原生态补偿方面。由农业、财政等部门组织实施，用于退牧还草工程，启动西藏自治区草原生态保护机制，在内蒙古、新疆、西藏、青海、四川、甘肃、宁夏、云南 8 个主要草原牧区省（区）全面建立草原生态保护补助奖励机制。③水土治理方面。由国家发改委、水利部、农业部、环保部、财政部等部门组织实施，用于国家水土保持重点建设工程综合治理，实施黑土区水土流失治理工程一期和二期项目，引导地方建立优质生态湖泊保护机制，支持引黄济淀调水工程、青海省三江源地区人工增雨工程。

二是资源能源节约。主要用于能源节约利用、可再生能源、资源综合利用等。2008～2013 年资源能源节约利用支出情况如表 10－14 所示，中央本级财政支付平均不超过 30 亿元。中央资源能源节约支出主要是中央对地方转移支付，

表 10－13　2008～2013 年生态恢复保护支出总量

指标 年份	全国生态恢复支出（亿元）	中央本级生态恢复支出（亿元）	地方财政生态恢复支出（亿元）		
				中央对地方生态恢复专项转移支付（亿元）	
					占全国生态恢复保护支出比重（%）
2008	441.67	15.84	425.83		
2009	609.18	12.82	596.36		
2010	620.39	12.59	607.80	492.73	79
2011	649.62	19.22	630.14	538.16	83
2012	681.70	19.33	662.37	535.18	79
2013	747.32	19.71	727.61	555.93	74

资料来源：历年《中国财政年鉴》和财政部网站。

表 10－14　2008～2013 年能源资源节约利用支出总量

指标 年份	全国资源能源节约支出（亿元）	中央本级资源能源节约支出（亿元）	地方财政资源能源节约支出（亿元）		
				中央对地方资源能源节约专项转移支付（亿元）	
					占全国资源能源节约支出比重（%）
2008	200.36	27.94	172.42		
2009	255.99	9.71	246.28		
2010	575.44	35.58	530.86	425.05	74
2011	660.96	28.23	632.73	532.44	81
2012	803.85	22.98	780.85	696.95	86
2013	966.92	25.38	941.54	663.00	69

资料来源：历年《中国财政年鉴》和财政部网站。

约占全国生态恢复保护支出比重大体稳定在77%左右。从支出功能结构看，主要用在：①资源使用方面。由国家发改委、国土资源部、农业部、财政部等部门组织实施，用于建立矿山环境治理和生态恢复责任机制，积极支持成品油税费改

革，取消对高污染、高排放和资源性产品的出口退税。②能源节约方面。由国家发改委、科技部、工信化部、农业部、财政部等部门组织实施，用于支持十大重点节能工程、节能环保技术创新，支持发展替代能源，落实合同能源管理政策，推广节能产品，淘汰水泥等落后产能，开展新能源汽车示范推广试点。③循环经济方面。由环保部、农业部、财政部等部门组织实施，用于支持重点节能项目、循环经济和资源节约重点项目，实施循环经济发展示范工程，重点支持区域性资源循环利用园区，推动"资源化、再利用、减量化"，强化"城市矿产"示范基地建设，推进餐厨废弃物利用，实施资源综合利用"双百"工程，实施重点污染物产生量削减工程，加大清洁生产技术产业化示范和推广力度。

三是减排治污。主要用于污染治理、污染减排支出等。2010～2013年治污减排总体支出情况如表10－15所示，中央本级财政支付不超过15亿元，中央对地方转移支付约占全部治污减排支出45%。从支出功能结构看，主要用于：①减排治污方面。由国家发改委、环保部、水利部、农业部、财政部等部门组织实施，用于污染防治基础设施建设，集中支持三河三湖、松花江、南水北调沿线、长江中下游、黄河中上游、环渤海等重点流域和重要水源地县及重点镇污水管网建设，城镇污水处理设施配套管网建设、重点流域水污染防治工程建设、土壤修复、新增燃煤发电机组安装脱硫设施。对重点行业清洁生产示范工程给予引导性资金支持，支持涉及民生的"煤改气"项目、黄标车和老旧车辆淘汰、轻型载货车替代低速货车等。②农村环境保护方面。由环保部、农业部、财政部等部门组织实施，用于农村环境综合整治，如生活垃圾、污水处理，农村饮用水源地保护和监测；小城镇环境保护，如小城镇环境保护能力建设及环境基础设施建设，环境优美镇及生态村创建等；农用化学品（化肥、农药、农膜等）污染防

表10－15 2008～2013年治污减排支出

指标 年份	全国治污减排支出（亿元）	中央本级治污减排支出（亿元）	地方财政治污减排支出（亿元）		
				中央对地方治污减排专项转移支付（亿元）	
					占全国治污减排支出比重（%）
2010	1024.05	14.72	1009.33	448.52	44
2011	1021.43	17.90	1003.53	471.44	46
2012	1177.15	12.76	1164.39	559.44	48
2013	1232.20	12.81	1219.39	484.74	40

资料来源：历年《中国财政年鉴》和财政部网站。

治、畜禽养殖污染防治、土壤污染防治；农产品产地环境监测与监管封，有机食品基础建设与管理，秸秆等农业废弃物综合利用；农村环境保护能力建设、宣教、试点示范等。

三、中央生态补偿财政政策存在的问题

近年中央财政投入总量逐年大幅增长，中央本级财政支出占比很小，绝大部分以转移支付方式支付给地方，生态环境补偿中央财政支出政策框架和管理体制已基本建立。但从主体功能区建设要求看，中央财政转移支付管理体制仍存在一些突出问题。

（一）行业和部门支出结构固化，增加主体功能区生态补偿财政投入总量很难

世界银行的研究报告表明，当治理生态环境污染的投资占 GDP 比例达到 1% ~ 1.5%时，可以控制生态环境污染恶化的趋势；当比例达到 2% ~3%时，环境质量可有所改善①。考虑到计算口径，我国目前显然属于投入偏低的国家。以 2013 年为例，全国三项一般性生态转移支付、全国农林水事务支出、全国节能环保支出总计约 19050 亿元，约占 GDP（568845 亿元）的比例为 3. 34%，其中，与生态补偿密切相关的节能环保支出为 5701. 16 亿元，约占 GDP 比例的 1%。同时，我国相应的法律法规规定，教育、科技、文化、农业、社会保障等重点支出要与财政收支增幅和国民生产总值挂钩，各级政府在安排财政支出预算时，通常采取“基数 + 增长”法，财政支出结构固化且难以调整，生态环境补偿近年才逐步引起重视，要大幅度提高其财政支出比重，其难度可想而知。

（二）行业和部门权力结构固化，按主体功能区建设要求建立健全生态补偿中央财政转移支付政策很难

主体功能区建设的主体是某级政府，行业的主体是部门，项目的主体是部门或企业。推进主体功能区建设，要求中央生态补偿财政政策按区域进行“打包”设计，不能按行业和项目进行分项设计。中央财政生态补偿三大类支出中，一般性转移支付按区域安排支出，由地方自主统筹安排使用，与主体功能区建设的要求基本一致。但是，农林水和节能环保专项转移支付受计划经济体制遗留的“条条”行政管理体制影响，主要是按行业管理，按项目安排资金，由主管部门具体组织实施，如水利部门安排水利支出、林业部门安排林业支出，继续沿袭财政支出安排旧思维模式。这就涉及“条条”与“块块”、中央职能部门与地方政府的矛盾，涉及专项转移支付和一般性转移支付的调整等问

① 李爱年，彭丽娟．生态效益补偿机制及其立法思考［J］．时代法学，2005（6）．

题。构建主体功能区生态补偿中央财政转移支付政策框架，要求用地方权力取代部门权力，要求不断用新政策否定老政策、新项目否定和整合老项目，无疑难度非常大。

（三）“条条”和“块块”权力配置不合理，中央对地方专项转移支付多、一般性转移支付少

从支出效率看，对专业性、技术性、行业性强的项目发展支出，宜采取专项转移支付；对限制或禁止开发区，则宜采取一般性转移支付，由地方统一安排使用。专项转移支付和一般性转移支付都有存在的合理性，就主体功能区建设而言，应该以一般性转移支付为主、专项转移支付为辅。但实际中，专项转移支付多、一般性转移支付少。中央部门资金分配权力过大，热衷于针对一项一项的生态环境补偿项目，从“条条”途径以专项方式向下分配资金，已越来越成为主要的财政支出手段，对如何通过一般性转移支付来促进基本公共服务均等化、调动农产品主产区和重点生态功能区积极性则不甚关心。2013 年中央财政支出中，三项一般性转移支付合计 2266.01 亿元；除中央本级支出外，中央对地方农林水事务和节能环保支出都以专项转移支付方式下达，分别达 5208.25 亿元和 1703.63 亿元，约占全国农林水事务支出的 40%，约占全国节能环保支出的 50%。

（四）政府间责任划分不明确，中央对地方纵向转移支付多、地方间横向转移支付少

很多生态建设项目都是跨区域项目，具有极强的外部性，需要跨省、跨市联合行动，才能收到效果，特别是一些投资额大、投资期长的大江、大河污染治理生态项目，需要中央政府协调。中央政府作为兜底人，既重视经济增长，又强调生态保护，财政投入比较大。但由于中央与地方、地方与地方政府间的生态建设责任划分不清，加上政绩考核机制不科学，地方政府存在逆向选择和道德风险问题，机会主义严重，注重经济增长，忽视生态保护，财政投入相对不足。特别是涉及跨区域、流域或产业间生态建设项目，目前责任主要由中央承担，地方动力不足。体现在生态转移支付中，就是中央财政以项目建设的方式对特定地区的纵向转移支付占主导地位，建立在生态受益区购买生态建设区生态服务基础上的横向转移支付则很少。

（五）中央转移支付项目过多过细，地方对中央专项转移支付高度依赖

农林水支出和节能环保转移支付项目过多过细。以节能环保为例，大致可分为三大类，一是生态恢复保护，有天然林保护专项、森林生态培育与保护专项、草原生态补偿专项、水土治理专项；二是资源能源节能，有新能源汽车专项、循环经济专项、节能工程专项等；三是减排治污，有农村环境连片整治、城镇污水

处理管网、清洁生产、减排等专项，每个专项下还设立很多不同的具体项目，项目过多过细，各职能部门各自为政，资金使用效率不高。同时，地方对中央高度依赖。地方节能环保支出中，中央对地方专项转移支付占比约为60%。其中，生态恢复保护和资源能源节约外部性很强，地方财政支出中，中央对地方专项转移支付占比分别高达79%和77%，地方自有财政资金投入明显不足，主要靠中央对地方财政转移支付；即使是地方公共产品特性相对突出治污减排，中央对地方专项转移支付占地方财政支出的比重也高达45%。

第十一章　以生态文明建设为指向的财税支持政策框架与措施研究

第一节　财税支持政策框架

一、明确政府责任，加大财政投入力度

在明确政府与市场责任分工的基础上，界定政府职责，加大财政投入力度，解决生态保护和治理问题。从资金投入看，主要是增加生态环保管理性支出和服务性支出，增加生态环保建设的基础设施和基础性工程投资。

（一）多渠道筹集资金

一是加大公共财政预算投入，主要用于重要生态功能区的生态恢复、环境治理与保护，生态移民安置和企业搬迁补偿，发展生态农业以及对生态补偿价值核算、补偿标准计量等基础性研究以及相关环保技术的应用研究等方面。二是安排政府性基金预算投入，设立生态补偿专项基金，可考虑通过发行生态补偿基金彩票或债券的方法来筹集一定的环保资金。三是安排国债资金投入。发行生态建设专项债券，利用国家信用方式筹集资金。四是引导社会资金投入，积极利用 PPP 方式引导社会资本加入环境治理行业，建立以政府为主导、各种社会主体共同参与的公共服务供给格局。

（二）明确财政投入重点

一是加大节能环保产业投入，加快节能技术装备升级换代，推动重点领域节能增效，提升环保技术装备水平，发展资源循环利用技术装备，壮大节能环保服务业。二是加大生态系统补偿投入，加大对重点生态功能区特别是中西部重点生态功能区的转移支付力度，重点支持国家重点生态功能区生态保护和恢复，鼓励跨省流域、区域开展生态补偿试点。三是加大循环经济建设投入，发展“减量

化、再利用、资源化”等循环经济项目。四是加大主体功能区投入，建立森林生态效益补偿机制，建立生态财力性补偿机制，建立矿产资源生态补偿机制、海洋生态补偿机制和渔业资源补偿机制。五是加大城市环境卫生整治投入，加强市容环境卫生综合整治，以改善市民生产、生活环境。六是加大农村环境卫生整治投入，加强农村生活污水垃圾治理和农村面源污染治理。

（三）完善财政投入方式

加大财政直接投资力度，完善财政补贴方式，加大政府绿色采购力度，探索政府购买服务、PPP、第三方治理等公私合作模式。国家应该采取更加灵活的财政税收政策如提供低息贷款，延长贷款偿还期限，加速固定资产折旧，进行物价补贴、企业亏损补贴、财政贴息等，同时还要提高投资制度的稳定性和透明性，创造良好的外部条件，鼓励私人资本和外资进入环保产业。

二、完善税费政策，激励约束市场主体

在明确政府与市场责任分工的基础上，界定政府的职责，政府通过税收和收费手段约束或激励市场主体的生态保护和污染防治行为。

税收政策主要从经营行为和收益方面鼓励或限制经营者，达到调节目的。一是调整和完善现行资源税，扩大资源税征税范围，改变征税方式，提高资源税税负。二是完善绿色税费政策。规范排污收费制度，提高排污费征收标准，扩大征收范围，改革征收方法，逐步施行“费改税”。三是积极研究开征碳税、硫税。在顺序上，可以先考虑开征碳税，以后再考虑征收硫税。四是进一步提高汽油、柴油消费税标准。五是完善促进绿色产业发展的行业性税费优惠政策，通过税收优惠政策支持环保型产业发展，取消一些有悖于生态环境保护的税收优惠政策，改革目前比较单一的税收减免形式，灵活采用加速折旧、再投资退税、税收抵免、延期纳税、优惠税率、减免所得税等形式，正向激励生态环境保护行为。六是完善促进生态文明的地区性税收优惠政策，根据不同区域的主体功能定位，重新调整税收优惠政策，制定更有针对性的区域激励或扶持税收优惠政策。

三、完善政府间转移支付，激励地方政府生态补偿行为

在明确政府间事权和支出责任的基础上，通过政府间财力调配解决生态效益外溢问题，包括上下级政府间的财政转移支付和上下级政府间的财政转移支付。

一是明确政府间的责任边界，按照公共产品在中央和地方政府之间分担的一般原则，合理界定生态环保项目在中央、地方政府间的责任划分。二是完善纵向转移支付制度。完善现有的一般性转移支付，扩大一般性转移支付规模，并在其中考虑体现主体功能区的因素。从基本公共服务均等化的角度来实施均衡性财政

转移支付。进一步加大重点生态功能区转移支付力度。完善现有的专项转移支付，整合生态修复与保护及生态建设专项资金，形成聚合效应。建立其他多渠道的生态补偿资金筹措制度。参照各地标准财政收入和标准财政支出的差额以及可用于转移支付的资金数量等客观因素，完善转移支付测算办法。对于限制开发区和禁止开发区的一般性转移支付，除沿用通用测算公式外，可适量增大该地区转移支付系数。新设立专门针对主体功能区的专项转移支付类型。三是政府间横向转移支付。进一步完善我国现行的对口支援制度，探索建立跨地区和跨领域的生态补偿机制，建立区域间生态补偿基金以解决资金来源，合理择定效果评价法、收益损失法、旅行费用法、随机评估法等生态补偿方法，明确区域间生态补偿基金的补偿依据。四是完善省以下财政体制，强化省级财政调节区域内财力差异的责任，将中央下达的生态补偿类转移支付资金全额下达到地市县。省本级也应安排生态补偿转移支付财政资金，重点向生态脆弱区和贫困县市区倾斜。五是完善财政转移支付测算办法，根据实际情况选择采用测算因子法、新设类别法、分别设计法。

四、明确政府间的责任边界，完善政府间转移支付

划分中央地方生态环保责任和事权，只有明确划分中央与地方的生态环保责任，才能有效解决生态文明建设的筹资问题。从生态环保影响和性质看，按照公共产品在中央和地方政府之间由谁承担的规则，一般涉及全国性、影响全局的、跨区域的生态环保项目应由中央财政承担；而地方性、区域性、影响地方经济发展和人民生活的生态环保项目一般由地方承担。从生态环保项目的资金规模看，资金需要量大而且超过地方财政承受能力的，如果又是影响全局的项目，中央财政应承担主要责任；而资金需要量小且属于地方性项目，应由地方财政承担。一些跨区域、外部性影响既不是影响全局又不是影响地方的生态环保项目，可以采取中央转移支付与受影响区域共同出资承担的方式，即专项转移支付与生态补偿机制相结合，解决生态环保项目的筹资问题。

增大生态转移支付力度。应在对限制开发区域的生态功能进行科学的定量分析的基础上，制定对生态建设和环境保护的政策和相应的资金支持制度，并建立长效机制。

（一）完善纵向转移支付政策

在中央政府对省级政府或省以下财政转移支付的实施中充分考虑主体功能区的特殊因素。由上级部门成立生态补偿仲裁机构进行协调管理。生态补偿机制是后工业化时期产生的新机制，而在工业化初期，受生态资源无价值的观念影响，生态财富的受益方一般不情愿为生态付费，因此，要维护生态补偿机制的良性运

作，有必要进行管理创新，搭建一个生态补偿交易平台。建议通过上级政府成立生态补偿仲裁机构，来为这些生态生产地和受益地进行中介协调，以推进政府型生态补偿平台的建立。

1. 完善现有的专项转移支付

生态补偿项目专项转移支付，针对环境保护资金投入分散重复、资金使用效率低下等问题，在国家纵向财政转移支付项目中设立生态补偿项目。生态补偿项目专项资金主要用于对国家重要生态功能区的建设补偿、对西部生态退化严重区域恢复补偿，以及对完成国家生态环境保护目标和生态保护工作进展迅速地区的补助和奖励，以促使其形成生态补偿的激励机制，确保生态补偿获得稳定的长期的资金来源，实现生态效应的可持续。此外，在财政转移支付标准设计中，考虑以生态环境影响因子为核心评价因素，增加对生态脆弱地区和生态保护重点地区的支付力度。在生态补偿项目专项资金的划拨上应适当加大其分配的权重，满足全国性生态环境恶化现状的财政需求。

2. 完善转移支付测算办法

一般性转移支付资金按照公平、公正、循序渐进和适当照顾老少边地区的原则，主要参照各地标准财政收入和标准财政支出的差额以及可用于转移支付的资金数量等客观因素，按统一公式计算确定。用公式表示为：某地区一般性转移支付额 =（该地区标准财政支出 - 该地区标准财政收入）× 该地区转移支付系数。其中，标准收入是指各地的财政收入能力，主要按税基和税率分税种测算；标准支出是指各地的财政支出需求，主要按地方政府规模、平均支出水平和相关成本差异系数等因素测算。财政越困难的地区，中央财政补助程度越高。对于限制开发区和禁止开发区的一般性转移支付，除沿用通用测算公式外，可适量增大该地区转移支付系数，以体现对这两类地区的特殊优惠。

3. 新设立专门针对主体功能区的专项转移支付类型

主体功能区转移支付既然主要是就限制开发区和禁止开发区而言，那么我们设想可参考民族地区转移支付的策略进行设计。主体功能区转移支付的资金来源包括两个方面：一是中央财政安排的资金；二是限制开发区和禁止开发区增值税（75% 上缴中央的部分，下同）环比增量的 80%。其中，限制和禁止开发区增值税环比增量的 80% 的一半按来源地直接返还给该地区，另外一半连同中央财政安排的资金按因素法分配，这就要按来源地测算主体功能区分配转移支付额。各限制、禁止开发区按来源地分配的转移支付额，在增值税环比增量 40% 的基础上，扣除税收返还中增值税增量后确定。用公式表示为：某开发区与增值税增量挂钩的转移支付额 = 该地区增值税环比增量的 40% - 该地区税收返还增值税增量。

（二）政府间横向转移支付

1. 建立跨地区和跨领域的生态补偿机制

建立区际生态基金模式的横向生态补偿制度。横向的针对主体功能区的转移支付制度的设计蓝图是在优化开发区、重点开发区（生态财富受益地）和限制开发区、禁止开发区（生态财富生产地）之间建立起横向的生态财富补偿机制。

择定生态补偿方法。在生态补偿核定方法的确定上，主要有四种选择：①效果评价法。这种方法主要是根据环境资源提供的环境效果，计算出效果的定量值。如森林资源的环境价值，可以通过森林资源每年涵养水源的吨数、制造氧气的吨数等，再根据市场货物代替非市场货物法，求出森林环境效益的“影子价格”。②收益损失法。这种方法主要是从环境资源效益的损失角度评价环境资源的效益。如森林保护土壤的效益评价，可根据因土壤退化而放弃使用的机会成本来计算森林在减少土壤侵蚀方面的价值。③旅行费用法。这种方法主要是建立旅行费用以游憩需求模式将某一旅游地的旅游者所支付的旅行费用作为内涵价格，其主要适用于具体旅游地的评估，它是目前世界上尤其是发达国家中应用最广泛的一种游憩价值间接评价方法。④随机评估法。通过访问或发放调查问卷直接询问消费者对环境商品的最大愿意支付量，以获得环境商品的个人价值，进而推出环境商品的经济价值。

2. 建立区域间生态补偿基金以解决资金来源问题

我国要积极建立区域间生态转移支付基金，弥补财政对横向生态补偿机制支持的缺失。与纵向生态补偿机制一样，横向生态补偿机制的建立同样离不开我国财政政策的支持。在努力加大财政投入、强化财税政策的同时，考虑到我国当前财力有限而财政职能又不断扩大的情况，可以借鉴发达国家的做法，建立区域间生态转移支付基金。即在我国经济和生态关系密切相关的区域内（如京津冀区域）建立起生态转移支付基金，通过区域内政府间的相互协作和沟通，实现区域间生态的有偿使用和合理保护。

3. 明确区域间生态补偿基金的补偿依据

基金拨付比例应在综合考虑当地人口规模、财力状况、GDP 总值、生态效益外溢程度等因素的基础上来确定。各地方政府按拨付比例将财政资金存入生态基金，并保证按此比例及时进行补充。对于重要生态功能区和流域等生态保护活动产生外部经济的补偿应包括生态建设和保护的额外投资成本和发展机会成本的损失。以流域上下游地区为例，根据下游对上游出水水质的要求、上游生态建设和保护计划，可以测算出达到该要求所需的生态建设与保护成本；同时，以上下游相同的水质标准为基线，也可以测算出相应的成本。这两个成本之差，就是额外成本。保护者损失的发展机会成本的确定可以参照国家或地区的平均发展水平、保护者的生活水平与受益者生活水平差距等指标。这两部分补偿依据的具体标准数值，可以依据受益者的经济承受能力、实际支付意愿和保护者的需求通过协商确定。当发展机会成本有其他方式，如经济合作来补偿时，横向转移支付的依据可以主要考虑额外成本方面。

五、完善省以下财政体制

要完善省以下财政体制，强化省级财政调节区域内财力差异的责任，逐步减少财政管理层次，增强基层政府提供公共服务的财政保障能力，促进辖区内基本公共服务均等化。首先要加快形成统一、规范、透明的财政转移支付制度，提高一般性转移支付规模和比例，加大公共服务领域投入，将限制开发和禁止开发区域用于公共服务和生态建设的支出纳入一般性转移支付标准支出测算范围，加大对禁止开发与限制开发区域转移支付的力度。其次要调整完善缓解县乡财政困难的激励和约束机制，研究出台县乡最低财政支出保障机制，确定县乡财政最低支出需要，并明确省级财政承担保障责任，对年度执行结果低于最低支出需要的县乡财政，中央财政在考核后，将按照缺口数额相应扣减该地区享受的一般性转移支付，直接补助给县乡财政。需要指出的是，一方面要将中央下达的生态补偿类转移支付资金全额下达到地市县；另一方面，省本级也应安排生态补偿转移支付财政资金，重点向生态脆弱区和贫困县市区倾斜。

六、完善财政转移支付测算办法

根据当前财政政策的缺陷再结合主体功能区的要求，主要针对限制开发区域和禁止开发区域改革财政转移支付制度的思路有三种。

（一）测算因子法

世界各国的财政转移支付制度制定和调整过程中，采用公式分配法是各国均衡性转移支付的普遍趋势。公式分配法是根据某种数学公式和相关数据，确定有资格的补助对象和金额，一般通过许多具体项目下拨，涉及众多领域，类型各异。每一项目都有与之对应的补助公式，公式的基本组成涉及因素选取、数据确定、管理该项转移支付方案的相关成本和限制条件等。目前我国考虑各种因素的公式分配法覆盖面较小，只在一般性转移支付中有所涉及，仅占全部转移支付规模的 10% 左右。因此，应针对影响限制开发和禁止开发区域的财力因素，逐步扩大按因素法分配转移支付资金的范围，更重要的是，要增加生态环境保护的因素数量及其权重。各限制、禁止开发区按因素法分配的转移支付额根据其标准支出大于标准收入的差额和转移支付系数计算确定。用公式表示为：某开发区按因素法分配的转移支付额 =（该地区标准财政支出 − 该地区标准财政收入） ×该地区转移支付系数。其中，标准财政收入和标准财政支出参照一般性转移支付办法计算确定。转移支付系数根据各省区人员经费和基本公用经费占其地方标准财政收入的比重分档确定。

（二）新设类别法

新设专门针对主体功能区的转移支付类别，主要用于对限制开发和禁止开发类区域的财力性补偿和保障。综合考虑限制开发、禁止开发类区域的标准财政收支差额以及这两类区域因实施生态环境保护而带来的增支和减收因素、现行转移支付系数等。基于这两类区域相应的转移支付规模，在转移支付资金分配方法上，根据未来主体功能区的划分级次，测算到县，转移支付资金拨付方式既可到省亦可直接到县。此外逐步建立起省级政府加大对这两类区域转移支付的鼓励和约束机制，促使省级政府不断加大对限制开发区和禁止开发区的省以下的财政转移支付力度和规模。

（三）分别设计法

一是针对推进形成主体功能区而出现政策性减收。在现有财力性转移支付框架内的其他转移支付项目下，新设与绩效挂钩的实施限制开发区域、禁止开发区减收补助项目。二是针对生态环境建设的财政支出。整合现有专项资金，设立与绩效挂钩的生态环境建设专项转移支付项目，加大对限制开发区与禁止开发区的生态环境建设转移支付力度。三是针对限制开发区和禁止开发区公共服务财力不足问题。中央财政给予倾斜。短期可以加大这两类区域一般性转移支付系数作为过渡性安排解决阶段性财力问题；长期看，要在全国性基本公共服务均等化转移支付体系下解决。这种转移支付体系可以在限制开发区与禁止开发区进行试点。

七、完善税收政策，激励约束市场主体

税收政策主要从经营行为和收益方面鼓励或限制经营者，达到调节目的。就税收对生态环保而言，主要从以下几方面入手：

（一）调整和完善现行资源税

随着资源生产量较大幅度增长，各种资源的销售量也在较快地增长，但由于资源税一直采用从量计征，资源税税收增长非常缓慢，资源稀缺的利益被低价向外转移，资源所在地的地方政府和民众没有得到相应的利益补偿。丰厚的资源并没有带来更多的财政利益，却造成了利益分配不公，在一定程度上制约了资源优势向经济优势的转化，应尽快调整资源税的征收管理方法。通过资源税改革，能将税收与资源市场价格直接挂钩，既有助于通过税收调节资源利用和增加政府税收，也有助于减缓东、中、西部价税逆向运行的局面。通过提高资源型产品价

格，将税负转嫁到资源的加工和使用环节，使得中西部地区利用资源优势转化为经济和财政优势，充实地方政府收入，进而缓解由于推进主体功能区建设而形成的财政支出压力。

（二）完善绿色税费政策

1. 规范排污收费制度

首先，提高排污费征收标准。目前，我国排污收费过低，排污费远远低于治污成本，一些企业宁愿支付排污费，也不愿意治污。按照庇古税原理，只有征收相当于边际外部成本的税（费），才能实现社会资源配置最优。因此，当务之急是根据单位或个人所排放污染物的种类、数量、浓度和危害性等综合指标进行收费，与污染防治成本相挂钩，提高排污费征收标准。促使开发、利用、污染、破坏环境资源的市场经济主体承担起相应的经济成本，引导他们放弃或收敛对环境的破坏和资源的浪费行为。其次，扩大征收范围，可考虑将严重污染环境、大量消耗资源的商品纳入征收范围，并考虑开征垃圾填埋税、噪声税、大气污染税等，逐步将排放恶臭物质、生活垃圾、生活污水、电磁波辐射等非企业排污主体纳入征收对象，对于污染严重的企业课征重税，从而限制市场经济主体污染行为的产生和发展。再次，改革征收方法。实行多因子收费，即在同一排污口含两种以上有害物质量，要对所有有害物质计量征收。最后，逐步施行“费改税”，应将现行的污水排放、大气污染等收费制度改为征收环境保护税，可首先选择防治任务重、技术标准成熟的税目开征试点并逐步扩大征收范围。

2. 开征碳税、硫税

在顺序上，可以先考虑开征碳税，以后再考虑征收硫税。因为，从国外来看，污染产品税一般包括车辆税、汽油税、柴油税、碳税和硫税。缺少碳税、硫税，造成我国污染产品税体系的不完整。而且从对环境的危害程度来看，二氧化碳会造成大气臭氧层破坏和全球气候变暖，空气中二氧化硫含量过高，不但会引发诸多呼吸系统疾病，而且会造成酸雨，污染水土资源。尽快开征环保税和碳税，加强税收对生态环保全方位调节。对超标排放二氧化碳、硫化物等有害气体，导致空气污染和环境破坏的企业和个人，征收碳税，促进资源节约、节能减排、绿色生产与消费，发挥税收在生态文明建设中的独特作用。

3. 进一步提高汽油、柴油消费税标准

在国外，汽油、柴油税收入占污染产品税的2/3以上，与国外相比无论是税额还是税额占总价格的比例都明显偏低。适时适度地提高汽油、柴油消费税标准，对超标排放的车船征收较高的车船税和车辆购置税。

（三）完善促进绿色产业发展的行业性税费优惠政策

所谓“绿色”税收优惠政策，是指对有利于促进节能环保、资源节约和循环经济发展的生产或消费行为提供税收优惠政策，对生态环境保护起到正向激励作用。针对我国资源税现状，主要从以下几点完善绿色税收优惠政策：首先，要通过税收优惠政策支持环保型产业发展。实行税收优惠是生态补偿的辅助手段，主要用于间接补偿发展机会成本的损失。如退耕还林（草）者可以享受税收优惠，实行退耕还林（草）的区域因自然灾害或其他不可抗力造成的损失，政府给予适当补助。对生态保护、服务旅游业等环保型产业可减免增值税、营业税、企业所得税等。如在企业所得税方面，对于企业使用节能产品、进行节能减排设施建设、使用节能减排工艺等应允许其从应纳税所得额中全额扣除上述成本。其次，取消一些有悖于生态环境保护的税收优惠政策，要杜绝对一些污染产品或项目提供各种税收优惠，避免走“先污染、后治理”的老路。如要立即取消对生产金银产品的销售收入免征增值税的规定，用以遏制对金、银矿产资源的过度开采；取消对农膜、农药尤其是剧毒农药免征增值税的规定，有利于保护水土资源，降低农业生产对生态环境的破坏程度。最后，从优惠方式看，要改革目前比较单一的税收减免形式，灵活采用加速折旧、再投资退税、税收抵免、延期纳税等促进绿色经济发展。调整落实增值税、营业税、关税、出口退税等有关生态环境优惠政策。针对不同优惠对象和环保行为，采取加速折旧、投资抵免、优惠税率、减免所得税等形式，吸引投资者从事生态环保领域经营活动。

（四）完善促进生态文明的地区性税收优惠政策

根据不同区域的主体功能定位，重新调整税收优惠政策，制定更有针对性的区域激励或扶持税收优惠政策。在税收优惠政策调整中，强化以主体功能区定位为目标，对于省内以优化开发、重点开发的主体功能区，给予促进经济加快发展的税收优惠措施，而对于限制开发和禁止开发的地区，取消一切经济开发性的税收优惠，由财政转移支付弥补财政不足，满足其享受均等化基本公共服务的需要。从服务于主体功能区建设需要的角度出发，尽快研究制定各类主体功能区产业指导目录，尤其是对符合限制、禁止类开发区区域主体功能定位的一些绿色生态产业，要提供相应的税收优惠政策。具体地讲，在推进主体功能区建设时，应对税收优惠政策做如下调整：一是全面清理各个税种的税收优惠政策，进行系统性整合。总体上讲，应该以产业性税收优惠政策为主，地区性税收优惠政策为辅，停止和取消相互矛盾或者交叉的税收优惠政策。二是采取相对优惠的税收政策措施，如资金支持、税收减免等政策扶持，帮助具有扩张潜力和要求的企业做大做强，使之成为经济协调发展的支柱。三是实行吸引人才的个人所得税优惠政策，提高个人所得税的扣除标准，并且对地方政府给予人才的专门补贴予以免税。四是根据资源型县市财政困境，调整现行税收分成比例，适当增加地方税收留成比例，缓解地方财政压力。

第二节　有关政策措施

一、水资源开发利用与流域环境治理的财税政策

（一）尽快构建配套水功能区建设的财税政策，保证政策的系统性、连续性和稳定性

首先，全面分析水功能区建设的财税政策需求，先从顶层设计入手，通过财政支出、税收减免和转移支付三大手段，解决水功能区建设亟待破解的财税问题。系统性解决资金供给、优惠落实和政策补贴等现实问题。其次，突出财税政策的实施重点，优化配套政策的落实方式，对各水功能区的共性问题，集中处理，适时将部分专项转移支付转换成一般性转移支付，确保资金供给的连续性。最后，稳定财税政策预期，确保水功能区建设不开倒车，不走回头路。保证基本支出只增加不减少，保证中央与地方资金供给的分配比例基本稳定，保证财政资金运行合规，使用高效。

（二）积极稳妥推进水资源税费改革，全面研究环境税中的水环境税费问题

第一，确定水资源税费改革的基本方向。以建立水资源市场定价机制为出发点，合理划定不同用途水资源的收益归属。如果将水资源费彻底转型为水资源税，那么政府性资金预算和公共财政预算都需要进行调整。重点将水资源费当中水利管理和水利维护建设部分，纳入公共预算的供给范畴，保证水利事业可持续运转。第二，确定水资源税费与水环境税费的关系。将用水、治水和水环境保护相衔接，打通与水相关的各项财税政策之间的关联。研究制定水资源税费收入增加对水环境保护的资金回哺、协同管理和信息共享的制度安排。第三，确定环境税中水环境税费定位。水环境税费将是环境税建设中不可或缺的一部分。在已有水资源税费的条件下，水环境税费设立的空间已经受到挤压。若开征水环境税费，应设定较低的税费起征点，并试点推开，前期工作应以建机制和树渠道为主。

（三）完善流域功能区的财税政策配套机制，以水环境建设为重点，破解制度不完善和管理不规范等问题

其一，明确流域功能区建设的长期性和艰巨性，尽可能发挥财税政策长效作用。要在资金供给、政策扶持和管理协调上下功夫，解决流域功能区建设走向深入过后面临的具体问题。其二，明确中央财政与地方财政，行政部门与流域主管

部门的支出责任。研究解决各部门配套比例、支出年限设定、支出总金额测算及资金到位进度等现实问题。其三，以水环境建设为重点，突破部门利益和区域格局，形成多方支持、齐抓共管的良性局面。水环境建设还应纳入跨流域治理的范畴，并将财政补偿、财政投入治理、水权交易等问题，作为突破体制机制约束的抓手。

（四）推动水污染监督及治理的问责机制，以绩效考核方式促进中央与地方配套财税政策的积极性

首先，执行最严格的水资源管理制度的重要内容之一，是推进建立水污染监督及问责机制。这个监督问题应该是自上而下的分级责任负担制，地方行政部门、流域主管部门和水利部门都应纳入其中。其次，以绩效考核推进财税政策配套的积极性。建立水污染监督及治理的支出责任和补贴补偿机制，发挥绩效考核的督促作用，形成改善水环境，投身污染治理和财政支持彼此互动的运行机制。最后，研究将行政考核、预算编制和绿色 GDP 纳入更高层次的战略管理范畴。将传统的水环境部门预算、水环保支出提升到行政考核和绿色 GDP 的高度，推动中央和地方行政部门对水污染监督及治理的重视程度，改变以往环保部门作为单一部门获取财政供养的职能定位。

（五）通过顶层设计协调水资源开发利用和保护的总体目标，制定财税政策支撑下的全国性水资源开发利用与保护总路线图

第一，通过顶层设计解决水资源开发利用和保护的目标不一致问题，实现水资源适度使用、有序推进的和谐局面。清理一批地方性、流域性水资源开发利用与保护冲突的政策法规。将 2000 年以后，我国关于水资源开发利用与保护的总体部署进行梳理，进一步统一贯彻落实。第二，建议水资源开发利用与保护的财税政策进行分析。对公共投资和公共支出领域进行总量测算，明确未来资金需求规模。对产业扶持政策或者流域保护政策进行评估，解决区域间财税政策竞争问题。第三，制定财税政策支撑下的全国性水资源开发利用与保护总路线图。改革目前水资源开发利用与保护的收入与支出分类，联系我国水资源开发利用及保护的总体战略，确定未来支出规模、优惠领域及补贴重点，制定监督反馈机制，树立水利及环保事业可以用好、用足财税政策、财政资金的良好形象。

二、大气环境的财税政策

现行财税政策对抑制城市中的二氧化硫、氮氧化物排放总量以及浓度起到了一定的作用，但随着雾霾天气、区域性污染、大气复合污染等现象越发严重，应完善现有的财税政策。

（一）设立大气污染治理专项资金，保障大气污染治理的资金需求

我国已设立森林补偿基金、草原补偿基金等，促进了退耕还林、草原恢复，

而缺乏大气污染治理的专项基金。虽然我国对废气征收排污费，但该资金作为环境治理资金统筹使用，主要用于重点污染项目、重点污染区域；只有10%的排污费收入进入中央国库，大多数留给地方治理环境污染。因此，我们建议设立大气污染专项资金。

1. 设立中央大气污染专项治理基金

国外多渠道筹措大气污染治理资金，并设立专项治理基金，其经费来源包括排污收费、排污权交易和燃油税费等。建议我国将排污费或与环境有关的部分消费税收纳入大气污染治理专项资金。如从成品油消费税中划出一定比例资金，用于弥补生产、销售、使用高标油而多出的成本，以此刺激高标油品普及，也可补贴混合动力、纯电动等其他低排放汽车的购买者，以减少机动车辆氮氧化物等气体排放。虽然2013年中央财政安排50亿元资金，用于京津冀及周边地区（具体包括京、津、冀、蒙、晋、鲁6个省市区）大气污染治理工作，重点向治理任务重的河北省倾斜，但并未形成长效机制，而且享受资金使用的范围有限。因此，应通过设立中央专项治理资金，保障大气污染治理资金的需求。

2. 建立区域性大气污染治理基金

我国长三角、珠三角和京津唐地区大气污染严重，建议在重点区域成立专项治理基金，依托区域环保部门进行综合治理。该基金的资金来源为相关省份取得的排污费、环境税费以及国际组织、非政府组织、企业和个人的捐赠。基金的主要用途：一是对本区域内新能源利用企业发放补贴，促进非化石能源发展和利用；二是支持本区域工业企业节能环保、碳储存、碳捕获等技术和设备的研发与应用；三是用于区域大气污染治理。

（二）加大实施以奖代补政策力度

脱硝补助政策、脱硫补助政策等都是现行的普遍补助方式，而且这种补助方式注重的是控制污染总量的控制，滋生相关企业依赖补助减少废气排放量，不利于调动企业提高控制污染物质量的积极性。2013年中央财政安排50亿元资金，“以奖代补”的方式，对京津冀及周边地区按预期污染物减排量、污染治理投入、PM2.5浓度下降比例三项因素分配。这种以奖代补政策有利于调动地方政府和企业的减排积极性。因此，我们建议进一步加大采取“以奖代补”政策力度，改变现有脱硝补助、脱硫补助政策措施，对达到废气排放标准并根据达标等级实施不同的奖励金额，即废气排放浓度越低、等级越小的，其获得的奖励金额就越大；对于没有达到废气排放标准的采取惩罚措施，即按照废气排放量、排放浓度等罚款。

（三）征收大气污染税，发挥税收价格杠杆作用

发达国家充分利用税收杠杆作用，通过征收大气污染税，提高生产成本与产

品的价格，减少大气污染。如荷兰的燃料税、丹麦的普通能源税以及瑞典的一般能源税均是针对各种能源消费品如石油、重油、天然气、机动车辆等的消费开征的污染税。发达国家陆续对向大气排放的二氧化硫征收相应的二氧化硫税，还有少数国家将氮氧化物也列入征税范围，如波兰、瑞典等。各国在开征污染税时首先选择污染较严重且分布较集中行业，随后逐渐扩大污染税范围。

我国对成品油征收消费税类似国外的污染税，但其征收范围较窄，而且在成品油价格管制下，税收难以发挥价格杠杆作用。为更好地发挥税收调节作用，抑制大气污染，我们建议征收大气污染税，对高污染的工业征收二氧化硫税、氮氧化物税，按照企业排放的污染物浓度以及排放污染物的标准设置不同税率。即大气污染税以锅炉、工业窑炉及其他各种设备、设施在生产活动中排放的烟尘和有害气体为课税对象，以排放烟尘、扬尘和有害气体的单位和个人为纳税人。在计税方法上，以烟尘和有害气体的排放量为计税依据，根据排放烟尘及有害气体的浓度设计差别税率。

制定实施差异化的税收政策。对高标油品生产者和销售者及低排放汽车生产者和销售者，可适当减免部分税收；对仍旧生产和销售低标油品的企业，则采取一定的惩罚性征税措施。

（四）完善排污费制度

长期来看，应实施费税改革，将排污费改征为污染税。从短期来看，应完善现有排污费制度。

完善废气排污费征收方式，实现应收尽收。我国现行废气排污费只对同一排污口污染当量值前三位的征收，未做到应收尽收。雾霾天气说明了空气污染物多样性的，而且通过化合形成二次污染物。如 PM2.5 是可以由各种燃料燃烧排放烟尘、尾气形成，也可以由硫和氮的氧化物转化而成，大气中的气态污染物会通过大气化学反应也会生成二次颗粒物。因此，应扩大废气排污费的征收方式，对同一排污口所有的废气征收排污费。

适度调整废气排污收费标准。排污费具有调控排污者排污行为的功能，为使排污收费切实起到预防和控制污染的作用，应该尽可能地把收费标准提高到实现预期排放目标的水平，通过合理的排污收费，既鼓励污染处理成本低的排污者更多地削减污染物，又令处理成本高的排污者因削减污染物少而多交排污费。为此，根据各类主要污染物的治理成本，排污收费标准应该高于或者至少等于为治理污染成本的原则，对排污收费标准进行适度调整，并兼顾社会、企业的承受能力逐步实施到位。排污费收费标准应与企业的排污量、污染物对环境的有害程度以及污染物处理的技术经济性有直接关系。

（五）财政补贴政策

建立公共交通补贴保障机制。机动车排放已成为大气主要污染源之一，大气污染从煤烟型污染向煤烟型与机动车尾气型污染共存的大气复合污染转变。应积极发展公共交通，减少机动车对空气的污染。一是建立财政对公共交通长期有效的补贴机制并加大财政补贴力度，提高公交车的投放量。目前，大部分城市缺乏长期有效的财政补贴机制，财政补贴数额与实际亏损存在较大差距，致使公交企业资产负债率居高不下，生产经营举步维艰，影响公交车的投放量。应建立长期有效的财政补贴机制，建立规范的成本费用评价制度和政策性亏损评估，对公交车投放和使用两个环节实施财政补贴，以保障公交车投放量。二是建立气价补贴联动机制，促进天然气公交车的使用。目前城市公交车辆用油有油价补贴联动机制，而用气缺少气价联动补贴机制，有的交通运输企业担心整个天然气车辆推广应用后，气价上升会增加运行成本，导致运输企业使用天然气车辆的积极性受到一定影响。因此，应建立气价补贴联动机制，促进天然气车辆的使用，优化交通用能结构。不妨像油价补贴办法一样，对公共交通车辆设置气价标准，当气价超出这一标准，国家将启动气价补贴机制，按公共交通使用量给予财政补贴。

继续加强清洁能源汽车的补贴力度，刺激清洁能源汽车的消费需求。2013年原有的新能源补贴政策已到期，但是否继续对新能源汽车补贴，目前还未有定论。从已实施的新能源汽车补贴效果来看，虽在一定程度上起到刺激新能源汽车的消费，但刺激新能源消费购买力度较弱。如在25个城市对新能源汽车实施财政补贴，一定程度上刺激消费者购买新能源汽车，但由于新能源汽车存在性能以及补贴力度等问题，2012年新能源汽车拥有量为2.74万辆，离国家提出的2015年新能源汽车拥有量达到500万辆的目标甚远。因此，应继续对新能源汽车实施财政补贴政策，并且提高财政补贴标准，刺激新能源汽车的消费需求，提升新能源汽车占机动车的比例，实现交通节能减排。在实施财政补贴时，应按照节能的额度进行补贴，取代按照汽车车辆进行补贴的方式。同时，应加强对充电站、充气站等基础设施的投入，保障新能源汽车的基础性需求。

（六）建立公开的污染排放信息披露制度，实施罚款措施

通过向社会公告淘汰落后产能企业名单，敦促企业进行设备改造和技术创新。通过公布重点行业大型企业的减少污染排放各项指标的具体数据，促进全社会对重点行业大型企业的排放情况进行监督。对执行效果好的企业由国家环境基金或财政专项奖励资金进行奖励，对执行效果不好的企业由环境执法部门进行罚款。

三、资源环境的财税政策

（一）改革资源税

改革资源税使其充分发挥价格杠杆作用，有利于保护生态环境。资源税改革

应考虑以下几方面：一是解决资源税的定性问题，使其从作为资源有偿使用组成回归到税收的身份，实现合理开发资源、节约使用资源的立法精神；二是强化资源税节约资源、保护环境的基本功能，将资源开采所带来的外部性成本内在化；三是通过“费改税”将目前符合资源保护方向的各项收费都归入资源税，使资源税形成规模，用于恢复遭受破坏的资源和培植后续资源。基于此，资源税改革思路是调整资源税计征方法，改从量计征为从价计征；提高资源税税率；扩大资源税征税范围。

（二）全面建立环境保证金制度，并加大征收力度

2006年我国正式颁布了《矿山环境治理恢复保证金制度》，但目前并未全面开展执行。建立并完善矿山生态破坏、环境污染的监测报告制度和矿山生态环境恢复治理保证金制度。矿山环境治理恢复保证金制度是由矿产资源开发者筹集；资金规模主要取决于开发规模大小，还要受自然环境条件、开发技术条件的影响；保证金应专门设立账户，资金足额到位，专项使用；保证金适用的对象为因矿产资源开发遭受污染和破坏的环境的治理与恢复以及由于环境污染和破坏给矿区居民造成损失的补偿。矿山环境恢复治理保证金制度是确保被破坏的矿山环境得以按照环境保护及复垦要求进行恢复的基本保证。

（三）征收矿产资源环境污染税费

我国的矿产资源开发补偿税费政策主要是对所有者权益的补偿，而缺少对生态环境、资源耗竭的补偿。矿产资源开发和利用为国家的建设和发展作出了巨大贡献，同时其在开发过程中不可避免要占用、破坏大量的土地，产生环境污染，并引发一系列的生态、环境问题。为保护生态环境，使矿产资源开发带来的环境外部成本内部化，有必要针对矿产资源开发污染和破坏生态环境等行为进行收费。为促进矿产资源的合理开发利用，保护生态环境，有必要针对矿产资源开发征收生态环境方面的税费。为促进矿产资源产地的可持续发展，保障资源产地平等的发展权，有必要征收矿产资源耗竭补偿费。

（四）建立矿山环境损害行政补偿制度和矿区生态补偿转移支付制度

政府应实施财政转移支付政策，既包括中央与地方的转移支付，也包括地方之间的转移支付（产地与消费地）等政策，补偿当地环境的损失。矿山环境恢复治理保证金制度，只是解决了矿产资源开发中矿区生态功能减损的补偿问题，另一部分的因环境损害而丧失发展机会的矿区居民的生态补偿仍无着落。由于参与交易主体人数众多且生态受益和生态受损不易定量化，即使生态受益主体愿意对生态受损主体进行补偿，其交易成本亦十分高昂。在生态补偿主体难以对生态受损主体直接补偿的情况下，就需要建立矿山环境损害行政补偿制度，制定财政转移支付相关政策，对补偿的形式、补偿数额的多少、补偿额达到的生态环境质

量目标统一做出政策性的规定。其特点是有政府行为介入。矿业行政管理部门建立环境损害行政补偿金；资金来源于矿产资源开发者、政府财政或专项基金（如资源税、排污费等）、财政转移支付资金等。矿区（矿业城市）生态补偿转移支付制度指依据矿产资源开发经济上正外部性和生态环境上的负外部性利益冲突协调原则，建立非矿业城市向矿区（矿业城市）生态补偿转移支付制度。转移方式可采用区际补偿方式，设立矿业城市可持续发展基金和矿业城市转产发展基金等，也可以由国家通过财政进行转移支付。

四、生态环境治理的补偿机制（主体功能区的财税政策）

（一）处理好行政区与行政区之间、主体功能区与主体功能区之间、行政区和主体功能区之间的财政关系

1. 加大区域间转移支付

通过财政转移支付和开征特种税等制度安排，加大对限制和禁止开发地区用于公共服务和生态环境补偿的财政转移支付力度，建立以政府投入为主的稳定的资金投入主渠道，保障这些区域在教育、医疗、交通、电力、给排水等公共服务建设和基础设施建设方面的资金需求，保障这些区域的人民与其他区域的人民享有基本的生活条件，享有均等化的基本公共服务。

2. 建立分区域协调机制

设立优化开发区、重点开发区、限制开发区和禁止开发区区域行政首长例会机制，以联席会议作为最高决策机构，切实加强对区域合作工作的指导和协调，协调跨地区产业布局、重大基础设施项目建设等区域发展的重大问题。同时，加强跨地市、跨部门的横向联系与交流合作。

3. 全方位促进各区域发展

签订区域合作框架协议，科学规划区域间的协调发展，强调优势互补以及提高资源配置效率，本着“政府引导、企业为主体、市场配置资源”的原则，对各区域共同关注的基础设施、农业、劳务、商务与贸易、环境保护、旅游、科教文卫等方面合作进行全方位的规划，以促进各区域协调发展。共建横跨区域的财税、金融、土地、环保、能源、人力资源、社会保障、户籍管理等协调机制和配套政策。

（二）对优化开发区实行控制发展型财政政策

优化开发区要把提高增长质量和效益放在首要位置，相应地，财政政策应以鼓励创新和鼓励发展为主要取向，促进优化开发区域转变经济增长方式，提高自主创新能力，实现产业升级，鼓励支持高新技术产业和不破坏环境的友好型产业，增强其参与全球化分工与竞争的能力。优化开发区域市场发育相对成熟，在

财政政策工具选择上，要同时发挥税收政策工具和其他财政政策工具作用，以加强政府对市场的间接引导作用，减少对市场的直接干预。

1. 实施促进经济增长方式转变的财政政策

财政政策要促进优化开发区域经济增长方式由粗放型向集约型转变，要执行更加严格的环境和产业效能标准，因此，大力发展绿色经济和循环经济，建设资源节约型、环境友好型社会。在投资环节，鼓励投资节水省地、节能降耗产业；在生产环节，促进清洁生产、降污降排，保障环境安全；在消费环节，提倡和引导绿色消费，健康消费；在废弃物排放环节，加强资源的循环利用，重点支持对循环经济断链产业的补链，力争少排放或零排放。应注意将税收的激励性政策和限制性政策有机结合，要以限制性税收政策为主，激励性税收政策为辅，也就是要尽量避免税收优惠政策的使用，而是要通过税收加成、税率上浮、开征独立的环境税（费）等限制性税收政策措施，淘汰一批“三高一资”等落后产业，引导部分产业向重点开发区域转移。但是对于那些具有较大正外部效应的产业，如投资用于循环经济产业补链项目等，应给予税收优惠上的正向激励。在全国率先进行排污收费制度改革和开征碳税制度的试点，扩展排污费征收范围，适当提高征收标准，探索建立排污权交易体系和节能配额交易体系。加大对技术创新和产业升级的引导和支持，对高科技产业核心技术运用推广提供贴息税收优惠等政策。加大对新能源开发和节能新技术利用的支持，对节能设施改造和技术改革提供补贴，对新能源开发设立产业引导基金。全面推行政府绿色采购，引导全社会发展循环经济。

2. 实施促进科技创新与产业升级的财政政策

优化开发区立足比较优势，以支持自主创新为基本导向，培养竞争优势，大力发展高新技术产业和服务业，利用高新技术改造传统产业，切实推进产业结构的优化升级，不断提高城市化水平和质量。重点围绕新能源、新材料开发技术开发、推广与运用，节能减耗技术开发与推广，节能设施改造和技改项目，高端产品、高效设备技术创新和产业升级：①综合运用财政资助、减税、贴息、补贴等多种财政政策工具，通过降低企业创新主体的研发创新成本，激励企业从事创新活动，推动产业结构升级和科技水平提升。②制定相应的财政配套政策，激励创新主体，针对优化开发区的性质，构建符合主体功能区战略规划的自主研发创新体系。对高科技产业和新技术运用推广提供优惠税率、税收减免、税收扣除和加速折旧或返销等形式，确保提升优化开发区创新型的发展环境。中央财政对全社会共享性技术、国家关键技术的研发等方面应给予一定的财政支持，对国家大型企业技术改造和设备更新提供财政贴息，加快发展先进装备制造业，提高重大技术装备的国产化水平。地方政府则主要支持科技二次开发、技术推广、科技成果转化以及解决影响区域产业竞争和经济开发的科技问题。

（三）对重点开发区应实施激励发展型财政政策

重点开发区域下一步将成为全国经济新的增长极，必须加强基础设施建设，为经济起飞创造条件，要在节约资源、保护环境的基础上，通过规划发展远景、承接产业转移，优化产业投资，高起点引进项目等，鼓励人口的转入，加快工业化和城镇化进程，不断提高经济增长质量和效益。同时，要吸取优化开发区域发展过程中的教训，注意优化产业结构与生态环境保护，形成合理有序的空间开发结构。要注意市场机制和政府调控机制之间关系的微调，适度增加政府的宏观调控机制发挥作用的空间。在财政政策工具的选择上，适当增加政府投资、财政补贴等政策对资源配置的直接影响，通过直接作用于市场主体来发挥作用，同时要发挥税收政策的激励导向功能，引导、激励和约束当地政府与企业加快经济起飞及形成新兴中心区域的作用。

1. 促进基础设施建设的财政政策

重点开发区域将继优化开发区域之后，成为未来支撑全国经济持续增长的新的重要增长极。政府要灵活运用拨款、补贴、税收优惠等政策工具，根据项目性质与盈利能力，采取不同方式，加大对重点开发区域各类基础设施建设的支持力度。对于城市道路、环卫、绿化、照明、中小学基本建设等更接近公共产品的项目，主要通过增加财政预算内拨款来解决；对于城市供电、给排水、污水处理、医疗等基础设施，主要通过基础设施专项定额补贴的方式来解决；对于发电、自来水厂、公路等基础设施建设，主要运用税收政策调控资本市场，通过发行债券、股票、基金等方式向社会融通资金。对于一些地处中西部地区的重点开发区域，政府用于基础设施建设的资金有限，可在中西部地区选择部分重点开发区域进行地方债试点，用于弥补其基础设施建设资金的缺口。此外，国债投资项目要注意向重点开发区域倾斜，主要用于重大基础设施、重大产业布局的控制性工程项目。明确基础设施的公共投资政策。

2. 促进生态与经济协调发展的财政政策

相对于优化开发区域，重点开发区域环境资源承载力较强，尚有一定的开发空间和发展潜力。但是中原地区、成渝地区、长江中游地区、江淮地区、北部湾地区、关中地区等重点开发区域的一些中心城市土地开发程度相对较高，城市区域可建设用地的土地资源相对贫乏。中原地区、关中地区等重点开发区域还存在水资源严重不足问题。此外，局部地区还存在严重的水污染和大气污染问题，尤其是一些位于中西部地区的重点开发区基本上都位于主要江河沿岸，这些重点开发区的污水排放情况直接关系到下游地区的生产、生活用水安全。因此，重点开发区域在发展经济的同时，一定要协调好生态保护与经济建设之间的关系，注意

统筹规划国土空间，把握开发时序，保护生态环境，促进可持续发展。发挥财税政策在重点开发区域的产业导向作用，要兼顾两个方面的问题：一方面，财税政策要有利于提高重点开发区域的产业集聚能力，尤其是要积极承接优化开发区域的产业转移，促进产业集群发展，形成现代产业体系；另一方面，财税政策要有利于促进生态环境保护，促进节能减排、节水省地，避免土地过多占用、水资源过度开发等造成环境压力过大。由于重点开发区域承担着成为新的经济增长极的职责，必须促进其经济规模扩张，因此，在财税政策选择上，主要以正向激励的优惠政策为主，如财政贴息、税收优惠等。但是在具体的优惠方式上，要尽量避免单一使用减税、免税政策，要灵活运用加速折旧、投资抵免、成本摊提等税收杠杆，以明确重点开发区域的产业导向。

3. 促进产业发展的财政措施

应在强化生态环境格局和保障要素的原则下，以资金技术密集型产业为重点，突出发展低能耗、高附加值产业，重点带动装备、汽车、钢铁、石化、船舶等先进制造业；加快推进高端新型电子信息、新材料新能源等高新技术产业的发展；加速提升商贸物流、金融、商务、文化创意、旅游和中介等现代生产性服务业。通过财政、金融、税收、环保等相关配套政策，合理配置资源，有效引导、重点支持优势产业发展和重点园区建设；增进工业创新发展，建立对节能环保企业的税收返还；设立技术转移、产业转移、发展加工贸易专项基金，吸引外资转移高新技术、节能环保产业和其他产业的技术。综合运用中央和省批准的各项财税政策，引导淘汰一批高耗能、高排放、高污染的企业，激励龙头企业和合作企业的技术改造，扶持竞争力强的大企业集团；增加财政在电子信息、生物医药、新材料等高新技术产业的投入；设立中小企业信用担保基金和创业投资引导基金，制定相应的所得税税收优惠政策，激励中小企业进行人力资源开发；对要重点扶持的产业商品或服务给予直接财政补贴，结合各地实际情况确定财政支持的产业集群重点，并提供公共物品满足产业集群的共性需求。考虑建立环境保护专项基金，有偿使用资源，通过各种财政激励和惩罚相结合的手段如环境税和资源税等，扶植环境保护产业发展，应将环保产业看作兼有公益事业性质的高科技产业，通过财政贴息、财政补助、税收支出等手段，促进环保产业的发展。

（四）对限制开发区实施引导发展和补偿型财政政策

1. 限制开发区域包括农业地区和生态地区

前者是保障农产品供给安全的重要区域，后者是保障国家生态安全的重要区域。这些区域应把生态修复和环境保护作为首位任务，坚持在保护前提下的适度乃至有限的发展，可引导发展旅游业等特色产业，应引导人口向适合的地区集中，组织劳动力培训的同时督促生态移民的进行，严格限制高耗能和高污染型的产业在限制开发区发展。加大财政的转移支付力度，发展适应本区域的特色产业。财政政策工具主要以转移支付、投资、财政补贴等为主。政府干预的重点是支付生态建设和环境保护成本及补偿因保护生态环境而失去的经济发展的机会成本，包括两个方面：一方面，要完善政府间转移支付制度，逐步提高限制开发区居民基本公共服务水平；另一方面，要发挥限制开发区主体功能，保障农产品供给安全和保障国家生态安全，支持限制开发区域进行生态环境建设。

2. 保障农产品供给安全的财政政策

限制开发区域的农业地区主要功能是保障国家农产品供给安全。然而，我国耕地面积减少的趋势不可逆转，坚守18亿耕地红线面临巨大挑战。在耕地面积减少的同时，我国一些地区耕地质量在持续下降，农业用水资源短缺，农业面源污染加重，农业生态环境依然脆弱。限制开发区域的农业地区必须转变增长方式，节约水土资源、保护生态环境，提高农业可持续发展能力。财政政策必须有利于限制开发区的农业地区保护耕地资源、加大对农业科技和基础设施投入。

（1）保护耕地资源。限制开发区域的农业地区要实行更加严格的耕地保护制度，严禁滥用、乱占耕地，提高耕地占用税税率。大力推进保护性耕作制度，对购置免耕类农业机械提供补贴，免费培训农民使用农田免耕技术，控制农田水土流失，抑制农田扬尘，提高农田蓄水保墒能力。支持发展农业循环经济，循环利用再生资源和节约利用非再生资源，对发展农业循环经济提供财政贴息。

（2）政府加大对农业科技投入。科研对促进农业可持续发展至关重要，然而农业科技研究具有风险大和外溢性特征，单个农户、企业不愿意也无力承担农业科研任务。必须加大对农业科技投入，加强农业重大技术攻关和科研成果转化，尤其是重点支持生态农业发展的关键技术创新研究。如有利于耕地保护的节水、节地、免耕技术的研究，有利于保护农村环境的无公害生产技术、生物农药与有机肥料研究，有利于促进资源循环利用的农村“三废”资源化处理研究等。

（3）政府加大农业基础设施投入。我国长期农业投入不足，农业基础设施建设欠账太多，抵御自然灾害能力差，很多地区仍是靠天吃饭。因此，在进一步完善村级公益事业“一事一议”制度基础上，引导农民在国家财政的扶持下，加大对农业的水利、交通、能源供给等基础投入，夯实农业的基础，增强农业抗御各种风险的能力。同时，改善农民饮水、能源、道路、居住、通信等条件。

3. 促进生态经济发展的财政政策

限制开发区要有利于其走生态型经济发展道路，减少对生态系统破坏。第一，要停止一切导致生态功能继续恶化的经济活动，依法关闭或迁移一些严重破坏生态环境的企业。财政对企业关闭、搬迁所涉及的职工收入损失、搬迁费用等应给予必要的补偿。第二，在环境资源承载力范围内，依据资源禀赋的差异，积

极发展特色产业。政府可以通过财政信用、财政贴息或税收优惠等政策，促进地方特色经济发展。如在中药材资源丰富的地方，可以建设药材生产与加工基地；在蓄滞洪地区，可以发展避洪农业；在防风固沙区，可以合理发展沙产业；在畜牧业为主的区域，可以建立人工饲草基地等。第三，财政还要支持休闲观光农业、生态林业、生态旅游业等发展，用以增加农民收入。第四，对开发与使用风能、太阳能、小水电、地热能、沼气等清洁能源提供财政补贴或税收优惠政策，减少农村不合理的能源开发与使用方式对生态系统的破坏。第五，运用税收优惠，扶持农村三产、镇村连锁超市、便利店的发展，特别是促进旅游、休闲娱乐、餐饮等生产型服务业第三产业的发展，帮助广大农民自主创业。

4. 促进生态修复的财政政策

要加大对生态系统的保护与修复力度，改善生态环境。生态修复包括两层含义：一是指停止人类破坏性行为对生态系统的干扰，通过生态系统的自身调节而恢复其生态功能；二是指通过人类活动对生态系统的积极影响，使受到损害的生态系统功能得以恢复。前者涉及鼓励或引导生态地区人口迁移的费用支出，后者涉及生态恢复重建的人力和物力成本。因为限制开发区域生态地区主要是保障国家生态安全，因此生态修复成本或费用不应当都由当地政府承担。首先，中央财政要安排专项拨款，用于国家级禁止开发区域的生态地区的生态修复；省级政府要向对省级禁止开发区域的生态修复提供专门的财力支持。其次，从各类环境资源税费中提取一定比例的资金，建立生态补偿基金，部分用于限制开发区域的生态修复。再次，通过中央财政集中分配土地出让金收入，部分用于限制开发区的生态修复。最后，通过“以水养水”的流域生态补偿机制，实现下游地区对上游地区的生态补偿。

5. 促进公共服务均等化的财政政策

限制开发区为优化和重点开发区付出的成本不仅包括生态建设保护的额外成本，还包括发展经济的机会成本。①完善财政纵向和横向转移支付。确定绿色农业生态补偿标准。交易双方要达成建立生态补偿机制的共识，这是建立绿色农业生态补偿机制的前提。生态效应受益地政府提出、上级政府核定的生态效应指标体系，是生态效应生产地政府取得横向转移支付的依据。确定横向转移支付的支付方式与载体。绿色农业生态共建共享基金，是由地方政府资金、社会捐赠资金组成的、不向法人或自然人征收的、专项用于生态补偿的财政性专项资金，是准公共的生态补偿机制所必备的工具。通过建立绿色农业生态共建共享基金这一平台，完成双方的横向转移支付。在建立横向财政转移支付制度的初期，需要横向补偿纵向化，即在确定横向补偿标准后，将生态受益区向生态保护区的转移支付统一上缴给省政府，由省财政通过纵向转移支付将横向绿色农业生态补偿资金拨付给绿色农业生态保护区政府。②探索建立流域异地开发机制。流域异地开发主要针对上游区域因严格实施保护，不能布置任何开发性项目，而需要下游地区提供一定的发展空间，因地制宜地进行流域内异地开发试点，为上游地区的发展建立起一种长效机制。国家应强化宏观政策指导，大力调整流域上下游地区的产业结构，将项目支持列为建立生态环境补偿机制的重要内容之一。建议中央政府牵头协调流域上下游地区发展协作，采取资金、技术援助和经贸合作等方式，支持流域上下游分享流域生态环境保护的效益，并分担相关成本。

（五）对禁止开发区应实施补偿型财政政策

禁止开发区域主要功能是保护自然文化资源，具体保护对象包括具有代表性的自然生态系统、珍稀濒危物种、有特殊价值的自然遗迹和文化遗址等。在禁止开发区内，严格控制人为因素对自然生态的干扰，实行污染物“零排放”。国家级自然保护区的核心区严格禁止一切类型的生产建设活动，缓冲区和实验区可以进行必要的科学实验以及符合生态保护需要的旅游业、种植业和畜牧业。国家级风景名胜区开展旅游活动，必须在环境容量下进行，不得从事旅游业之外的任何生产建设活动。除了世界文化自然遗产、国家森林公园、国家地质公园等必要保护与附属设施以外，严格禁止一切类型的生产建设活动。显然，禁止开发区域主要从事的是非盈利性的公共服务，国家级禁止开发区域提供的是全国性公共服务，其建设、维护和管理成本应当由中央政府承担；各类省级禁止开发区域提供的是区域性公共服务，其建设、维护和管理成本应当由省级政府承担。

禁止开发区在发展经济的限制程度上比限制开发区更加严格，牺牲的发展机会成本也就更大。因此，对这类区域的财政政策在限制开发区财政政策的基础上进一步加大转移支付力度，除保证基本公共服务均等化外，还要大力支持禁止开发区域生态环境建设，实现生态环境可持续发展。

1. 实行保护自然文化资源的财政政策

具体保护对象包括具有代表性的自然生态系统、珍稀濒危物种、有特殊价值的自然遗迹和文化遗址等。因此应通过完善地区横向转移支付制度，将优化开发、重点开发等区域经济发展成果部分用于补偿生态区域，用作这些区域的生态维护和建设之用。为此，需把包括 194 个区域纳入城市的重要生态屏障和环境工程，着力加强水利、林业、草山建设，支持发展沼气产业和循环经济。具体可通过政策扶植、财政转移支付、项目支持、财政补贴、增收生态补偿税和奖励等多种形式，向非生产建设区倾斜。

2. 实行生态补偿财政政策

在财政转移支付专项基金中，增加生态补偿项目，用于国家级自然保护区、国家级风景名胜区的建设补偿等。建立环境保护与生态建设的财政激励制度，增

加对生态保护良好区域或生态环境保护成绩显著区域的补助。实行各类、各级自然保护区的垂直管理，其成本费用由财政直接负担，提高地区间财政均等程度。

3. 实行生态移民的财政政策

发挥教育在人口转移中的作用，加大人力资本的投资力度以提高等待转移人口的迁移能动性和可能性。主体功能区的人口迁移必须以提高人口和劳动力的人力资本为先导，以重点和优化开发区比较稳定的就业机会为基础，这样才能使迁移长效、稳定、和谐。禁止开发区的大部分人员文化水平不高，大部分人口除参与第一产业的生产外，缺乏其他的谋生技能，即使迁移出去也很可能会因生存困难而再次返回原住地。为使人口成功地转移出来，需让他们具备一技之长。所以政府应加强对落后地区的成人教育，完善职业技术培训机制。加强劳动力培训，鼓励生态移民；对于新生一代，继续提高九年义务教育的普及力度，设立专项基金资助贫困地区学习成绩优异的孩子完成高等教育。对于禁止开发区内主动迁出的低教育水平人口，财政给予安置补助，剩余人口就地转为管护人员，政府提高单位面积管护经费标准，增强财力保障程度。

（六）加大农村环境卫生整治投入

要重点围绕大力提高农民的环保意识，积极向农民推广先进农业技术，解决好农村产业布局不合理，健全农村生态环境保护的财政体制，关键要在合理划分事权、健全税费体系、完善转移支付制度等方面力求取得新的进展。

1. 细化各级政府农村生态环境保护事权和支出责任

建议按照“一级政府、一级事权、一级财权、一级责任”与农村生态环境的收益性、层次性和外部性的原则，合理划分中央与地方以及地方各级政府之间的农村生态环境保护支出责任。对于全国性的农村生态环境保护事务全部由中央政府承担。对于列入世界级、国家级的自然生态保护区等项目，一些跨区域的重大农村生态环境保护项目如长江、淮河等大江大河的水流域环境保护与治理，大气农业和土壤面源污染防治等列入中央政府职责或为中央与地方政府共同职责，中央与地方责任视农村生态环境保护项目的外部性和地方财力大小确定分担比例。对于地方性特征的农村生态环境保护事务如农村生活污染、种植业和养殖业污染治理等由省级统筹，市、县、乡各级政府视层次性和外部性大小合理分级承担。

2. 健全农村生态环境税费收入体系

开征生态环境税费在西方国家比较成熟，如奥地利从1986年开始征收化肥税，比利时从1991年开始对剩余粪肥征税，丹麦、芬兰等国对杀虫剂征税，英国、瑞典等国开征自然资源或森林开发税，美国等国开征环境资源使用费和土地复垦基金，并实行市场化的排污费交易制度，既增加了财政生态税费收入，也有效实现了最小成本治理污染。我国应借鉴国际经验，本着积极稳妥的原则，加快农村生态环境税费制度设计和试点步伐。在此基础上，根据税种设置，科学合理划分中央与地方税权和财权，建立中央与地方各自分征分管的农村生态环境税费收入体系。

3. 强化地方政府农村生态环境保护投入

尽管农村生态环境保护具有很强的外部性，但农村生态环境保护与各地经济社会发展和人民生活息息相关。这就需要按照事权和支出责任的划分，强化地方政府加大农村生态环境保护的投入。一方面，国家要调整完善政府预算收支分类科目体系，在“环境保护”大类下单设“农村生态环境保护”子级科目，以便全面反映各级政府农村生态环境保护财政投入情况，并出台相对硬性的要求，着力构建各级政府农村生态环境保护支出与当地 GDP、财政收入增长的双联动机制，确保地方新增财力更多地用于农村生态环境保护，以最大程度地满足农村生态环境保护对财政投入的需求。另一方面，针对当前基层财政较困难的实际，国家要根据税制改革的进程，加快构建地方税收入体系。同时，要调整税收体制、税收分享比例及上缴税收返还等，健全地方财力持续增长机制和基层财力保障机制，为地方安排农村生态环境保护支出提供充足的财力支撑。

4. 完善农村生态环境转移支付制度

在上对下纵向的转移支付制度设计上，中央要充分考虑各地人口布局、国土空间布局、经济发展布局、城镇化布局、农业农村发展布局等经济社会和环境要素，科学合理测算各地农村生态环境保护资金需求。在此基础上，按照财力与事权相匹配的原则，属于中央地方共同事务的，明确各地分担比例；属于中央委托事务的，中央财政要通过专项转移支付全额安排；属于地方政府事务的，地方自有财力如不能满足支出需求，中央财政原则上要通过一般性转移支付给予补助；属于中央临时增加的农村生态环境保护事项，中央财政要切实承担支付责任，避免“中央开口子、下面拿配套”，最大限度减轻地方财政配套压力。当前，尤为重要的是要根据国家主体功能区建设，加快建立健全生态功能区利益补偿性转移支付制度体系，扩大生态补偿范围，提高生态补偿标准，进一步加大对国家级生态保护地、水源保护地、森林保护地等的生态补偿力度，从而建立起较为完善的生态补偿机制，以补偿保护区广大群众的利益损失，满足今后发展需求。同时，推动中央层面或省级层面开展更大范围、更大规模的跨区域横向生态补偿试点。

参考文献

中文部分：

［1］《实现“十一五”环境目标政策机制》课题组．中国污染减排：战略与政策［M］．中国环境科学出版社，2008.

［2］包群，彭水军等．是否存在环境库兹涅茨倒U型曲线？［J］．上海经济研究，2005（12）．

［3］鲍健强，苗阳，陈锋．低碳经济：人类经济发展方式的新变革［J］．中国工业经济，2008（4）．

［4］鲍云樵．我国能源和节能形势及对策措施［J］．西南石油大学学报，2008（1）．

［5］滨川圭弘，西川祎一等．能源环境学［M］．郭成言译．北京：科学出版社，2003.

［6］蔡国田，张雷．我国能源安全研究进展［J］．地理科学进展，2005（6）．

［7］产业结构调整结合经济规划　打造长三角都市圈［EB/OL］．http：//www. ce. cn/cysc/cyjg/201011/05/t20101105_ 20538315. shtml.

［8］陈傲．中国区域生态效率评价及影响因素实证分析［J］．中国管理科学，2008（16）．

［9］陈红军．论我国水资源国家所有权的实现［D］．武汉：华中科技大学博士学位论文，2005.

［10］陈佳贵，黄群慧．中国工业化进程报告［M］．北京：社会科学文献出版社，2012.

［11］陈寿朋．浅析生态文明的基本内涵［N］．人民日报，2008-01-08.

［12］陈学明．生态文明论［M］．重庆：重庆出版社，2008.

［13］成金华，陈军．中国生态文明发展水平测度与分析［J］．数量经济技

术经济研究，2013（7）.

［14］成金华，冯银．我国环境问题区域差异的生态文明评价指标体系设计［J］．新疆师范大学学报，2014（1）.

［15］崔娜．矿产资源开发补偿税费政策研究［D］．中国地质大学博士学位论文，2012.

［16］单豪杰．中国资本存量 K 的再估算：1952～2006 年［J］．数量经济技术经济研究，2008（10）.

［17］邓波，张学军，郭军华．基于三阶段 DEA 模型的区域生态效率研究［J］．中国软科学，2011（1）.

［18］刁尚东．我国特大城市生态文明评价指标体系研究［D］．中国地质大学博士学位论文，2013.

［19］杜勇．我国资源型城市生态文明建设评价指标体系研究［J］．经济纵横，2014（4）.

［20］高珊，黄贤金．基于绩效评价的区域生态文明指标体系构建［J］．经济地理，2010（5）.

［21］耿建新，张宏亮．我国绿色国民经济核算体系的框架及其评价［J］．城市发展研究，2006（4）.

［22］顾晓薇，王青．可持续发展的环境压力指标及其应用［M］．北京：冶金工业出版社，2005.

［23］郭士倜，赵旭峰．能源产业循环型经济战略的工业生态学分析［J］．现代经济探讨，2005（11）.

［24］过孝民，王金南，於方等．生态环境损失计量的问题与前景［J］．环境经济杂志，2004（8）.

［25］何天祥，廖杰，魏晓．城市生态文明综合评价指标体系的构建［J］．经济地理，2011（11）.

［26］贺灿飞，张腾，杨晟朗．环境规制效果与中国城市空气污染［J］．自然资源学报，2013（10）.

［27］贺满萍．中国经济增长的资源环境代价与经济发展可持续性的制度安排［J］．经济研究参考，2010（65）.

［28］胡鞍钢．中国绿色发展与绿色 GDP（1970～2001 年）［J］．中国科学基金，2005（2）.

［29］胡文龙，史丹．我国自然资源资产负债表框架体系研究［J］．中国人口资源与环境，2015（8）.

［30］胡文龙．自然资源资产负债表基本理论问题探析［J］．中国经贸导

刊，2014（4）．

［31］环保部．主要污染物减排工作简报［EB/OL］. http：//zls. mep. gov. cn/gzjb/201109/P020110901367158514812. pdf.

［32］环保部．主要污染物减排工作简报［EB/OL］. http：//zls. mep. gov. cn/gzjb/201109/P020110901367521151114. pdf.

［33］环保部．主要污染物减排工作简报［EB/OL］. http：//zls. mep. gov. cn/gzjb/201109/P020110901367823291535. pdf.

［34］环保部．主要污染物减排工作简报［EB/OL］. http：//zls. mep. gov. cn/gzjb/201109/P020110901368123314823. pdf.

［35］黄娟，王惠中等．江苏生态文明建设指标体系研究［J］．环境科学与管理，2011（12）．

［36］黄群慧．步入工业经济新常态：挑战与动力［N］．光明日报，2014－12－10.

［37］黄少中，胡军峰．发挥电价调节作用　促进电力行业节能减排［EB/OL］. http：//www. serc. gov. cn/jgyj/ztbg/201107/W020110726345834430874. pdf.

［38］黄志刚．浅谈国外环保投资的经验及对我国的启示［J］．经济前沿，2008（7）．

［39］蒋小平．河南省生态文明评价指标体系的构建研究［J］．河南农业大学学报，2008（1）．

［40］金碚．资源与环境约束下的中国工业发展［J］．中国工业经济，2005（4）．

［41］库拉．环境经济思想史［M］．上海：上海人民出版社，2007.

［42］李春瑜．编制自然资源资产负债表的几个技术问题［N］．中国会计报，2014－05－09.

［43］李昭华，傅伟．中国进出口贸易内涵自然资本的生态足迹分析［J］．中国工业经济，2013（9）．

［44］李贞，袁秀娟等．中国东中西部典型地区环境库兹涅茨曲线比较分析［J］．生产力研究，2008（13）．

［45］李志东等．我国能源环境研究文集［M］．北京：我国环境科学出版社，2000.

［46］刘丙泉．中国区域生态效率测度与差异性分析［J］．技术经济与管理研究，2011（10）．

［47］刘佳骏，董锁成，李泽红．中国水资源承载力综合评价研究［J］．自然资源学报，2011（2）．

[48] 刘佳骏，董锁成等．通辽市森林、草原、沙地、湿地碳汇产业规划研究［J］．环境与可持续发展，2015（3）．

[49] 刘佳骏，史丹，汪川．中国碳排放空间相关与空间溢出效应研究［J］．自然资源学报，2015（8）．

[50] 刘佳骏，史丹等．中国主要煤炭基地生态环境脆弱度判定与优化措施研究［J］．中国科技论坛，2015（1）．

[51] 刘克强．矿产资源补偿费征管制度浅析［J］．中国国土资源经济，2008（12）．

[52] 吕健．中国经济增长与环境污染关系的空间计量分析［J］．财贸研究，2011（4）．

[53] 马文斌，杨莉华，文传浩．生态文明示范区指标评价体系基期测度［J］．统计与决策，2012（6）．

[54] 欧阳志远．关于生态文明的定位问题［N］．光明日报，2008－01－29.

[55] 彭水军，刘安平．中国对外贸易的环境效应：基于环境投入—产出模型的经验研究［J］．世界经济，2010（5）．

[56] 邱东．多指标综合评价方法［J］．统计研究，1990（6）．

[57] 十八大报告辅导读本［M］．北京：人民出版社，2012.

[58] 史丹，胡文龙等．自然资源资产负债表编制探索［M］．北京：经济管理出版社，2015.

[59] 史丹，王俊杰．基于生态足迹的中国生态压力与生态效率测度与评价［J］．中国工业经济，2016（5）．

[60] 史丹，王蕾，胡文龙．关于贵州省探索编制自然资源资产负债表的调研报告［J］．工业经济研究所问题与对策，2014（6）．

[61] 史丹，张金昌．自然资源资产负债表编制：问题与出路［R］．中国会计学会环境会计专业委员会．2014 学术年会论文集［C］．2014.

[62] 史丹．自然资源资产负债表：在遵循国际惯例中体现中国特色［J］．中国经济学人，2015（7）．

[63] 世界自然基金会．地球生命力报告 2014［R］．2014.

[64] 宋涛，郑挺国等．基于面板数据模型的中国省区环境分析［J］．中国软科学，2006（10）．

[65] 苏为华．多指标综合评价与方法问题研究［D］．厦门大学博士学位论文，2000.

[66] 孙广生，黄祎，田海峰，王凤萍．全要素生产率、投入替代与地区间

的能源效率［J］．经济研究，2012（9）．

［67］孙秀艳，武卫政．“十一五”中央环保投资达1564亿元为历史最好水平［N］．人民日报，2011－01－14.

［68］谭晶荣，温怀德．长三角地区环境污染在经济增长中所处阶段的研究［J］．财贸经济，2010（5）．

［69］田智宇，杨宏伟，戴彦德．我国生态文明建设评价指标研究［J］．中国能源，2013（11）．

［70］托马斯·思德纳．环境与自然资源管理的政策工具［M］．上海：上海人民出版社，2005.

［71］王波，方春红．基于因子分析的区域经济生态效率研究［J］．环境科学与管理，2009（2）．

［72］王贯中，王惠中，吴云波等．生态文明城市建设指标体系构建的研究［J］．污染防治技术，2010（2）．

［73］王金霞．生态补偿财税政策探析［J］．税务与经济，2009（2）．

［74］王娟，陆雍森，汪毅．生态城市指标体系的设计及应用研究［J］．四川环境，2004（6）．

［75］王俊杰，史丹，张成．能源价格对能源效率的影响［J］．经济管理，2014（12）．

［76］王俊杰．中国省级生态压力与生态效率综合评价［J］．当代财经，2016（8）．

［77］王敏．中国水资源费征收标准现状问题分析与对策建议［J］．中央财经大学学报，2012（11）．

［78］王明远．从“污染物‘末端’处理”到“清洁生产”——发达国家依法保护环境资源的理论与实践［J］．外国法译评，1999（3）．

［79］王平．坚持绿色发展推进污染减排［EB/OL］．http：//www. jshb. gov. cn/jshbw/qkxx/jshj/jshj201110/201111/t20111102_ 183614. html.

［80］王其藩．系统动力学［M］．北京：清华大学出版社，1994.

［81］王远飞，何洪林．空间数据分析方法［M］．北京：科学出版社，2007.

［82］王跃涛．区域间生态转移支付的财政政策研究［J］．财会研究，2010（4）．

［83］王志华，温宗国，闫芳．北京环境库兹涅茨曲线假设的验证［J］．中国人口·资源与环境，2007（2）．

［84］王治河．我国和谐主义与后现代生态文明的建构［J］．马克思主义与现实，2007（6）．

[85] 魏一鸣，吴刚等．能源—经济—环境复杂系统建模与应用进展［J］．管理学报，2005，2（2）．

[86] 吴德春，董继斌．能源经济学［M］．北京：中国工人出版社，1991.

[87] 吴兴旺．“双高”企业西迁的深思［J］．中国发展观察，2005（10）．

[88] 吴玉萍，董锁成．北京市经济增长与环境污染水平计量模型研究［J］．地理研究，2002（2）．

[89] 夏光，赵毅红．中国环境污染损失的经济计量与研究［J］．管理世界，1995（6）．

[90] 夏光．生态文明是一个重要的治国理念［N］．中国环境报，2007－11－26.

[91] 谢辉，张雷等．工业生态学在能源系统建设中的应用［J］．矿业研究与开发，2004，24（3）．

[92] 徐中民，张志强，程国栋．甘肃1998年生态足迹计算与分析［J］．地理学报，2000（9）．

[93] 严耕．中国省域生态文明建设评价报告（ECI2012）［M］．北京：社会科学文献出版社，2012.

[94] 严广乐．系统动力学：组织学习实验室［M］．北京：机械工业出版社，2008.

[95] 杨春玉．国际生态文明思想流派及对我国生态文明建设的启示［J］．发展战略研究，2013（2）．

[96] 杨丹辉，李红莉．基于损害和成本的环境污染损失核算［J］．中国工业经济，2010（7）．

[97] 杨士弘．城市生态环境学［M］．北京：科学出版社，2003.

[98] 杨雪伟．湖州市生态文明建设评价指标体系探索［J］．统计科学与实践，2010（1）．

[99] 叶裕民，陈炳欣．中国城市群的发育现状及动态特征［J］．城市问题，2014（4）．

[100] 于秀琴，张欣宜，郑丹丹．生态文明指标体系的构建［J］．山东工商学院，2013（30）．

[101] 俞可平．科学发展观与生态文明［J］．马克思主义与现实，2005（4）．

[102] 虞晓芬，傅玳．多指标综合评价方法综述［J］．统计与决策．2004（11）．

[103] 岳利萍．发展视阈下生态文明评价指标体系构建［J］．经济纵横，

2014（4）.

［104］张波，虞朝晖．系统动力学简介及其相关软件综述［J］．环境与可持续发展，2010（1）.

［105］张成，史丹，王俊杰．中国碳生产率的潜在改进空间［J］．资源科学，2015（6）.

［106］张成，王建科等．中国区域碳生产率波动的因素分解［J］．中国人口·资源与环境，2014（10）.

［107］张航燕．对编制自然资源资产负债表的思考［J］．中国经贸导刊，2014（31）.

［108］张捷．转变发展方式——由工业文明迈向生态文明［J］．中国人口·资源与环境，2012（11）.

［109］张靖宇等．西部地区生态文明指标体系研究［M］．杭州：浙江大学出版社，2011.

［110］张静，夏海勇．生态文明指标体系的构建与评价方法［J］．统计与决策，2009（2）.

［111］张坤民，温宗国，杜斌等．生态城市评估与指标体系［M］．北京：化学工业出版社，2003.

［112］张明国．技术哲学视阈中的生态文明［J］．自然辩证法研究，2008，24（10）.

［113］张云飞．试论生态文明在文明系统中的地位和作用［J］．教学与研究，2006（5）.

［114］张玉梅，王东杰，吴建宗，喻闻，李志强．收入和价格对农民消费的需求影响［J］．系统科学与数学，2013（1）.

［115］张志强，徐中民等．中国西部12省（区市）的生态足迹［J］．地理学报，2001（9）.

［116］钟永光，钱颖，于庆东．系统动力学在国内外的发展历程与未来发展方向［J］．河南科技大学学报（自然科学版），2006（8）.

［117］朱达．能源—环境的经济分析与政策研究［M］．北京：环境科学出版社，2000.

［118］朱松丽，李俊峰．生态文明评价指标体系研究［J］．世界环境，2010（1）.

［119］朱玉林，李明杰，刘旖．基于灰色关联度的城市生态文明程度综合评价——以长株潭城市群为例［J］．中南林业科技大学学报，2010（10）.

［120］朱增银，李冰，高鸣等．太湖流域生态文明城市建设量化指标体系的

初步研究［J］．中国工程科学，2010（6）．

［121］诸大建．中国循环经济与可持续发展［M］．北京：科学出版社，2007.

英文部分：

[1] Arantza M., Chamorro J. M. Valuation and Management of Fishing Resources under Price Uncertainty [J]. Environmental and Resource Economics, 2006, 33 (1).

[2] Auty, R. Resource - Based Industrialization: Sowing the Oil in Eight Developing Countries [M]. New York, Oxford University Press, 1990.

[3] Breitung, Jorg. The Local Power of Some Unit Root Tests for Panel Data, in B. Baltagi (ed.) Advances in Econometrics, 2000 (15).

[4] Carson, R., Silent Spring [M]. New York, Fawcet Crest Book, 1962.

[5] Dean, J. M. Does Trade Liberalization Harm the Environment? A New Test [J]. Canadian Journal of Economics, 2002, 35 (4).

[6] Delucchi, M. A., Murphy J. J. and McCubbin D. R. The Health and Visibility Cost of Air Pollution a Comparison of Estimation Methods [J]. Journal of Environmental Management, 2002, 64 (2).

[7] Gylfason, T. Natural Resources, Education and Economic Development [J]. European Economic Review, 2001 (2).

[8] http://www.footprintnetwork.org/en/index.php/GFN/page/footprint_data_and_results/, 2015.

[9] http://www.oecd.org/dataoecd/4/40/43176103.pdf

[10] Jacobs, M. The Green Economy, Vancouver, University of British Columbia Press [D]. 1993.

[11] Kokoski, Mary F. and V. Kerry Smith. A General Equilibrium Analysis of Partial - Equilibrium Welfare Measures: The Case of Climate Change [J]. The American Economic, 2007.

[12] Krutilla, John V. Some Environmental Effects of Economic Development [J]. Daedalus, Fall, 96 (4), 1967.

[13] Levin, Lin and Chu. Unit Root Tests in Panel Data: Asymptotic and Finite - sample Properties [J]. Journal of Econometrics, 2002, 180 (1).

[14] LIU Jiajun, DONG Suocheng, LI Yu, MAO Qiliang, LI Jun and WANG Junni. Spatial Analysis on the Contribution of Industrial Structurale Adjustment to Re-

gional Energy Efficiency: A Case Study of 31 Provinces in Mainland across China [J] . Journal of Resources and Ecology, 2012, 3 (2) .

[15] Mehlum, H. , Moene, K. , O, and Torvik, R. Cursed by Resources or Institutions [J] . World Economy, 2006 (10) .

[16] Nostbakken L. Regime Switching in a Fishery with Stochastic Stock and Price [J] . Journal of Environmental Economics and Management, 2006, 51 (2) .

[17] OECD. Green Growth: Covering the Crisis and Beyond [EB/OL] . Review, 77 (3) .

[18] Solow, R. Intergenerational Equity and Exhaustible Resources [J] . Review of Economic Studies, 1974 (1) .

[19] Stern, N. The Economics of Climate Change [J] . The American Economic Review, 98 (2), Papers and Proceedings of the One Hundred Twentieth Annual Meeting of the American Economic Association (May, 2008), 2008 (7) .

[20] Stiglitz, J. Growth with Exhaustible Natural Resources: Efficient and Optimal Growth Paths [J] . Review of Economic Studies, 1974 (5) .

[21] Stijn, J, P. Natural Resource Abundance and Human Capital Accumulation [J] . World Development, 2006 (3) .

[22] Wackernagel, M. , and W. E. Rees. Our Ecological Footprint: Reducing Human Impact on the Earth [M] . Gabriola Island: New Society Publishers, 1996.

[23] Wackernagel, M, L. Onisto, A. Callejas Linares, I. S. Lopez Falfan, J. Mendez Garcia, A. I. Suarez Guerrero, and Ma. Guadalupe Suarez Guerrero. Ecological Footprints of Nations: How Much Nature Do They Use? How Much Nature Do they Have? [C] . International Council for Local Environmental Initiatives, Toronto, 1997.

[24] Wackernagel, M, L. Onisto, P. Bello, A. Callejas Linares, I. S. Lopez Falfan, J. Mendez Garcia. Working Paper, No. 5398, 2005.

[25] Wenlong HU, Dan SHI, Chaoxian GUO. The Framework System of Natural Resource Statement of Assets and Liabilities: An Idea Based on SEEA2012, SNA2008 and National Statement of Assets and Liabilities [J] . Journal of Resources and Ecology, 2015, 6 (6) .

后　记

本书是在史丹研究员主持的若干相关课题基础上形成的。史丹研究员设计了本书的框架，修订和编辑了相关研究报告，马翠萍博士负责校对工作。参与研究的课题组主要成员来自中国社会科学院工业经济研究所、财经战略研究院、农村发展研究所和首都经济贸易大学。参与课题研究并完成相关研究报告的人员分别是：李雪慧博士、马翠萍博士负责完成了生态文明概念、内涵及相关研究进展的综述；胡文龙博士完成了“我国省际地区经济发展水平及其比较”；王蕾博士完成了“我国省际资源开发利用评价分析”；白玫研究员完成了“我国省际能源利用评价分析”；张航燕博士、杨丹辉研究员、张艳芳博士完成了“我国省际生态环境与生态治理”；史丹研究员、王俊杰博士完成了“我国省际生态环境与资源利用效率综合评价”；叶振宇博士完成了“中部地区经济社会发展与城镇化的基本态势”；刘佳骏博士完成了“中部地区经济社会发展与城镇化的相关环境问题”；史丹研究员、何辉、吴仲斌、刘佳骏等完成了“以生态文明建设为指向的财税支持政策框架与措施研究”。本成果的顺利出版要感谢经济管理出版社杜菲女士的辛苦工作。感谢张金昌、李春瑜、李鹏飞、何代欣对相关研究的积极贡献。本书虽然出版，但可能存在一些漏洞，欢迎读者批评指正。

2016 年 8 月